TRAITÉ

PRATIQUE ET EXPÉRIMENTAL

DE

BOTANIQUE.

TOME DEUXIÈME.

« *Quas vellent esse i   tutelâ suâ, divi legerunt plantas.*
» *Nisi utile est quod facimus, stulta est gloria.* »

(PHÆD. lib. 3. fab. 17.)

« Les dieux prirent les plantes sous leur protection.
» Toute gloire est folie, si le travail qui la procure est inutile. »

C.

TRAITÉ

PRATIQUE ET EXPÉRIMENTAL

DE

BOTANIQUE

HISTOIRE NATURELLE

Des plantes, arbres, arbrisseaux, sous-arbrisseaux, arbustes, herbes, gazons, mousses, algues, champignons, moisissures et végétaux croissant sur la surface du Globe terrestre, ou fossiles.

comprenant:

La description de DEUX MILLE plantes les plus usitées en médecine humaine et vétérinaire, dans les sciences, les arts, l'industrie, l'agriculture, l'horticulture, l'économie domestique; et un volume de planches formant un ATLAS COMPLET ET PORTATIF, qui représente, d'après nature, au moins DOUZE CENTS SUJETS BOTANIQUES, par des figures susceptibles d'être coloriées.

PAR

M. le chanoine CLAVEL de Saint-Geniez,

Naturaliste, Médecin reçu à la faculté de Paris, auteur du *Médecin du corps et de l'âme*, de l'*Almanach annuel de la santé*, de l'*Histoire chrétienne des diocèses de France*, et autres ouvrages de médecine, de religion ou d'histoire naturelle, etc., etc.

TOME DEUXIÈME.

PARIS,

CHEZ LOUIS VIVÈS, LIBRAIRE-ÉDITEUR,

23, RUE CASSETTE, 23.

—

1855.

PRÉFACE DE CE VOLUME.

« *In parvo, copia.* »

En publiant ce *Traité pratique et expérimental de botanique*, nous avions, dès le commencement de notre travail, le projet et l'idée arrêtée de composer un ἐγχειρίδιον sur la science des végétaux ; afin que chacun de nos lecteurs fut en mesure de pouvoir avec son aide, visiter fructueusement les divers jardins botaniques de l'Europe : ou herboriser utilement dans les champs, dans les prairies et dans forêts qui environnent les lieux de sa résidence. Presque tous les *traités* ou *manuels de botanique* existants, ont été écrits, plutôt pour ceux qui savent cette science, que pour ceux qui désirent l'étudier eux-mêmes, dans leurs loisirs et par mode de distraction, sans contention d'esprit. Nous avons essayé de donner, au contraire, à notre *Traité*, ce dernier caractère qui manque à ses devanciers sur le même objet. Cependant, il est juste de remarquer que le besoin d'un tel livre s'était manifesté, dès le commencement de ce siècle ; et un naturaliste aussi savant que modeste et distingué, le docteur Persoon, pour remplir cette lacune, composa *en latin*, 2 volumes in-18 de 550 pages chacun, qui sont un *vrai manuel de la science des plantes*, sous le titre suivant : *Synopsis plantarum seu Inchiridium botanicum, complectens enumerationem systematicam specierum huc usque cognitarum ;* ce qui signifie : Coup d'œil sur le règne végétal, ou *Enchiridion botanique, pour compléter l'énumération systématique de toutes les espèces de plantes connues jusqu'à cette époque,* 1805. Dans ce livre admirable et plein de science, le docteur Persoon décrit en quelques lignes dans chacun de ses articles, environ 2,400 *genres* de plantes, mentionnés jusqu'à lui par les plus illustres botanistes, avec les *sous-genres*, qui peuvent être évalués approximativement à *dix* pour chaque genre. De sorte qu'en ajoutant un 0 au nombre 2,400, on trouve que la quantité des plantes qu'il a

énumérées et décrites en quatre ou cinq lignes pour chaque espèce est de 24,000. Le défaut principal qu'on peut reprocher au livre du docteur Persoon, outre qu'il est écrit en latin, langue morte et inusitée de nos jours, tant parmi les dames que parmi la plupart des amateurs de botanique, c'est d'être trop court, trop restreint, trop étriqué dans les détails qui concernent *les plantes essentielles*, usitées en médecine humaine et vétérinaire, dans l'industrie, le commerce, l'agriculture, ou l'économie domestique. Pour toutes ces plantes, pas plus de détails, dans le livre du docteur Persoon, que pour les végétaux les plus insignifiants : nous avons évité ce défaut en adoptant la méthode linéaire et par numéros d'ordre du docteur Persoon. Dans tout le reste, c'est un *Enchiridion botanique* que nous avons essayé de composer comme lui ; et pour donner une idée exacte de notre travail, nous reproduirons volontiers ici, l'explication tout à fait claire, donnée par le *Vocabulaire français de Napoléon Landais*, au mot : « ENCHIRIDION, formé en
» grec de ἐν, qui signifie *dans* et χεῖρ, *main ;* c'est-à-dire,
» *livre qu'on peut porter dans la main*, contenant des pré-
» ceptes, des explications et des remarques utiles. Le mot
» *Enchiridion*, qui signifie à peu près *Manuel*, manque
» dans la thecnologie des livres scientifiques modernes ;
» quoiqu'il fut très connu autrefois parmi les écrivains
» ecclésiastiques les plus anciens, qui nous ont transmis
» des *Enchiridions* sur les principales branches des scien-
» ces sacrées. »

Après ces quelques explications, dont nous avons cru devoir faire précéder ce volume, nous reprendrons simplement la suite de notre *série botanique*. — Dans le volume précédent, à partir de la page 378, où le n° *sériaire* devait être 217 , il y a huit n^{es} à rectifier, jusqu'au n° 225 , qui reprend *la série* dans ce volume.

FIN DE LA PRÉFACE.

TRAITÉ EXPÉRIMENTAL DE BOTANIQUE.

§ 10. Suite de notre *Échelle sériaire* dans le *Règne végétal.* — Plantes *exotiques* ou *indigènes*, placées ici, hors de leur classe, à cause de leurs caractères controversés, parmi les naturalistes, ou de leur remarquable utilité.

225. TAPISACUM ÉLÉGANT : graminée analogue au maïs et au jonc articulé. Cette plante croît dans les prairies humides. Voy. pl. 6.

226. CHEVALIÈRE ORNÉE : belle plante à *bulbilles*, du genre vivipares, qui ont une végétation à part de la plante-mère, et en se développant produisent un végétal analogue. Voy. pl. 18.

227. FREYCINETIE DE CUMING : plante admirable pour étudier l'*inflorescence ;* à cause de l'arrangement de ses fleurs sur les rameaux, et des fleurs qui ne sont pas séparées des feuilles sur les branches ou rameaux. Voy. pl. 20.

228. EUPÉTALE DE LINDLEY : magnifique malvacée, dont les fleurs n'ont de corolle qu'avec un périanthe double. Voyez pl. 24.

229. LŒLIA MAJALIS : orchidée superbe, qui présente une foule de bulbes au dessus de ses radicules, et dont les fleurs jaunes ou bleues sont tigrées de rouge. Voy. pl. 17.

230. PHLOX TRIOMPHANT : plante d'agrément, très belle pour orner un parterre ; et dont la multiplicité de fleurs bleues est très propre à l'étude de la respiration des plantes ; fonction que l'expérience démontre dans les végétaux. Voyez pl. 16.

231. LICASTE OU BAUMIER : orchidée odorante. Voy. pl. 34.

232. Le POIVRIER NOIR : plante du Cap de Bonne-Espérance, dont les baies sont un assaisonnement culinaire

pour les mets des Européens, et qu'on trouve chez tous les épiciers. Voy. pl. 85.

233. Le réseau d'eau : hydroduction à filaments membraneux, verts, anastomosés en forme de filet de pêcheur. Voyez pl. 31.

234. La fleur du ciel : espèce de nostoc, expansion gélatineuse, globuleuse, qui paraît sur les bords des chemins pendant les temps humides. Voy. pl. 56.

235. Le crachat de la lune : nostoc gélatineux vert, qui apparaît le matin sur les allées des jardins par les temps humides. Voy. pl. 32.

236. Delesseria : fronde cylindrique gélatineuse, d'un beau rose, qui pousse au pied des arbres. Voy. pl. 28.

237. Claudea élégant : fronde rameuse, en forme de erpe recourbée, se rapprochant des algues. Voy. pl. 32.

238. La dionée ; attrape-mouche : plante hors ligne, que Jussieu et de Candole n'ont pu classer d'après leurs systèmes, et qui en fait ressortir tout le défaut. Voy. pl. 21.

239. Le lichen d'Islande ; *Physcia Islandica*. Très employé en médecine, fournit dans certains pays un aliment important. On le récolte en Islande : où, on le ramasse dans des sacs et après on le lave pour lui faire perdre son amertume ; on le sèche au four afin de le pulvériser. Le pain qu'il donne est un peu amer, mais il forme un bon aliment. En médecine, on l'emploie surtout dans les maladies de poitrine et les affections pulmonaires. Il diminue les sueurs et la toux. Voy. pl. 50.

240. L'acrostic alicorne ; *Langue de cerf*. De la famille des fougères, est une plante alimentaire de la Nouvelle-Zélande. Voy. pl. 68.

241. Le pechypteris lancéolé : plante fossile, de la famille des fougères. Voy. pl. 62.

242. Le phénoptéris a feuilles d'armoise : plante fossile, reconnue dans les bassins houillers de la Loire. Voyez pl. 53.

243. Le NEVROPTERIS : plante fossile bipennée, avec nervures serrées, très fines. Voy. pl. 51.

244. Le LONCHOPTERIS ; jolie incrustation de pinnules de fougère fossile. Voy. pl. 51.

245. Le PECOPTERIS SELLIMANI : fronde nue , trois fois pinnée, une ou deux fois dichotomes ; mode de division commun dans les fougères fossiles. Voy. pl. 73.

246. La SIGILLAIRE PONCTUÉE. Ce genre contient toutes les tiges fossiles de fougères. La surface montre des séries de points qui indiquent le passage des vaisseaux de la tige, dans le pétiole. Les cicatrices des feuilles forment une sorte de quinconce. Toutes les sigillaires appartiennent au terrain houiller. Voy. pl. 67.

247. Le CALAMITES DECORATUS : tiges articulées ; tubercules arrondis aux pieds de la tige. Plante fossile. Voyez pl. 53.

248. Le LEMMA ; *Marsilea quadrifolia*. Plante aquatique fixée au fond des eaux ; involucres pédicellés sur le rhisome. Voy. pl. 76.

249. L'AMBROSINE : plante de la famille des aroïdées à sphate roulée, renfermant des fleurs nues ; fruit sec renfermant un grand nombre de graines striées. Voy. pl. 66.

250. Le RIZ CULTIVÉ ; *Oryza*. De la famille des graminées. Épillets d'une seule fleur , disposés en panicule ; glume à deux valves ; six étamines. Le riz est originaire de l'Asie. C'est l'une des céréales dont la culture est la plus répandue en Europe. Les Grecs et les Romains en recevaient de l'Inde. Depuis quatre siècles sa culture s'est très multipliée en Europe, en Afrique et en Amérique, où tout le monde en mange avec plaisir. Le voisinage des rizières est dépeuplé par les maladies, à cause des eaux stagnantes où on les cultive. En Asie, on arrose les rizières avec une eau courante, qu'on arrête au moment de la récolte, ce qui empêche l'action délétère de cette plante. Le grain renferme 95 pour 100 de fécule. On prépare le riz

de mille manières pour l'alimentation humaine. On en fait une tisane excellente contre la diarrhée. Avec la paille, on fabrique, en Italie, les chapeaux de dames. Voy. pl. 61.

251. L'UNIOLE A LARGES FEUILLES : graminée dont les épillets sont très comprimés ; les glumes carénés ; le stigmate en pinceau. Voy. pl. 65.

252. Le DOUM DE LA THÉBAÏDE ; *Crucifera*. De la famille des palmiers, très commun dans la Haute-Égypte. Stipe dichotomique ; c'est-à-dire à plusieurs branches ; feuilles palmées ; fleurs dioïques ; fruit drupacé, avec amande. Cet arbre étend la culture dans le désert, en fixant les sables. Son bois sert pour les édifices ; avec les feuilles on fabrique des tapis ou nattes. Cet végétal remarquable, connu de Pline et de Théophraste, fournit peu pour l'alimentation humaine. Voy. pl. 152.

253. Le DATTIER : fleurs disposées en longs régimes ; sphate dure, ligneuse ; trois étamines. Fruit drupacé, charnu, renfermant une graine à sillon longitudinal. Le dattier s'avance en Europe jusqu'aux îles d'Hières, en Provence. Sa fécondation présente des particularités analogues à celle du pistachier, dont il a été question plus haut. Le fruit du dattier, la datte, est un des meilleurs que la nature produise. Il s'en consomme beaucoup, soit verts, soit secs. Le dattier est le type des palmiers. Ses feuilles servent à faire des paniers. De la tige il découle un liquide agréable au goût, qu'on appelle vin de palmier. Le fruit sec sert à faire d'excellentes tisanes pectorales. L'Écriture sainte parle des dattes de Jéricho. La palme est l'attribut de la victoire et du martyre chrétien. Voy. pl. 77.

254. L'ÉPHÉMÈRE DE VIRGINIE : son nom rappelle le peu de durée de cette plante, aux jolies fleurs. Originaire d'Amérique, naturalisée dans nos jardins. Voy. pl. 54.

255. La CÉVADILLE-VARAIRE ; *Veratrum*. Fleurs disposées en panicule ; six étamines à la fleur, fruit capsulaire ; graines ovales. Voy. pl. 65.

256. Le PLUMIER ; *ananas sauvage.* Fleurs en épi serré, surmonté d'un bouquet de feuilles ; fruit gros, charnu, écailleux, en forme de cône de pin. Très belle plante des pays équatoriaux ; trouvée au Brésil par les Portugais. Ses fleurs sont violacées ; le fruit, d'un beau jaune doré, constitue un mets délicieux. On le mange par tranches en y ajoutant du sucre et on en fait d'excellentes confitures. Le suc, limonade agréable, produit un vin potable par la fermentation. Voy. pl. 69.

257. Le CAOUT-CHOUC : MÉDICINIER ÉLASTIQUE ; *Siphonia elastica : hevea guianensis : jatropa foliis ternatis.* Tels sont les noms qui ont été donnés à ce bel arbre de l'Amérique méridionale, par Lamarck et Richard. Toutes ses feuilles sont d'un vert jaune. Le fruit de la forme et de la grosseur d'un melon ; classé parmi les *euphorbes*, par Jussieu ; et par Linné fils, parmi les monoïques. Trente plantes tropicales fournissent un suc analogue à celui de caout-chouc, mais en moindre quantité. Les Garipons le nomment *Séringa*. Son bois est blanc. Ce grand et bel arbre de l'Amérique méridionale, qui fournit une substance résineuse devenue si utile de nos jours, s'élève de 18 à 20 mètres, sur un tronc de 86 centimètres de diamètre. Son écorce est épaisse et grisâtre. Ses fleurs disposées en grappes terminales. Le fruit est une grosse capsule ligneuse, à trois lobes latéraux, arrondis, à loges bivalves, avec trois graines ovoïdes, roussâtres, bariolées de noir, tunique mince, cassante, recouvrant une amande blanche. Le célèbre docteur Alibert a donné, de son temps, des détails sur les usages du caout-chouc en médecine et en chirurgie, qui se sont bien multipliés depuis. Le *suc laiteux* de cet arbre coule en grande quantité par des incisions perpendiculaires faites à l'écorce ; il est reçu dans des urnes, à la base de l'incision ; ce suc liquide est appliqué dans le pays, comme un vernis avec un pinceau sur des vases de terre ; quand la première couche a pris consistance, on en applique une seconde, ainsi de

suite, jusqu'à ce que l'enduit soit de l'épaisseur qu'on veut lui donner. La couleur du *caout-chouc*, est *brune*, solide, élastique. L'action de la chaleur le ramollit. Un naturaliste, de Vienne en Autriche a essayé d'obtenir du figuier un suc élastique qu'il appelle caout-chouc indigène ; mais avec cette substance on ne saurait jamais produire les résultats qu'on se procure avec le caout-chouc véritable. V. pl. 98.

L'immortel Fourcroy croyait que le caout-chouc était un des principes immédiats des végétaux. *La flore médicale* de MM. Chaumeton et Poiret, imprimée chez madame Pankouke à Paris, reproduit et signale les applications du caout-chouc à la médecine et à la chirurgie ; applications qui ont été très étendues même aux usages ordinaires de la vie, par l'industrie française, toujours au niveau de celle de nos voisins et alliés actuels d'outre-mer. *La Revue Anglaise* intitulée : *Repertory of patent invention's*, dans son numéro de juillet 1850, après avoir décrit l'application du caout-chouc ou *gutta-percha*, à la télégraphie électrique maritime, énumère plus de cent modes d'emploi de cet agent nouveau, comme adjuvant de la médecine et de la chirurgie. On prépare le vernis de caout-chouc en faisant fondre cette matière dans l'huile de lin et de thérébentine, lorsque la dissolution est faite on l'étend sur des étoffes avec un pinceau ou bien à la manière des sparadraps. On confectionne ainsi les toiles destinées à faire les *ballons aérostatiques*, des *couvertures imperméables*, des *tabliers pour les nourrices*, des *enveloppes de chapeaux*, des *serres-têtes*, pour les nageurs et les beigneurs. Le docteur Troja et autres chirurgiens de Madrid, ont préparé des *bandages*, des *bourrelets*, des *anneaux*, des *pessaires*, des *seringues*, des *canules*, des *sondes pleines* et *creuses*, des *bougies*, avec le caout-chouc.

Mais un négociant des plus estimables de Paris, dont nous aimons à citer **ici** le nom, parce qu'il a été l'un des premiers, dans cette capitale, à donner le bon exemple du respect à la religion, en fermant ses magasins les jours de dimanche et les fêtes. M. Lebigre, homme consciencieux et plein d'intelligence, a surpassé toutes les prévisions dans l'industrie du caout-chouc, qui fait l'objet exclusif de son commerce. Et nous avons pu admirer, dans ses magasins de la rue de Rivoli, n° 112, une multitude d'objets en caout-chouc, extraordinairement bien confectionnés, pour l'usage médical ou hygiénique, dont nos lecteurs nous sauront gré de citer ici les plus remarquables ; car ils sont merveilleusement propres à prévenir, détourner, ou faire disparaître une foule de maladies et affections graves, contre lesquelles les secours de la médecine sont trop souvent moins efficaces que les précautions de la prudence. Le caout-chouc, grâce à l'excellent parti que l'intelligence des industriels en tire, est devenu pour la société un agent chirurgical et hygiénique de la plus haute importance. M. Lebigre, qui, comme nous venons de le dire, consacre tous ses soins aux diverses modifications de cet agent, fait confectionner des *manteaux et paletots double face*, ┆sur toute espèce de tissus, soie, laine, coton, drap. De telle sorte qu'avec ces manteaux et paletots, on peut, en toute saison, être garanti de l'humidité, de la chaleur et du froid, sans cesser d'être habillé hygiéniquement et proprement, selon la saison même. Dès lors, plus de parapluies à faire suivre avec soi, plus de manteaux trop lourds, trop légers, ou indécents pour se présenter devant le monde. On voit déjà une multitude de personnes du meilleur ton dans la société, pourvues et habillées de ces paletots et manteaux, qu'on peut appeler *hygiéniques*, comme étant merveilleusement convenables pour conserver la santé. *Les chaussures au vernis indestructible en caout-chouc*, de M. Lebigre, ne le cèdent en rien pour l'utilité hygiénique à ses manteaux. Les personnes menacées de *varices aux jambes*, maladie difficile à guérir, mais désormais très facile à prévenir, au moyen des bas élastiques en caout-chouc, ne sauraient trop tôt s'en pourvoir. Il y en

a en.tissu de soie et de coton : nous conseillons les premiers comme préférables et plus efficaces. Les *malades
affectés d'hémorrhoïdes* trouveront un puissant soulagement à cette cruelle infirmité, dans les *coussins à air en
caout-chouc*, de M. Leblgre. Celles qui ont des palpitations
au cœur, ou qui éprouvent des dérangements de santé, par
suite d'embarras dans la circulation artérielle du sang, fe-
ront très bien d'employer des jarretières et bretelles élastiques en caout-chouc de chez M. Lebigre. La propreté des
petits enfants en nourrice, et par suite leur accroissement
et leur santé, se trouveront fort bien des *tabliers en caout-
chouc*, tissus imperméables, qui auront été fournis par les
mères de famille vigilantes aux nourrices de leurs enfants.
Dans les *panaris* et *tourniol*, ou *mal-d'aventure*, rien n'accélère tant la guérison de ces maux, après l'opération chi-
rurgicale, comme les *doigtiers en caout-chouc élastiques*,
que nous avons vus chez M. Lebigre. Nous voudrions
aussi, pour l'utilité de la santé, qu'on prit l'habitude de
remplacer les goussets et poches d'habits de toile, par de
semblables engins en tissu caout-chouqué, pour les garantir de la transpiration. On peut tout faire avec du caout-
chouc préparé *en feuilles* et *en plaques*, comme avec les
étoffes même qui ont servi à recevoir ce précieux enduit-
résineux américain. Inutile de dire que c'est avec le caout-
chouc qu'on prépare des tuyaux imperméables pour arroser, ou conduire les eaux pluviales à un endroit déterminé. Et enfin, qu'on peut se procurer, enduits ou formés
de cette substance : *pessaires*, *seringues*, *canules de clyso-
pompes*, et toute sorte d'instruments adjuvants de la chirurgie. Il est un objet dont nous voulons encore parler
ici, et que nous avons conseillé à M. Lebigre d'ajouter à
tous ceux qu'il confectionne déjà : ce sont des *houppelandes*, *douillettes* ou *surtouts pour ecclésiastiques*. MM. les
curés, qui résident à la campagne, ne sauraient croire de
quelle utilité serait pour leur santé, un habit de cette sorte,

confectionné en *caout-chouc d'un côté*, pour servir dans leurs courses pendant les saisons de pluie, sans cesser d'être pour eux un habit de la plus grande décence et propreté lorsqu'ils se présentent dans le monde. Plusieurs de nos confrères ecclésiastiques des environs de Paris, qui ont essayé de cette nature de surtout, dans la forme convenable à leur état, s'en trouvent parfaitement bien, au point de vue de l'économie, aussi bien que de la santé. En ajoutant à son industrie sur le caout-chouc ce nouvel objet, M. Lebigre rendra un véritable service à nos confrères ; et ceux-ci peuvent s'adresser en toute confiance à cet homme honorable, s'ils se déterminent à remplacer leurs parapluies, en donnant simplement une doublure caout-chouquée à leurs houppelandes, comme nous leur en donnons le conseil, pour se garantir de l'humidité. L'*hygroma*, maladie très grave de l'articulation tibio-fémorale, qui s'attaque spécialement aux ecclésiastiques, aux religieuses et aux personnes dévotes à cause de l'habitude qu'elles ont de se mettre souvent à genoux, sur les dalles des églises ou sur les marches en marbre des saints autels : l'*hygroma* peut être évité et même guéri radicalement, par l'usage habituel et facile des *genouillères* en *caout-chouc* de M. Lebigre.

258. La RAJANIE EN CŒUR ; *Dioscorea rajania*. Plante sarmenteuse, de la tribu des dioscorées, qui a beaucoup d'affinités avec la tribu des asparagées ; fleurs en épis ; périanthe à six divisions ; fruit capsulaire. Voy. pl. 27.

259. L'AMARYLLIS-BELLADONE : plante remarquable par la beauté de ses fleurs, et type d'un genre répandu dans toutes les régions chaudes et tempérées du globe. Les bulbes de plusieurs amaryllis sont des poisons violents. Les Hottentots, peuple de barbares, trempent leurs flèches dans le suc de cette plante. Voy. pl. 78.

260. L'AGAVE D'AMÉRIQUE : naturalisée dans toutes les régions d'Europe qui avoisinent la Méditerranée. Cette

plante sert de clôture aux jardins. Ses feuilles, garnies de piquants, renferment une pulpe abondante qui peut remplacer le savon dans le nettoyage du linge. Elle fournit aussi des fils pour cordages plus solides que ceux du chanvre et moins chers. L'ave fleurit rarement; le pleuple croit qu'elle ne fleurit que tous les cent ans.

261. La FERRARIE ONDULÉE : plante de la tribu des iridées; fleurs en épi, avec sphate; étamines à filets soudés; stigmates en capuchon. Bel ornement des parterres, parmi les tulipes. Voy. pl. 72.

262. La POURRETIE : belle plante, dédiée à l'abbé Pourret de Narbonne, naturaliste illustre auquel la botanique doit de précieux travaux. La pourretie se rapproche du *safran*, qu'on appelait autrefois, avec trop d'exagération : *le roi des végétaux*, *l'âme des poumons*, *la panacée végétale*. Voy. planche 67.

263. Le BANANIER ; *Musa*, de Tournefort. Tige herbacée; fleurs en long spadice solitaire, penché; fruit charnu, *péponide*, à trois loges qui contiennent autant de graines. Bernardin de Saint-Pierre, dans ses *Études de la nature*, dit que c'est avec raison qu'on appelle le bananier, *roi des végétaux;* car suivant M. de Humbolt, cette plante précieuse est pour la plus grande partie de l'Amérique équinoxiale, la principale alimentation de l'espèce humaine, comme en Europe et en Asie les graminées. Un régime de bananier contient de 60 à 80 fruits et pèse de 30 à 40 kil. Le sucre y est en plus grande abondance que dans la betterave et la canne à sucre, car on peut l'en extraire avec le couteau dans les fruits mûrs; et lorsqu'ils sont encore verts, on y trouve tous les principes nutritifs du blé, du riz, du sagou pour la subsistance humaine. On en extrait de la farine en le coupant par tranches qu'on fait sécher au soleil. Un arpent de terrain planté en bananes, peut nourrir cent individus. On fait avec ce fruit d'excellentes tisanes et boissons contre les maladies des poumons et la

toux. Les fibres de la plante sont employées à la fabrication du papier : on en fait aussi des étoffes. On l'appelle : *figuier d'Adam ; arbre du paradis ; raisin de la terre promise ; fruit de Moïse.* Voy. pl. 120.

264. Le BANANIER DU PARADIS : à fruits longs.

265. Le BANANIER DES SAGES : à fruits courts.

266. Le BANANIER ROSACÉ : dont les sphates ressemblent à des roses.

267. Le BANANIER CHINOIS : cultivé en Chine

268. LE BANANIER ROUGE : à cause de la couleur de ses sphates.

269. L'ORCHIS ARAIGNÉE ; ophris de Linné, à taches de diverses couleurs.

270. L'ORCHIS ANTIAPHRODISIAQUE : dont on associe la poudre avec le gingembre, la cannelle, le *castoreum,* pour donner de la vigueur aux personnes affaiblies par l'âge. Les tubercules de cette plante servent à faire le *salep,* dont on fait usage pour lustrer les étoffes dans l'art de la teinture. Voyez planche 80.

271. La VANILLE AROMATIQUE : plante ligneuse, grimpante, parasite. Elle croît spontanément au Brésil et au Mexique. Son fruit constitue la vanille du commerce. Son parfum se développe par la préparation qu'on lui fait subir. Voyez pl. 59.

272. L'ARAUCARIA IMBRIQUÉ : superbe conifère du Brésil, qu'on est parvenu à faire prendre et pousser dans le Jardin d'hiver de Paris, vaste serre chaude, dont il est l'un des plus beaux ornements, quoiqu'il ait été transporté de son pays natal après trente années d'existence.

273. Le GINGEMBRE OFFICINAL ; *Amomum.* On distingue dans cette plante, surtout sa racine tubéreuse, épaisse, blanche au centre, jaunâtre à la circonférence. Il en naît des hampes de 34 centimètres de hauteur, qui portent un

épi imbriqué d'écailles verdâtres. Les fleurs ont une existence éphémère. La racine est très aromatique, d'une saveur brûlante. On emploie le gingembre, surtout en Angleterre, comme assaisonnement analogue au poivre. Voy. planche 88.

274. L'ARBRE A PAIN D'OTAÏTI ; *Artocarpus incisa* ; de αρτος, ai n, ce χαρπος, fruit. Cultivé depuis l'Inde jusqu'à l'Océanie ; ce végétal fournit des fruits semblables aux châtaignes, mais beaucoup plus grands et qu'on mange cuits ou crus. Voy. pl. 97.

275. Le MUSCADIER AROMATIQUE : originaire des Moluques. L'emploi de la noix muscade a passé de l'Orient en Occident, où elle est l'objet d'un grand commerce. Son action est tonique et relève les forces des organes de la digestion Le *macis* de la noix muscade est cité dans tous les traités de botanique, comme exemple remarquable d'arille. Le muscadier est une des richesses du commerce hollandais. Voy. pl. 87.

276. L'ÉPURGE : du genre des euphorbiacées, qui doit son nom au médecin de Juba, roi de Mauritanie, qui s'en servit pour guérir Auguste de la goutte. Ses coques donnent une huile purgative. Voy. pl. 109.

277. Le MÉDICINIER ; *Jatropha*. Fleur monoïque, corolle en entonnoir ; capsule à trois coques. Arbrisseau à feuilles cordiformes, qui fournit une *gomme élastique* analogue à celle du *caout-chouc*. On le trouve aux Antilles. Voyez pl. 81.

278. Le CYCAS FEMELLE DES INDES : remarquable végétal de la famille des palmiers. Voy. pl. 151.

279. Le CYCAS MALE DES INDES. Voy. pl. 150. Même genre.

280. L'ADÉLIE : arbrisseau d'Amérique à rameaux quelquefois épineux, garnis de feuilles alternes d'un bel effet dans les parterres. Voy. pl. 121.

281. La SOLANDRE A GRANDES FLEURS ; *Datura sarmentosa*. Belle plante solanée, analogue au *datura*, dédiée par

les naturalistes au voyageur Solander, compagnon de Cook. Tige sarmenteuse; feuilles grandes, lancéolées; arbrisseau des Antilles. Fleurs très grandes de la forme de celles de mauve. Voy. pl. 141.

282. Le RAISINIER ; *Cocolaba*. Arbre des Antilles, à feuilles alternes; fleurs en grappes; huit étamines. Le fruit, une noix monosperme. Bois dur et incorruptible, qui atteint dans sa patrie 37 mètres de hauteur. Voy. pl. 89. Les grappes ont 34 centimètres de long.

283. Le PLUMIER ; *Petiveria alliacée*. Plante sous-frutescente à odeur analogue à celle de l'ail, dédiée au pharmacien anglais Petivier, botaniste instruit, qui en fit la découverte en Amérique. Voy. pl. 82.

284. Le MAGNOLIER : arbre d'Amérique, remarquable par sa haute taille, par l'élégance des feuilles et des fleurs d'un parfum délicieux, aromatique, comme les feuilles et les fleurs de l'oranger. Voy. pl. 133.

285. Le MÉNISPERME DU CANADA : arbrisseau grimpant. Il fournit la *coque du Levant;* fruits à deux valves, blanches, ligneuses, recouvertes de brou sec. La poudre de ce fruit a une action stupéfiante sur les poissons et les oiseaux, qu'elle empoisonne. Voy. pl. 94.

286. La HERSE A FLEURS DE CISTE : cette plante tire son nom de la forme bizarre de son fruit, capsulaire, composé de cinq carpelles épineux, avec loges qui renferment des graines. Voy. pl. 128.

287. Le QUASSIE AMÈRE ; *Simaruba*. Arbrisseau de la Guyane, spontané à Saint-Domingue. Originaire de Surinam, dont on employait beaucoup l'écorce contre la goutte, le rhumatisme, les catharres chroniques. Voy. pl. 111.

288. La KETMIE ; *Hibiscus* de Linné : ses fleurs ressemblent beaucoup à celles de l'*altea*, guimauve, dont elle porte souvent le nom, surtout la ketmie domestique des jardins. Voy. pl. 100.

289. Le CAMÉLIA DU JAPON : belle plante que l'on mul-

tiplie de boutures, par marcotte ou greffe, et dont on doit la découverte au père Kamel, moine allemand, établi aux îles Philippines, qui le fit passer en Europe. La beauté de son feuillage, ses larges fleurs, qui s'épanouissent de novembre en avril, en font l'un des plus beaux ornements de nos serres chaudes. Le Jardin d'hiver de Paris en est tout parsemé. Voy. pl. 106.

290. L'EUPHORIA LIT-CHI : plante de la Chine qui passe pour fournir un fruit excellent, à Canton et à Pékin. Cet arbre a été transporté aux Antilles françaises. Voy. pl. 117.

291. Le SAURURE INCLINÉ : plante tinctoriale de l'Amérique méridionale et des Antilles, qui fournit le *rocou*. Son fruit mur donne la matière colorante rouge de son nom. Les sauvages le mêlent avec l'huile pour se barbouiller le corps en temps de guerre. Voy. pl. 110.

292. Le POLYCARPON : fleur à cinq étamines, du genre des paroniques. Voy. pl. 94.

293. La CLAYTONIE : plante dont le genre peut remplacer le *pourpier* pour les usages culinaires; cultivée dans quelques jardins potagers. Voy. pl. 115.

294. Le SUMAC OU FUSTET : tribu des plantes odorantes dans le genre de la coriandre. Voy. pl. 112.

295. La JUSSIÆA : à grandes fleurs; huit étamines; capsule anguleuse, à quatre étamines ou cinq loges. Plante dédiée à la famille de Jussieu. Voy. pl. 135.

296. Le GOYAVIER : arbre tétragone des Antilles. Son fruit, appelé *goyave*, ressemble à une poire jaune. On en fait des confitures estimées. Les fleurs du goyavier sont pédonculées. Le calice a cinq divisions; deux petites écailles à la base. La corolle a cinq pétales; étamines nombreuses. Le fruit pulpeux a cinq loges qui renferment un grand nombre de graines. C'est le goyavier-pomme, *Pomiferum*.

297. Le GOYAVIER-POIRE; *Pyriferum*. Variété de la même espèce. Voy. pl. 128.

298. Le COCOTIER. Nous devons le fond de cette notice, sur un arbre des plus précieux, à M. Bréon, ancien botaniste voyageur en retraite, du gouvernement.

« Presque tous les naturalistes qui ont écrit sur le cocotier, *cocos nucifera*, se sont bornés à le décrire au point de vue botanique. Cet arbre précieux, *bienfait inestimable de la Providence* pour les peuples des contrées *intertropicales*, cet arbre dont le fruit forme *la nourriture principale de plus de* 200 *millions d'êtres humains*, mérite d'être mieux connu en Europe. » Le cocotier, arbre de la noble famille des palmiers, parvient à la hauteur de 15 à 25 mètres. Le tronc, parfaitement lisse, ne dépasse pas, chez les sujets les plus forts, 1 mètre 30 à 1 mètre 40 de circonférence. Il est couronné d'un faisceau de 10 à 12 feuilles longues de 3 à 4 mètres ; celles des jeunes cocotiers de 5 à 6 ans ont même quelquefois jusqu'à 5 mètres ; leur largeur varie de 1 mètre 20 à 1 mètre 30 ; elles sont composées de deux rangs de folioles ensiformes. Le centre des feuilles est occupé par un cône ou bourgeon droit et pointu : c'est ce qu'on nomme *chou-palmiste*. Ce chou, formé de la réunion des feuilles qui ne sont pas encore développées, constitue le légume le plus délicat qu'on puisse manger ; il s'accommode à la sauce blanche, en daube, en friture et en salade ; sa saveur sucrée rappelle le goût du cerneau. Mais on en use rarement et l'on se fait d'ordinaire très grand scrupule de le retrancher, parce que sa suppression entraîne infailliblement la perte de l'arbre.

Le tronc émet, à la base interne des feuilles, un panicule nommé *régime*, composé de fleurs jaunâtres en grappes qui donnent naissance aux fruits. Chaque cocotier porte ordinairement 4 régimes, et chaque régime 5, 7 ou 9 cocos. Sur les vieux cocotiers, les régimes se produisent deux fois par an ; ils se produisent trois fois par an sur les jeunes arbres. Habituellement le cocotier perd tous les ans 2, 3 ou 4 feuilles remplacées par de jeunes feuilles nouvelles, sortant du bourgeon central. Ces feuilles sont amplexicaules ; elles embrassent la tige dans une gaîne coriace très épaisse ; elles sont disposées au sommet du tronc à environ 0 mètre 30 ou 0 mètre 35 les unes des autres. Si l'on pouvait savoir avec précision le nombre des feuilles tombées chaque année, comme elles laissent sur le tronc en tombant une marque profonde, elles donneraient une indication précise de l'âge des cocotiers. Les Indiens, particulièrement les Malabars, attribuent au cocotier une durée de plusieurs siècles ; ils en ont montré à M. Bréon, qui, disaient-ils, remontaient au temps de leurs bisaïeuls.

De tous les palmiers, le cocotier est celui dont la croissance est la plus rapide.

La culture du cocotier est pratiquée, du tropique du Cancer à celui du Capricorne, sur une ceinture entourant notre planète d'une largeur d'environ 460 myriamètres. En dehors de la zone torride, le froid des zones tempérées rend sa culture impossible ; le cocotier peut bien végéter pendant un certain temps, mais il finit par périr en peu d'années. Il affectionne particulièrement le voisinage de la mer et ne réussit pas bien dans l'intérieur des terres.

Les cocotiers les plus beaux et les plus productifs croissent dans les îles de la Sonde, dans tout l'immense archipel indien.

La côte occidentale de la presqu'île de l'Inde, sur une ongueur de 400 lieues environ, du cap Comorin à Bombay, est la partie de la zone torride où le cocotier est le mieux cultivé ; c'est aussi celle où il est le plus productif. L'innombrable population malabare trouve dans ce seul arbre, non-seulement sa nourriture, mais encore une source de richesse. On estime dans ce pays la fortune d'un homme d'après le nombre de cocotiers qu'il possède, comme on l'estime en Europe d'après le nombre d'hectares de terre dont il est propriétaire. Voici un aperçu des divers produits que les Malabars tirent du cocotier. Lorsque les régimes se montrent, au moment où s'épanouissent leurs premières fleurs, ils coupent le régime au-dessous du panicule en fleurs. Si l'arbre porte quatre panicules, deux sont retranchés ; les deux autres sont conservés pour porter fruit. Au moment même où le régime est coupé, le bout de son support est introduit dans le goulot d'une calebasse solidement assujettie avec une corde mince. Pendant les premiers jours, les calebasses, dont chacune peut contenir 5 à 6 litres, se remplissent dans les vingt-quatre heures d'une liqueur claire, blanchâtre, douce et d'un goût agréable. Tous les jours le Malabar monte sur le cocotier, portant sur son dos deux calebasses vides ; il charge sur ses épaules, au moyen d'une courroie, les deux calebasses pleines, et les remplace par celles qu'il vient d'apporter, après avoir eu soin de rafraîchir la coupe du support du régime ; cela fait, il descend avec autant d'aisance que s'il descendait les marches d'un bon escalier. La même opération se continue jusqu'à ce que le régime ne donne presque plus de liquide

Au bout de dix à douze heures, le liquide produit par le cocotier acquiert une saveur douce, légèrement acidulée : c'est ce que les Européens nomment *vin de palmier* ; il s'en fait une grande consommation.

Quand le coco a pris son volume normal, n'étant pas encore parvenu à maturité, il contient à l'intérieur de son amande un tiers de litre d'une liqueur douce, claire, parfumée, très rafraîchissante, ayant la saveur de l'orgeat ; les plus gros en contiennent près d'un demi-litre. L'amande est excellente à manger ; elle est douce, huileuse ; elle a le goût de la noisette. Le coco parfaitement mûr ne contient plus qu'une très petite quantité de liquide ; mais l'amande, qui remplit toute la coque, est alors très nourrissante et du goût le plus agréable, rappelant la noisette et le cerneau.

Les Malabars aiment beaucoup ce fruit, dont un seul suffit, et au-delà, à la nourriture d'un homme pendant toute une journée. Ils en mettent soigneusement de côté une bonne provision pour l'usage alimentaire, afin que ces fruits acquièrent une maturité complète. L'enveloppe extérieure, ou le *brou* de la noix de coco, en est enlevée quinze ou vingt jours avant la récolte ; c'est ce que les Malabars nomment le *cuir* du coco ; ils savent en tirer un excellent parti. Le brou étant détaché, les plus petits cocos sont cassés pour en extraire l'amande ; les plus gros sont sciés en deux parties égales dans le sens de leur largeur. Les parties ainsi séparées, l'amande en étant retirée, servent de de gobelets, d'assiettes, de plats et d'écuelles. Les fragments des coques cassées, étant imbibées d'huile, forment un excellent chauffage pour la cuisson des aliments ; car, sur toute la côte de Malabar, le bois est d'une excessive rareté ; l'on n'y voit pas d'autre culture que celle du cocotier.

Les Malabars obtiennent par expression, de l'amande de la noix de coco, une huile égale, lorsqu'elle est récente, à nos meilleures huiles de table. Cette huile, connue dans l'Inde sous le nom de *mantèque*, est assez consistante et se prend à la cuiller ; son goût est le même que celui de l'amande. Tant qu'elle est fraîche, on l'emploie pour la cuisine ; malheureusement, au bout d'un mois, elle devient rance et prend alors une saveur tellement insupportable qu'il n'est plus possible de s'en servir pour cet usage. En cet état on l'utilise pour la peinture et pour l'éclairage ; elle brûle avec une lumière aussi pure et aussi brillante que celle du gaz. La consommation de cette huile dans toute l'Inde est très étendue, et l'exportation pour les autres parties de l'Asie, ainsi que pour l'Afrique, est au moins égale aux quantités consommées dans le pays. Le brou ou *cuir* du coco est une sorte de bourre très fibreuse, dont les filaments servent à fabriquer des cordes, cordages et câbles à l'usage de la marine ; ces câbles ont, sur ceux le chanvre, l'avantage de ne pas s'altérer promptement au contact de l'eau de mer. Les Malabars utilisent les feuilles du cocotier pour la couverture de leurs habitations ; ils en fabriquent aussi des nattes, des paniers et une foule d'ustensiles du même genre. Le pétiole des feuilles, ordinairement long de 3 à 4 mètres, sert à la construction des maisons, spécialement à celle des planchers ; sa couleur est celle du bois d'acajou ; il est excessivement dur ; le vernis naturel fort luisant dont il est revêtu lui donne la propriété de se conserver très longtemps sans s'altérer. Le bois du tronc du cocotier est très solide ; on en fait la grosse charpente des maisons dans tout le Malabar, où l'on manque d'autre bois.

En résumé : ce n'est pas exagérer, dit M. Bréon, en affirmant que le cocotier est réellement la Providence et la manne des peuples des régions intertropicales, et qu'il nourrit au-delà de 260 millions d'hommes. Son amande est leur principal aliment, l'eau intérieure du fruit, leur boisson. J'ai dit le parti qu'ils savent tirer du liquide fourni par les régimes, de l'alcool qu'ils en extraient, des fibres du brou et de la coque, qui remplace pour eux la vaisselle, sans parler des usages multipliés de l'huile d'amande pour la cuisine, la peinture et l'éclairage, et de l'utilité des pétioles et du bois comme matériaux de construction.

299. Le POIVRIER. Sur toute cette côte, d'un développement de 2,000 kilomètres, la culture du poivrier est associée à celle du cocotier et donne des produits énormes. Les rameaux sarmenteux du poivrier couvrent le bas du tronc de tous les cocotiers jusqu'à la hauteur de 4 à 5 mètres, quelquefois jusqu'à 6 et 7 mètres ; ce tronc disparaît sous les grappes de fleurs et de fruits du poivrier. Les produits de cette culture s'exportent dans toutes les parties du monde. Autrefois les îles de Java et de Sumatra cultivaient fort en grand le poivrier ; elles y ont renoncé en grande partie depuis quelques années ; le Malabar s'en est pour ainsi dire approprié le monopole. Le poivre, PIPER AROMATICUM, est *blanc, noir ou long* : les deux premiers sont très employés dans l'art culinaire, et le dernier en médecine. Voy. pl. 85 , le poivrier élégant , et t. I, p. 334, *poivre de Guinée*.

CINQUIÈME PARTIE PHYTOGRAPHIQUE.

Suite de l'échelle sériaire des plantes.

QUATRIÈME CLASSE OU GROUPE. Herbes ou sous-arbrisseaux à fleur monopétale, irrégulière, nommée *labiée* ou fleur en gueule. Les plantes de cette classe forment la *famille naturelle des labiées*, dont les espèces présentent plusieurs caractères communs : dans presque toutes, les feuilles sont simples, opposées; les tiges carrées ; les fleurs sont très souvent disposées en anneaux autour des tiges ; les calices sont d'une seule pièce, à cinq dents inégales ; les corolles le plus souvent à deux lèvres ; la supérieure ou le casque est en voûte ou lanière ; l'inférieure ou la barbe est à trois segments, dont les deux latéraux s'appellent ailes. Le plus souvent quatre étamines, dont deux plus courtes ; la plupart aromatiques , quelques-unes fétides, d'autres inodores.

I. Herbes à fleur monopétale, irrégulière, *labiée*, dont la lèvre supérieure est en casque ou en faucille. — *Labiées.*

300. Le PHLOMIS, BOUILLON SAUVAGE, *sauge en arbre*, à feuilles larges. La fleur est labiée, avec la lèvre supérieure velue ; en casque recourbé sur l'inférieure qui se partage en trois ; calice anguleux. Le fruit à quatre semences oblongues renfermées dans un calice à cinq angles, qui tient lieu de péricarpe. Les feuilles arrondies, crénelées, cotonneuses, opposées. La racine rameuse. La tige s'élevant de 17 centimètres, presque ligneuse. La plante croît dans nos provinces méridionales. Les corolles de la fleur sont jaunes. Elle est vivace, vulnéraire, détersive, très utile en infusion pour faciliter la digestion. Pilée, on l'applique sur les plaies atoniques.

301. Le PHLOMITE LYCHNITE, *sauge à petites feuilles:* très ressemblant à la *sauge en arbre* , il en diffère par ses feuilles plus étroites, par ses corolles à peine plus grandes que

les calices, par sa collerette formée de feuilles plus étroites, sétacées, chargées de plus longs poils ; les feuilles florales sont ovales ; celles de la tige lancéolées, cotonneuses. On trouve cette belle espèce en Languedoc.

302. La PHLOMIDE VENTIÈRE, *herbe du vent, à fleur rouge.* Tige herbacée, d'un pied et demi, velue ; feuilles ovales, lancéolées ; la collerette sétacée, hérissée. On trouve cette espèce en Dauphiné et dans le Languedoc, du côté de Narbonne surtout.

303. La SAUGE A QUEUE DE LION : Tige ligneuse ; feuilles lancéolées et à dents de scie ; calice à dix dents, dix angles ; collerette linaire, nue ; anneaux ou verticilles très nombreux, formant un épi de sept ou huit pouces, chargé de fleurs très longues, couleur de feu. Cette superbe espèce de sauge se cultive généralement dans tous les jardins; elle en fait un des plus beaux ornements et peut être d'un usage très utile en infusion théiforme, pour faciliter la digestion, détruire et évacuer les vents ou gaz qui se développent dans les intestins, après les repas copieux.

304. L'ORMIN, *sauge à tête rouge, violacée.* Fleur labiée, la lèvre supérieure petite, en casque ; l'inférieure divisée en trois parties dont la moyenne est creusée en cuiller ; filets des étamines bifurqués par le bas ; corolle rougeâtre. Fruit ; le calice sert de capsule et renferme quatre semences arrondies. *Feuilles :* obtuses, crénelées. *Racine :* rameuse. *Tige :* s'élevant à peu près d'un pied ; les fleurs sont en épi au sommet. *Lieu :* l'Italie et le midi de la France. Toute la plante est d'une odeur aromatique, d'une saveur amère ; la semence est un peu mucilagineuse ; l'herbe est vulné-raire, stomachique, résolutive. On emploie l'herbe, la semence et leur suc en cataplasme contre l'ophthalmie. Les sauges sont caractérisées par la forme de leurs étamines, dont les filaments sont fourchus à leur base et sont comme attachés transversalement sur un pédicule particulier. Toutes les sauges sont plus ou moins aromatiques ; il y en a ce-

pendant, comme celle des prés, qui sont à peine odorantes. L'infusion et la poudre de la sauge officinale est supérieure au thé, dans les langueurs d'estomac et les migraines.

305. La SAUGE TOUTE-BONNE. Elle est énergique, peut-être plus que la sauge officinale ; mais comme elle est enivrante, que son odeur porte à la tête, on a toujours préféré l'officinale. Ajoutée à la bière en fermentation, elle la rend plus enivrante ; infusée à froid dans du vin blanc, elle lui donne un goût plus agréable Les lavements et l'infusion de *toute-bonne* produisent fréquemment d'excellents effets dans les coliques spasmodiques avec flatuosités.

306. L'ORMIN SAUVAGE, SAUGE FRISÉE, *Salvia verticillata*. *La fleur :* Comme la précédente, mais le style retombe sur la lèvre inférieure. *Fruit :* le même. *Feuilles :* en forme de cœur, crénelées, à dents de scie ; quelquefois en cœur, en flèche ou en lyre ; imitant assez souvent celles de la sauge. *Racine :* la même. Tige de 30 centimètres, carrée, velue, cannelée ; les fleurs verticillées, paraissant en automne et en été. *Lieu :* l'Allemagne, l'Alsace et la Bourgogne. *Propriétés et Usages :* les mêmes que la précédente.

307. La TOUTE-BONNE DES PRÉS, à feuilles serrées et fleurs bleues, *Salvia pratensis.* — *Fleur et fruit :* comme dans la précédente ; corolle bleue, blanche ou rougeâtre. *Feuilles :* les radicales couchées, cordiformes, allongées et crénelées, quelquefois très découpées ; les supérieures embrassent la tige. *Racine :* simple, ligneuse, fibreuse, odorante. *Tiges :* s'élèvent à la hauteur de deux pieds, carrées, raides, velues, creuses, avec des rameaux opposés les uns aux autres, et souvent simples ; les fleurs naissent au sommet, disposées en épi et verticillées, le casque des corolles est gluant, en faucille plus longue que le tube ; le style est saillant. *Lieu :* les prés. Vivace. *Propriétés et Usages :* comme la précédente.

308. La GRANDE SAUGE. — *Fleur :* caractères des précédentes, mais la lèvre supérieure est en casque : les filets

des étamines ressemblent à l'os hyoïde par leur bifurcation;
la corolle, purpurine. *Fruit* : comme dans les précédentes.
Feuilles : lancéolées, ovoïdes, chagrinées ou finement ridées, peu succulentes, quelquefois panachées, entières, crénelées, pétiolées. *Racine* : ligneuse, dure, fibreuse. *Tiges* : ligneuses, rameuses, velues, ordinairement carrées; les fleurs
disposées en épi, de distance en distance ; les calices aigus.
Lieu : les endroits chauds. Vivace. *Propriétés* : les feuilles
ont une odeur forte, pénétrante, agréable, d'un goût aromatique, un peu amer, un peu âcre ; la plante est tonique,
céphalique, cordiale, stomachique, sternutatoire et siala-
gogue. *Usages* : l'herbe et les fleurs sont employées fréquemment ; les semences rarement ; on fait avec l'herbe des décoctions, des vinaigres, des infusions et une poudre ; les
fleurs donnent une eau, une huile distillée, une huile infusée, une conserve, un esprit, des infusions.

309. La PETITE SAUGE, FRANCHE, DORÉE DE PROVENCE.
Fleurs et fruits : comme dans la précédente, dont elle n'est
qu'une variété. Les feuilles plus petites, moins larges, plus
blanches, ridées, rudes, peu succulentes, ordinairement
accompagnées à leur base de deux follicules en façon d'o-
reillettes. La racine est la même. La plante est plus petite.
Lieu : la Provence, le Languedoc. Vivace. Les propriétés et
usages sont les mêmes que la précédente ; mais son odeur
est plus forte, son goût plus pénétrant, plus aromatique.

310. La SAUGE DE CATALOGNE, à feuilles plus minces.
Dans la fleur, la corolle est blanche pour l'ordinaire. Le
fruit plus petit. Les *feuilles* aussi et plus vertes. La *racine*,
la même. L'odeur plus douce. L'Espagne est son pays natal : on la cultive dans nos jardins. Vivace. Propriétés et
usages de la précédente.

311. La SAUGE SAUVAGE, à feuilles tachetées. *La tige* :
rameuse et pubescente. *Feuilles* : en cœur, lancéolées, aiguës, ondulées, à doubles dentelures, tachées de blanc en
dessus, pubescentes en dessous ; bractées colorées, plus

courtes que la fleur, dont la lèvre supérieure est moins longue que le tube. On trouve cette plante en Autriche, en Bohême et dans nos provinces méridionales.

312. La SAUGE GLUTINEUSE des montagnes, à feuilles d'ormeau et fleur jaunâtre. — *Tiges :* droites, à angles obtus. *Feuilles :* grandes, en cœur, sagittées, presque lisses et glutineuses ; corolles grandes, d'un jaune sale ; la lèvre supérieure en faucille ; étamines saillantes. Cette belle sauge se trouve en Dauphiné, en Provence, en Alsace et en Bourgogne.

313. La SAUGE LANUGINEUSE, à grandes et larges feuilles. *Tige :* cotonneuse et branchue. *Feuilles :* très grandes, ovales, oblongues, cotonneuses ; calice enveloppé d'un coton très blanc ; corolles blanches. On la trouve en Périgord, en Languedoc et en Bourgogne ; les bractées concaves, un peu épineuses, resserrent les anneaux des fleurs, dont les segments de la lèvre inférieure réunis forment un sac.

314. La SAUGE CLANDESTINE : *Hormin des champs* à feuille découpée. *Tige :* basse, feuilles très ridées, pinnatifides, ou à sinuosités très profondes ; ses épis comme tronqués, obtus ; calices glutineux ; corolles violettes, à barbe blanche, plus étroites, et presque deux fois plus longues que le calice. Cette belle sauge est commune en Italie et dans les provinces méridionales de la France.

315. La TOQUE, *centaurée bleue des marais. Fleur :* bleue, calice à deux lèvres entières. *Fruit :* quatre semences oblongues placées au fond d'un calice, dont la forme imite une coque entr'ouverte dans sa partie inférieure. *Feuilles :* cordiformes, lancéolées, crénelées, opposées, glabres. *Racine :* rameuse. *Tige :* s'élève à la hauteur d'un pied et plus, droite, rameuse, quadrangulaire, lisse ; les fleurs bleues ou violettes. *Lieu :* les bords des étangs. Vivace. *Propriétés :* la plante est très amère, stomachique, fébrifuge. On ne se sert que des fleurs.

316. La PETITE CENTAURÉE, à fleur rougeâtre. On l'ap-

pelle vulgairement la *petite toque*; la tige est grêle, très branchue; elle a tout au plus 25 centimètres de haut; les feuilles sont ovales et presque entières; les fleurs rougeâtres sont beaucoup plus petites. Cette espèce se trouve en Bourgogne et en Périgord; ses feuilles supérieures sont lancéolées, étroites; les intermédiaires le plus souvent en cœur, ovales.

317. La TOQUE, *centaurée* à fer de flèche, *Hastifolio·* Les feuilles non dentées varient par la forme; les inférieures sont à oreilles, en fer de lance. Peut-être n'est-elle qu'une variété de la centaurée vulgaire.

318. La TOQUE, *centaurée* des Alpes, à grande fleur. *Tiges* : un peu couchées vers leur base. *Feuilles* : ovales, crénelées, terminées par une pointe mousse. *Fleurs:* en épi terminal, garnies de bractées ovales et entières; les corolles très grandes, à lèvre supérieure velue et bleue, à lèvre inférieure blanche. On l'a trouvée sur les montagnes de Provence, du Dauphiné, en Bourgogne. Cette espèce et la centaurée commune sont amères; leurs feuilles froissées exhalent une odeur d'ail; l'infusion de ces feuilles et des sommités est regardée comme fébrifuge : et l'expérience a démontré souvent leur efficacité.

319. La GRANDE BRUNELLE, à feuille non découpée. Fleur labiée; la lèvre supérieure en casque; corolle bleue, purpurine, quelquefois blanche. *Fruit :* quatre semences presque rondes, renfermées dans le calice, dont la lèvre supérieure est tronquée. *Feuilles :* opposées, pétiolées, ovales. *Racine :* très menue. *Tiges :* d'un demi-pied de haut, herbacées; les fleurs sont disposées en épi au sommet des rameaux; sous chaque fleur une bractée ovale colorée. *Lieu :* les pâturages, les prés. Vivace. *Propriétés :* la plante a une odeur faible, son suc une saveur styptique et amère; elle est vulnéraire, astringente, détersive. *Usages :* on se sert de son herbe en décoctions et potions vulnéraires.

320. La BALLOTE, à fleur blanche. On la trouve dans le

midi de la France. La fleur est blanche; mais il est prouvé, en rapprochant les deux espèces, que le blanc n'est qu'une variété du genre du noir. Le *marrube noir* a été utile dans quelques espèces d'épilepsie et d'ictère comme médicament auxiliaire.

321. L'ORTIE PIQUANTE et fétide des bois. *Stachis sylvatica. Fleur :* labiée ; la lèvre supérieure creusée en cuiller ; l'inférieure partagée en trois segments ; celui du milieu est obtus, long, large, réfléchi des deux côtés, les deux autres petits et courts ; la corolle purpurine, la lèvre inférieure tachetée. *Fruit :* quatre semences oblongues dans le fond du calice, dont les dentelures sont pointues en forme d'alène, inégales. *Feuilles :* pétiolées, larges, cordiformes, dentelées, rudes au toucher. *Racine :* rampante, avec quelques fibres grêles qui forment des nœuds. *Tiges :* s'élèvent à la hauteur de deux pieds, carrées, velues, creuses, branchues ; les fleurs verticillées naissent au sommet des rameaux, en épi ; deux feuilles florales lancéolées et très entières. *Feuilles :* opposées. *Lieu :* les forêts, les bois. Annuelle. *Propriétés :* cette plante a une odeur de bitume, un goût un peu salé, un peu astringent ; elle est vulnéraire et emménagogue. *Usages :* on emploie les fleurs en infusion ; les feuilles fraîches, pilées et appliquées, sont antiulcéreuses ; macérées dans l'huile, elles sont utiles contre les brûlures et les plaies des tendons. Voy. pl. 80.

322. L'ORTIE MORTE OU INERTE, à fleur jaune, *Galeopsis. Fleur :* labiée ; la lèvre supérieure creusée en cuiller, dentée à son extrémité; l'inférieure divisée en trois parties dont la moyenne est la plus grande; les latérales arrondies ; corolle jaune. *Fruit :* quatre semences oblongues, renfermées au fond du calice. *Feuilles :* cordiformes, celles du sommet lancéolées, presque sessiles. *Racine :* rameuse, fibreuse. *Tiges :* s'élèvent à la hauteur d'un pied ; les fleurs sont verticillées de six en six, quelquefois jusqu'à douze ; les feuilles opposées. *Lieu :* les haies et bords des bois. Vi-

vace. *Propriétés et Usages* : les mêmes que la précédente. On ramène à cette espèce les deux plantes suivantes communes dans presque toute l'Europe.

323. L'ORTIE RENFLÉE. Les nœuds supérieurs sont renflés et les anneaux des fleurs très rapprochés ; les dents du calice comme piquantes. La tige est hérissée ; les feuilles ovales, lancéolées ; la fleur rouge. On trouve aussi une belle variété de cette espèce dont la fleur est jaune, plus grande, offrant des taches pourpres sur la lèvre inférieure.

324. L'ORTIE ANNELÉE, *Galeopsis ladanum*. Les dents du calice sont peu raides et tous les anneaux des fleurs éloignés entre eux. Elle offre des feuilles assez étroites, qui cependant dans une variété s'élargissent. Dans ces deux espèces, la gorge de la corolle offre deux mamelons ou dents très marquées, qui manquent dans les autres espèces.

325. L'ÉPI FLEURI, *Stachys germanica*. — *Fleur* : labiée; la lèvre supérieure est creusée en cuiller, relevée et échancrée ; l'inférieure est divisée en trois parties ; celles des côtés, plus petites que celle du milieu, ne paraissent que des crénelures. *Fruit* : quatre semences presque rondes, renfermées dans le calice. *Feuilles* : ovales, pointues, blanches, cotonneuses, dentelées, sessiles. *Racine* : ligneuse, fibrée, jaunâtre. *Tige* : s'élève à la hauteur de 64 centimètres, carrée, velue, veloutée ; les fleurs naissent au sommet ; les bouquets de fleurs verticillés et très chargés ; les feuilles opposées, celles du sommet ont de courts pétioles. *Lieu* : les pays montagneux, rudes, incultes. Annuelle. *Propriétés* : cette plante est d'une odeur agréable ; elle est emménagogue, diaphorétique. *Usages* : on s'en sert rarement en médecine; on en peut faire cependant des infusions et des décoctions utiles pour faciliter la digestion après le principal repas ; mais il faut y ajouter un peu de sucre et une ou deux cuillerées à café d'une liqueur alcoolique quelconque, telles que rhum, kirch-waser, eau-de-vie.

326. La MENTHE FRISÉE, à feuilles rondes, *Mentha ro-*

undifolia, *crispa*, *spicata*. — *Fleur* : labiée ; la lèvre supérieure creusée en cuiller ; l'inférieur divisée en trois parties ; ces deux lèvres et leurs parties disposées de manière que la corolle ne paraît divisée qu'en quatre. *Fruit:* quatre semences oblongues au fond d'un calice tubulé, droit, à cinq dentelures. *Feuilles :* sans pétioles, cordiformes, dentées, ondulées, crépues. *Racine :* rampante, traçante. *Tiges* : de la hauteur de 1 mètre, droites, velues, carrées ; les fleurs en tête allongée, les étamines de la longueur de la corolle. *Lieu :* la Sibérie, la Suisse, les Alpes, les Pyrénées ; cultivée dans les jardins. Vivace. *Propriétés* : odeur aromatique ; effets stomachiques, anti-émétiques, vermifuges, apéritifs, toniques, répercussifs, vulnéraires, astringents. *Usages :* on donne l'extrait de menthe pour arrêter le vomissement. Toutes les espèces de menthe méritent l'attention des botanistes; leur odeur forte et pénétrante, leur saveur piquante, un peu amère, annoncent une véritable énergie. La menthe frisée perd peu par la dessiccation; l'infusion aqueuse conserve l'odeur de la plante ; elle retient à peine sa saveur ; l'infusion avec l'esprit-de-vin semble mieux retenir le principe de la saveur. Une livre de feuilles fournit environ trois grammes d'huile essentielle. C'est une des plantes aromatiques le plus souvent employées pour dissiper les flatuosités, pour calmer les affections hystériques et hypochondriaques ; elle excite le plus souvent, ce qui soulage singulièrement les malades ; aussi calme-t-elle promptement les *coliques venteuses;* elle diminue les diarrhées et le vomissement qui reconnaissent pour causes les spasmes des intestins ou de l'estomac. La poudre des feuilles, mêlée avec du miel, est excellente dans l'anorexie, faiblesse, langueurs de l'estomac avec diminution de l'appétit. *La menthe infusée dans le lait l'empêche de se cailler ; aussi c'est un excellent moyen de diminuer le lait et de le dissiper, lorsqu'il est coagulé chez les nourrices ou femmes en couche.* L'huile essentielle de menthe appliquée sur les mamelles, dissout le lait grumelé ; l'infusion de menthe frisée rétablit les règles supprimées par atonie. Les feuilles appliquées extérieurement sur les ecchymoses, les tumeurs froides, sont très résolutives. L'huile essentielle de menthe est d'un jaune pâle ; c'est un des médicaments les plus énergiques dans la *paralysie*, les *langueurs d'estomac*, la *leucophlegmatie* ; on en verse dix à douze gouttes sur du sucre pulvérisé et on l'avale avec un peu d'eau après. Aujourd'hui on fait des pastilles de menthe qui ne demandent aucun adjuvant et qu'on prend quatre ou cinq, deux fois par jour.

327. La GRANDE MENTHE AQUATIQUE, ou *de marais*, à feuilles rondes. — *Fleur :* comme la précédente ; les étamines plus longues que les corolles qui sont d'un rouge pâle. *Fruit :* quatre semences menues, noirâtres au fond du calice. *Feuilles :* ovales, dentées en manière de scie, pétiolées. *Racine :* rampante, très fibreuse. *Tiges :* menues, carrées, velues, creuses, remplie d'une moëlle fongueuse ; les fleurs naissent au sommet, ramassées en têtes arrondies ; les feuilles opposées. *Lieu :* les terrains humides et aquatiques, les marais de la Bretagne et du Poitou. Vivace. *Propriétés :* les feuilles sont âcres, amères, aromatiques, stomachiques, diurétiques. *Usages :* on emploie les feuilles en manière de thé ; le suc, bu dans du vin blanc, guérit la gravelle ; les feuilles sont utilement appliquées contre la piqûre des guêpes et des abeilles.

328. La MENTHE SAUVAGE DES PRÉS, à feuilles très rondes. *Fleur et fruit :* comme dans la précédente, disposés en épi. *Feuilles :* cotonneuses, ridées, crenelées, blanchâtres. *Racine :* fibreuse, rampante. *Tiges :* s'élèvent à la hauteur de 34 cent., carrées et velues ; les feuilles florales allongées en forme d'alène ; l'épi des fleurs est nu, cylindrique ; elles sont verticillées ; les feuilles opposées. *Lieu :* les saussaies, les terrains humides. Vivace. *Propriétés :* elle a un goût amer, âcre, astringent ; odeur forte et aromatique ; les feuilles ont les mêmes vertus que les précédentes, mais plus faibles. *Usages :* les feuilles appliquées en cataplasme sont vésicantes.

329. La MENTHE DES JARDINS, à odeur de baume, *Mentha hortensis, verticillata, ocymi odore.* Caractères des précédentes ; les étamines plus courtes que la corolle. *Feuilles :* ovales, aiguës, dentées en manière de scie, d'un vert brun. *Racine :* traçante, fibreuse. *Tiges :* s'élevant à la hauteur de 50 centimètres, droites, carrées ; les fleurs verticillées, feuilles opposées ; toute la plante d'un vert foncé. *Lieu :* les pays chauds, nos jardins. Vivace. *Propriétés et usages :* les mêmes que la menthe frisée, mais plus faibles.

330. La MENTHE DES CHAMPS, *Mentha arvensis.* La tige est couchée ; les feuilles sont hérissées, ovales, lancéolées, à dents de scie ; les fleurs en anneaux ; les calices velus, blanchâtres.

331. La MENTHE SAUVAGE, *Mentha sylvestris.* Les feuilles sont oblongues, blanchâtres, soyeuses, à dents de scie, sans pétioles ; les épis cylindriques, les étamines deux fois plus longues que la corolle. Elle est très aromatique, d'un goût piquant.

332. La MENTHE POIVRÉE, *Mentha piperita.* — Les feuilles sont à pétioles, ovales, à dents de scie; les épis en tête; les étamines plus courtes que la corolle ; cultivée dans nos jardins, originaire d'Angleterre. Cette espèce, outre son odeur aromatique, excite une saveur piquante à laquelle succède la fraîcheur de l'éther ; on retire de l'eau distillée de cette menthe une certaine quantité d'un *véritable camphre ;* son huile essentielle, assez abondante, est d'un *vert jaunâtre.* On prépare avec cette huile et le sucre les *pastilles d^ menthe poivrée.* La plante desséchée conserve tous ses principes médicamenteux ; sa saveur et son odeur paraissent même plus énergiques ; on lui a reconnu les mêmes propriétés que celles des autres menthes.

333. La MENTHE POULIOT, *Pulegium vulgare.* — Mêmes

caractères que la précédente. *Feuilles :* pétiolées, ovales, obtuses, presque crénelées. *Racine :* rameuse, rampante. *Tiges :* glabres, lisses, arrondies, rampantes ; les fleurs verticillées, disposées en bouquets au-dessous desquels on trouve des feuilles opposées ; les bouquets sont arrondis. *Lieu :* les endroits humides, les bords d'étangs, au confluent du Rhône et de la Saône ; vivace. *Propriétés :* l'odeur de cette plante est plus pénétrante que celle des précédentes ; on la croit plus sudorifique ; elle est très âcre et très amère. *Usages :* on en fait des décoctions, des infusions avec de l'eau et du vin ; on en tire le suc ; son odeur chasse les puces, et il suffit de placer un bouquet de cette plante dans une alcôve au commencement de l'été pour être préservé de l'incommodité si désagréable des puces.

334. Le **lycope ou pied-de-loup**, *Marrube aquatique des marais, jaune et frisé.* — *Fleur :* labiée, presque campaniforme ; la lèvre supérieure à peine distinguée de l'inférieure, de manière que la corolle paraît divisée en quatre ; elle n'a que deux étamines, quoique les labiées en aient quatre. *Fruit :* quatre semences arrondies au fond du calice. *Feuilles :* simples, ovales, sessiles, sinuées à leur base, et comme ailées, dentées à leur sommet en manière de scie. *Racine :* fibreuse, rampante, blanche. *Tige :* carrée, rameuse, velue ; les fleurs très petites, très nombreuses, axillaires et verticillées ; les feuilles opposées. *Lieu :* les terrains humides ; vivace. *Propriétés et usages :* vulnéraire, détersive, astringente. Le *pied-de-loup* varie beaucoup par la hauteur de la tige et par les feuilles qui sont lisses ou hérissées, très découpées, comme pinnées ou presque entières. On compte jusqu'à *cent petites fleurs dans chaque anneau ;* les segments des *corolles blanches* offrent *quatre taches rouges.* Cette plante est employée pour *teindre en noir ;* son suc imprime aux étoffes des taches noires qui ne peuvent s'enlever. Elle fournit un assez bon fourrage pour

les chèvres et les moutons ; mais les vaches et les chevaux la négligent.

III. *Herbes à fleur monopétale, labiée, dont la lèvre supérieure est retroussée.*

335. La CRAPAUDINE, *Bétoine frisée.* — *Fleur :* labiée, corolles jaunes, tachées comme la peau d'un crapand, d'où la plante a pris son nom. *Fruit :* quatre semences noirâtres, oblongues, renfermées dans un calice dont les dentelures sont comme épineuses. *Feuilles :* ovales, allongées, légèrement dentées, surtout à leur sommet, entières à leurs bases, un peu rudes au toucher. *Racine :* dure, ligneuse. *Tiges :* longues de 34 ou 68 centimètres, carrées, couchées par terre ; les fleurs verticillées ; les feuilles opposées. *Lieu :* les lieux arides et pierreux; lyonnaise ; vivace. *Propriétés :* les feuilles sont d'une odeur désagréable, d'un goût un peu âcre ; elles sont vulnéraires, astringentes, détersives. *Usages :* on emploie les feuilles en cataplasme et en décoctions ; elles sont très utiles dans les bains pour faciliter la transpiration. V. pl. 126, la plante nommée crapaudine.

336. Le MARRUBE BLANC. *Fleur :* labiée. *Fruit :* quatre semences oblongues au fond d'un calice. *Feuilles :* arrondies, blanchâtres, ridées, pétiolées. *Racine :* simple, ligneuse, fibreuse. *Tiges :* nombreuses, de la hauteur de 34 centimètres. *Lieu :* les terrains incultes, les bords des chemins ; vivace. *Propriétés :* l'odeur de cette plante est forte et aromatique ; elle est âcre et amère au goût ; elle est incisive, hépatique, emménagogue, stomachique, vermifuge, détersive. *Usages :* c'est une des meilleures plantes médicinales de l'Europe ; on exprime le suc et on le mêle avec du miel ; il abrége beaucoup les rhumes dans les catarrhes habituels ; il facilite l'expectoration, quelques phtisiques en sont évidemment soulagés; son suc a quelquefois guéri sauf des ictères. Cette plante est inutile dans les pâturages ; les bestiaux n'y touchent pas.

337. La **citronelle ou mélisse des jardins**. — *Fleur :*
labiée. *Fruit :* quatre semences presque rondes dans le
fond d'un calice aride, à deux lèvres, renflé par la maturité. *Feuilles :* en cœur, obrondes, légèrement veloutées,
dentelées à leurs bords, d'un vert luisant. *Racine :* ligneuse,
longue, arrondie, profonde, fibreuse. *Port :* les tiges hautes d'une coudée, carrées, presque lisses, rameuses, dures,
raides ; les fleurs en grappes axillaires. *Lieu :* l'Italie, les
montagnes de Savoie, cultivée dans les jardins ; vivace.
Propriétés : l'odeur forte et agréable, analogue à celle du
citron, le goût un peu amer et âcre ; la plante est cordiale,
céphalique, antiasthmatique. *Usages :* on emploie fréquemment l'herbe cueillie avant sa florescence, les sommités
fleuries, les fleurs et rarement les semences ; l'on tire de
l'herbe fraîche une eau distillée ; on en fait des décoctions,
un extrait ; de l'herbe sèche une poudre, des infusions en
manière de thé. Les deux espèces suivantes de citronelles,
méritent d'être connues à cause de leur emploi dont il a été
question.

338. La **citronelle a grande fleur**, *Melissa grandiflora*. — *Fleurs :* en grappes latérales, éparses, les pédoncules axillaires, dichotomes, de la longueur de la fleur, dont
la corolle est trois fois plus longue que le calice. Odeur très
pénétrante.

339. La **citronelle cataire**. — *Tige :* raide, se relevant
hérissée. *Feuilles :* ovales, lancéolées, lisses en-dessus, hérissées en-dessous ; les pédoncules axillaires, dichotomes,
plus longs que les feuilles ; la corolle bleuâtre, dont la
gorge est blanche et bleue elle répand une odeur de pouliot.

340. La **petite citronelle des bois**, à larges feuilles,
grande fleur rougeâtre. — *Fleur :* labiée, la lèvre supérieure relevée, obronde, plane ; l'inférieure ouverte, obtuse, divisée en trois parties crénelées, la moyenne plus
grande ; grande corolle pourprée ou blanche. *Fruit :* quatre semences grosses, noirâtres, inégales, renfermées au

fond d'un calice renflé, plus large que le tube de la corolle, à deux lèvres. *Feuilles :* ovales, crenelées, obtuses, pétiolées. *Racine :* rameuse, fibreuse. *Tiges :* plus basses que celles de la vraie mélisse, carrées, velues, simples, remplies de moëlle ; les fleurs axillaires, solitaires, soutenues par des pédoncules plus courts que les calices qui sont trois fois plus petits que les corolles ; les feuilles opposées. *Lieu :* les montagnes, les bois ; lithuanienne ; vivace. *Propriétés :* un peu aromatique, âcre au goût, vulnéraire, apéritive, diurétique. *Usages :* on n'emploie que les feuilles, et rarement ; on les donne en infusion théiforme.

341. La CITRONELLE CALAMENT DE GERMANIE. Caractères de la vraie mélisse, dont la plante ne diffère que par la disposition des fleurs ; corolle purpurine. *Feuilles :* arrondies, terminées par une pointe mousse, légèrement dentelées et velues. *Racine :* rameuse, fibreuse. *Tiges :* droites, hautes de 25 centimètres, quadrangulaires, branchues ; les fleurs axillaires, en bouquet, portées par des pédoncules subdivisés en deux et de la longueur des feuilles ; feuilles opposées deux à deux. *Lieu :* les lieux pierreux. Vivace. *Propriétés :* les feuilles sont d'une odeur agréable, d'une saveur âcre et un peu amère ; elles sont stomachiques, incisives, résolutives, carminatives. *Usages :* on emploie toute la plante, rarement les semences, quoique fort utiles ; on en fait des infusions, une poudre, des vins, des conserves, un sirop ; extérieurement elle est un atténuant répercussif, résolutif. La mélisse-calament a les mêmes vertus que les menthes, elle produit de bons effets dans les maladies causées par atonie ; elle dissipe les spasmes qui proviennent de flatuosités dans les entrailles de l'homme et des animaux domestiques qui vivent près de lui.

342. Le LIERRE TERRESTRE, *petit calament*, à feuille ronde. — *Fleur :* labiée. *Fruit :* quatre semences ovales, renfermées dans un calice cylindrique dont la bouche à cinq dents pointues et inégales. *Feuilles :* simples. *Racine :*

horizontale, rampante. *Tiges :* rampantes. carrées, grêles, velues, jetant des racines ; les fleurs sessiles, axillaires, verticillées, au nombre de six ; les feuilles opposées deux à deux. *Lieu :* les champs, les haies. Vivace. *Propriétés :* les feuilles sont amères, un peu aromatiques ; la plante est astringente, vulnéraire, expectorante ; très bonne pour tisane sur la fin d'une inflammation pulmonaire. *Usages :* l'on emploie l'herbe fraîche et sèche et les sommités fleuries ; de l'herbe fraîche, on fait une décoction, un extrait, des bouillons ; on en tire un sirop et un suc. l'on prend l'herbe sèche en infusion et en poudre. Le caractère essentiel du lierre terrestre se trouve dans les anthères qui, en s'adossant, représentent une croix. On ne peut refuser à cette plante de grandes vertus ; elle contient, outre le principe aromatique qui est peu pénétrant, un extrait amer assez piquant ; donné en infusion et en poudre, elle a paru très utile dans l'asthme, dans les rhumes invétérés ; quelques phthisiques sont évidemment soulagés avec son infusion miellée ; ils crachent plus facilement, toussant moins longtemps. Elle a aussi quelquefois réussi dans la colique néphrétique. On trouve deux variétés de cette plante ; celle à petites feuilles et une autre à grandes feuilles ; la corolle qui est communément bleue, est aussi quelquefois blanche.

343. Le GRAND BASILIC SAUVAGE. Il ressemble à l'origan mais il est plus haut et a des feuilles plus grandes, *Clinopodinm origano simile.* — *Fleur :* labiées ; corolle purpurine. *Fruit :* quatre semences ovales au fond du calice qui, par la maturité, est renflé à sa base et contracté par le haut. *Feuilles :* simples, entières, ovales, à légères dentelures, pétiolées. *Racine :* ligneuse, rameuse. *Tige :* s'élevant à la hauteur de 34 centimètres, velue, herbacée, rameuse, carrée ; les fleurs au sommet des tiges, entièrement verticillées, ramassées en tête. Caractère qui la distingue de la mélisse et du calament ; feuilles opposées ; feuilles florales sétacées. *Lieu :* les terrains secs, les rochers. Vivace. *Propriétés :*

aromatique. *Usages :* on l'emploie en infusion. Le grand basilic sauvage est peu usité ; les chèvres et les moutons le mangent volontiers, les vaches le négligent, les chevaux qui en mangent deviennent poussifs, parcé que les bractées sétacées pénètrent dans leur trachée-artère.

344. Le PETIT BASILIC SAUVAGE DES CHAMPS, à forme de baume et de thym, *Thymus acinas.* — *Fleur :* labiée ; le tube de la longueur du calice. *Fruit :* quatre semences sous orbiculaires, dans un calice strié, velu, rétréci par le haut, renflé par le bas. *Feuilles :* ovales, aiguës, dentées en manière de scie, se terminant en pétioles par le bas. *Racine :* rameuse, ligneuse. *Tige :* s'élevant de 17 centimètres, à quatre angles obtus, droites, rameuses ; les fleurs verticillées, six à chaque anneaux ; les pédoncules ne portent qu'une seule fleur ; les feuilles opposées. *Lieu :* les bords des chemins et des bois. Annuelle. *Propriétés :* aromatique, cordiale, tonique.

345. Le ROMARIN DES JARDINS, à feuilles très étroites, *Rosmarinus hortensis. Fleur :* labiée ; deux étamines ; les autres labiées en ont quatre. *Fruit :* quatre semences jointes ensemble, ovales, renfermées dans le calice cotonneux. *Feuilles :* blanches, cotonneuses en dessous, simples, très entières, linéaires, repliées par les bords, presque sessiles ; les feuilles plus larges constituent une variété de la même espèce. *Racine :* fibreuse, ligneuse. *Port :* arbrisseau, dont la tige a de 1 mètre à 1 mètre 34 centimètres au moins, divisée en plusieurs rameaux opposées, longs, grêles, articulés ; les feuilles opposées. *Lieu :* le Languedoc, la Provence, nos jardins. Vivace. *Propriétés :* les feuilles ont une odeur forte, aromatique, agréable ; le goût en est âcre ; les fleurs ont une odeur douce, moins pénétrante que les feuilles ; la plante est tonique, cordiale, céphalique à un très haut degré, très résolutive, fébrifuge, anti-athsmatique, anti-apoplectique. *Usages :* on emploie très souvent l'herbe fraîche et sèche, les feuilles, les sommités fleuries, les fleurs,

les calices qui en sont la partie la plus odorante, rarement les semences; de l'herbe fraîche, on fait des décoctions, des vins infusés ; des sommités fleuries, on fait des décoctions, on tire une huile, une eau simple ; avec la plante fleurie, on compose l'eau distillée que l'on nomme *eau distillée de la reine de Hongrie*.

346. Le THYM DE CRÈTE ; *Thymus capitatus. Fleur :* labiée. *Fruit :* quatre semences obrondes dans le fond du calice refermé. *Feuilles :* menues, étroites à carone, blanchâtres, ponctuées, garnies de cils. *Racine :* dure, un peu ligneuse, fibreuse. *Tige :* d'un pied, divisée en rameaux, grêle, ligneuse ; les fleurs naissent en épi ; les feuilles opposées. *Lieu :* la Grèce, l'Archipel ; cultivé dans nos jardins ; vivace. *Propriétés :* plante plus odorante, plus suave que le thym et le serpolet ; incisive, cordiale, stomachique, carminative, diaphoritique, résolutive. *Usages :* on se sert fréquemment de toute la plante, excepté de la racine, mais rarement des semences ; des feuilles, on fait des décoctions, des eaux composées, une poudre ; des feuilles récentes, une eau simple distillée ; des sommités fleuries et fraîches, des eaux composées ; des sommités fleuries sèches, des décoctions, une poudre ; de toute la plante fraîche ou sèche, des bains de siége ou de vapeur ; du suc de toute la plante, une huile essentielle.

347. Le THYM COMMUN : *Sarriette*, à très petites feuilles. *Fleur :* labiée ; le tube de la longueur du calice ; *Fruit :* quatre semences obrondes dans un calice tubulé, rétréci par le haut. *Feuilles :* menues, étroites, ovoïdes, repliées sur elles-mêmes par les côtés ; les feuilles plus larges constituent une variété de l'espèce. *Racine :* Dure, ligneuse, rameuse. *Port :* sous-arbrisseau dont la tige qui persiste l'hiver, est droite, peu élevée, rameuse, ligneuse ; les fleurs verticillées en épi ; les feuilles opposées. *Lieu :* le Languedoc, nos jardins ; vivace. *Propriétés et Usages :* les mêmes vertus que la précédente, mais moins forte. Le thym vul-

gaire, comme plusieurs autres plantes aromatiques, sup-
pórte très bien les rigueurs des hivers du Nord ; c'est à
cause de l'huile essentielle qu'il contient. On retire par la
distillation une grande quantité de cette huile, qui dépose
du *camphre* semblable au coup d'œil à du *sucre candi*.
L'huile de thym est très âcre, de couleur jaune ; on en retire quelquefois une once de huit livres d'herbe ; les thyms
et les sarriettes, sont plus usités comme assaisonnements
culinaires qne comment médicament. Suivant Linné, le
caractère essentiel des thyms est d'offrir la gorge du calice
hérissée de poils ; celui des sarriettes se trouve dans la di-
vergence des étamines.

348. Le GRAND SERPOLET COMMUN, à fleur rouge. *Ser-
pyllum vulgare majus, Fruit :* comme dans le précédent ;
la fleurs, rougeâtre, quelquefois blanche. *Feuilles :* planes,
obtuses, garnies de cils à leur base, presque ovales ; les
grandes et les petites ne sont que des variétés. *Racine :* rameuse, fibreuse, déliée. *Port :* plusieurs petites tiges carrées,
dures, ligneuses, rougeâtres ; les unes d'un demi pied, les
autres rampantes ; les fleurs aux sommités des tiges, diges,
disposées en forme de tête ; les feuilles opposées. *Lieu :* les
collines, les champs ; vivace. *Propriétés et Usages :* les
vertus du thym ; mais un peu plus astringent ; son odeur
est agréable : on en cultive une *variété à odeur de citron :*
Le serpolet en offre plusieurs ; sa tige est droite ou rampante ; ses feuilles plus ou moins grandes ne sont pas toujours ciliées à la base ; on les trouve souvent rouges. Les
corolles sont ou blanches, incarnates ou bleues. Les chèvres, les moutons mangent le serpolet, les cochons n'y
touchent pas. C'est une grande ressource pour les abeilles.
Le serpolet diffère du thym par ses tiges plus basses, moins
ligneuses, moins dures.

349. La SARRIETTE SAVOUREUSE DES JARDINS. *Fleur :* labiée ; caractères du thym de crête. *Feuilles :* sessiles, simples, lancéolées, linéaires, un peu velues. *Racine :* petite,

simple, ligneuse. *Port :* les tiges de la hauteur d'un pied, droites ; à quatre angles obtus, rondes, rougeâtres, un peu velues, noueuses ; les fleurs axillaires, les pédoncules portant deux fleurs ; les feuilles opposées. *Lieu :* le Languedoc, la Provence ; cultivée dans nos jardins ; annuelle. Elle pousse surtout parmi les fèves de marais. *Propriétés :* cette plante plante est d'une odeur aromatique, pénétrante, et d'un goût à peine amer ; elle est stomachique. *Usages :* on l'emploie souvent dans les cuisines, en la substituant au serpolet dont l'usage est le même, on se sert assez raromen des feuilles et des sommités, encore plus rarement des semences. *La décoction de cette plante, injectée dans les oreilles,* est très utile dans les *affections soporeuses.*

350. La SARIETTE DE CRÈTE, *Thombra legitima. Caractères* comme dans la précédente. *Feuilles :* ovales, pointues, lancéolées. Cette plante diffère spécialement de la précédente par ses fleurs verticillées, presque nues et ramassées en têtes rondes. *Lieu :* l'île de Crète. *Propriétés et usages :* les mêmes que la précédente ; on n'emploie que de l'herbe et rarement.

351. La SARRIETTE VRAIE, TIMBRE DE SAINT JULIEN, *Caractères,* comme dans les précédentes. *Feuilles :* linéaires. lancéolées, glabres. *Racine :* dure, ligneuse. *Tiges :* de la hauteur de 51 centimètres, droites et ligneuses ; les fleurs verticillées, ramassées, terminées en épi. *Lieu :* l'Italie ; vivace. *Propriétés :* cette plante est d'un goût agréable qui tient de celui de la sarriette et du thym ; ses propriétés sont les mêmes ; on la regarde comme carminative, apéritive. *Usages :* on emploie son huile essentielle très estimée.

352. La LAVANDULE, à épis et feuilles étroites, *Lavandula angustifolia. — Fleur :* labiée. *Fruit :* quatre semences arrondies, dans un calice refermé par le haut. *Feuilles :* sessiles, lancéolées, entières ; la lavande à feuilles larges n'est qu'une variété de celle-ci. *Racine :* ligneuse, fibreuse. *Port :* sous-arbrisseau dont la tige a 68 centimètres, li-

gneuse, grêle, quadrangulaire ; les feuilles florales plus courtes que les calices qui sont rougeâtres ; les fleurs au sommet des tiges disposées par anneaux, en manière d'épi, les feuilles opposées. *Lieu* : l'Europe méridionale ; vivace. *Propriétés* : les feuilles ont une odeur agréable, un goût amer ; les fleurs et les feuilles sont cordiales, masticatoires, sternutatoires, carminatives. *Usages* : on se sert fréquemment des fleurs et des feuilles, rarement des semences ; des feuilles, on fait des cataplasmes, des décoctions ; des fleurs, une eau, un esprit, une huile essentielle nommé *huile d'aspic*, des infusions, des décoctions dans l'eau et dans le vin. On retire une plus grande quantité d'huile essentielle des épis de lavande que des feuilles. Cette huile est de couleur citrine, elle retient l'odeur de lavande, sa saveur est très forte ; sur quinze livres d'épis, on en a retiré cinq onces. On met des feuilles sèches parmi le linge blanc. On fait des sachets aromatiques avec la lavande ; l'infusion dans l'eau et le vin, sont également aromatiques, l'infusion de la lavande est indiquée dans les défaillances, les paralysies, le tremblement des membres, le vertige,

353. L'ORIGAN SAUVAGE DES LAPINS, décrit par Pline, le naturaliste. *Fleur* : labiée, droite ; étamines du double plus longues que la corolle rouge ou blanche. *Feuilles* : ovales denticulées, portées sur un court pétiole, un peu velues et blanchâtres. *Racine* : menue, ligneuse, rameuse. *Tiges* : de la hauteur de deux ou trois pieds, rougeâtres, dures, carrées, velues ; les fleurs ramassées en épis obronds, entourées de feuilles florales, nombreuses, ovales, souvent colorées de rouge, plus longues que les calices ; feuilles opposées. *Lieu* : les lieux champêtres, les collines. Vivace. *Propriétés* : odeur aromatique, un peu âcre au goût ; la plante est cordiale, apéritive, emménagogue, détersive, résolutive. *Usages* : la poudre de ses feuilles et de ses fleurs est céphalique ; on fait des feuilles et de l'herbe, des décoctions et des infusions ; on en tire

une huile essentielle ; on s'en sert dans les demi-bains. L'odeur de l'origan commun est pénétrante, analogue à celle du thym : on retire de cette plante une très petite quantité d'huile essentielle. Du coton imprégné dedans l'huile essentielle et inséré dans une dent cariée, calme la douleur.

354. La MARJOLAINE COMMUNE, *Origanum majorana.* La fleur et le fruit comme dans les précédentes. *Feuilles :* petites, ovales, obtuses, très entières, presque sessiles, douces au toucher, blanches. *Racine :* ligneuse, menue. *Tiges :* de la hauteur d'un demi-pied, grêles, rameuses, souvent velues ; les fleurs naissent en panicule, formé par des épis courts ; feuilles opposées. *Lieu :* le Languedoc, la Provence ; on la cultive dans nos jardins. Annuelle. *Propriétés :* odeur aromatique, agréable ; âcre et amère au goût ; la plante est résolutive, antiseptique, tonique, sudorifique, sternutatoire, cordiale, antispasmodique, et surtout carminative. *Usages :* de l'herbe fraîche on tire une huile cuite, une eau distillée ; de l'herbe sèche, une huile essentielle, des infusions ; des fleurs et des feuilles sèches, une poudre sternutatoire. La marjolaine ne diffère de l'origan que par des épis plus courts duvetés.

355. La VERVEINE à fleur bleue. *Fleur :* monopétale, imitant les labiées ; le tube cylindrique, courbé ; le limbe étendue, à cinq segments arrondis, presque égaux ; la corolle très petite et bleuâtre ; quatre étamines. *Fruit :* deux ou quatre semences oblongues, renfermées dans un calice tubulé, anguleux ; le péricarpe à peine visible. *Feuilles :* allongées, découpées, en plusieurs parties, est comme laciniées profondément. *Racine :* rameuse, peu fibreuse, oblongue. *Tige :* s'élève depuis un pied jusqu'à deux, rameuse, faible, carrée, un peu obtuse ; les fleurs en épis longs et grêles. Remarquez que la tige est quelquefois lisse, que les feuilles sont opposées, souvent divisées en trois, et dentées ; celles du sommet quelquefois lancéolées, oblon

gues, entières. *Lieu :* les bords des grands chemins. Anuuelle. *Propriétés :* la racine est amère, ainsi que les feuilles dont le goût est désagréable ; cette plante est vulnéraire , détersive, fébrifuge, résolutive. *Usages :* on emploie toutes ses parties ; son usage est intérieur et extérieur ; on la fait infuser dans du vin pendant douze heures, l'on se sert de la poudre contre l'hydropisie ; des feuilles infusées en manière de thé, et de l'extrait, contre la fièvre intermittente.

356. L'HYSOPE. — *Fleur :* labiée ; corolle sur la longueur des calices ; étamines et pistils de la longueur des corolles qui sont d'un bleu rougeâtre. *Fruit :* quatre semences oblongues, dans le fond du calice. *Feuilles :* simples, ovales, lancéolées, ponctuées, entières, sessiles. *Racine :* ligneuse, dure, fibrée, de la grosseur du petit doigt. *Port :* les tiges s'élèvent à la hauteur de 50 centimètres, carrées, rameuses, cassantes ; les fleurs en épi d'un seul côté ; les pédoncules chargés de plusieurs fleurs ; deux feuilles florales en alène, à la base des pédoncules ; les feuilles opposées. *Lieu :* cultivé dans nos jardius ; spontanée en Autrlche et en Savoie. Vivace. *Propriétés :* odeur forte et aromatique ; saveur âcre ; la plante est cordiale, céphalique, expectorante, incisive, stomachique et détersive. *Usages :* l'herbe et les fleurs sont souvent employées, la semence rarement ; de l'herbe fraîche et fleurie on en tire une eau simple distillée ; on fait de l'herbe sèche des décoctions et des infusions en manière de thé ou dans du vin ; les fleurs donnent une huile essentielle.

357. Le STŒCHAS, *Lavandule ,* à feuilles dentelées. Les *fleurs :* labiée, caractères de la lavande. *Fruit :* idem. *Feuilles :* sessiles , linéaires , ailées , dentées. *Racine :* rameuse. *Tiges :* carrées ; les fleurs en épis et verticillées ; les feuilles florales très grandes, colorées ; les feuilles opposées. *Lieu :* très commun dans les pays chauds ; en Espagne. *Propriétés et usages :* les mêmes que l'hysope. On cultive encore assez généralement dans nos jardins les deux espèces de lavandes qui suivent.

358. La LAVANDE ROUGE, *Lavandula stœchas purpurea* :
à feuilles lancéolées, linéaires, très entières , et les épis
assez gros, terminés par une houppe ; de grandes bractées
colorées ; épis aromatiques, amers ; spontanée en Languedoc.

359. La LAVANDE A FEUILLES TRÈS DÉCOUPÉES : la forme
fondamentale de ces feuilles est arrondie dans cette espèce.
Elles sont doublement ailées ou pinnées. Originaire du
Portugal.

360. Le GRAND CATAIRE, *herbe au chat.* — *Fleur :* labiée ; le tube cylindrique recourbé ; la lèvre supérieure relevée , arrondie, échancrée ; l'inférieure divisée en trois
parties, dont les deux latérales sont comme des ailes , la
moyenne arrondie et creusée en cuiller , crénelée. *Fruit :*
quatre semences ovales dans un calice droit. *Feuilles :* pétiolées, simples, entières, cordiformes, dentées en manière
de scie. *Racine :* rameuse , ligneuse. *Tige :* de la hauteur
de 1 mètre, carrée, velue, herbacée, rameuse ; les rameaux
toujours opposés deux à deux ; feuilles florales en forme
d'alène à la base des calices ; les fleurs en épis, verticillées,
portées sur de courts pédoncules ; feuilles opposées. *Lieu :*
les endroits humides. Vivace. *Propriétés :* odeur aromatique,
saveur âcre et amère ; plante anti-scorbutique. Le cataire
répand une odeur forte, analogue à celle des menthes, mais
plus désagréable ; il fournit par la distillation une huile
essentielle, jaune, conservant l'odeur de la plante. Les
chats se roulent sur cette plante avec fureur et la couvrent
de leur urine ; c'est pourquoi, si on veut *éloigner les rats
des ruches à miel,* il suffit de suspendre au dessus un paquet de cataire.

361. La BÉTOINE ROUGE, *à fleur :* labiée ; corolle pourpre, quelquefois blanche. *Fruit :* quatre semences brunes
et arrondies au fond du calice. *Feuilles :* oblongues, arrondies, dentées tout autour, velues, ridées, quelquefois
oreillées à leur base ; les radicales pétiolées. *Racine :* de la
grosseur de 3 centimètres, coudée , fibreuse, chevelue.

Tiges : s'élèvent à la hauteur de 51 centimètres, droites, noueuses, carrées ; les fleurs en épis interrompus ; le calice barbu ; quelques feuilles florales ; les feuilles opposées deux à deux. *Lieu* : les bois, les buissons, les prés. *Propriétés* : ses racines ont un goût amer et les feuilles une saveur aromatique. La plante est tonique, sternutatoire, antihystérique, vulnéraire, détersive. *Usages* : on se sert de toute la plante ; on tire de l'herbe fraîche une eau distillée et un suc ; des feuilles sèches on fait une poudre sternutatoire et des infusions ; des sommités aussi.

362. Le BASILIC COMMUN. La fleur labiée, renversée ; *Fruit* : quatre semences oblongues, noirâtres, dans un calice cilié, renfermé, très court. *Feuilles* : ovales, un peu succulentes, glabres, simples, entières, pétiolées ; il y en a de grandes, de petites, de panachées : ce sont des variétés. *Racine* : ligneuse, fibreuse, noire. *Tiges* : nombreuses, touffues, s'élèvent à la hauteur de 24 à 27 centimètres ; les fleurs en épis verticillées ; les feuilles opposées. *Lieu* : les Indes ; on le cultive dans tous les jardins. Annuelle. *Propriétés* : odeur aromatique ; saveur forte, comme anisée ; la plante est céphalique, emménagogue, diaphorétique, stomachique, sternutatoire. *Usages* : on emploie son herbe et ses semences ; on fait de la plante sèche une poudre et les feuilles servent en infusion. Le basilic est plus utile dans les cuisines qu'en médecine, mais il entre dans plusieurs compositions. L'herbe de basilic récente, a une odeur plus agréable que celle qui est desséchée ; c'est un des assaisonnements vulgaires ; les feuilles fournissent une grande quantité d'huile essentielle, très aromatique ; cette huile est utile dans les maladies nerveuses avec atonie, comme paralysie, goutte sereine ; la poudre des feuilles est sternutatoire, on l'a employée utilement dans la perte de l'odorat, causée par l'épaississement de la membrane muqueuse. On cultive encore les espèces de basilic très aromatiques qui suivent.

363. Le petit basilic, *Ocymum minimum*. Les feuilles très petites sont ovales, très entières ; il est originaire de l'île de Ceylan.

364. Le basilic des moines, *Ocymum monachorum*. Les filaments sont sans dents et dont deux sont velus à leur base; les feuilles grandes, ovales, à dents de scie ; son odeur est pénétrante et très agréable. On ignore son origine.

IV. Herbes à fleur monopétale en gueule et à une seule lèvre.

365. La **germandrée** ou petit chêne rampant, *Teucrium chamædrys repens*. — *Fleur :* labiée ; corolle purpurine. *Fruit :* quatre semences obrondes dans le fond d'un calice tubulé qui n'est pas changé. *Feuilles :* ovales, découpées et crénelées à leur circonférence, pétiolées ; les grandes et petites ne forment qu'une variété. *Racine :* fibreuse, traçante. *Port :* les tiges de 28 à 32 centimètres, couchées, velues. *Lieu :* les bois, les coteaux secs et arides. Vivace. *Propriétés :* les feuilles ont une odeur faible, peu aromatique, un goût amer, l'herbe est tonique, sudorifique, fébrifuge, vermifuge, incisive. *Usages :* de l'herbe fraîche, on fait un extrait ; de la sèche, une poudre ou des infusions en manière de thé ; on donne souvent les tiges du petit chêne droites ; de chaque côté aux aisselles deux ou trois fleurs ; les calices des fleurs supérieures sont souvent pourpres.

366. La **germandrée jaune en arbre**. — *Caractères, fleur et fruit :* comme dans la précédente ; corolle jaune. *Feuilles :* arrondies, cordiformes, ondulées, dentées à dents obtuses, sessiles. *Racine :* rameuse, ligneuse. *Port :* tige de la consistance d'un arbuste ; les fleurs verticillées au nombre de six, pédonculées ; feuilles florales, concaves, entières ; feuilles opposées. *Lieu :* l'Italie et la Sicile. Vivace. Propriétés et usages de la précédente.

367. Le **polium germandrée des montagnes**, à fleur blanche, fleurs et fruit, comme dans les précédentes ; la

corolle jaune ou blanche. *Feuilles :* petites, crenelées, couvertes d'un duvet blanc. *Racine :* ligneuse ; tiges menues, arrondies. *Lieu :* les provinces méridionales de France. *Propriétés :* odeur forte et aromatique ; saveur désagréable et amère ; le polium est tonique, diurétique. *Usages :* on emploie particulièrement les sommités fleuries, en infusion en manière de thé. Le genre des teucrium ou germandrées, présente *trente-cinq espéces* dans le système de Linné, parce que cet auteur n'a eu égard, d'après ses principes, qu'aux parties de la fructification.

368. L'ivette ; *caractères fleurs et fruit :* des précédentes ; le calice un peu renflé, la corolle jaune. *Feuilles :* linéaires, velues, divisées au sommet en trois parties. *Racine :* menue, fibrée, blanche. *Tiges :* longues de quelques pouces, couchées, velues, disposées en rond ; les fleurs solitaires, sessiles, axillaires ; feuilles opposées deux à deux sur les nœuds des tiges. *Lieu :* les champs et montagnes sablonneuses ; annuelle. *Propriétés :* odeur de la résine de mélèze ou de pin, goût âcre et amer ; la plante apéritive, vulnéraire, antispasmodique, astringente. *Usages :* on se sert pour l'homme de toute la plante, excepté des racines ; on fait des feuilles une poudre et des infusions dans de l'eau. Livette a été très vantée pour la guérison de plusieurs maladies, on l'a surtout souvent ordonnée aux *goutteux ;* la tisane faite avec cette plante a diminué chez quelques-uns le nombre des accès.

369. La petite consoude , *Bugle rampante. Fleur :* labiée, la lèvre inférieure divisée en trois parties, celle du milieu partagée en deux ; on trouve deux dentelures à la place de la lèvre supérieure. *Fruit :* quatre semences arrondias au fond d'un calice assez petit. *Feuilles :* simples, très entières, arrondies, molles, légèrement découpées, luisantes, les radicales pétiolées, les caulinaires sessiles. *Racine :* horizontale, fibreuse, jetant plusieurs drageons. *Tiges :* herbacées, les unes grêles, un peu cylindriques, rampantes,

les autres droites, velues des deux côtés opposés ; les feuilles opposées. *Lieu :* les prés ; vivace. *Propriétés :* saveur amère et astringente ; la plante est vulnéraire, résolutive, apéritive. *Usages :* on se sert pour l'homme de toute la plante, soit intérieurement, soit extérieurement. La bugle, presque inodore, prouve encore que toutes les plantes d'une même famille naturelle n'ont pas les mêmes principes médicamenteux ; son eau distillée ne vaut pas l'eau simple.

370. La BUGLE EN PYRAMIDE, du milieu des prés, à tige velue, droite ; les feuilles radicales très grandes.

371. La BUGLE DE GENÈVE, *Ajuga Genevensis.* Très ressemblante à celle qui précède ; feuilles plus velues ; calices hérissés de poils ; le plus souvent les corolles rouges ; plusieurs botanistes ne la regardent que comme variétés de la bugle pyramidale. Dans les bugles, les fleurs sont en épis, plus ou moins resserrés.

CINQUIÈME CLASSE OU GROUPE, *Famille des crucifères.* Herbes et sous-arbrisseaux à fleur polypétale, régulière, composée de quatre pétales *disposés en croix,* nommée cruciforme.

I. *Herbes à fleur polypétale, régulière, cruciforme, dont le pistil devient un fruit assez court, qui n'a qu'une seule cavité.*

372. Le PASTEL, LA GUÈDE DES BOIS, à feuilles étroites qui servent à teindre en bleu. *Isatis tinctoria sylvestris, seu angustifolia. — Fleur :* cruciforme ; pétales oblongs, obtus, larges par le haut, jaunes ; calice découpé en quatre folioles ovales, colorées. *Fruit :* siliques oblongues, aplaties, très nombreuses, pendantes, lancéolées, obtuses, à une loge s'ouvrant à deux battants de forme naviculaire ; une semence ovale allongée. *Feuilles :* simples ; les radicales pétiolées, les caulinaires sessiles, amplexicaules, et en fer de flèche, d'un vert de mer. *Racine :* napiforme. *Tige :* de 68 ou 104 centimètres, très-lisse, herbacée, rameuse ; fleurs petites, au haut des tiges, disposées en grappe et en

corymbe ; feuilles alternes ; aucun support. *Lieu :* les bords de la mer ; on le cultive dans les jardins ; bisannuelle. *Propriétés :* vulnéraire, astringent. *Usages :* en cataplasme, en décoction : toutes les vertus médicinales du pastel sont incertaines et oubliées ; mais comme *plante économique,* il mérite attention ; ses feuilles réduites en pâte, et ensuite en boules sechées, fournissent une *teinture bleue*, résineuse, que l'on développe de l'alcali ; les *vaches et les moutons* mangent le pastel, et comme il résiste à la gelée, on peut en faire des *pâturages d'hiver ;* les *chèvres, les chevaux* n'aiment point cette plante ; ses semences mûrissent et en s'échappant elles produisent du pastel dans les terres circonvoisines. On rattache aux pastels, les plantes suivantes, tres communes.

373. La CAMÉLINE VIVACE , *Myagrum perenne. Tige :* lisse, très rameuse, haute de 51 centimètres ; feuilles inférieures pétiolées, pinnatifides ; celles de la tige dentées ; fleurs jaunes ; silicules à deux articulations, dont un seul nœud renferme une semence.

374. La CAMÉLINE CULTIVÉE, *Myagrum sativum.* Tige de 34 centimètres ; feuilles embrassant la tige, articulées ; silicules en forme de poires, pédonculées, à plusieurs semences ; on retire de ses graines une huile très bonne à brûler.

375. La CAMÉLINE PANICULÉE, à feuille dorée, pointue. Tige velue, à rameaux étalés ; feuilles embrassant la tige, à oreilles, un peu velues ; fleurs en longs épis, jaunes ; silicules très petites, arrondies, à une semence.

376. La PETITE CAMÉLINE DES ALPES, *Myagrum saxatile.* Qu'on trouve aussi dans le Lyonnais ; feuilles radicales pétiolées, formant sur terre une rose ; celles de la tige sont assises, ovales, dentées ou élancées ; silicules sphériques, arrondies, lisses.

377. La CAMÉLINE PERFOLIÉE. Feuilles radicales en lyre ; celles de la tige assises, d'un vert de mer ; fleurs d'un jaune

pâle ; silicule piriforme, une seule semence, quoique à trois loges. Les draves sont un genre analogue à la caméline ; elles offrent quelques espèces très communes ; en France nous possédons la suivante :

378. La DRAVE PRINTANIÈRE, *Draba verna*. Petite plante dont les feuilles radicales, lancéolées, un peu dentées, forment sur terre une rosette, les tiges nues ou hampes, portent plusieurs fleurs sur d'assez longs pédoncules ; les pétales blancs, divisés ; les silicules entières, ovales, oblongues, dont la cloison est parallèle avec les valves ; on trouve plusieurs variétés de cette espèce en Languedoc ; quelquefois elle est infiniment petite, à hampe, ne portant que deux ou trois fleurs ; les feuilles sont entières ou dentées, lisses ou hérissées ; le silicule se développe rapidement et oblitère plusieurs étamines.

379. La DRAVE DES MURAILLES, *Draba muralis*. Tige rameuse ; feuilles ovales, assises, dentées, velues ; fleurs blanches ou jaunes. On trouve des individus de cette espèce, très petits, à tige de trois pouces.

380. Le CHOU-MARIN, à feuilles très larges. *Fleur :* cruciforme ; pétales grands, obtus, ouverts ; onglets de la longueur du calice formés par quatre folioles ovales, concaves, ouvertes. *Fruit :* une seule semence sous-orbiculaire, renfermée dans une silique, espèce de baie sèche, arrondie, caduque. *Feuilles :* cordiformes, crépues, charnues, lisses, grandes, sinuées, quelquefois ailées. *Racine :* napiforme. *Tige :* herbacée, cylindrique, rameuse, de la hauteur de 102 centimètres ; fleurs au sommet des rameaux, disposées en grappes ; feuilles alternes ; aucun support. *Lieu :* les bords de l'Océan Septentrional ; vivace. *Propriétés et Usages :* plante résolutive. Rien ne ressemble plus au chou que cette plante avant la fructification ; cependant elle constitue un genre bien différent.

II. Herbes à fleur polypétale, régulière, cruciforme, dont

le pistil devient un fruit assez court, divisé transversalement en deux loges, par une cloison mitoyenne.

381. La ROSE DE JÉRICHO OU THLASPI. *Fleur :* cruciforme ; pétales obronds, planes ; onglets de la longueur du calice ; corolle blanche ; calice formé par quatre folioles ovales, concaves. *Fruit :* silicule épineuse, couronnée à la marge par deux valvules beaucoup plus longues que la cloison, à deux loges qui renferment chacune une semence obronde. *Feuilles :* charnues, cotonneuses, en forme de spatule, crénelées au sommet, sessiles. *Racine :* napiforme. *Tige :* de la hauteur d'un ou deux pouces, diffuse, rameuse, cotonneuse ; rameaux épars, ramassés en forme d'ombelle ; fleurs en épis très courts, sessiles axillaires ; feuilles éparses, alternes. *Lieu :* les bords de la mer rouge et de plusieurs lacs français ; difficilement dans les jardins. Annuelle. *Propriétés et usages :* elle est antiscorbutique. Elle peut servir d'*hygromètre*, lors même qu'elle est vieille et sèche ; la moindre humidité fait épanouir ses branches ; la sécheresse les fait replier. On trouve en Autriche dans le Frioul, une espèce de rose de Jéricho, l'*anostalica siriaca*, dont les feuilles sont rudes, lancéolées ; les épis plus longs que les feuilles ; les silicules ovales, terminées par une pointe. Voy. cette plante curieuse admirablement représentée dans notre atlas pl. 149.

382. Le THLASPI A LARGES SILIQUES : on le trouve en France dans les vignes, les champs. Cette espèce exhale une légère odeur d'ail, imprègne de cette odeur le lait des animaux qui en ont longtemps mangé, surtout celui des *vaches et des brebis* ; mais leur lait perd cette qualité, si on les nourrit seulement trois ou quatre jours avec un autre fourrage. Ce qui prouve que le principe odorant de cette plante est inaltérable par la digestion. L'odeur du thlaspi chasse les punaises et les insectes qui attaquent le blé. La semence des thlaspis cache dans l'écorce un principe vif, piquant, analogue à celui des moutardes, mais moins éner-

giques. La silicule bien développée se creuse comme un cuiller, la plante en fleur a souvent à peine trois pouces ; elle s'élève ensuite à plus d'un pied ; on trouve rarement les six étamines parce que la silicule qui s'enfle rapidement en oblitère plusieurs. Dans la plupart des individus, les feuilles de la plante en fleur sont très entières.

383. Le THLASPI DES MONTAGNES : tige droite ; feuilles radicales en cœur ; celles de la tige l'embrassant, et à oreillettes, toutes lisses, un peu succulentes ; silicules en cœur, échancrées ; corolles plus grandes que le calice. Plante alsacienne.

384. Le THLASPI *perfoliatum* : tiges lisses, rameuses; feuilles radicales, ovales ; celles de la tige en cœur, l'embrassant ; silicules triangulaires ; corolles blanches, à peine plus longues que les feuillets des calices.

385. Le CRESSON ALÉNOIS ; NASITOR DES JARDINS : *Lepidium sativum nasturtium hortense vulgatius*. Tournefort. *Fleur* : cruciforme ; pétales ovales ; deux fois plus grands que le calice, dont les quatre folioles sont ovales, concaves. *Fruit* : silicule ovale, peu échancrée, aplatie, biloculaire, divisée par une cloison lancéolée ; semences solitaires, ovales terminées en pointe. *Feuilles* : un peu oblongues, succulentes, à plusieurs découpures, quelquefois lancéolées ou ovales, dentées au sommet ; les inférieures pinnées. Les feuilles frisées constituent une variété. *Racine* : simple, ligneuse, fusiforme, blanche, garnie de fibres menues. *Tiges* : d'un ou deux pieds, lisses, rondes, solides, rameuses ; fleurs nombreuses, blanches au sommet des tiges ; les jardins. Annuelle. La racine est moins âcre que les feuilles; la plante est détersive, diurétique, emménagogue, incisive, antiscorbutique, sternutatoire. De l'herbe on tire pour l'homme une eau distillée, un suc ; de la semence, une poudre ou farine ; extérieurement ses semences et ses feuilles mêlées avec du saindoux, sont utiles contre les ulcères sordides, la teigne, la gale. Cette plante, *très usitée dans les*

cuisines, est cultivée depuis longtemps dans les jardins ; on ignore son pays natal ; mêlée dans les salades, elle les anime comme l'estragon. Le principe mordant de cette plante assez énergique pour enflammer la peau, se perd par la dessication et l'action du feu ; ce cresson est comme ses congénères, antiscorbutique, et offre cet avantage qu'on peut s'en procurer en tout temps, vu son étonnante facilité à croître de semences. *Moyen curieux et commode de se procurer du cresson alénois.* Enveloppez une bouteille d'une couche de coton cardé, dont les franges trampent dans le gouleau ; semez sur ce coton la semence de cresson ; en peu de jours, vous ne verrez plus qu'une forêt de plantules qui couvriront la bouteille. On peut mâcher à jeun l'herbe de cresson, lorsque les premières voies sont surchargées de glaires muqueuses. Les semences sont encore plus piquantes que les feuilles ; elles fournissent un *excellent épipastique*. Le genre des lepidium offre plusieurs espèces dont les suivantes méritent d'être connues.

386. La GRANDE PASSERAGE. *Lepidium latifolium*. Feuilles ovales, lancéolées, entières, à dents de scie. On la trouve dans nos provinces ; elle est encore plus âcre que le cresson alénois ; on la regarde comme un diurétique très actif qui a quelquefois fait rendre des graviers par les urines à des personnes affectées de la gravelle.

387. Le PETIT CRESSON A HAMPES : *Lepidium medicaule*. Tige très simple, sans feuilles ; les fleurs n'offrent que quatre étamines, et les feuilles sont étroites, pinnatifides ou profondément dentées. On le trouve dans nos montagnes de France, sur les Pyrénées, au bord des lacs, des ruisseaux et des fontaines limpides.

388. Le CRESSON COUCHÉ : *Lepidium procumbens*. Hampes couchées ; feuilles sinuées et pinnées ; la foliole impaire, plus grande. Commun dans les provinces du midi de la France. Annuelle.

389. Le CRESSON DES RACINES : *Lepidium ruderale.* Fleurs

sans pétales, deux étamines ; feuilles de la racine pinnées, dentées ; celles de la tige, linaires, très entières. Cette espèce répand une odeur très forte ; elle est très commune. Le suc de cette herbe qui est âcre est souvent employé avec succès contre les ulcères scorbutiques.

390. Le CRESSON D'IBÉRIE : *Lepidium iberis*. Fleurs à deux étamines, à quatre pétales ; à feuilles inférieures lancéolées à dents de scie ; les supérieures linaires, très entières. Sur les bords des chemins.

391. Le COCHLÉARIA, *herbe aux cuillers*, à feuilles rondes. *Fleur*, cruciformes ; pétales blancs, plus grands que le calice, les onglets plus courts. *Fruit* : Pélicule en forme de cœur, bossue, terminée par un filet, biloculaire, à bords obtus ; environ quatre semences dans chaque cavité. *Feuilles* : les radicales arrondies, cordiformes, succulentes, luisantes, portées par de longs pétioles ; les caulinaires sessiles, ovales, dentées. *Racine :* droite, napiforme, chevelue. *Port :* les feuilles radicales disposées en rond sur la terre, du milieu desquelles s'élèvent plusieurs tiges à la hauteur de 34 centimètres ; les fleurs au sommet, en petits bouquets ronds. *Lieu :* les Pyrénées, près de Barége, les bords de la mer, les jardins. Bisannuelle. *Propriétés :* les feuilles sont âcres, amères, piquantes. L'herbe et la semence sont diurétiques par excellence, détersives, incisives, préférables à tous les antiscorbutiques. *Usages :* on emploie l'herbe et les semences fraîches. De l'herbe, on tire une eau simple, un suc, un esprit ; on en fait des décoctions, un vin médicinal, des infusions ; la semence donne une poudre, une farine, une eau distillée. Le suc et l'esprit sont d'excellents gargarismes antiscorbutiques. Le cochléaria, *herbe aux cuillers*, est très commun dans le nord ; c'est sans contredit le chef de file des antiscorbutiques ; aussi est-il le plus communément employé, à ce titre, par les médecins. Les *brebis* le mangent avec avidité. Elles en deviennent plus grasses ; mais leur chair acquiert par là

un goût désagréable. Cette plante, comme les autres crucifères perd ses vertus en se desséchant ; aussi il faut la prescrire, ou fraîche ou en conserve ; le principe médicamenteux passe dans la distillation, soit avec l'eau ou l'alcool ;
c'est avec ce dernier qu'on prépare l'*esprit de cochléaria*,
très énergique pour l'odontalgie ou maux de dents. On
en retire une huile essentielle, jaunâtre, d'abord limpide,
s'épaississant en vieillissant ; cette huile renferme le principe de la plante ; miscible avec l'eau, l'esprit-de-vin et
l'huile essentielle. L'eau distillée de cochléria, ne verdit
point le sirop de violettes et ne cause aucune effervescence
avec les acides ; brûlée sur le charbon, l'huile essentielle
de cochléaria répand une odeur sulfureuse.

392. Le cochléaria, *corne de cerf*, tige penchée ; feuilles comme pinnées ; petites fleurs blanches assises ; silicules hérissées. Feuilles et semences ayant un goût piquant ;
cette espèce est officinale et s'étend dans presque toute
l'Europe ; elle est commune dans toutes les provinces de
France.

393. Le cochléaria de la Bretagne, grand raifort sauvage, à feuilles crénelées. Fleur et fruit, les mêmes de la
précédente. *Feuilles* : les radicales grandes, lancéolées,
crénelées ; les caulinaires découpées, sessiles. *Racine* : napiforme, grosse, blanche. *Tiges* : s'élevant du milieu des
feuilles à la hauteur de 34 ou 68 centimètres, droite, ferme,
creuse, cannelée. *Lieu* : les fossés, les bords des ruisseaux.
Vivace. *Propriétés* : les racines ont un goût plus âcre et
plus brûlant que les feuilles. Les unes et les autres sont
antiscorbutiques, cosmétiques, détersives, emménagogues
et très diurétiques. *Usages :* on se sert de la racine et de
l'herbe fraîche. De la racine on fait des décoctions, des
infusions, des tisanes, un vin, une eau distillée. La racine du grand raifort sauvage est très âcre ; si on la goûte
récente, elle brûle, enflamme la langue et l'arrière-bouche ; en la coupant, il s'exhale une odeur pénétrante qui

fait éternuer et pleurer. On retire par la distillation de cette racine et des feuilles, une eau et une huile essentielle qui contiennent le principe médicamenteux ; on peut adoucir l'acrimonie de la racine en la faisant plus ou moins bouillir. Dans le nord, après une légère décoction, on pile les racines pour en former une pulpe que l'on mange avec le bouilli.

394. LA GRANDE PASSERAGE, filandreuse, à larges feuilles. *Fleur* : cruciforme ; caractères du cresson alénois. *Fruit* : à péricarpe obtus par ses bords et non échancré au sommet. *Feuilles* : glabres, ovales ou lancéolées, dentées en manière de scie, entières ; les caulinaires sessiles, les radicales pétiolées. *Racine* : de la grosseur du pouce, napiforme et blanchâtre. *Tiges* : glabres, très rameuses, remplies de moëlle, et hautes de 1 mètre ; les fleurs naissent au sommet des tiges, disposées en plúsieurs bouquets axillaires, et portées sur des pédoncules très grêles ; feuilles alternes. *Lieu* : les terrains fertiles et ombragés. Vivace. *Propriétés* : toute la plante a une saveur âcre ; elle est apéritive, incisive. *Usage* : on se sert des feuilles, dont on fait des décoctions, des cataplasmes ; on la fait infuser dans du vin. La racine et les feuilles fraîches pilées et appliquées appaisent les douleurs de la sciatique.

395. LE TABOURET, grande bourse à pasteur, à feuille sinueuse. *Fleur* : cruciforme ; caractères des thlaspis. *Fruit* : petite silicule triangulaire s'ouvrant par le haut, et représentant à peu près une bourse divisée en deux loges remplies de semences menues ; elle diffère de celle des thlaspis en ce qu'elle n'a aucun rebord. *Feuilles* : les radicales découpées en forme d'ailes ; les caulinaires plus petites. *Racine* : blanche, droite, fibreuse, menue. *Tiges* : rameuses. Fleurs blanches, pédonculées, naissant au sommet des rameaux. *Lieu* : elle croît partout, même pendant l'hiver. Annuelle. *Propriétés* : sa racine a une saveur douceâtre et

nauséeuse. *Usage :* on se sert aussi de toute la plante, à 'exception des racines *comme antiscorbutique.*

III. Herbes à fleur polypétale, régulière, cruciforme, dont le pistil devient un fruit divisé en deux loges par une cloison mitoyenne et parallèle aux panneaux du fruit.

396. L'ALYSSON VIVACE. *Fleur :* cruciforme; les pétales fendus, blancs, plus longs que le calice qui est divisé en quatre folioles obtuses, caduques. *Fruit :* petite silique ronde, aplatie, avec des rebords. *Feuilles :* lancéolées, blanchâtres. *Racine :* pivotante, grêle. *Tige :* ligneuse, 50 centimètres, droite, ronde, rameuse, blanchâtre; les fleurs disposées en corymbe. *Lieu :* les bords des chemins, les terrains secs. Le goût de l'alysson est piquant; on ne s'en sert pas en médecine, quoique l'analogie lui assure les propriétés de sa famille; il est plus commun dans le nord que dans les provinces méridionales de France. Les chèvres et les moutons mangent cette plante que les chevaux ne touchent pas.

397. L'ALYSSON BOUCLIER : à tige herbacée; feuilles rudes, elliptiques; calice persistant; à étamines dentées. Annuelle.

398. L'ALYSSON DES CHAMPS : à tige herbacée; feuilles rudes, ponctuées; calice caduque; silicules plates, rondes.

399. La GRANDE LUNAIRE OU BULBONAC, à silicules rondes. *Fleur :* cruciforme; pétales obtus; de la longueur du calice, ainsi que les onglets qui les terminent. *Fruit :* silicule très grande, elliptique; semences brunes, aplaties, en forme de rein, échancrées, avec des rebords membraneux. *Feuilles :* ovales, simples, entières; les radicales pétiolées; les caulinaires sessiles, pointues, dentées en manière de scie. *Racine :* napiforme. Cette plante s'élève à la hauteur de 50 centimètres, droite, cylindrique; les rameaux, au sommet des tiges, n'ont que deux ou trois feuilles opposées. *Lieu :* l'Alsace. *Propriétés :* les feuilles sont âcres,

échauffantes, amères au goût, la semence encore plus ; la racine détersive, diurétique, emménagogue. *Usages :* on se sert de la racine et des feuilles ; on fait de la racine et des feuilles une décoction, et de la semence une poudre. Les *crucifères* qui offrent plus ou moins le piquant de la *moutarde*, ont les mêmes vertus ; l'analogie botanique, l'analyse chimique et l'expérience se réunissent pour établir cette vérité générale.

IV. Herbes à fleur polypétale, régulière, cruciforme, dont le pistil devient une silique divisée dans sa longueur en deux loges, par une cloison mitoyenne.

400. Le GRAND CHOU CAPUS, pommé blanc, à graines siliculées et huileuses, *Brassica capitata alba siliquosa, oleracea*, TOURNEFORT. *Fleurs :* crucifères ; pétales ovales, ouverts ; calice vert, droit, à folioles lancéolées, linéaires, creusées en gouttière ; quatre nectaires en forme de glandes, entre les étamines. *Fruit :* silique longue, cylindrique, divisée en deux loges par une cloison ; semences globuleuses. *Feuilles :* très grandes, d'un pied, sinuées, amplexicaules, à côtes saillantes et relevées. *Racine :* napiforme, blanchâtre, qui sort de terre comme une tige cylindrique, charnue. *Tige :* de trois pieds ; les fleurs au sommet ; les feuilles alternes. *Lieu :* les jardins potagers ; bisannuelle. *Propriétés :* la racine est d'une saveur âcre tirant sur le doux ; les feuilles laxatives, incisives, nourrissantes, expectorantes ; la semence vermifuge. *Usages :* des feuilles ont fait des cataplasmes, on tire un suc ; on emploie les semences en cataplasmes sur les tumeurs froides ; mais cette plante est plus utile de nos jours dans les cuisines qu'en médecine ; du temps des anciens romains elle était le remède universel des gens dn peuple.

401. Le CHOU DES JARDINS, il comprend beaucoup de variétés remarquables dont les suivantes sont les principales.

402. Le CHOU POMMÉ, dit chou d'Yorc, très cultivé sur les

terrains marécageux ; il a les caractères du chou capus décrit précédemment.

403. Le CHOU FRISÉ, *Brassica alba crispa*. Feuilles chargées de bulles et frisées, frangées, plus grandes que celles du précédent.

404. Le CHOU POMMÉ ROUGE, *Brassica capitata rubra*. Feuilles d'un vert bleu, offrant des nervures rouges, violettes.

405. Le CHOU-FLEUR, *Brassica cauliflora*. Fleurs avant leur développement, formant des têtes succulentes, enveloppées de feuilles.

406. Le CHOU-FLEUR-BROCOLIS, *Brassica italica purpurea*. Feuilles en lyre, de 34 centimètres.

407. Le CHOU DE SAVOIE, à feuilles rouges, frangées.

408. Le CHOU-RAVE, à la racine charnue, grosse comme la tête d'un enfant. Toutes les variétés du chou énoncées ici contiennent, soit dans leurs feuilles, dans leurs racines ou dans leur tige, un principe sucré, muqueux, nutritif, démontré par la fermentation spiritueuse et acéteuse qu'ils peuvent éprouver à volonté. Quand on fait bouillir les choux, la première eau répand une odeur très désagréable; quand on les abandonne en plein air, entassés, ils subissent la putréfaction, et répandent une odeur infecte très dangereuse. Le chou conduit à la fermentation acéteuse, s'appelle *choucroûte*. C'est un *aliment très usité dans le Nord et en Allemagne*, d'autant plus précieux que les habitants y sont très enclins au *scorbut terrestre*. C'est une des meilleures provisions de mer pour préserver les équipages du scorbut marin. Les choux nourrissent peu, et sont mal digérés par les personnes dont l'estomac est faible ; elles sont alors tourmentées par des flatuosités très fétides, ce qui prouve que l'action de la digestion développe les principes fétides fournis par la première décoction. Pour panser les vésicatoires, on se sert de choux. Le chou pommé ne forme point de tête dans les pays très septentrionaux. Les choux fournissent

une bonne nourriture à l'homme, et pendant l'hiver, ils assurent une grande ressource aux bestiaux, surtout les *choux-raves* Dans le nord on fait dessécher les *choux-fleurs;* par ce moyen on en mange toute l'année. Les *choucroûtes* sont des choux pommés, hachés menus, qui fermentent et deviennent aigres dans les tonneaux, malgré le sel et le cumin qui les assaisonnent ; lorsqu'il est bien préparé, il peut durer sans corruption quatre à cinq ans. Le chou de Savoie est plus tendre et plus délicat. Le chou rouge perd par la décoction une partie de son principe colorant. Le chou-rave cultivé depuis deux cents ans dans le nord, ne fut transporté en Angleterre et en France qu'en 1767. Les meilleurs choux en ragoût sont les choux-fleurs et les brocolis.

409. La GIROFLÉE, violier jaune du Caire. Voy. au premier volume de ce livre la description détaillée et anatomique que nous avons faite de cette plante, p. 254.

410. La GIROFLÉE, à grandes fleurs, à feuilles dentées, est une variété de la précédente. Les fleurs au lieu d'être jaunes sont très souvent violettes.

411. La GIRARDE, à fleurs pleines, très odorantes , le principe aromatique se perd par la dessication ; on peut le conserver par la distillation. La famille des giroflées offre encore les espèces suivantes qui méritent d'être désignées et caractérisées.

412. La GIROFLÉE BLANCHE. Feuilles lancéolées, très entières, obtuses, blanches, à siliques comprimées et comme tronquées au sommet, tige ligneuse. *Originaire d'Espagne,* cultivée dans nos jardins ; sa fleur aromatique est *blanche* ou *rouge,* ses pétales entiers ; les feuilles et les semences ont le piquant des crucifères. Ces deux espèces sont négligées, quoique la saveur et l'odeur leur assurent des propriétés aussi réelles que celles des autres crucifères

413. La GIROFLÉE, choux des fenètres. Feuilles *blanches,* entassées comme celles du chou pommé, recourbées, on-

dulées ; fleur et fruit de la précédente dont elle n'est peut-être qu'une variété.

414. La GIROFLÉE-VÉLARD, à fleurs jaunes. Tige droite, très simple ; feuilles lancéolées, dentées ; siliques à quatre pans. On la trouve en Dauphiné et dans le Languedoc ; les fleurs sont petites, *jaunes*.

415. L'ALLIAIRE, *Erysimum hesperis allium redolens*. *Fleur :* crucifère, pétales oblongs, obtus à la pointe ; les onglets de la longueur du calice, dont les folioles sont allongées, colorées ; silique longue, à quatre côtés, bivalve ; semences petites. *Feuilles :* cordiformes, dentées, quelquefois réniformes ; tige s'élevant à 34 centimètres, cylindriques, un peu velue vers le bas, lisse dans le haut ; les fleurs soutenues par de courts pédoncules au sommet des tiges. *Lieu :* les haies, les prés ; vivace. *Propriétés :* la plante est amère au goût, d'une *odeur d'ail*, diurétique, incisive, carminative, expectorante. *Usages :* on ne se sert que de l'herbe, et trop rarement ; on en fait des décoctions, des cataplasmes. L'alliaire est une de ces plantes négligées par les médecins modernes ; cependant quelques observations spéciales assurent sa propriété pour arrêter les *progrès de la gangrène :* cette plante perd son odeur et ses vertus par la dessication ; on tire par la distillation une huile essentielle mêlée avec le principe aromatique. La nature se plie si peu à nos *méthodes botaniques*, qu'elle a accordé cette *odeur d'ail au scordium*, qui est *labiée* et à l'alliaire, qui est *crucifère*.

416. La MATRONALE D'ITALIE : julienne siliqueuse des jardins. *Fleur :* crucifère ; pétales oblongs. *Fruit :* silique longue, striée, séparée par une cloison membraneuse de la longueur des battants ; les semences ovales, aplaties, rousses. *Feuilles :* ovales, lancéolées, à légères dentelures, avec de courts pétioles. *Racine :* petite, blanche. *Tiges :* de deux pieds, rondes, velues, remplies de moëlle ; rameaux axillaires ; au sommet naissent les fleurs portées par de longs pédoncules ; feuilles alternes. *Lieu :* Italie, cultivée dans

les jardins. Bisannuelle. *Propriétés* : Les fleurs ont une odeur suave, les feuilles un goût âcre, toute la plante un goût piquant ; elle est diurétique, sudorifique, incisive, expectorante. *Usages* : on se sert de l'herbe et de la semence ; on l'emploie à décorer les jardins.

417. Le CRESSON DES PRÉS, à grande fleur rougeâtre. *Cardamine pratensis magno flore purpurascente. Fleur* : crucifère ; corolle purpurine. *Fruit* : silique longue, cylindrique, aplatie ; ses valvules élastiques se replient en mûrissant et lancent des semences obrondes. *Feuilles* : ailées. *Racine* : menue, napiforme. *Tige* : d'un demi-pied ; les fleurs disposées en grappes ; feuilles alternes. *Lieu* : les pâturages humides. Vivace. *Propriétés :* goût âcre et piquant ; les mêmes vertus que le cresson alénois.

418. La CARDAMINE SANS PÉTALES : *Cardamine impatiens.* Feuilles ailées, folioles dentées ou sinuées ; pétales tombant si promptement que la plupart des botanistes l'ont nommée *apétale ;* mais si on dissèque les fleurs avant leur épanouissement, on trouve les pétales.

419. La CARDAMINE VELUE : *Cardamine hirsuta* : tige velue, feuilles ailées, folioles arrondies. Le plus souvent les fleurs n'offrent que quatre étamines ; on en a cependant trouvé six.

420. La CARDAMINE AMÈRE, à fleur blanche. Feuilles ailées, folioles anguleuses. Des aiselles naissent des racines. Fleur blanche, pourpre ou rose ; on ne trouve pas toujours les racines aux aisselles des feuilles ; la tige est le plus souvent couchée. Cette plante, comme les précédentes de cette famille, aime les prés humides. Les feuilles sont vraiment amères, mais leur amertume n'est point désagréable.

421. La ROQUETTE DE MER, à large feuille, masse à Bedeau. *Fleur* : crucifère ; onglets des pétales plus longs que le calice ; pétales ovales. *Fruit :* silique irrégulière, ovale. *Feuilles* : simples, succulentes, linéaires, dentelées. *Racine* : napiforme. *Tige* : de deux pieds, herbacee, rameuse ; fleurs

au sommet. *Lieu* : les bords de la mer. Annuelle. *Propriétés* : saveur acre ; vertu incisive et antiscorbutique. *Usages* : on ne se sert que des feuilles dont on donne aux animaux la décoction. Dans le Périgord on les mange en salade pendant l'hiver.

422. La DENTAIRE A CINQ ET SEPT FOLIOLES. *Fleur* : crucifère ; pétales obtus ; onglets de la longueur du calice ; corolle purpurine. *Fruit* : silique longue, cylindrique, biloculaire, bivalve ; la cloison plus longue que les battants ; semences ovales. *Feuilles* : pétiolées. *Racine* : noueuse, couverte d'écailles, tuilées, de la grosseur du pouce. *Tige* : simple, de la hauteur de deux ou trois pieds, terminée par des fleurs disposées en grappes. *Lieu* : les Alpes, les montagnes de Bugey. Vivace. *Propriétés* : la plante a une odeur à peu près semblable à celle de la roquette ; elle est vulnéraire, détersive. Les valvules de la silique se roulent en spirale après la maturité.

423. La DENTAIRE BULBEUSE. On la distingue de la précédente par ses feuilles inférieures ailées, et par ses feuilles supérieures, très simples, à dents de scie. Dans les aisselles des feuilles se trouvent des bulbes succulentes qui, détachées de la plante, servent à sa propogation ; le plus souvent les semences avortent.

424. La DENTAIRE A NEUF FEUILLETS. Toutes les feuilles sont digitées, à trois pétioles partiels, produisant chacun trois feuilles, deux fois ternées. On l'a trouvée dans les montagnes des Pyrénées.

425. La ROQUETTE DES JARDINS ; herbe de Sainte-Barbe, à feuilles glabres et fleur jaune, *Erysimum barbarea* : cette plante a les caractères de l'alliaire ; corolle jaune ; pétales plus longs que le calice. *Feuilles* : en forme de lyre, arrondies au sommet, glabres ; les inférieures presque sessiles ; les supérieures embrassant la tige à moitié. *Racine* : napiforme, blanche. *Tiges* : droites, de 50 centimètres, herbacées, moelleuses. *Lieu* : le bord des ruisseaux, les près.

Vivace. *Propriétés* : la racine plus âcre que les feuilles, détersive, vulnéraire, antiscorbutique ; la semence apéritive. *Usages :* on emploie pour l'homme les feuilles en tisane ou en infusion, en manière de thé. L'odeur des feuilles analogue à celle du chou ; la saveur du cresson, un peu amère, âcre ; si on les mâche, elles laissent sur la langue et au fond de la bouche, une sensation de chaleur. Dans le Nord, on la mange en salade, surtout en hiver ; ses feuilles persistent vertes sous la neige. C'est un bon antiscorbutique. Elle est d'autant plus précieuse qu'on peut se la procurer même pendant les plus grands froids.

426. Le CRESSON DE FONTAINE, *Sisymbrium palustre repens, nasturtii folio* : à fleur crucifère ; pétales très ouverts, plus longs que le calice, onglets très petits. *Fruit :* silique allongée, recourbée, cylindrique : semences arrondies, menues, rougeâtres. *Feuilles* · ailées avec une impaire. *Racine :* fibreuse ; tiges longue de 34 centimètres, herbacées, creuses, rameuses, rampantes ; fleurs au sommet des tiges : aucuns supports. *Lieu :* les fontaines, les fossés, les ruisseaux. Vivace. *Propriétés :* toute la plante à un goût piquant ; elle est diurétique, antiscorbutique ; intérieurement apéritive et détersive. *Usages :* l'herbe est souvent employée et très utilement, en salade et pour mettre autour de la viande frite de bœuf qu'on appelle beefteck ; le suc de cresson est aussi employé pour le vin, antiscorbutique.

427. Le CRESSON D'EAU, *Sisymbrium nasturtium :* ne diffère du précédent que par les folioles arrondies en forme de cœur ; ses vertus sont les mêmes. Les deux espèces de cresson de fontaine donnent dans la distillation une huile essentielle particulière.

428. Le CRESSON AMPHIBIE : Linné le rapproche des précédentes espèces. On l'en distingue par la silique plus courte, ovale, par ses feuilles pinnatifides, dentées. Il comprend les trois variétés suivantes.

429. Le CRESSON MARÉCAGEUX, *Palustre simsybrium* : il a les feuilles comme ailées.

430. Le CRESSON AQUATIQUE : les feuilles sont entières, dentées.

431. Le CRESSON TERRESTRE : feuilles diverses ; pétales plus longs que le calice. Haller a décrit les espèces précédentes.

432. La ROQUETTE DES CHAMPS, à larges feuilles blanches et savoureuses. *Fleur* : crucifère ; pétales ovales, planes, ouverts, diminuant vers les onglets qui ont la longueur du calice rougeâtre, dont les découpures sont linéaires ; semences lobuleuses, d'un rouge jaune. *Feuilles* : en forme de lyre. *Racine* : fusiforme, blanche, ligneuse. *Tiges* : de 68 centimètres à 1 mètre, velues ; les fleurs au sommet. *Lieu* : les champs, les jardins. Annuelle. *Propriétés* : la racine a une saveur âcre, ainsi que les feuilles ; l'odeur de cette plante est forte ; elle est aphrodisiaque, diurétique, stomachique, antiscorbutique et détersive. *Usages* : l'herbe et les semences sont souvent employées en décoctions.

433. La MOUTARDE NOIRE ; senevé à feuille de râpe, *Sinapis nigra* : voy. au 1er vol. de ce livre, page 372, ce que nous avons dit de cette plante.

434. La MOUTARDE DES CHAMPS, *Sinapis arvensis rapistrum flore luteo* : voy. au 1er vol., page 373.

435. La MOUTARDE BLANCHE, à feuille d'abeille, *Sinapis alba apii folio* : voy. au 1er vol., p. 374 et suiv.

436. La RAVE FEMELLE, longue, savoureuse. *Rapa sativa.* *Fleur* : crucifère ; caractères de la roquette. *Fruit* : silique surmontée d'un style en forme de corne ; semences arrondies. *Feuilles* : les radicales profondément découpées, étendues sur la terre ; les caulinaires semi-amplexicaules, terminées en pointe. *Racine* : grosse, charnue. La racine monte en tige, au milieu des feuilles, à la hauteur de deux pieds ; les fleurs au sommet ; les feuilles alternes. *Lieu* : naturelle dans les champs d'Italie et de Flandres ; on la

sème dans nos climats. Bisannuelle. *Propriétés* : racine douce, piquante au goût ; elle est aphrodisiaque, diurétique, antiscorbutique. *Usages* : on se sert de la racine et des semences ; de la racine, on fait des décoctions, des soupes, un sirop ; avec les semences, une huile exprimée. On emploie la racine en cataplasme, contre les ulcères ; on la donne aux personnes attaquées de phthisie. Elle sert pendant l'hiver de nourriture aux bœufs et aux vaches. Le principe nutritif des raves est plutôt saccharin que gélatineux ; car elles fournissent une très petite quantité d'amidon ou de gelée ; la rave est *béchique*. Sa décoction et son sirop dissipent, ou plutôt abrègent les rhumes ; la nature seule les guérit. Le suc de la rave, adouci avec le miel et employé en gargarisme, appaise la douleur des *aphtes de la bouche* ; la *pulpe* de *rave* est résolutive ou émolliente dans les phlegmons. La rave fournit aux personnes robustes une assez bonne nourriture : avec les pommes de terre, c'est la ressource des paysans ; les gens de lettres, et autres personnes affaiblies, digèrent difficilement les raves ; elles leur causent des *coliques venteuses*. La rave est pendant l'hiver un *aliment pour les moutons et les vaches*, cependant elle altère le goût de leur chair. La décoction n'enlève pas aux raves tout le principe des crucifères ; les éructations de ceux qui les digèrent avec peine en sont la preuve.

437. Le NAVET, à racine blanche. *Napus sativa, radice albâ. Fleur et fruit* : ceux de la roquette et de la rave. *Feuilles* : les radicales en forme de lyre ; celles de la tige cordiformes, pointues, semi-amplexicaules. *Racine* : fusiforme, montant en tige. Tiges : s'élevant à la hauteur d'un pied et demi, lisses, jetant des rameaux axillaires, garnis d'une ou deux feuilles ; les fleurs naissent au sommet, en épis lâches et pendants. *Lieu* : les bords sablonneux des côtes d'Angleterre, nos jardins ; bisannuelle. *Propriétés* : la racine est d'une saveur douceâtre, incisive, diurétique. *Usages* : on se sert de la racine et des semences ; de la ra-

cine on fait des décoctions , des soupes , des bouillons , un sirop, des cataplasmes, et on en tire le suc ; de la semence on obtient une huile exprimée qui ne sert qu'aux usages mécaniqnes et à brûler. On l'emploie pour les animaux comme la rave : les semences de navet qui sont rondes , brunes , donnent une grande quantité d'huile par expression , propre à brûler pour les lampes et que les peintres recherchent comme dessicative. Si on sème les navets un peu dru , on a de plus petites racines , mais plus délicates. D'ailleurs ces racines ont les mêmes propriétés que les raves. Le suc du navet a réussi dans le scorbut.

438. Le CHOU-RAVE-COLZA , *brassica campestris* : la racine et les tiges sont ténues , effilées ; les feuilles de la tige en cœur , assises, embrassant la tige , lisses ; les radicales lyrées , un peu hérissées ; la fleur jaune. Ce chou fournit une abondante nourriture *aux chèvres , aux moutons et aux vaches* ; il se contente des plus mauvais terrains. On cultive surtout la variété de cette espèce , qui, sous le nom de colza, fournit tant d'huile au commerce et à l'industrie.

439. La RAVE PLATE ET RONDE , *Brassica erucastrum* : tige hérissée ; feuilles découpées profondément , comme pinnées ; les segments dentés ; siliques terminées par un style aplati, pointu ; fleurs jaunes, grandes ; c'est l'*Eruca sylvestris major lutea caule aspero*. Racine plate , large et excellente pour la nourriture des bestiaux. Cuite sous la cendre , elle est douce , comme le miel. Les paysans du Languedoc, appellent cette rave , concourle.

440. Le RAIFORT, PETIT RADIS ROUGE ET ROND, *Raphanus sativus*. *Fleurs :* crucifère, pétales en forme de cœur. *Fruit :* silique faite en corne, raboteuse ; semences glabres. *Feuilles :* ailées ; les radicales pétiolées, les caulinaires sessiles. *Racine :* charnue, d'un rouge vif en dehors et blanche en dedans, quelquefois ronde. Du milieu des feuilles, s'élèvent des tiges à la hauteur de 68 centimètres, herbacées, rondes, rameuses ; les fleurs naissent en grap-

pes au sommet des rameaux ; les feuilles alternes. *Lieu :* nos jardins, originaire de la Chine. Bisannuelle. *Propriétés :* la racine est âcre, piquante au goût, détersive, apéritive, expectorante. *Usages :* la racine fraîche se mange en entremets, comme apétissante. Le *raifort* offre plusieurs variétés, relativement à sa racine qui est *ronde* ou *allongée, blanche, violette, rougeâtre* ou *noirâtre.* L'écorce est plus âcre que la pulpe. Si on fait cuire les raiforts, ils perdent presque tout leur piquant ; on les mange crus avec du sel; en général c'est une mauvaise nourriture; chez les personnes faibles il cause des coliques, et au plus grand nombre, des éructations désagréables, souvent avec anxiété : comme remède le raifort est utile dans le *scorbut,* l'*asthme,* l'*ischurie,* causés par des engorgements séreux.

441. Le RAIFORT SAUVAGE. Les siliques en corne, très longues, sont lisses, articulées, à une seule loge ; la tige de 34 centimètres, hérissée ; les feuilles inférieures en lyre ; les supérieures simples, toutes plus ou moins velues ; les fleurs blanches, veinées, ou jaunes, ou rouges. Cette plante, très commune dans les terres à blé, est âcre par ses feuilles, et surtout par ses semences ; on a cru que les semences mêlées avec le seigle, causaient des maladies convulsives ; ce qui serait contraire à l'analogie. Ces convulsions suivies de paralysie avaient été indubitablement causées par le seigle ergoté.

442. Le RADIS NOIR. Mêmes caractères que le navet et même forme ; odeur, goût et usage du radis, employé comme appétissant ; on le sert par tranches après avoir enlevé sa première écorce très noire. La chair de la racine est blanche comme la nacre.. Le radis noir a tous les inconvénients du radis rouge pour les personnes faibles.

V. *Herbes à fleur polypétale, régulière, cruciforme, dont le pistil devient une silique unicapsulaire ou qui n'a qu'une cavité,*

443. La GRANDE CHÉLIDOINE OU L'ÉCLAIRE, *Herbe aux*

verrues. *Fleur :* crucifère, pétales planes ouverts ; calice divisé en deux folioles ovales, concaves ; un grand nombre d'étamines égales en longueur. *Fruit :* silique linaire, cylindrique, bivalve. *Feuilles :* souvent ailées, à folioles ovales, couvertes de quelques poils. *Racine :* cylindrique, fibreuse, chevelue. *Tiges :* droites, un peu velues ; fleurs au sommet, portées sur des pédoncules disposés en ombelle ; le suc de la plante est jaune. *Lieu :* les terrains incultes, les vieux murs. Vivace. *Propriétés :* le suc âcre, piquant, un peu amer, ainsi que toute la plante ; l'herbe et la racine sont résolutives, apéritives, purgatives, fébrifuges. On peut exprimer de la racine, des feuilles et des pétioles, un suc jaune, fétide ; si on fait évaporer, on a une masse noirâtre, très amère ; l'herbe en séchant perd son odeur desagréable ; son âcreté diminue, mais elle est encore amère. Cette plante très bien vérifiée, par les anciens médecins, est presque oubliée de nos jours. Cependant son énergie est bien constatée par l'expérience ; on a guéri des *ictères chroniques* avec ce seul remède, dans les empâtements de la rate, à la suite des fièvres intermittentes ; le suc de chélidoine est un des plus puissants détersifs dans les ulcères, même scrofuleux ; intérieurement on a vu réussir l'extrait pour la guérison des dartres qui avaient résisté à tous les remèdes ; à haute dose, savoir : une cuillerée de suc de chélidoine fait vomir et purge ; ce suc est assez corrosif pour faire disparaître de petites verrues.

444. Le PAVOT CORNU, *Chelidonium glaucium*. Tiges lisses ; pédoncule uniflore ; feuilles d'un vert de mer, embrassant la tige, sinuées ; siliques longues, courbées, en corne ; fleurs jaunes ; en Dauphiné.

445. Le PAVOT CORNU, à fleurs rouges. Tige hérissée, feuilles assises comme empennées ; siliques droites, hérissées. En Languedoc, cultivé dans nos jardins ; ces deux espèces sont vireuses, elles causent le délire et des convulsions aux personnes qui en prennent par imprudence.

446. L'ÉPINÈDE DES ALPES, *Chapeau d'évêque*. *Fleur :* crucifère, pétales concaves ; quatre nectaires en forme de tasse, adhérents aux pétales, quatre étamines égales, calice caduque. *Fruit :* silique allongée, pointue, bivalve, contenant plusieurs semences. *Feuilles :* cordiformes, recourbées, au nombre de neuf, sur un long pétiole. *Racine :* menue, noirâtre, d'une odeur forte. *Tige :* basse, épineuse ; feuilles imitant celles du lierre. *Lieu :* les terrains humides des Alpes ; vivace. *Propriétés et Usages :* Galien regardait cette plante comme rafraîchissante.

VI. Herbes à fleur polypétale, régulière, cruciforme, dont le pistil se change en plusieurs semences ramassées en tête.

447. L'ÉPI D'EAU FLOTTANT, *Potamogeton*, à feuille ronde. *Fleur :* sans calice, quatre pétales réguliers, anthères, presque sans filaments, pistils sans style. *Fruit :* quatre semences anguleuses, aiguës. *Feuilles :* nerveuses, ovales, nageant, lisses. *Lieu :* les étangs, les rivières. *Tige :* longue, rameuse ; fleurs en épis longs de deux pouces, verdâtres. *Usages :* cette plante rend les eaux paisibles ; quelquefois les vaches et les chèvres la mangent ; mais comme les autres espèces de ce genre, elle sert de domicile à une foule d'insectes aquatiques.

448. Le POTAMOGETON PERFOLIÉ, à feuilles en cœur, embrassant la tige, aquatique.

449. Le POTAMOGETON DENSE, à tige dichotome ; feuilles rapprochées, tuilées, ovales, aiguës, épis à quatre fleurs.

450. Le POTAMOGETON LUISANT : feuilles lancéolées, planes, étroites, diaphanes.

451. Le POTAMOGETON ONDULÉ, *Potamogeton crispum :* les feuilles lancéolées, alternes et opposées, ondulées, dentelées.

452. Le POTAMOGETON DENTELÉ : feuilles étroites, lancéolées, opposées, dentelées ; variété de la précédente.

453. Le POTAMOGETON COMPRIMÉ : tige aplatie ; feuilles linaires, obtuses, les épis très courts. On la trouve à feuilles alternes et opposées.

454. Le POTAMOGETON PECTINÉ : feuilles sétacées, très longues, alternes, entassées.

455. Le POTAMOGETON GRAMINÉ : feuilles linaires, lancéolées, alternes, assises, plus larges que les stipules. *Lieu :* en Suisse et en Provence.

456. Le POTAMOGETON LINAIRE : tige arrondie ; feuilles linaires, filiformes, opposées et alternes, épis allongés.

VII. *Herbes à fleur polypétale, régulière, cruciforme, dont le pistil devient un fruit mou.*

457. Le RAISIN DE RENARD, HERBE A PARIS ; *Paris quadrifolia.*—*Caractères, fleur :* cruciforme ; pétales verdâtres, ouverts, en forme d'alène ; le calice divisé en quatre folioles renversées, lancéolées, aiguës, de la grandeur de la corolle ; huit étamines à anthères très longues. *Fruit :* baie noire, globuleuse, tétragone, à quatre loges remplies de deux rangs de semences ovales, lisses, blanchâtres. *Feuilles :* quatre disposées en croix, sessiles, ovales et très entières. *Racine :* horizontale, articulée, noueuse. *Port :* la tige s'élève de 17 centimètres ; simple, unique, cylindrique, solide, herbacée ; les fleurs pédonculées, solitaires ; les feuilles au sommet de la tige, verticillées, ordinairement quatre, quelquefois cinq. *Lieu :* les forêts de l'Europe. Vivace. *Propriétés :* toute la plante a une odeur puante et désagréable, résolutive, anodine. Gesner, ayant pris un gramme de l'*herbe à Paris*, cela le fit beaucoup suer ; il éprouva sécheresse à l'arrière-bouche. Ayant empoisonné deux chiens avec la *noix vomique*, il sauva celui auquel il fit avaler l'herbe à Paris.

SIXIÈME CLASSE OU GROUPE.—Herbes et sous-arbrisseaux à fleur polypétale, régulière, composée d'un nombre indéterminé de pétales disposés en forme de rose , ou famille naturelle des rosacées.

I. *Herbes à fleur polypétale, régulière, rosacée, dont le pistil devient un fruit unicapsulaire , ou à une seule loge , qui s'ouvre transversalement en deux parties.*

458. La GRANDE AMARANTHE A QUEUE, OU PASSE-VELOURS. *Fleur :* mâle ou femelle, séparées sur le même pied ; calice tenant lieu de corolle , coloré de rouge , droit, formé par trois ou cinq feuillets lancéolés, aigus, disposés en manière de rose ; cinq étamines. *Fruit :* capsule arrondie , un peu comprimée, colorée comme le calice ; chaque capsule ne contient qu'une semence globuleuse , comprimée brune et polie. *Feuilles :* pétiolées, simples, très entières. *Racine :* fusiforme, très chevelue. *Tige :* s'élevant quelquefois à la hauteur d'un homme , branchue, cannelée ; les fleurs ramassées le long d'un grand pédoncule , en manière de grappe très grande, décomposée, à rameaux cylindriques ; pendants ; les mâles et les femelles rassemblées dans les mêmes grappes ; feuilles alternes. *Lieu :* la Perse, le Pérou ; cultivée dans les jardins. Annuelle. *Propriétés :* plante très succulente, peu odorante ; quelques auteurs la croient astringente et rafraîchissante.

459. L'AMARANTHE HYPOCHONDRIAQUE : feuilles ovales , rougeâtres en dessous, très aiguës ; grappes composées , entassées, droites ; tige verte ; fleurs très pourpres ; cinq étamines jaunes. Originaire de Virginie.

460. L'AMARANTHE ÉPINEUSE : grappes cylindriques , droites, verdâtres ; les aisselles épineuses. Originaire des Indes.

461. L'AMARANTHE VERTE : tige droite , rouge , striee ; fleurs ramassées en tête ; fleurs mâles, de trois feuillets à trois étamines ; feuilles ovales ; bordures membraneuses , ondulées, rougeâtres.

462. L'AMARANTHE BETTE : fleurs en tête , de trois feuillets ; feuilles ovales, mousses ; tige diffuse, couchée.

463. L'AMARANTHE TRICOLORE : fleurs ramassées en tête aux aisselles, à trois étamines, à feuilles ovales, lancéolées, colorées ; les feuilles supérieures sont pourpres. Originaire de l'Inde. Tournefort avait ramené les amaranthes aux rosacées.

464. Le POURPIER ; *Portulaca oleracea latifolia sive sativa*. *Fleur* : rosacée, à cinq pétales droits, verdâtres, plus grands que le calice, divisé en deux et posé sur le germe. *Fruit* : capsule couverte, remplie de petites semences brunes. *Feuilles* : en forme de coin, grasses, charnues, luissantes, *Racine* : simple, peu fibreuse. *Tiges* : de la longueur d'un pied au plus, arrondies, luissantes, tendres, quelques-unes couchées à terre ; fleurs axillaires, sessiles ; feuilles alternes. *Lieu* : les terrains gras, les jardins. Annuelle. *Propriétés* : cette plante potagère est aqueuse, fade ; la semence a une saveur un peu dessicative, rafraîchissante, diurétique, froide, vermifuge et narcotique. *Usages* : on mange l'*herbe en salade*.

II. Herbes à fleur polypétale, régulière, rosacée, dont le pistil ou le calice devient un fruit unicapsulaire ou qui n'a qu'une seule cavité.

465. Le PAVOT BLANC DES JARDINS : plante somnifère, dont Pline le naturaliste parle beaucoup. *Fleur* : rosacée, à quatre pétales arrondis ; calice glabre ; corolle souvent double, de diverses couleurs. *Fruit* : capsule très grosse, glabre, ronde, surmontée d'une couronne, percée de plusieurs trous ; contenant un si grand nombre de petites semences brunes qu'on en a compté jusqu'à 32,000 dans la même capsule. *Feuilles* : découpées, amplexicaules, charnues, dentées. *Racine* : fusiforme, noirâtre. *Tige* : herbacée, forte, solide, noueuse. *Lieu* : les terrains incultes. Originaire des provinces méridionales. Annuelle. *Propriétés* : âcre, amère, résineuse, odeur désagréable ; les feuilles et les fruits narcotiques, antispasmodiques ; les semences adoucissantes, anodines. *Usages* : on emploie toute la plante,

excepté les racines; on fait l'*opium* avec les fleurs, les feuilles, le fruit et le suc épaissi. Le pavot offre par la culture une foule de variétés; par ses fleurs de toute couleur, et par ses feuilles plus ou moins découpées; on en trouve à semences brunes et à semences blanches. On peut extraire des têtes de pavot encore fraîches ou non mûres, un suc laiteux qui, clarifié et évaporé, fournit un vrai *opium*: quatre grains produisent les mêmes effets que l'*opium officinal* à un grain. La décoction de deux têtes de pavot non mûres, endort comme deux *grains d'opium*. Les feuilles contiennent aussi le suc *extracto-résineux*, soluble dans l'eau et dans l'esprit-de-vin. Les remèdes tirés du pavot sont indiqués dans les maladies où l'irritabilité est trop grande; dans les spasmes, les douleurs, les grandes évacuations, les toux d'irritation. On doit les éviter dans les fièvres, les inflammations. Les semences de pavot ne sont nullement narcotiques. Dans le nord, et surtout en Lithuanie, on mange à chaque repas des gâteaux faits avec ces semences; on en exprime une huile douce que le froid ne fige pas; une livre de semences en donne quatre onces. L'opium à petite dose donne de la gaieté; à dose moyenne il endort, en imitant l'apoplexie; à haute dose, il tue. On s'y accoutume facilement, de manière que quelques sujets en ont pris habituellement avec impunité. Le pavot fournit aux *abeilles* une grande quantité de cire.

466. Le coquelicot, pavot rouge. *Fleurs et fruits :* comme dans le précédent; le calice hérissé, la capsule ovale, petite, lisse, corolle rouge, une tache noire à l'onglet. *Feuilles :* ailées, découpées profondément et velues. *Racine :* fusiforme, simple, blanche. *Tiges :* quelquefois de trois pieds de haut, rondes, solides, rameuses, couvertes de poils; les fleurs naissent au sommet, plusieurs sur la même tige. *Lieu :* dans les champs, dans les blés. Annuelle. *Propriétés :* acidule; les fleurs gluantes, anodines; diaphorétiques, et surtout pectorales, adoucissantes. *Usages :* on se

sert très fréquemment des fleurs. Les étamines du coquelicot sont pourpres. Les fleurs desséchées sont inodores; récentes, elles répandent, comme les capsules et les feuilles, une odeur narcotique; on peut extraire des capsules encore vertes, un suc vraiment narcotique qui, évaporé, laisse pour sédiment une espèce d'opium *efficace pour la coqueluche;* les fleurs en infusion sont calmantes. On les donne utilement dans la *dyssenterie,* les *coliques spasmodiques.* Les vaches, les chèvres et les moutons mangent impunément le coquelicot, qui est nuisible aux chevaux.

467. Le PAVOT HIBRIDE. Capsules arrondies, sillonnées, hérissées; tige portant plusieurs fleurs; feuilles trois fois pinnées; folioles linaires.

468. Le PAVOT A MASSUE. Capsule allongée, hérissée; feuilles pinnées; folioles en lobes un peu élargis.

469. Le PAVOT DOUTEUX. Capsules allongées, lisses; tige portant plusieurs fleurs à poils appliqués contre.

470. Le PAVOT JAUNE : tige lisse, à capsules allongées, lisses, à fleurs jaunes. Sur les montagnes sous-alpines du Lyonnais.

471. Le PAVOT D'ORIENT, *Papaver orientale.* Capsules lisses, grosses, arrondies; feuilles pinnées, dentées; tige rude, portant une seule fleur.

472. Le CHARDON-BÉNIT-DU-MEXIQUE, pavot épineux. *Fleur :* rosacée; cinq pétales grands, arrondis, droits, ouverts, plus grands que le calice découpé en trois parties; corolle jaune. *Fruit :* capsule épineuse, grande, ovale, à cinq angles, s'ouvrant en cinq parties, contenant de petites semences logées sous les ongles de la capsule. *Feuilles :* simples, découpées, amplexicaules, épineuses. *Racine :* fusiforme, fibreuse. *Tige :* herbacée, de la hauteur de 34 centimètres, cylindrique, rameuse; toute la plante hérissée de petites épines. *Lieu :* l'Amérique, les jardins. Bisannuelle. *Propriétés et usages :* on lui suppose en général les mêmes vertus qu'aux pavots.

473. Le CACTUS, figuier d'Inde, raquette cardasse, *Cactus opuntia herbariorum* : fleur, rosacée; plusieurs pétales larges ; calice monophyle. *Fruit :* grosse baie oblongue , uniloculaire, ombiliquée sous le stigmate, charnue, rouge, remplie de semences. *Feuilles :* charnues, épaisses de trois ou quatre lignes , ovales , arrondies au sommet , insérées les unes dans les autres, armées de quelques épines sétacées, la surface des feuilles lisse. *Racine :* en forme de corde, point de tige ; les feuilles naissent les unes des autres comme par articulations; au sommet de la feuille naît la fleur; la plante s'élève peu et rampe en quelque sorte ; les épines durcissent à mesure que la plante vieillit. *Lieu :* les Indes , les jardins. Vivace. *Propriétés :* la plante teint en rouge l'urine de ceux qui en mangent ; on la dit rafraîchissante. On cultive dans presque tous les jardins des curieux, plusieurs espèces du genre *cactus*. M. Labouret a publié de nos jours, une *Monographie de la famille des cactées*, avec un traité complet de leur culture, en 1 volume de plus de 600 pages , où il énumère alphabétiquement plus de 150 sortes de cactus. Nous nous contentons de parler ici, des plus remarquables.

474. L'HÉRISSON ARRONDI , *Cactus ficoides melocactus.* Quatorze angles. C'est une masse charnue, couronnée au sommet d'épines entassées. C'est celui avec lequel on élève la cochenille. Voy. dans notre atlas, pl. 103, sa réprésentation exacte.

475. Le CIERGE DE PÉROU , *Cactus cereus Peruvianus :* droit, long , à huit angles obtus; à piquants entassés. Le fruit rouge, comme une noix; il s'élève en vieillisant , à une hauteur extraordinaire; à 16 mètres 68 centimètres et plus. Le Jardin-des-Plantes de Paris en possède plusieurs dans les serres, qui sont admirables.

476. Le SERPENTEAU, *Cactus cercus flagelliformis :* rampant, à dix angles très épineux.

477. La FIGUE D'INDE, *Cactus ficus Indica :* feuilles articulées, ovales, oblongues, sans tiges. Ces plantes sont originaires d'Amérique ; elles donnent de grandes et belles fleurs ; leur fruit est succulent et nutritif, quoique fade. Sur une espèce de figuier d'Inde, se trouve le *kermès*, qui fournit la belle *couleur écarlate de ce nom*. Les cactus ne veulent pas être arrosés et réclament de grandes précautions lorsqu'on les remet en plein air après l'hiver.

478. La FLEUR DE LA PASSION, à couleur bleue et fruit ovale, *Granodilla passiflora cœrulea*. *Fleur :* rosacée ; cinq pétales presque lancéolés, de la longueur et de la figure du calice qui est divisé en cinq parties colorées, cinq étamines adhérentes au germe par leurs filets ; un nectaire composé d'une triple couronne, dans lesquels on a cru voir les attributs de la passion. *Fruit :* grosse baie charnue, presque ovale, portée sur un style allongé ; plusieurs semences ovales revêtues d'une membrane. *Feuilles :* pétiolées, planes, cinq ou sept découpures, lancéolées, ovales, entières, d'un vert foncé. *Racine :* rampante, sarmenteuse. *Tiges :* grimpantes ; vrilles axillaires aux côtés des pédoncules ; stipules réniformes. *Lieu :* l'île de Minorque ; on la cultive dans les jardins. Vivace. *Propriétés et usages :* on ne connaît pas ses vertus, quoique certains auteurs la regardent comme apéritive. Les *passiflores* sont en grand nombre ; on les recherche dans les jardins des curieux, parce que leurs tiges flexibles se plient à la volonté du jardinier et peuvent garnir agréablement les berceaux. La plus commune, c'est la bleue. Les suivantes ornent encore nos jardins. Voy. pl. 110.

479. La PASSIFLORE A FEUILLES DE LAURIER, *Passiflora laurifolia*. Les feuilles très entières, ovales, deux glandes aux pétioles ; à enveloppe dentée. Le fruit est ovale, très gros, d'un goût agréable. Originaire de Surinam.

480. La PASSIFLORE CHAUVE-SOURIS, *Passiflora vespertillio*. Feuilles à deux lobes, portant des glandes à leur base, les lobes arrondis à leur base, d'ailleurs aigus, divergents,

ponctués en dessous. *Fleur :* petite, blanche. *Fruit :* succulent. Américaine.

481. La passiflore ponctuée , *Passiflora punctata.* Feuilles à trois lobes oblongs , le lobe intermédiaire très petit , ponctuées en dessous. Cette sorte de passiflore est pour ainsi dire *le balancier de l'horloge de Flore.* Elle est représentée dans notre atlas, pl. 22.

482. La passiflore très petite. Feuilles velues, trifides ou fendues au delà du centre en trois segments lancéolés , dont l'intermédiaire est le plus long ; fleur jaunâtre, très-petite, ressemble à la précédente.

483. La margeline ou alsine, *herbes aux serins,* appelée à cause de cela dans le midi *cap d'autel. Fleur :* rosacée, à cinq pétales fendus, égaux, plus longs que le calice, divisé en cinq folioles velues. *Fruit :* capsule membraneuse à une seule loge, ovale ; semences menues, rougeâtres, attachées au placenta en manière de grappe. *Feuilles :* pétiolées, simples, entières, ovales, cordiformes, un peu succulentes. *Racine :* chevelue, fibreuse. *Tiges :* herbacées, de 16 centimètres de haut, couchées, velues, articulées, rameuses. *Lieu :* les jardins, les cours, les chemins. Annuelle. *Propriétés :* les feuilles ont un goût d'herbe un peu salé ; la plante est vulnéraire, détersive, rafraîchissante. Le nombre des étamines est incertain. On en trouve trois , quatre, cinq , six , sept ; les anthères sont pourpres ; dans la capsule se trouvent trois ou six valves. On donne le suc de cette herbe aux *phthisiques,* quelques-uns en ont été soulagés ; il réussit assez bien en collyre dans l'ophthalmie inflammatoire. Les vaches, les moutons, les chevaux aiment cette plante que les chèvres négligent. Les *serins* et autres petits oiseaux de volière recherchent la margeline.

484. La margeline des blés, *Alsine segetalis :* pétales entiers, à feuilles filiformes ; feuilles tournées toutes d'un côté ; on trouve des stipules vaginales, membraneuses. Les

margelines appartiennent à la famille naturelle des caryophyllées.

485. L'alsine a trois étamines, *Holosteum umbellatum* : feuilles opposées linaires ; fleurs en ombelle ; à capsule comme cylindrique, quelquefois on trouve cinq étamines et quatre styles.

486. L'alsine a quatre étamines, *Polycarpon tetraphyllum* : feuilles verticillées, ovales, quatre à chaque anneau ; cinq pétales ovales, très petits ; capsule à une loge et trois valves.

487. La sagine rampante : tige diffuse, couchée, à feuilles lancéolées, réunies par leur base ; calice à quatre feuillets, quatre pétales ; capsule à quatre loges ; souvent les pétales manquent.

488. La sagine droite : tige droite, le plus souvent ne portant qu'une fleur ; à feuilles linaires, à fleur close. On trouve quelquefois quatre styles et cinq étamines. C'est l'*Alsine verna glabra*, de Tournefort.

489. La mochringue mousseuse des montagnes, *alsine à huit étamines et deux styles* : feuilles linaires, très étroites, réunies par leur base ; quatre feuillets au calice ; quatre pétales ; capsule à une loge, quatre valves. Sur les montagnes.

490. Étaline hydropiper, alsine à huit étamines et quatre styles. Feuilles opposées ; fleur *blanche* ou *rose ;* trois ou quatre pétales ; calice de quatre feuillets ; capsule déprimée à quatre loges, à quatre valves. C'est l'*alsinastrum serpilifolium flore albo tetropetalo* de Linné. On la trouve dans les prairies humides, en Bourgogne et en Bresse.

491. L'alsine a fleurs blanches. Feuilles en anneaux ; les surnageantes linaires, les submergées capillaires. Dans les fossés, en Bresse ; ses fleurs sont à quatre pétales, petites et blanches.

492. La stellaire des bois, alsine à dix étamines et trois styles, *Stellaria nemorum* : feuilles pétiolées, en cœur ; à pédoncules composés, formant la panicule ; le

calice de cinq feuillets ouverts ; cinq pétales fendus ; capsule à une loge renfermant plusieurs semences ; très ressemblant au céraiste aquatique ; tige haute ; feuilles grandes. Elle se trouve sur les hautes montagnes. Voy. pl. 139, la représentation exacte de la stellaire des bois.

493. L'alsine a bras ouverts, *Stellaria dichotoma* : les rameaux en bras ouverts ; les feuilles ovales, assises ; à fleurs solitaires ; à pédoncules portant les capsules renversées. Haller pense que cette espèce n'est que la précédente adulte. Elle se trouve sur les montagnes du Bugey et du Forez.

494. La *Stellaria holostea*. Les feuilles lancéolées, ciliées ; fleurs blanches, grandes ; pétales fendus.

495. La *Stellaria graminea*. Les feuilles linaires très entières ; fleurs en panicule ; dans les haies, les bois. On trouve la variété, appelée par Dillen *alsine folio gramineo angustiore palustris*, dans les prairies aquatiques.

496. L'*arenaria trinervia*. Ses feuilles aiguës, pétiolées, à trois nervures. Dans les arenaria, les pétales sont entiers.

497. L'*arenaria serpilifolia*. Les feuilles assises, ovales, lancéolées, un peu hérisées ; à pétales plus courts que le calice ; à pédoncules portant une seule fleur ; la tige rameuse ; feuilles du serpolet.

498. Alsine rouge : feuilles filiformes ; à stipules membraneuses, vaginales, ou en gaînes ovales, lancéolées, blanches, à fleurs rouges.

499. L'*arenaria media* : tiges un peu velues, feuilles linaires, succulentes, un peu velues ; à stipules membraneuses ; fleurs blanches ; les pétales presque aussi longs que les calices ; les semences entourées par un cercle membraneux, blanc.

500. L'*arenaria saxatilis* : tiges paniculées, à feuilles en alène. C'est l'*alsine saxatilis et multiflora*, de Tournefort. Les pétales des fleurs sont plus longs que le calice. Commune dans le Dauphiné, en Allemagne, en Espagne et en Savoie.

501. L'*arenaria tenuifolia :* tige paniculée ; à feuilles en alène ; pétales lancéolés, plus courts que le calice.

502. La SPARGONTE DES CHAMPS, *alsine à dix étamines et cinq styles :* feuilles en anneaux, en alène, succulente. Le nombre des étamines varie, on en trouve cinq, six, sept, huit, dix ; vingt feuilles à chaque anneau ; tige de 34 centimètres ; faible ; pétales entiers. C'est un bon pâturage, sa racine, très abondante, donne une assez bonne farine.

503. La SPARGONTE, *à cinq étamines :* feuilles en anneaux ; tige de 16 centimètres, velue, six ou huit fleurs à chaque anneaux ; semences couronnées par une membrane.

504. La *spargonte noueuse :* tige de 5 centimètres, à nœuds enflés ; à feuilles inférieures, opposées, en alène, fisses, les supérieures en faisceaux. En général, toutes les alsines sout nutritives pour les bestiaux. Chevaux, bœufs, moutons, chèvres, lapins, oies, dindes, canards. Les ânes en font leurs délices après le chardon.

505. L'OREILLE DE SOURIS, *Myosotis rempant, céraiste : Fleur :* rosacée ; cinq pétales divisés en deux à leur sommet, droits, ouverts, de la longueur du calice qui est formé par cinq folioles ovales, lancéolées, aiguës. *Fruit :* capsule transparente, cylindrique, de la forme d'une corne, ouverte à son sommet, découpée en cinq dentelures ; semences petites. *Feuilles :* cotonneuses. *Racine :* couchée. *Licu :* les terrains arides. *Propriétés et usages :* bonne pour nourrir les animaux. Plusieurs espèces de *céraistes* sont assez communs en Europe, pour mériter d'être caractérisés ici.

506. Le CÉRAISTE VULGAIRE : tige diffuse ; feuilles ovales ; pétales de la longueur du calice. Fleur blonde et petite. C'est le *myosotis arvensis hirsuta parvo flore alba* de Linné, très semblable au suivant ; mais il croît plus touffu.

507. Le CÉRAISTE VISQUEUX : tige droite, visqueuse, velue. On le trouve dans les montagnes. C'est le *myosotis hirsuta viscosa.*

508. Le CÉRAISTE, *à cinq étamines* : tiges simples ; feuilles hérissées. C'est le *myosotis arvensis hirsuta minor*. Le nombre des étamines et des styles n'est pas constant. On le trouve à cinq, à dix, à trois styles ; à cinq étamines stériles, et à cinq portant anthères.

509. Le CÉRAISTE DES CHAMPS : feuilles linaires, lancéolées, lisses ; corolles plus longues que le calice. C'est le *myosotis arvensis hirsuta flore majore*.

510. Le CÉRAISTE AQUATIQUE : feuilles ovales, en cœur ; inférieures pétiolées ; à fleurs solitaires ; à fruits inclinés, arrondis. C'est l'*alsine maxima solanifolia* de Mentz. Il ressemble beaucoup au *stellaria nemorum*, de Linné. On l'a surnommée *marchande*, du nom du naturaliste Marchand, à qui son fils la dédia. Voy, cette plante, pl. 40.

511. Le CÉRAISTE COTONNEUX : feuilles lancéolées, linaires, blanches, cotonneuses ; pédoncules portant plusieurs fleurs ; capsules rondes. On le cultive dans les *parterres* ; elle forme des gazons fleuris très agréables. Originaire d'Espagne, on en trouve une variété en Suisse. En général, les céraistes fournissent un mauvais pâturage : les chèvres et les chevaux les mangent ; les vaches et les moutons n'en veulent point,

512. La ROSÉE DU SOLEIL, *rossolis*, à feuilles rondes. *Fleur* : rosacée, presque infundibuliforme, à cinq pétioles obtus, un peu plus grands que le calice qui est d'une seule pièce et à cinq découpures aiguës. *Fruit* : capsule ovale, uniloculaire, terminée par cinq valvules qui contiennent des semences obrondes. *Feuilles* : simples, pétiolées, très entières, orbiculaires, allongées, couvertes de filets. *Racine* : fibreuse, déliée comme des cheveux. *Port* : petite plante composée de deux ou trois tiges qui s'élèvent, du milieu des feuilles, à quelques pouces, grêles, rondes, rougeâtres ; les fleurs au sommet rassemblées en grappes ; les feuilles radicales et couvertes de petites glandes pétiolées, d'où suinte une liqueur gluante. *Lieu* : les endroits

marécageux, les Alpes. Annuelle. *Propriétés* : âcre au goût, caustique, suspecte. *Usages* : On ne se sert pas de cette herbe en médecine. Le rossolis est un *poison pour les moutons ;* il leur attaque le foie et le poumon, et leur occasionne une toux qui les fait périr insensiblement, ce qui mérite d'être observé dans les lieux où croît cette plante assez rare.

513. Le rossolis a feuilles longues : *Drosera longifolia.* Elle diffère de la précédente par ses feuilles ovales, oblongues ; plusieurs célèbres botanistes ne la regardent que comme une variété. On les trouve souvent ensemble dans les mêmes marais. Au mois de juillet, la *fleur s'épanouit à neuf heures*, se referme *avant midi ;* le suc qui transsude des feuilles est assez âcre pour ôter l'organisation aux verrues ; il fait cailler le lait. Cette plante et l'utriculaire sont les seules plantes du nord que l'on ait trouvées dans les Indes, à l'époque de la découverte de l'Amérique. Elle fait partie de l'horloge de Flore, par la précision des heures de son épanouissement.

514. La soude ordinaire : *Salsola soda kali majus.* *Fleur :* rosacée par son calice, divisé en cinq découpures ovales, obtuses, en rondache, persistantes ; point de corolle. *Fruit :* capsule ronde à une seule loge, entourée du calice, remplie d'une semence longue, noire, luisante, roulée en spirale. *Feuilles :* sans piquants, longues, étroites, épaisses, sessiles. *Racine :* ferme, fibreuse, rameuse. *Tiges :* de 1 mètre environ, sans épines, les rameaux droits et rougeâtre ; les fleurs le long de la tige, axillaires, solitaires. *Lieu :* les bords de la mer, nos provinces méridionales. Annuelle. *Propriétés :* cette plante à un goût salé, elle est apéritive, diurétique, antiulcéreuse. *Usages :* on se sert de toute la plante, excepté dans les cas d'inflammation de la vessie ; l'âcreté de son sel l'augmenterait ; on s'en sert extérieurement pilée et appliquée. On tire de la pierre de soude, un sel fixe qui est caustique, et sert à faire des pierres à cau-

tères ; l'alcali de cette plante réduite en cendre, entre dans la composition du fameux sel de Seignette, et dans celle du savon. On trouve encore sur les bords de nos mers, et même bien avant dans nos terres, plusieurs autres espèces de soudes. Voy. pl. 53, fig. 3.

515. La SALSOLA-TRAGUS : herbacée, droite ; à feuilles en alène, succulentes, lisses, épineuses, à calices ovales.

516. La SALSOLA KALI : herbacée, couchée ; à feuilles en alène, hérissées, épineuses, piquantes ; calices axillaires, dont les marges des feuilles sont membraneuses. Ces deux espèces qui se ressemblent beaucoup, sont devenues indigènes, auprès de Lyon, sur les bords du Rhône. Toutes ces soudes, et quelques autres, fournissent plus ou moins abondamment l'alcali fixe du sel marin qui forme la base de plusieurs sels précieux en médecine, comme le *sel de Seignette*, le sel de *Glauber*. Cet alcali uni avec les graisses ou les huiles, constitue les *différents savons*. Le meilleur *sel de soude* est fourni par la *salsola-sativa*, que l'on cultive en Espagne ; ses feuilles sont lisses, courtes, rondes, assez semblables à celles des joubarbes.

517. La SOUDE D'ALICANTE ; à feuilles très courtes : *Salsola hirsuta, kali hispanicum foliis brevibus. Fleur et fruit :* comme dans la précédente ; la capsule velue. *Feuilles :* cylindriques, obtuses, cotonneuses, charnues. *Racine :* fibreuse, rameuse. *Tige :* de 34 centimètres tout au plus, velue, herbacée, diffuse ; fleurs axilliaires ; feuilles alternes. *Lieu :* les bords de la mer, en Espagne. Annuelle. *Propriétés et usages :* comme dans la précédente. Voy. pl. 114.

518. La PARNASSIE DES MARAIS : *parnassia palustris. Fleur :* calice divisé en cinq segments ; cinq pétales ovales, cinq tubercules ornés de plusieurs cils terminés par des glandes arrondies. *Fruit :* capsule à quatre valves contenant plusieurs semences. *Feuilles :* radicales pétiolées, en cœur, lisses au milieu de la tige, une seule feuille assise, l'embrassant. *Racine :* produisant d'un tronc court, une

foule de radicules. *Port :* tige de 34 centimètres, droite, simple, anguleuse, ne portant qu'une fleur blanche, grande. *Lieu :* dans les prairies humides, dans les montagnes du Lyonnais. Vivace. *Propriétés :* amère. Le germe, pendant la florescence, est ouvert à son sommet, alors chaque étamine rapproche son anthère de cette ouverture, lance sa poussière séminale, après quoi se retire contre la corolle. Les styles sont souvent collés, de manière qu'il n'en paraît qu'un seul ; le germe est à côtes, rose, blanc, terminé le plus souvent par quatre stigmates sans style ; les sommets des cils du miellier, jaunes, diaphanes ; dans chaque miellier environ douze cils inégaux. Voy. pl. 62 et 115, plusieurs parnassies des marais parfaitement reproduites.

519. Le JONC CONGLOMÉRÉ : *Juncus levis conglomeratus paniculâ non spersâ. Fleur :* calice persistant, formé par six feuillets lancéolés. *Fruit :* capsule à trois loges, à plusieurs semences. *Feuilles :* elles ne sont que des gaînes radicales, terminées par des feuilles très courtes, sétacées, que l'on trouve même rarement. *Racine :* fibreuse. Chaume droit de 68 centimètres à 1 mètre, rond, nu, terminé en pointe ; à 17 centimètres au-dessous de cette pointe, naît le panicule arrondi, dense, dont chaque pédoncule général est ramifié, et porte des fleurs petites, brunes, brillantes. *Lieu :* dans les fossés. *Propriétés :* ce jonc contient beaucoup de moelle qui peut servir de mêche aux lampes ; il indique toujours un sol humide ; on en fait de petites corbeilles. C'est un mauvais pâturage, quoique les vaches et les chèvres mangent ce jonc lorsqu'il est vert. Nous donnons ci-après les caractères spécifiques des principaux joncs assez généralement existants en Europe.

520. Le JONC ÉPARS : *Juncus effusus :* à chaume arrondi, nu ; à panicule épars, latéral.

521. Le JONC RECOURBÉ : *Juncus inflexus :* à chaume nu, dont la pointe est membraneuse, recourbée ; à panicule épars.

522. Le JONC FILIFORME : *Juncus filiformis* : à chaume petit, nu, filiforme, courbé; à panicule latéral.

523. Le JONC RUDE AU TOUCHER, *Juncus squarrosus* : à chaume nu, raide; à feuilles raides; sétacées; a fleurs en tête ramassées, sans feuilles; à fleurs cartilagineuses.

524. Le JONC ARTICULÉ, *Juncus articulatus* : à tige feuillée; à feuilles nouées, articulées, aplaties; à panicule inégal; à feuillets du calice obtus.

525. Le JONC BULBEUX, *Juncus bulbosus* : à tige filiforme, petite, feuillée; à feuilles linaires; creusées en canal; à fleurs en corymbe terminant la tige; à capsules obtuses.

526. Le JONC DES CRAPAUDS : à tige petite, dichotome; à feuilles sétacées, anguleuses, à fleurs solitaires, assises sur les divisions des branches.

527. Le JONC VELU, *Juncus pilosus* : à tige petite; à feuilles aplaties, à longs poils; à corymbe rameux.

528. Le JONC ARGENTÉ, *Juncus niveus* : à feuilles planes, peu velues; à corymbe plus court que la feuille; les segments intérieurs du calice plus courts que les extérieurs; fleurs blanches.

529. Le JONC DES CHAMPS, *Juncus campestris* : à feuilles planes, un peu velues; à épis pédonculés et assis, penchés. C'est le *Juncus villosus capitulis poylii* de Linné. On le trouve dans des terrains secs.

530. Le JONC EN ÉPIS, *Juncus spicatus* : à feuilles planes; à épis penchés, divisés; fleurs noires. Ce n'est probablement qu'une variété du précédent. Sur les montagnes du Forez et du Vélai.

531. Le POURPIER SAUVAGE; *Telephe rampant*; à feuilles incisives : *Telephium repens folio non deciduo. Fleur :* calice de cinq feuillets; cinq pétales insérés sur le réceptacle. *Fruit :* capsule à une loge, à trois valves. *Feuilles :* alternes, ovales, oblongues, succulentes, persistantes. *Racine :* chevelue, menue. *Tige :* rameuse, rampante; fleurs en grappes terminant la tige, tournées d'un seul côté. *Lieu :* dans les

terres sablonneuses, sur les rochers. En Dauphiné. Vivace.

532. CISTE OU HÉLIANTHÈME ; *la fleur du soleil*, de couleur jaune rosacé : cinq pétales sous-orbiculaires, planes, étendus, très grands, calice de cinq feuillets. *Fruit :* capsule à trois battants ; semences petites, orbiculaires, un peu aplaties. *Feuilles :* garnies de quelques poils, repliées, portées sur de court pétioles. *Racine :* blanche, ligneuse. *Tiges :* ligneuses, nombreuses, grêles, velues, couchées par terre ; les fleurs jaunes au sommet, disposées en longs épis, soutenues par des pédoncules, quatre stipules lancéolées à la base. *Lieu :* dans les pâturages. Vivace. *Propriétés :* les feuilles sont remplies d'un suc gluant et visqueux : la plante est vulnéraire et astringente. *Usages :* des feuilles, on fait des décoctions dans de l'eau pour gargarismes, ou bouillies dans du vin. Le genre des cistes est un des plus nombreux en espèces ; on en compte plus de trente européennes. Les provinces méridionales en produisent un grand nombre. Dans le Nord, on n'en trouve guère qu'une espèce, celle qui vient d'être décrite, dont la tige et les feuilles acquièrent souvent une couleur rouge foncée.

533. Le CISTE A FEUILLES DE SAUGE, *Cistus salvifolius :* arbrisseau sans stipules ; feuilles pétiolées, hérissées de deux côtés, ridées, dentelées. Les pédoncules sont latéraux, solitaires, ne portant qu'une fleur plus longue que la feuille ; fleurs blanches.

534. Le CISTE FILIFORME *Cistus lœvipes :* sous-arbrisseau, sans stipules ; feuilles alternes, naissant par faisceaux, filiformes, lisses ; pédoncules en grappes ; fleurs jaunes. On le trouve en Dauphiné.

535. Le CISTE A FEUILLES DE BRUYÈRE : petit sous-arbrisseau, à branches couchées, sans stipules ; feuilles alternes, dures, linaires, entassées ; pédoncules portant une fleur ; calices lisses. Une partie des étamines sans anthères ; les feuilles à surfaces lisses, bordées de quelques petites épines ou poils rudes.

536. Le CISTE BLANC : sous-arbrisseau à rameaux couchés, sans stipules ; feuilles petites, opposées, ovales, velues, blanches en dessous ; fleurs en ombelle.

537. Le CISTE D'ÆLANDE : sous-arbrisseau couché, sans stipules ; feuilles opposées, vertes ; fleurs comme en ombelle ; calices velus ; pétales échancrés, petits, jaunes.

538. Le CISTE A GOUTTES DE SANG : tige droite, herbacée, sans stipules ; feuilles opposées, lancéolées, à trois nervures ; fleurs en grappes, sans bractées. La base des feuilles offre une tache rouge, deux feuillets du calice sétacés. Commune autour de Toulouse.

539. Le CISTE VELU : sous-arbrisseau, à tige un peu redressée ; quatre stipules en alène ; feuilles linaires, blanches en dessous, et traversées par deux sillons ; calices lisses ; fleurs blanches.

540. Le CISTE HÉRISSÉ : sous-arbrisseau, à stipules ; feuilles lancéolées, linaires, blanches en dessous, fleurs jaunes.

III. Herbes à fleur polypétale, régulière, rosacée, dont le pistil devient un fruit divisé, le plus souvent bicapsulaire ou à deux loges.

541. La SAXIFRAGE, à feuille ronde, *Ceum majus*. *Fleur :* rosacée ; cinq pétales planes, plus longs que le calice, étroits à leur base ; dix étamines. *Fruit :* capsule presque ovoïde ; semences très menues, rousses, *Feuilles :* les caulinaires, réniformes, dentées, pétiolées. *Racine :* fibreuse. *Tiges :* s'élèvent d'entre les feuilles, à la hauteur de 34 centimètres, lisses, faibles et pliantes ; les fleurs au sommet, portées sur de longs pédoncules. *Lieu :* sur les Alpes et sur toutes les hautes montagnes de France. Vivace. *Propriétés :* cette plante est apéritive, vulnéraire, détersive. *Usages :* on l'emploie pour l'intérieur en décoction, et en cataplasme pour l'extérieur.

542. La SAXIFRAGE GRENUE. *Fleur et fruit :* comme dans la précédente ; mais la capsule et le germe entourés

du réceptacle de la fleur ; pétales grands, plus longs que le calice. *Feuilles :* succulentes, velues ; les radicales et les inférieures réniformes, découpées en plusieurs lobes ovoïdes ; les supérieures, à lobes pointus. *Racine :* fibreuse, les fibres naissant entre de petits tubercules de la grosseur d'un pois, rougeâtres, placés les uns sur les autres. *Tige :* velue, peu rameuse, d'un rouge pâle ; fleurs au sommet ; pétioles plus longs que les feuilles. *Lieu :* les bois taillis, les haies. Vivace. *Propriétés :* les tubercules de la racine sont amers ; la plante apéritive, diurétique. *Usages :* on se sert de toute la plante, on doit cueillir les tubercules des racines, dès que la plante fleurit : bientôt elle sèche, et ils disparaissent ; on les fait infuser dans le vin blanc pour faire des décoctions ; on tire de ses cendres un sel fixe, excellent diurétique. Les vaches seules mangent quelquefois les saxifrages que les moutons et les chèvres négligent. Le genre des saxifrages présente quarante-deux espèces ; les suivantes sont les plus communes et les plus curieuses. Les anciens botanistes les confondaient avec les joubarbes.

543. La SAXIFRAGE COTYLÉDON : tige presque nue ; feuilles radicales, lingulées ; à marges cartilagineuses, blanches, dentelées, succulentes, formant une rose ; fleurs en panicule. On la trouve à grandes et à petites feuilles ; à panicule très long, chargé de fleurs, et à panicule portant peu de fleurs qui sont grandes, blanches, sans taches, ou ponctuées. Sur les alpes du Dauphiné. On voit aux Pyrénées des rochers tapissés de la grande variété qui, mêlée avec le *verbascum miconi*, produit un effet étonnant. V. pl. 101 de notre atlas une des plus belles saxifrages de cette espèce.

544. La SAXIFRAGE ANDROSACE : tige nue, velue, portant deux fleurs ; feuilles lancéolées, hérissées, obtuses. Sur les alpes du Dauphiné, les montagnes d'Aubrac et de la Lozère.

445. La SAXIFRAGE BLEUE : tiges très petites, portant plusieurs fleurs blanches ; à feuilles épaisses, dures, ciliées

à la base, recourbées, à points, comme percées à jour. Sur les Alpes et les Pyrénées.

546. La SAXIFRAGE MOUSSEUSE : tige très petite, velue, portant cinq à six feuilles alternes, une ou deux fleurs jaunes; les radicales en rose, imbriquées en tuile, dentelées et ciliées à la base. Sur les Alpes et les Pyrénées, la Lozère, le Cantal, le Levezou.

547. La SAXIFRAGE ÉTOILÉE : tige nue, branchue, feuilles rhomboïdes, finement dentelées; fleurs blanches, pétales pointus; dents du calice renversées. Sur les Alpes et aux Pyrénées.

548. La SAXIFRAGE A FEUILLES OPPOSÉES : tige rampante; feuilles ovales, ciliées, tuilées, formant quatre angles; une seule fleur terminant la tige, sans pédoncule. En Dauphiné, à Aubrac.

549. La SAXIFRGE RUDE : tiges couchées, rameuses, portant des fleurs; feuilles alternes, dures, ciliées, lancéolées; onglets jaunes. Sur les montagnes du Dauphiné et du Forez.

550. La SAXIFRAGE FAUX-CISTE : tige droite, rouge, portant une ou deux fleurs; feuilles de la tige alternes; lancéolées, lisses; pétales jaunes, tachetés de points à couleur de ventre de biche. En Suisse, commune près de Béziers.

551. La SAXIFRAGE ALZOÏDE : tiges penchées; feuilles éparses sur la tige, lisses, en alène; fleur d'un jaune pâle, tachetées de safran. Sur les montagnes du Dauphiné et aux Pyrénées.

552. La SAXIFRAGE D'AUTOMNE : tige simple, portant peu de fleurs; feuilles radicales, agrégées; feuilles de la tige alternes; pétales jaunes, tachetées. En Dauphiné, en Alsace.

553. La SAXIFRAGE CUNÉIFORME : petite tige rameuse, droite; feuilles de la tige alternes; trois lobes, à fleurs blanches. Belgique. Cette espèce offre des variétés; quelquefois ses feuilles ont cinq dents; la tige est gluante, de 4 à 8 centimètres de hauteur.

554. La SALICAIRE COMMUNE, à fleur pourprée : *Lythrum*

salicaria purpurea. Fleur : rosacée; six pétales attachés par leurs onglets aux découpures du calice, qui est d'une seule pièce ; corolle purpurine. *Fruit :* Capsule oblongue , terminée en pointe, fermée ; semences menues et nombreuses. *Feuilles :* un peu velues en dessous , en forme de cœur. *Racine :* de la grosseur du doigt , ligneuse , blanche. *Tiges :* de la hauteur d'un homme , raides, anguleuses , rameuses, rougeâtres, noueuses ; les fleurs naissent en épi , presque verticillées ; les feuilles opposées. *Lieu :* les fossés. *Propriétés :* les feuilles et la tige ont un goût sec et astringent ; la plante est détersive, vulnéraire. *Usages :* on se sert de l'herbe en décoction , elle est très efficace contre les diarrhées et les dyssenteries. Elle est employée aussi pour tanner les cuirs.

555. La SALICAIRE A FEUILLES D'HYSOPE : fleurs à six étamines ; tiges couchées , rameuses ; feuilles obtuses, très entières ; fleurs assises aux aisselles des feuilles ; à six pétales , pourpres, à onglets blancs ; le calice est toujours à trois ou six dents.

556. La SALICAIRE A FEUILLES DE THYM : fleurs de quatre pétales. Dans celle-ci la tige est droite ; calices à quatre dents, accompagnés de deux bractées ; on ne trouve souvent que leurs étamines. J'en ai compté quatre dans les prairies humides du midi de la France.

557. La CHÉLIDOINE JAUNE , *Pavot cornu. Fleur :* rosacée; quatre pétales ; calice divisé en deux; un grand nombre d'étamines ; corolle jaune. *Fruit :* silique longue , cylindrique , pliée comme une corne, remplie de semences arrondies, luisantes. *Feuilles :* amplexicaules , longues , charnues , velues, blanchâtres. *Racine :* de la grosseur du doigt , fusiforme, brune. *Tige:* herbacée , solide, rameuse. *Lieu :* l'Angleterre, dans les sables au bord de la mer , la Suisse, la Hollande. Bisannuelle. *Propriétés :* le suc de la plante a un goût amer ; elle est résolutive , détersive et diurétique. *Usages :* on emploie comme diuréti-

ques , les feuilles pilées et infusées dans du vin blanc ;
comme vulnéraires et détersives, les feuilles pilées et appliquées sans addition. On donne aussi aux animaux les
feuilles dans le vin blanc.

IV. Herbes à fleur polypétale , régulière , rosacée, dont le
pistil devient un fruit divisé en cellules.

558. Le MILLE - PERTUIS A PETITS TROUS , *Hypericum
perforatum vulgare. Fleur :* rosacée ; cinq pétales ovales ,
ouverts ; calice divisé en cinq parties ovales, concaves ;
péricarpe membraneux ; trois pistils. *Fruit :* capsule triloculaire , remplie de semences menues , luisantes et oblongues. *Feuilles :* alternes , sessiles , veinées , marquées de
points brillants , diaphanes. *Racine :* ligneuse , fibreuse ,
jaunâtre. *Tiges :* hautes de 25 centimètres , nombreuses ,
raides , ligneuses , rougeâtres , branchues ; fleurs jaunes
au sommet des rameaux. *Lieu :* les prairies , le long des
chemins. Vivace. *Propriétés :* celle des feuilles est un peu
salée , styptique et légèrement amère ; les fleurs et les
semences ont une odeur de résine. Cette plante tient le
premier rang parmi les vulnéraires ; elle est aussi résolutive , diurétique , vermifuge. *Usages :* on se sert , pour
l'homme , des feuilles , des fleurs , des semences , des
sommités fleuries , infusées ou bouillies dans du vin ou
dans de l'eau. Voy. pl. 79.

559. Le MILLE-PERTUIS-QUADRANGULAIRE , *Ascirum hypericum.* La fleur est comme la précédente ; les pétales très
petits , jaunes , à points noirâtres. *Feuilles :* ovoïdes , à
points noirs. *Racine :* fibreuse. *Tige :* herbacée , de deux
pieds de haut , quadrangulaire ; les fleurs au sommet disposées en corymbe. *Lieu :* les prairies et fossés. Vivace.
Propriétés et Usages : les vertus de la précédente , mais
plus faibles. Les sommités des fleurs et les feuilles des
mille-pertuis sont indiquées dans les crachements de sang
avec suppuration , les ulcères de la vessie , les anciennes
dyssenteries. Macérés avec l'alun , les mille-pertuis don-

nent une *teinture jaune*. Les vaches, les chèvres et les moutons mangent les mille-pertuis que les *chevaux* négligent. On les cultive dans les jardins, et on les trouve dans toute l'Europe.

560. Le *mille-pertuis arbrisseau* : tiges ligneuses, chargées de points glanduleux ; feuilles ondulées, ayant à leurs marges des glandes comme des verrues ; fleurs grandes, solitaires, terminant les tiges ; cinq styles. Originaire de l'ile Majorque.

561. Le *mille-pertuis couché* : tiges filiformes, rampantes, anguleuses, à feuilles petites, ovales, sans points, diaphanes ; fleurs aux aisselles, solitaires ; calices ponctués, dentelés ; trois styles.

562. Le *mille-pertuis des montagnes :* tige droite, ronde ; feuilles assises, ovales, lisses, ponctuées ; calices glanduleux, dentelés.

563. Le *mille-pertuis velu*, très ressemblant au précédent, mais à feuilles un peu velues.

564. Le BEAU MILLE-PERTUIS : Tige ronde, droite ; à feuilles embrassant la tige, en cœur, lisses, à calices dentelés, glanduleux ; à pétales jaunes, garnis de points noirs ; à trois styles. Sur toutes les montagnes de France. Voy. pl. 79.

565. Le *mille-pertuis à feuilles de nummulaire :* tiges couchées ; feuilles petites, en cœur, arrondies, lisses ; fleurs grandes ; pétales d'un jaune pâle, couchés ; trois styles. On le recueille sur les rochers de la Grande-Chartreuse, en Dauphiné, sur les montagnes du Bugey, et sur celles d'Aubrac en Rouergue.

566. Le MILLE-PERTUIS BRUYÈRE, *hypericum coris :* feuilles comme en anneaux ; savoir : quatre stipules et deux feuilles linaires très étroites. Dans les plaines du Dauphiné. Linné a déterminé quarante-deux espèces de mille-pertuis.

567. La GRANDE PIROLE, *à feuilles rondes : Fleur :* rosacée, un peu irrégulière ; cinq pétales sous-orbiculaires,

concaves, ouverts ; le pistil recourbé en manière de trom-
pe ; dix étamines droites ; stigmates à cinq dents. *Fruit :*
capsule obronde, pentagone, divisée en cinq loges, s'ouvrant par les angles ; les semences roussâtres et menues.
Feuilles : radicales, pétiolées, rondes, épaisses, lisses. *Racine :* presque horizontale, en forme de corde. *Tige :* s'é-
lève d'entre les feuilles à la hauteur d'un pied, droite,
ferme, anguleuse, simple, couverte de quelques écailles ;
fleurs blanches naissant au sommet, disposées en grappe ;
on trouve des feuilles florales à la base des pédoncules ; la
plante est toujours verte. *Lieu :* les terrains humides et
ombragés ; les bois. Vivace. *Propriétés :* goût amer et fort
astringent ; vulnéraire et fébrifuge, moins échauffante que
les autres vulnéraires. *Usages :* on se sert des feuilles en décoction, en manière de thé. La pirole a été souvent très
utile en décoction contre les diarrhées passives avec atonie.
Les ulcères baveux, qui sont entretenus par le relâchement
des fibres, sont adoucis par des lotions d'infusion de pirole. Voy. pl. 127, une magnifique pirole reproduite dans
tous ses détails. Sur six espèces de piroles connues, cinq
sont européennes.

568. La PETITE PIROLE, *pirola minor :* tige et feuilles
plus petites ; étamines et styles droits.

569. La PIROLE ONDULÉE, *pirola secunda :* tige de quatre
pouces, portant des feuilles ovales, lancéolées, ondulées,
crenelées ; fleurs en grappe, tournées d'un seul côté.

570. La *pirole arbrisseau :* tige ligneuse, rameuse, de
cinq à six pouces ; feuilles rassemblées vers le haut des
branches, noirâtres, sèches, lisses, cunéiformes, dentelées ;
pédoncules partant du centre des feuilles, portant plusieurs
fleurs, comme en ombelles ; calice et pétales rouges.

571. La *pirole uniflore :* tige à hampe de trois ou quatre
pouces, portant une seule fleur odoriférante, grande,
laiteuse, inclinée ; feuilles radicales, pétiolées, arrondies,
tendres, dentelées.

572. La rue puante des jardins, a larges feuilles, *Ruta graveolens. Fleur :* rosacée ; quatre au cinq pétales concaves, attachés par des onglets étroits ; calice divisé en quatre ou cinq segmens ; réceptacle environné par dix points ou mielliers. *Fruit :* capsule divisée en autant de lobes qu'il y a de pétales ; elle a le même nombre de cavités et s'ouvre par le haut ; plusieurs semences rudes, anguleuses et réniformes. *Feuilles :* découpées, petites, charnues, lisses, rangées comme par paires sur une côte terminée par une foliole impaire. *Racine :* jaune, ligneuse, très fibreuse. *Tiges :* ponctuées, s'élèvent quelquefois à la hauteur de trois pieds, ligneuses, rameuses, l'écorce blanchâtre ; les fleurs naissent au sommet ; *Lieu :* en Provence, dans les jardins. Vivace. *Propriétés :* toute la plante répand une odeur désagréable et forte ; elle a un goût âcre et amer ; elle est emménagogue, antivermiueuse, carminative, antispasmodique, antiscorbutique, résolutive, détersive. *Usages :* on se sert pour l'homme de toute la plante, les racines excepté ; on exprime un suc de l'herbe fleurie ; les feuilles fraîches servent à faire des cataplasmes ; les feuilles sèches donnent une poudre et les sommités fleuries une huile essentielle ; la plante désséchée perd de son odeur, qui est très pénétrante lorsqu'elle est fraîche. Selon le rapport de Pline le naturaliste, les anciens Romains, au plus haut point de leur civilisation, faisaient un usage aussi barbare que détestable de cette plante. De nos jours quelques matrones odieuses ont essayé de le renouveler, mais non pas sans recevoir la juste punition de leur crime, que les lois modernes et chrétiennes, préférables à celles des Romains sur ce point, condamnent sévèrement. On retire de la rue une huile essentielle, rouge, qui dépose en vieillissant un sédiment résineux, roux. On en retire une plus grande quantité des semences que de l'herbe. L'extrait de la rue, par les aqueux, est amer et âcre. Des expériences journalières prouvent que la rue est très efficace dans

les affections histériques avec atonie, dans la chlorose ; la décoction est souvent énergique dans les spasmes et sur la fin des fièvres. La gale, les dartres, le scorbut, l'asthme peuvent être combattus par l'extrait de rue.

573. La RUE SAUVAGE. *Fleur :* rosacée ; cinq pétales oblongs, ovoïdes, droits, ouverts ; les cinq folioles du calice linéaires, de la longueur des pétales. *Fruit :* carpelle obronde, à trois côtes, triloculaire, trivalve ; semences ovales, pointues. *Feuilles :* épaisses, succulentes. *Racine :* fusiforme ; *Tige :* cannelée, herbacée, rameuse ; fleurs opposées aux feuilles ; celles-ci alternes. *Lieu :* l'Espagne, l'Italie, l'Egypte. Vivace. *Propriétés et usages :* les mêmes vertus que la précédente, lorsqu'elle est cueillie dans son pays natal ; mais elle en a peu dans nos climats.

574. La NIELLE DES CHAMPS, TOUTE ÉPICE. *Nigella arvensis cornuta :* fleur rosacée ; cinq pétales ovales, planes ; huit nectaires disposés en rond ; calice nul ; feuilles florales très courtes. *Fruit :* composé de cinq capsules turbinées, surmontées de cinq cornes, s'ouvrant par le haut ; semences noires, ridées, anguleuses. *Feuilles :* presque velues, découpées en petits filaments. *Racine :* fibreuse, petite, blanchâtre. *Tiges :* faibles, de la hauteur d'un pied, grêles, cannelées, quelquefois rameuses ; une fleur au sommet des tiges ; *Lieu :* les champs. Annuelle ; *Propriétés :* cette plante est légèrement odorante et âcre ; elle est diurétique, vermifuge incisive, antispasmodique, résolutive, fébrifuge.

L'analogie botanique rend toutes les parties de la *nielle suspectes* ; son affinité avec les aconits la fait soupçonner vénéneuse. Dans le Levant on mêle les semences avec le pain, ce qui prouverait qu'elles ne sont pas vénéneuses. Cependant ceux qui savent que les bestiaux ne mangent point l'herbe de la nielle, la craindront comme dangereuse.

575. La *nielle de Damas :* se distingue aisément de la précédente par un involucre ou collerette formée de cinq feuilles plus longues que la fleur qui est souvent pleine,

II.

7

bleue, ou *blanche*. Dans les provinces méridionales ;
annuelle.

576. La NIELLE CULTIVÉE ; *Nigella sativa* : capsules hérissée de piquants arrondis ; fleurs petites, blanches ; feuilles velues. Originaire d'Allemagne.

577. La FABAGELLE DES BELGES ; *Pourpier des Parisiens* :
fleur rosacée ; cinq pétales larges, plus longs que le calice
à cinq feuillets ovales ; un nectaire divisé en dix écailles
qui couvrent le germe. *Fruit* : capsule oblongue en forme
de prisme, à cinq côtés, à cinq loges, à cinq valves ; semences sous-orbiculaires et aplaties. *Feuilles :* ovales, arrondies, grosses, charnues, pétiolées deux à deux. *Racine :*
rameuse. *Tige :* herbacée, articulée, diffuse ; fleurs entre
les feuilles, alternes, géminées, soutenues par des pédoncules, qui ne portent qu'une seule fleur ; stipule très entière à la base des pédoncules, *Lieu :* la Syrie, les jardins.
Vivace. Employée comme vermifuge. Voy. pl, 136.

578. Le CISTE A FLEURS BLANCHES et feuilles de saule,
qui porte le labdanum d'Espagne. *Fleur :* rosacée ; cinq
pétales ouvertes, grands ; calice divisé en cinq folioles, dont
deux alternes sont très petits. *Fruits :* capsule à dix loges ;
plusieurs semences arrondies, petites, brunes. *Feuilles :*
lancéolées, lisses en dessus, ondées à leurs bords, pétiolés.
Racine : ligneuse, blanchâtre en dedans, noirâtre en dehors, fibreuse. *Tige :* rougeâtre, arbrisseau branchu, rameaux de la hauteur de deux pieds ; les feuilles sont couvertes d'une matière résineuse qu'on ramasse avec des
fouets de cuir. *Lieu :* le Levant. Vivace. *Propriétés :* les
fleurs ont un goût d'herbe un peu styptique ; la résine
nommée *labdanum*, est pour l'intérieur stomachique, antidyssentérique, astringente ; à l'extérieur résolutive, antiulcéreuse et balsamique.

579. Le CISTE DE CRÈTE, *Cistus Creticus*. La résine nommée *labdanum*, ne se retire pas seulement du ciste ladanifère, mais de l'espèce nommée : *ciste de Crète*, arbrisseau

sans stipules, à feuilles en spatule, ovales, pétiolées, sans nervures, rudes; calices lanceolés. C'est le vrai *cistus ladonifera*, de Tournefort. Cette résine transsude sur les branches et sur les feuilles, comme des gouttes transparentes de thérébentine; on la ramasse avec des fouets de cuir. Anciennement on recueillait soigneusement la partie de cette résine qui s'attachait à la barbe et aux poils des chèvres. Cette résine solide, noire, pesante, contient un sable hétérogène; elle est amère; son odeur légère est agréable; elle brûle à la bougie, se ramollit à une chaleur médiocre; elle dépose dans l'infusion aqueuse une partie de son principe aromatique; mais elle ne se dissout que dans l'esprit de vin. Cette résine entre dans la composition des parfums à brûler. Voy. pl. 109 et 110.

580. Le CISTE DE MONTPELLIER, *Cistus ladanifera monspeliensium*. Caractères du précédent. *Feuilles* : lancéolées, sessiles, pointues, velues des deux côtés, avec trois nervures. *Racine* : ligneuse. *Tige*: arbrisseau qui conserve sa verdure tout l'hiver; les fleurs naissent au sommet des branches; *Lieu*: les provinces méridionales de France. Vivace. *Propriétés et usages* : on le regarde comme astringent; il n'a pas les vertus du précédent.

581. Le GRAND NÉNUPHAR BLANC, *Nymphœa alba major*. *Fleur* : rosacée, très grande; environ quinze pétales, plus grands que le calice, formé par quatre feuillets. *Fruit* : ressemblant à une tête de pavot ovale; baie couronnée, partagée dans sa longueur en plusieurs loges; semences oblongues, noirâtres, luisantes. *Feuilles* : très grandes, cordiformes, épaisses, charnues, veinées, pétiolées, en rondache, surnageant sur l'eau. *Racine* : très grosse, horizontale, brune en dehors, blanche en dedans. *Tiges* : vivant dans l'eau; chacune porte une seule fleur à son sommet; point de supports. *Lieu* : les étangs, les eaux dormantes. Vivace. *Propriétés* : la racine est aqueuse, fade, visqueuse, rafraîchissante, un peu narcotique; les fleurs sont sans goût et

sans odeur. Les feuillets du calice sont extérieurement verdâtres, la lame interne jaunâtre, le bord blanc, le nombre des pétales est incertain, de quinze à vingt; ils sont blancs, les plus externes un peu verdâtres en dessous; on trouve quatre-vingts ou cent étamines, les intérieures recourbées contre le germe. *La racine* est blanche lorsqu'elle est fraîche; desséchée, son écorce brunit; alors elle est légère, spongieuse. J'en ai fait arracher en 1835, sur les bords du lac de Saint-Andéol, dans le département de la Lozère, des tronçons plus gros que la jambe. Lorsqu'elle est récente, elle est un peu âcre, un peu amère. Les *fleurs* récentes sont aromatiques. Le mucilage du nymphæa n'est point inutile dans l'hémoptysie, dans le vomissement de sang. On a fait du pain avec cette racine, qui n'a point énervé ceux qui en ont mangé; elle contient, outre un principe résineux, amer, une grande quantité de substance amilacée nutritive. Desséchée, elle peut fournir une abondante nourriture aux bestiaux.

582. Le *nymphæa jaune :* on le trouve dans les étangs français; il diffère du précédent par sa fleur plus petite, par son calice de cinq feuillets plus grands que les pétales, par son fruit conique. Il a de douze à seize pétales, de cent à cent soixante étamines, dont les extérieures sont renversées sur les pétales; la fleur aromatique répand une odeur suave qui lui est propre. Dans ces deux plantes, les cellules des tiges, des pétioles, des pédoncules, sont très grandes et toujours remplies d'eau; c'est pourquoi un grand amas de ces tiges desséchées, se réduit à un très petit volume. On peut facilement séparer des pétioles, des fibres spirales. L'eau distillée des fleurs fraîches du nymphæa, perd promptement son principe aromatique.

V. Herbes à fleur polypétale, régulière, rosacée, dont le pistil devient un fruit, qui, dans son épaisseur, renferme plusieurs semences.

583. Le CAPRIER ÉPINEUX, à petit fruit et à feuille ronde.

Fleur : rosacée; quatre pétales sous-orbiculaires, échancrés, grands, ouverts; calice coriacé, divisé en quatre parties ovales; étamines très longues. *Fruit :* baie charnue, à pédoncule de la grosseur d'un gland, et forme d'une poire; semences menues, blanches. *Feuilles :* réniformes, sous-orbiculaires, pétiolées, simples, très entières, un peu épaisses. *Racine :* ligneuse, rameuse, revêtue d'une écorce épaisse. *Port :* espèce d'arbuste qui dans nos climats perd, en hiver, une partie de ses tiges; elles s'élèvent de 60 centimètres, ligneuses, lisses, pliantes, armées d'épines raides; de l'aisselle de chaque feuille, naît un long pédoncule qui supporte une fleur blanche; ce pédoncule de la longueur des feuilles est le double plus long que les corolles. *Lieu :* l'Égypte, les provinces méridionales de France, et dans les climats du nord, contre le pied d'un mur, à l'abri du froid. Vivace. *Propriétés :* toutes ses parties sont d'une saveur un peu amère et astringente; l'écorce de la racine est amère, âcre, diurétique, résolutive. *Usages :* on ne se sert que des boutons des fleurs et de l'écorce des racines; on fait macérer les boutons dans le vinaigre et ils sont plus utiles dans les cuisines qu'en médecine. Le vinaigre qui a servi à la macération est très utile, appliqué extérieurement, comme résolutif. Le câprier produit un bel effet par ses grandes fleurs, dont les étamines longues, en divergeant, forment une houppe. On cueille les *boutons de fleurs pour assaisonner les mets,* leur piquant en relève le goût; la racine et les boutons donnent un des meilleurs apéritifs stomachiques. Voy. pl. 126.

VI. Herbes à fleur polypétale, régulière, rosacée, dont le pistil devient un fruit composé de plusieurs pièces ou capsules. Famille naturelle des plantes grasses.

584. La *grande joubarbe des toits,* toujours vivante. *Sedum majus Sempervivum. Fleur :* rosacée; douze pétales lancéolés, ovales, concaves, un peu plus grands que le calice qui est également divisé en douze parties concaves et

aiguës. *Fruit* : douze capsules disposées en rond ; plusieurs semences obrondes, petites. *Feuilles* : charnues, succulentes, convexes en dehors, aplaties en dedans, ciliées en leurs bords, attachées à la racine, conglobées, rassemblées en forme d'hémisphère. *Racine* : petite, fibreuse. *Tige* : s'élevant du milieu des feuilles, à la hauteur de 34 centimètres, droite, rougeâtre, pleine de moelle, revêtue de feuilles plus étroites que les radicales ; elle se sèche dès que la semence est mûre ; les fleurs *rouges* naissent au sommet en bouquet ou corymbe, dont les rameaux sont recourbés. *Lieu* : les vieux murs, les rochers. Vivace. *Propriétés* : goût âcre ; aqueuse, rafraîchissante, astringente. *Usages* : on ne se sert que des feuilles dont on tire le suc.

585. La JOUBARBE GLOBULEUSE, feuilles ciliées formant une tête ; les pétales sont en alène ; on en compte six, autant d'étamines et de pistils, quelquefois douze cependant.

586. L'ARAIGNÉE, *sempervivum arachnoïdum*. Feuilles formant une tête entrelacée par des fils, imitant les soies d'arraignées ; neuf pétales pourpres, réunis, nerveux. On l'a observée très communément aux Pyrénées, en s'élevant jusqu'au Mont-Louis : on la trouve aussi sur les alpes du Dauphiné.

587. La JOUBARBE DES MONTAGNES, *sempervivum montanum*. Feuilles sans poil, formant une rose ouverte, à grandes fleurs rouges. Très commune en Silésie. Ces plantes et les suivantes, croissent sur les vieux murs ou sur des rochers ; elles n'ont besoin que d'un peu de sable ou de chaux pulvérisée, pour fixer leurs racines. Si on les arrache, elles continuent à végéter, et même fleurissent sans être adhérentes à la terre ; leur structure est parenchymateuse, cellulaire, contenant un mucus délayé dans les feuillets d'un tissu cellulaire assez relâché ; leur épiderme est très poreux ; aussi dès qu'elles sont flétries, il suffit de les exposer un moment à la vapeur de l'eau pour les faire renfler et leur donner l'apparence de la vie ; d'où nous devons con-

clure que dans ce *genre de plantes grasses*, la nutrition dépend presque entièrement de l'absorption des vapeurs par les vaisseaux inhalants des feuilles et des tiges. C'est d'autant moins surprenant aujourd'hui, qu'on sait que toutes les plantes se nourrissent également par l'absorption des feuilles et par celle des racines.

588. La PETITE JOUBARBE BLANCHE, *trique-madame*. Fleur rosacée; calice à cinq segments, succulents, cinq pétales, pointus, planes, ouverts; cinq nectaires en forme d'écailles adhérentes au germe; corolle blanche. *Fruit :* cinq capsules droites, comprimées, échancrées à leur base, s'ouvrant pour laisser sortir plusieurs petites semences. *Feuilles :* succulentes, divergentes, d'un vert luisant. *Racine :* menue, fibreuse. *Tige :* de 18 centimètres, rougeâtre, succulente, dure dans sa maturité, rameuse à son sommet; les fleurs en corymbe. *Lieu :* les vieux murs, les rochers, les toits. Vivace. *Propriétés :* goût d'herbe salé; astringente, rafraîchissante. *Usages :* on peut la substituer à la précédente; on lui reconnaît les mêmes vertus. La trique-madame pilée et appliquée sur les flegmons et les *hémorrhoïdes enflammées*, calme la douleur; nous l'avons éprouvé plusieurs fois; on a aussi trouvé le suc propre à déterger les ulcères. Les chèvres et les moutons mangent cette plante lorsqu'elle est verte; les chevaux n'en veulent point.

589. La PETITE VERMICULAIRE BRULANTE, à fleur jaune, *Sedum parvum :* corolle jaune. *Feuilles :* presque ovoïdes, charnues, grasses, comme collées à la tige, entassées. *Racine :* petite, fibreuse. *Tiges :* basses, menues; trois grappes de fleurs au sommet qui se divise en trois. *Lieu :* les vieux murs, les toits des maisons, les rochers. Vivace. *Propriétés :* âcre au goût, piquante, presque corrosive, antiscorbutique, vomitive, diurétique, fébrifuge. *Usages :* il faut être extrêmement circonspect en l'employant à l'intérieur, vu son extrême âcreté. En mâchant cette plante, elle paraît d'abord fade; mais peu de temps après elle excite une ardeur dans

la bouche, semblable à celle des plantes les plus âcres. Desséchée, elle perd presque entièrement son acrimonie. Bouillie dans de la bière ou avec l'hydromel simple, elle est peu énergique; on peut alors prescrire un ou deux verres de ce remède, il fait rarement vomir.

590. L'ORPIN REPRISE, JOUBARBE DES VIGNES, *Anacampseros, vulgo faba crassa, sedum telephium* : caractères, fleur et fruit : comme les précédentes; corolle rougeâtre ou blanche. *Racine :* charnue, à tubercules blancs; la tige tachetée de points rouges, s'élève de 50 centimètres, courbée, cylindrique, solide, avec quelques rameaux revêtus de feuilles; fleurs au sommet disposées en bouquet. *Lieu* : les terrains pierreux, les vignes. Vivace. *Propriétés* : la racine gluante, légèrement acide, douce, est plus résolutive, plus rafraîchissante, plus détersive que les feuilles qui sont vulnéraires, astringentes. *Usages :* on ne conseille pas de s'en servir à l'intérieur; on fait usage à l'extérieur des racines et des feuilles : on en extrait le suc que l'on applique sur les plaies récentes; les racines pilées et cuites, sont antihémorroïdales.

591. L'orpin *rhossiolis-rose* : fleur rosacée. : *Fruit* : quatre capsules en forme de cornes aplaties; semences nombreuses. *Feuilles* : épaisses, dentées. *Racine* : fusiforme. *Tige* : herbacée; les fleurs en faisceaux au sommet des tiges; aucuns supports. *Lieu* : les Alpes. Vivace. La racine est astringente : on l'emploie en décoctions pilée; on la fait bouillir dans de l'eau de rose; et on l'applique sur le front pour guérir les maux de tête occasionnés par les coups de soleil.

592. L'ORPIN PANICULÉ, *Sedum cepæa* : à feuilles aplaties; tiges rameuses; fleurs en panicule, blanches.

593. L'orpin *glauque*, *Sedum dosyphyllum*. Tige faible; feuilles opposées, ovales, ornées d'un réseau de veines rouges; fleurs éparses, blanches. On compte quelquefois douze étamines et six styles.

594. La JOUBARBE RÉFLÉCHIE, *Sedum reflexum*. Feuilles

recourbées, arrondies d'un côté, pointues ; fleurs jaunes. On compte six, sept, huit et neuf étamines.

595. La JOUBARBE DES ROCHERS, *Sedum rupestre.* Tiges rampantes ; feuilles tuilées, en alène, formant cinq côtés ; fleurs jaunes en cîme.

596. La *joubarbe à six angles. Sedum sexangulare.* Feuilles ovales, adossées contre la tige, tuilées, formant six côtés ; fleurs en cîme ; trois branches ; chaque branche portant trois fleurs jaunes. On compte de huit à douze étamines.

597. La JOUBARBE ANNUELLE, *Sedum annuum.* Tige très petite, droite, solitaire ; feuilles ovales, rouges, bossues ; fleurs jaunes en cîme, recourbées. Annuelle, en Dauphiné et en Auvergne.

598. La JOUBARBE VELUE, *Sedum villosum.* Tige droite ; feuilles un peu aplaties, velues ; pédoncules latéraux, velus ; fleurs pourpres. Dans les marais de la Bresse, du Forez, du Vélai.

599. La REINE DES PRÉS ; ULMAIRE DU CLAUX, *Spiræa ulmaria clusii.* Fleur rosacée ; cinq pétales attachés par leurs onglets au calice, vingt étamines au moins adhérentes à la base du calice. *Fruit :* plusieurs capsules oblongues, pointues, comprimées, bivalves, contournées comme des chevilles ; quelques semences petites et pointues. *Feuilles :* dentées, ailées ; folioles, petites et grandes alternativement, terminées par une impaire plus grande et plus arrondie que les autres. *Racine :* odorante, fibreuse, noirâtre en dehors, d'un rouge brun en dedans. *Tige :* presque ligneuse, haute de quatre-vingts centimètres, lisse rougeâtre, creuse et rameuse ; les fleurs forment un grand bouquet au sommet des tiges et des rameaux. *Lieu :* les prairies un peu humides. Vivace. *Propriétés :* les feuilles ont un goût d'herbe salé et gluant ; toute la plante est austère et odorante, astringente, sudorifique et vulnéraire. *Usages :* on se sert pour l'homme de l'herbe, des fleurs, de la racine. La décoc-

tion de la racine est utile dans les fièvres malignes. La *reine des prés,* mérite plus de célébrité qu'elle n'en jouit parmi les médecins ; l'odeur de ses fleurs est très agréable et pénétrante. On en peut retirer une eau distillée très énergique ; éprouvée pour faciliter l'irruption des varioles, lorsqu'un pouls faible indique les cordiaux, elle a aussi réussi seule pour ranimer les forces dans les fièvres. La reine des près ressemble beaucoup à la filipendule.

600. La BARBE DE CHÈVRE, *Spiræa aruncus.* Feuilles à pinnules de cinq, de trois, allongées en épis. Les fleurs sont monoïques, dioïques, ou polygames. Dans quelques-unes on a trouvé étamines et pistils ; dans d'autres, des étamines sans pistils, et des pistils sans étamines.

601. La SPIRÉE A FEUILLES CRÉNELÉES, *Spiræa crenata.* Tige ligneuse ; feuilles ovales, oblongues ; rameaux terminés par de petits bouquets de fleurs blanches, très nombreuses. En Espagne, en Languedoc, cultivée dans les jardins.

602 La CROIX DE CHEVALIER, à feuille de pois-chiche. *Tribulus terrestris ;* fleur rosacée ; cinq pétales oblongs, obtus ouverts ; le calice divisé en cinq parties plus courtes que les pétales ; germe sans style. *Fruit :* avec des angles aigus, composé de cinq capsules bossuées, armées de trois ou quatre piquants, imitant en quelque sorte une croix de chevalier ; semences turbinées. *Racine :* blanche, petite, fibreuse. *Tiges :* longues de dix-huit centimètres, couchées par terre, velues, rougeâtres, rameuses, fleurs pédonculées ; les folioles garnies de cils à leurs bords. *Lieu :* les provinces méridionales de la France. Annuelle.

603. Le JONC ÉPINEUX ; TROSCART DES MARAIS, *Gramen juncago palustris.* Fleur à calice de trois feuillets ; corolle de trois pétales ; trois styles plumeux. *Fruit :* capsule à trois loges qui s'ouvrent par la base ; une semence dans chaque loge. *Feuilles :* radicales, graminées ; droites, très étroites. *Racine :* chevelue. *Tige :* d'un pied, nue, terminée par un épi de fleurs jaunes, resserrées. *Lieu :* dans les prés aqua-

tiques. C'est un mauvais pâturage, les bestiaux la négligent.

604. Le *troscart maritime* : ressemble beaucoup au précédent, mais il en diffère par sa capsule arrondie et à six loges. On le trouve sur les rivages des mers d'Europe.

605. Le PETIT JONC FLEURI, *Scheuchzeria palustris* : six pétales ; six étamines sans style, capsule enflée. Il offre le port des liliacées ; cinq à six fleurs en grappe terminent la tige : c'est le *gramen juncum aquaticum*, de Tournefort. La corolle est persistante et peut être prise pour un calice. Chaque capsule contient une ou deux semences.

606. Le BEC-DE-GRUE SANGUIN, *geranium* à grande fleur : polypétale, régulière, rosacée ; cinq pétales cordiformes ; calice de cinq feuillets, ovales, aigus, concaves ; dix étamines ; corolle grande et violette. *Fruit* : en forme de bec allongé ; semences réniformes. *Feuilles* : arrondies. *Racine* : épaisse, rouge et fibreuse. *Tiges* : droites, de la hauteur de 25 centimètres, rougeâtres, velues, noueuses ; pédoncules portant une seule fleur. *Lieu* : les bords des chemins. *Propriétés* : les feuilles sont styptiques, salées, vulnéraires, astringentes. On s'en sert extérieurement, pilées et appliquées sur les plaies.

607. L'HERBE A ROBERT, GÉRANIUM VERT. Caractères, fleur et fruit : comme la précédente ; calice velu, à dix angles ; corolle plus petite. *Feuilles* : velues, divisées en cinq lobes, d'une couleur souvent rougeâtre. *Racine* : menue, jaune. *Tiges* : s'élèvent à la hauteur de 30 centimètres ; rougeâtres, couvertes de poils ; pédoncules portant deux fleurs. *Lieu* : les rochers, les décombres. Vivace. Toute la plante est d'un goût légèrement salé ; elle est vulnéraire.

608. Le PIED-DE-PIGEON, *geranium* à feuille de mauve ronde : Fleur et fruit ; comme les précédentes. *Racine* : simple et branchue. *Tiges* : visqueuses, de la hauteur de quelques pouces, nombreuses, inclinées vers la terre. *Fleurs* : petites, rougeâtres. *Lieu* : les prés, les jardins. Annuelle.

609. Le PETIT GÉRANIUM CICUTIN : Fleurs : à cinq étami-

nes. Les calices divisés en cinq parties. Feuilles : ailées, découpées finement, ressemblant à celles de la ciguë, moins grandes, rampantes. *Racine :* épaisse et de mauvaise odeur. *Tige :* rameuse. *Lieu :* les terrains stériles. Annuelle. *Propriétés et usages :* comme les précédentes. La famille des géranium a de nombreuses espèces. On en compte environ *quatre-vingts*, dont trente au plus se trouvent en Europe. Les *becs-de-grue* d'Europe sont utiles dans les pâturages. Les *chèvres*, *les moutons*, *les vaches* les mangent. Le musqué répand une odeur agréable ; l'herbe à Robert exhale une odeur fétide particulière ; son goût est acerbe, un peu amer ; on l'a beaucoup vantée contre les hémorrhagies.

610. Becs-de-grue cultivés : le *bec-de-grue salissant.* Tige ligneuse ; feuilles alternes ; calice d'une seule pièce ; fleurs couleur de feu. Originaire d'Afrique. Les feuilles froissées entre les doigts les tachent d'une couleur ferrugineuse.

611. Le bec-de-grue vinaigrier , *geranium acetosum.* Tige ligneuse, crénelée. Originaire d'Afrique ; les feuilles, d'un vert de mer, ont un goût acide.

612. Le bec-de-grue bouclier , *geranium pellatum.* Arbrisseau couché ; feuilles lisses en bouclier ; les inférieures presque entières, les supérieures à cinq lobes.

613. Le bec-de-grue a zone. Arbrisseau à feuilles arrondies en cœur, incisées, circonscrites sur la surface par une zone noirâtre. Africaine.

614. Le bec-de-grue très odorant , *geranium odoratissimum.* Tiges succulentes, très courtes ; rameaux herbacés ; feuilles en cœur, très molles, répandant une odeur très pénétrante. Africaine.

615. Le bec-de-grue triste. Racine tubéreuse; feuilles comme pinnées ; radicales larges et étroites ; les pétales d'une couleur triste, verte, jaune, pâle. Il répand la nuit une odeur particulière. Africaine. Tous ces géranium ont le calice d'une seule pièce.

616. Le bec-de-grue romain, *geranium romanum.* La

hampe porte plusieurs fleurs assez grandes, pourpres ; feuilles ailées, folioles incisées ; cinq feuillets au calice ; cinq étamines ; très ressemblant au bec-de-grue cicutin ; la tige est rameuse.

617. Le BEC-DE-GRUE DES PYRÉNÈES, *geranium Pyrenaicum*. Tige droite, velue ; feuilles inférieures, arrondies, divisées en cinq parties incisées ; les supérieures divisées en trois ; pédoncules portant deux fleurs ; à pétales pourpres, divisés en deux lobes ; calice de cinq feuillets, dont les pointes sont ornées d'une glande rouge ; cinq étamines. Les deux extérieures sont anthères.

618. Le *bec-de-grue livide*. Tige droite, velue ; feuilles hérissées, ridées, palmées, divisées en cinq ou sept lobes incisés ; calices velus, terminés par une arête ; pédoncules solitaires, biflores, opposés aux feuilles ; corolle livide, d'un rouge brun ; pétales dentelés.

619. Le *geranium fuscum* : distingué du précédent par ses feuilles plus rudes ; par sa corolle à pétales entiers ; par ses pédoncules naissant deux à deux, opposés aux feuilles. Ces deux espèces de géranium se trouvent dans toutes les provinces méridionales de France.

620. Le BEC-DE-GRUE NOUEUX, *geranium nodosum*. Tige comprimée, diffuse ; pétales échancrés ; pédoncules portant deux fleurs.

621. Le BEC-DE-GRUE DES PRÉS, *geranium pratense*. Tige de deux pieds, droite ; feuilles grandes, palmées, découpées en cinq ou sept lobes, comme ailées, ridées, assez analogues à celles du napel ; pédoncules longs, portant deux grandes fleurs ; à pétales entiers, *bleus*. Voy. pl. **134**.

622. Le BEC-DE-GRUE DES FORÊTS, *geranium sylvaticum*. Tige droite, rameuse, d'un pied ; feuilles de napel, moins profondément découpées que dans le précédent ; fleurs grandes, purpurines, rayées ou blanches.

623. Le BEC-DE-GRUE MOLLET, *geranium molle*. Tige rameuse, peu soutenue, velue ; feuilles molles, blanchâtres,

velues, arrondies, incisées en cinq demi-lobes crénelés; pédoncules portant deux petites fleurs; calices velus; pétales roses, fendus. Voy. à la fin de cette 6ᵉ classe, § X, le *corollaire sur le genre pelargonium.*

624. Le BEC-DE-GRUE LUISANT, *geranium lucidum.* Plusieurs tiges rameuses, d'un pied; feuilles luisantes, arrondies; cinq lobes obtus; calices anguleux, ridés transversalement, pyramidaux; fleurs petites, roses.

625. Le BEC-DE-GRUE COLOMBIN, *geranium columbinum.* Tiges couchées, rameuses; feuilles divisées en cinq parties, sous-divisées en trois; pédoncules très longs, portant deux fleurs assez grandes, rouges ou bleuâtres; pétales échancrés; calices terminés par de longs poils rudes.

626. Le BEC-DE-GRUE DISSÉQUÉ, *geranium dissectum.* Tiges faibles, rameuses; feuilles divisées en cinq lanières, sous-divisées deux fois en trois; pédoncules très courts, portant deux fleurs purpurines, assez petites; calices terminés par de longs poils rudes; pétales échancrés, de la longueur du calice.

627. Le BEC-DE-GRUE NAIN, *geranium pusillum.* Tige couchée, peu velue; feuilles arrondies, découpées en fines lanières jusqu'à la base; pédoncules portant deux fleurs, dont les pétales sont rouges, pourpres; ctnq étamines sans anthères : les autres becs-de-grue indigènes en présentent communément dix.

628. Le BEC-DE-GRUE MUSQUÉ, *geranium moschatum.* Tige rameuse; feuilles ovales; pédoncules portant plusieurs fleurs à cinq étamines. Son odeur aromatique, pénétrante, suffit pour le reconnaître. Il est commun en Suisse.

629. Le GRAND PIGAMON JAUNE, *rue des prés, à siliques anguleuses et striées.* La fleur est rosacée; quatre pétales jaunes tiennent lieu de calice; étamines nombreuses. *Fruit:* plusieurs capsules ongulaires; semences jaunes, solitaires, très menues. *Feuilles :* trois fois ailées; folioles ovales. *Racine :* jaunâtre. *Tige :* d'environ 68 centimètres, dix-

huit à vingt étamines, dix-huit pistils. *Lieu* : les prés. Vivace. *Propriétés* : la racine a un goût un peu amer et désagréable, elle est vulnéraire, diurétique, purgative; les feuilles purgatives. Cette plante sert pour saupoudrer les ulcères, elle les mondifie et les dessèche.

630. Le PIGAMON A FEUILLES D'ANCOLIE, *thalictrum aquilegifolium* ; tige d'un bleu rougeâtre ; feuilles trois fois ailées ; fleurs purpurines, en panicule dense, à capsules pendantes ; de cinquante à soixante étamines, dix à seize pistils, quatre pétales.

631. Le PIGAMON BRILLANT, *thalictrum lucidum*, diffère du jaune par ses folioles plus étroites, succulentes. On le trouve en Bourgogne et en Bretagne.

632. Le *pigamon à feuilles étroites*, très ressemblant au *jaune* et au *brillant* ; il en diffère par ses folioles lancéolées, non succulentes. On le trouve en Normandie. On compte dans les fleurs quatre pétales, seize étamines, sept pistils. Les folioles longues de 1 centimètre, très étroites, ridées ; les fleurs petites, herbacées.

633. Le *petit pigamon*, tige de 34 centimètres, rougeâtre, folioles ovales, pendantes ; étamines *jaunes*.

634. L'HELLÉBORE NOIR, FÉTIDE, *pied de griffon*. *Fleur* : rosacée ; cinq pétales, verdâtres, rouges à leurs bords, point de calice ; plusieurs nectaires rangés en rond, tubulés, à deux lèvres échancrées. *Fruit* : plusieurs capsules comprimées, à double carène, membraneuses, dures, renfermant des semences rondes, nombreuses. *Feuilles* : radicales et caulinaires, soutenues par plusieurs pétioles qui se réunissent en un pétiole commun ; elles sont d'un vert brun. *Racine* : fibreuse. Tige feuillée de la hauteur de 51 centimètres ; les fleurs sont pendantes au sommet, disposées comme en ombelle. Toute la plante répand une odeur fétide ; elle est toujours verte et fleurit en tout temps. *Lieu* : les grands chemins sablonneux, les bords des rivières. Vivace *Propriétés* : les feuilles sont âcres, et purgatives.

Usages : on ne doit pas s'en servir pour l'homme, c'est un purgatif trop violent. On l'employait autrefois contre la manie ou folie. Elle peut servir de séton sur les animaux.

635. L'HELLÉBORE NOIR DES JARDINS A FLEUR VERTE. *Caractère* : comme le précédent; la corolle verdâtre; pistils, trois ou quatre; cinq étamines courtes; les fleurs sont blanches, roses. Originaire des montagnes d'Auvergne. Mêmes usages que la précédente.

636. L'*hellébore d'hiver*, racine tubéreuse; hampe très simple, de 1 centimètre, terminée par une feuille plane, horizontale, arrondie, profondément découpée en lobes un peu étroits; une seule fleur, droite, assise sur la feuille; six pétales jaunes. On le trouve en Suisse, aux Pyrénées; il fleurit dès les premiers beaux jours de l'hiver. La racine d'hellébore noir, doit être noire, rousse; l'intérieur ou le parenchyme est blanc. Si on la mâche récente, elle est très âcre; elle perd de cette acrimonie en vieillissant; fraîche, c'est un vrai poison qui enflamme, et agit même extérieurement comme vésicatoire. Si elle est bien desséchée, et quelque temps conservée, elle devient émétique, purgative, emménagogue, sternutatoire, suivant la dose.

637. L'HELLÉBORE BLANC, *à fleur rouge*. *Fruit* : trois capsules, s'ouvrant en dedans; semences oblongues. *Feuilles* : ovales, embrassant la tige en manière de gaîne. *Racine* : fibreuse, presque tubéreuse. Tige herbacée, haute de 1 mètre à 1 mètre 34 centimètres, terminée par des bouquets de fleurs de différents genres, et disposées en grappe. Les lieux humides, en Alsace et aux Pyrénées. Vivace. *Propriétés* : sa racine a un goût âcre et cause des nausées. Elle est recommandée comme sternutatoire, antiépileptique, antihypocondriaque. Les bergers s'en servent pour guérir les brebis galeuses; ils en font avec du beurre un onguent dont ils les frottent; mais presque toutes enflent et périssent. Les *vératrines*, ou hellébores, appartiennent à la *famille des liliacées*.

638. *L'hellébore blanc, à fleur pâle.* Caractères, fleur et fruit du précédent : corolles droites, blanchâtres. La tige plus basse, la corolle quelquefois verte. *Lieu :* les Alpes suisses. La racine de l'*hellébore blanc* est fusiforme, grosse comme le pouce, d'un blanc jaunâtre, chargé de fibres filiformes ; desséchée, elle est grise. Si on la coupe transversalement, elle paraît toute ponctuée ; l'odeur est nauséeuse ; la saveur très âcre, comme brûlant la gorge. Son infusion aqueuse de la racine sèche est rouge. Les chevaux mangent l'herbe au printemps sans en être incommodés ; mais elle leur donne de violentes coliques, lorsqu'elle est adulte en été. Les autres bestiaux n'y touchent pas ; les semences et les feuilles sont vénéneuses pour les oiseaux. Cette racine, même à petite dose, est si funeste qu'elle a excité dans certains animaux, la soif, la cardialgie, le sanglot, des suffocations, des convulsions, des tremblements, des défaillances, des sueurs froides et la mort. Voy. pl. 105.

639. Le JONC FLEURI, *Butomus flore-roseo.* Corolle de six pétales, dont trois extérieurs, plus grands et plus larges ; nul calice ; neuf étamines ; six styles. *Fruit :* six capsules univalves, à plusieurs semences. *Feuilles :* radicales, nombreuses, droites, très longues, comme des lames d'épée, à trois tranchants vers leur base. *Racine :* faisceaux de radicules filiformes. *Tige :* sans feuilles ; haute de 1 mètre à 1 mètre 34 centimètres, terminée par une ombelle de quinze à vingts fleurs rougeâtres, à pédoncules, longs de 8 centimètres ; l'ombelle garnie à sa base d'une collerette de trois pièces, membraneuse. *Lieu :* les étangs. *Usages :* les bestiaux ne touchent point à cette plante ; elle donne asile à une foule d'insectes aquatiques ; l'ombelle de ses fleurs rouges, blanches, quelquefois incarnates, flatte la vue ; elles sont assez grandes pour produire un bel effet. Le butôme, dans l'ordre naturel, est intermédiaire entre les joncs et les liliacées. Voy. pl. 64.

640. Le SOUCI DES MARAIS, à grande fleur : *Populago*

palustris. Fleur : rosacée ; cinq pétales ovales, grands, beaucoup d'étamines ; cinq ou dix pistils ; corolle jaune. *Fruit :* cinq ou dix capsules, pointues, à double carène, s'ouvrant par la suture supérieure ; plusieurs semences, lisses, brunes, terminées par un chaperon jaunâtre. *Lieu :* les terrains humides. *Usages :* contre les ulcères et les érysipèles.

641. Nymphæa ; *petite morène ; grenouillette :* à fleur blanche. Calice de la fleur à trois feuillets ; corolle de trois pétales arrondis ; neuf étamines. *Fruit :* capsule coriacée, à six loges, renfermant chacune plusieurs semences très petites. *Feuilles :* luisantes, orbiculaires, flottantes sur l'eau, d'un vert foncé : d'une tige traçante naissent plusieurs radicules à chaque nœud. *Lieu :* sur les eaux tranquilles. Cette plante n'a d'autre usage que de servir de retraite et de nourriture à une foule d'insectes aquatiques.

642. Le trolle globuleux ; *hellébore noir :* à feuille de grenouille et grande fleur. *Fleur :* grande, jaune, composée de douze à quatorze pétales ramassés en boule ; dix à douze languettes tubulées. *Fruit :* plusieurs capsules ovales, renfermant plusieurs semences. *Feuilles :* palmées, à cinq lobes incisés. Tige de 34 centimètres, portant au sommet une seule fleur. *Lieu :* très commune dans les forêts de nos provinces. On ne la trouve que sur les hautes montagnes. *Usages :* la fleur répand une odeur très agréable ; les bestiaux mangent volontiers cette plante. Avant l'épanouissement de la fleur, les cinq pétales extérieurs sont verts. Je n'ai compté le plus souvent que dix étamines ; les nectaires sont de *couleur de safran,* les étamines jaunes.

643. L'isopire ; renoncule des montagnes : *Thalictrum isopyrum. Fleur :* sans calice ; corolle de cinq pétales ; nectaires tubulés, fendus au sommet en trois. *Fruit :* capsules recourbées à plusieurs semences. *Feuilles :* à pétioles, folioles ovales, en lobes tendres, d'un vert de mer. *Tige :* de

15 à 16 centimètres, grêle, rougeâtre, rameuse, fleurs petites, blanches. *Lieu :* le Dauphiné.

644. La PIVOINE MALE ; à feuille noirâtre et développée. *Fleurs :* rosacées ; cinq pétales sous-orbiculaires, grands, étroits à leur base ; calice divisé en cinq folioles, concaves, inégales en grandeur. *Fruit :* plusieurs capsules ovales, oblongues, velues, s'ouvrant en dedans longitudinalement ; semences nombreuses, noires dans leur maturité. *Feuilles :* simples, découpées en lobes, de trois en trois. *Racine :* tubéreuse, en faisceaux. *Tiges :* de la hauteur de 60 centimètres, rameuses, un peu rougeâtres ; les fleurs au sommet, très simples et solitaires. *Lieu :* en Suisse et dans les environs de Montpellier ; on la cultive dans nos jardins comme plante d'agrément ; elle est vivace. Autrefois on la regardait comme propre à guérir l'épylepsie.

645. La PIVOINE FEMELLE : variété de la précédente ; les semences oblongues et plus petites. *Feuilles :* doublement ternées, à lobes difformes. La tige et les fleurs moins grandes. *Propriétés :* odeur forte, assoupissante ; saveur douce ; antispasmodique. Le parenchyme des semences de la pivoine est solide. Si on le coupe transversalement, on aperçoit un point central ; les fleurs grosses comme le poing, sont d'un rouge foncé. L'infusion des fleurs et la racine en poudre, ont été employées efficacement contre quelques éclampsies des enfants, dans la danse de Saint-Gui, et dans la toux convulsive, vulgairement appelée *coqueluche.*

VII. *Herbes à fleur polypétale, régulière, rosacée, dont le pistil devient un fruit composé de plusieurs semences disposées en manière de tête.*

646. La GRANDE ANÉMONE BLANCHE, SAUVAGE. *Fleur :* rosacée ; cinq ou six pétales ovales, point de calice ; corolle blanche, velue en dehors. *Fruit :* point de péricarpe ; réceptacle globuleux ; plusieurs semences obrondes, velues. *Feuilles :* radicales avec de longs pétioles, composées de cinq digitations velues. *Racine :* fibreuse. Tige faible de 16

centimètres de haut. *Lieu :* à l'ombre dans les bois, les haies. Vivace. *Propriétés :* suc caustique, brûlant ; il faut de la prudence pour en prescrire l'usage, qui ne peut être qu'extérieur. On trouve deux variétés de cette espèce ; une à *tige de 30 centimètres,* à *grande fleur,* l'autre à tige de 14 à 16 *centimètres,* à *petite fleur.*

647. L'ANÉMONE PULSATILLE ; à grande fleur et feuille lourde. Six pétales, épais. *Fruit :* disposé en manière de tête arrondie, composé de plusieurs semences velues. *Feuilles :* velues, couchées sur terre, attachées par des pétioles long et velus. *Racine :* ligneuse, grosse comme le doigt, chevelue. *Tige :* s'élevant au milieu des feuilles, à la hauteur de 16 centimètres. *Lieu :* les prés, les taillis, les terrains incultes. Vivace. *Propriétés :* elle a un goût très âcre ; elle est détersive, incisive, vulnéraire, la racine moins âcre que les feuilles. On ne se sert que de l'herbe, dont on tire une eau distillée, très propre pour déterger les vieux ulcères ; les feuilles font le même effet, pilées et appliquées.

648. La GRANDE PULSATILLE ; *anemone pulsatille.* Fleurs ouvertes droites, d'un beau bleu, très grandes, velues ; semences à queue velue. Tige portant une seule fleur qui est quelquefois très blanche, ou de couleur de chair. Elle frappe par sa beauté qui se développe les premiers jours du printemps ; les paysans écrasent les fleurs et les feuilles, et s'en servent comme de vésicatoires, pour guérir les fièvres intermittentes, ce qui leur réussit ; cette pulpe excite de grandes phlyctènes.

649. L'*anémone printannière :* tige de 12 à 18 centimètres, très velue ; fleurs droites, grandes, d'un blanc jaunâtre, ou un peu rougeâtre en dehors ; pétales velus ; collerette en dessous de la fleur fermée par des feuilles chargées d'un duvet roussâtre.

650. L'*anémone des jardins :* racine tubéreuse, tige de 16 centimètres, un peu velue, portant une seule fleur,

grande, purpurine, de neuf pétales étroits ; semences velues ; feuilles radicales , digitées. Originaire de Provence ,
cultivée dans nos jardins ; elle fournit par la culture une
foule de belles variétés.

651. L'*anémone des couronnes* : feuilles radicales, ternées. Cette espèce, originaire de Constantinople , fournit
aux fleuristes une foule de variétés ; ses fleurs simples ou
pleines, présentent diverses couleurs ; les feuilles sont plus
ou moins étroites.

652. L'ANÉMONE DES BOIS : *la sylvie* : tige de 16 centimètres, simple ; une fleur de six pétales blancs ou roses ,
ovales. Les *chèvres* et les *moutons* mangent cette plante que
les *chevaux* négligent ; elle cause aux vaches la menstruation et la dysenterie.

653. L'ANÉMONE JAUNE : tige de 16 centimètres ; fleur
de cinq pétales , jaunes , arrondis ; semences recourbées ,
lisses. Toutes les anémones fleurissent dès les premiers
jours du printemps ; elles inspirent la gaîté par la beauté
de leurs corolles qui sont assez grandes pour former dans
les forêts des parterres bien intéressants, après les rigueurs
de l'hiver.

654. La RENONCULE TUBÉREUSE DES PRÉS ; *grenouillette
à racine ronde. Fleur :* rosacée ; cinq pétales obtus, lui-
sants, jaunes ; calice formé par cinq folioles concaves, un
peu colorées. *Fruit :* en manière de tête , composé d'un
réceptacle , auquel les semences adhérent par de courts
pédicules ; point de péricarpe. *Feuilles :* composées. *Racine :* bulbeuse, arrondie, produisant à sa base plusieurs
radicules. *Tige :* droite, de 34 centimètres de haut, velue
et garnie de feuilles ; les fleurs au sommet, Vivace. *Propriétés :* cette plante est excessivement âcre, caustique ;
elle ulcère la peau et y excite des pustules. On en faisait
des cataplasmes, espèces de synapismes : l'usage peut en
être dangereux.

655. La *renoncule des marais*, à feuille d'abeille. Carac-

tères de la précédente. Semences en tête, plus longues et plus déliées que celles des autres renoncules. Feuilles d'un vert pâle. Les tiges creuses, cannelées, rameuses, de 34 à 50 centimètres; fleurs petites au sommet. *Lieu* : les terrains humides et marécageux. Vivace. *Propriétés* : Cette plante est excessivement âcre, détersive, caustique, dépilatoire. Sa causticité est telle, que l'on peut regarder son usage intérieur comme un poison. Appliquée extérieurement, elle enflamme promptement, fait tuméfier la partie, excite des phlyctènes, des vessies qui sont suivies d'ulcères profonds. Si on la laisse longtemps, elle gangrène la partie qu'elle touche. La famille des renoncules présente, suivant la méthode de Tournefort, non-seulement, une foule d'espèces, plus de quarante, mais encore quelques genres isolés par Linné.

656. La RENONCULE GRANDE DOUVE, *Renunculus lingua* : tige de 68 centimètres à 1 mètre, un peu velue, droite ; feuilles lancéolées, fort longues, légèrement dentées ; fleurs grandes, terminales, d'un *beau jaune*. On la trouve dans les lieux aquatiques. Voy. pl. 138.

657. La RENONCULE PETITE DOUVE, *Renunculus flamula* : ressemble à la précédente ; tige plus basse, lisse, inclinée ; feuilles ovales; fleurs terminales, jaunes, plus petites. Dans les prés humides. Très âcre, très caustique ; elle ulcère la peau, cause l'enflure aux chevaux, la gangrène, la paralysie. Les autres bestiaux ne touchent point à cette plante, les gens du peuple l'appellent : *mal des yeux*, parce que trop souvent les enfants étourdis, qu'on laisse folâtrer dans les prairies ont pris mal aux yeux par le contact de cette plante.

658. La RENONCULE RAMPANTE, *Renunculus reptans* : tige couchée, petite, qui produit des racines à ses nœuds inférieurs; feuilles linaires, naissant par faisceaux. Dans les marais.

659. La *renoncule à fleur de plantain* : tige petite :

euilles ovales, nerveuses, pétiolées; fleurs aux aissèlles, petités, jaunes. Dans les terrains humides, près de Paris.

660. La *renoncule à feuilles de gramen* : tige droite, de 24 centimètres, lisse, portant peu de fleurs, deux ou trois, *jaunes*, luisantes; à feuilles linaires. Dans les prés secs.

661. La RENONCULE VENIMEUSE, *Renunculus thora* : tige de 16 centimètres, ornée de deux feuilles, crénelées, lisses, portant à son sommet une ou deux fleurs jaunes, petites, au-dessous desquelles se trouve une bractée découpée en trois ou quatre lobes. Son suc est âcre, caustique; les anciens s'en servaient pour empoisonner leurs flèches.

662. La *renoncule de cassubie* : tige portant plusieurs fleurs jaunes; à feuilles radicales, arrondies, en cœur, crénelées.

663. La RENONCULE DOUCE et DORÉE, *Renunculus auricomus* : feuilles radicales, crénelées ou incisées; fleurs jaunes, dont les pétales sont plus courts que le calice, et tellement collés avec ses feuillets qu'ils paraissent apétales; ils s'en détachent peu à peu, un à un.

664. La *Renoncule à feuilles de platane* : tige de 1 mètre, rameuse, droite; feuilles grandes, lisses, palmées, incisées; fleurs blanches, grandes, ou très petites.

665. La *renoncule à feuilles d'aconit* : feuilles presque digitées; tige et fleurs plus petites. On la trouve en Dauphiné, en Bourgogne, en Champagne.

666. La *renoncule asiatique* : racine tubéreuse; tige inférieurement branchue, velue, ronde. Originaire d'Asie, cultivée dans les jardins; elle fournit une foule de variétés relativement aux fleurs qui sont doubles, pleines, et de différentes couleurs, simples ou panachées. C'est une des belles fleurs de parterre; elle est comme les autres renoncules, inodore et âcre.

667. La *renoncule âcre* : calices ouverts; pédoncules ronds; feuilles divisées profondément en trois lobes; fleurs jaunes; tigedroite, très âcre.

668. La *renoncule de Montpellier* : tige simple , velue , presque nue, portant une seule fleur jaune, grande ; feuilles partagées en trois segments crénelés.

669. La *renoncule couchée* : tige rameuse, faible, couchée, portant plusieurs fleurs ; feuilles composées , hérissées ; pédoncules sillonnées.

670. La *renoncule velue* : feuilles à trois segments, incisées, velues, blanchâtres ; tige droite ; pétales ronds, velus, calice ouvert.

671. La *renoncule à feuilles de cerfeuil* : tige velue, de 38 à 44 centimètres , droite, simple , portant une seule fleur assez grande, jaune ; racine bulbeuse ; quelquefois la tige produit deux ou trois rameaux.

672. La *renoncule des champs* : tige rameuse , de 24 centimètres ; feuilles partagées en trois, chaque partie pétiolée , subdivisée en deux, trois folioles incisées ; semences hérissonnées.

273. La *renoncule aquatique* : tige grêle , rampante ; feuilles submergées, composées de segments capillaires ; les feuilles au-dessus de l'eau en bouclier ; pédoncule portant une seule fleur blanche.

674. La PETITE CHÉLIDOINE DU PRINTEMPS, *herbe aux hémorrhoïdes*, à feuille ronde : fleur rosacée ; calice formé par trois feuillets creusés en cuiller , huit pétales lingulés. *Fruit* : arrondi, hérissé et couvert de plusieurs petites semences recourbées au sommet. *Feuilles* : pétiolées , cordiformes, anguleuses. *Racine* : divisée en fibres auxquelles sont attachés des tubercules succulents , oblongs, pâles en dehors et blancs en dedans. Les tiges longues de 18 centimètres , succulentes , grêles , couchées ; au sommet de chaque tige naît une fleur. *Lieu* : les fossés et les lieux humides. Vivace. *Propriétés* : la plante est d'un goût insipide ; les racines sont un peu plus âcres ; les feuilles moins résolutives que les racines ; on regarde cette plante comme un antiscorbutique tempéré , et comme

émolliente. On s'en sert rarement, soit pour l'intérieur, soit pour l'extérieur. Selon quelques auteurs, elle est spécialement antihémorroïdale, aussi l'appellent-ils l'*herbe aux hémorrhoïdes* : à cet effet, on mêle le suc avec du vin pour s'en bassiner plusieurs fois le jour ; ou on en fait un onguent avec du beurre frais.

675. La RENONCULE, HÉPATIQUE DES JARDINS : espèce d'anémone à fleur simple et bleue, rosacée, à plusieurs rangs de pétales ; corolle bleue, blanche ou rouge, simple ou double ; dans les pays froids, on en fait des bordures pour les jardins. Vivace. Cette plante est vulnéraire, dessicative, astringente, cosmétique ; on l'emploie le plus souvent en cataplasme.

676. RENONCULE ; *adonis champêtre d'été* ; à fleur d'un rouge clair : cinq feuillets au calice ; cinq pétales sans nectaires. Fruit ovale, formé par plusieurs semences nues. *Feuilles :* composées, découpées très menues, assez semblables à celles de la camomille, mais plus petites. *Tige :* huit pouces, faible, grêle, peu rameuse ; fleurs terminant la tige, ou les branches solitaires. On la trouve en Bourgogne et en Dauphiné.

677. L'*adonis d'automne* : tige ne portant qu'une fleur d'un rouge noirâtre, à huit pétales ; à fruit comme cylindrique. Commune en Languedoc.

678. L'*adonis printanier* : fleur jaune, de douze pétales ; à fruit ovale ; racine épaisse, noirâtre, fibreuse, âcre ; elle est regardée par quelques auteurs comme le véritable *hellébore d'Hippocrate*.

679. L'ADONIS APENNIN ; tige de 34 centimètres, rameuse, portant plusieurs *grandes fleurs jaunes*, à quinze pétales. Ce superbe adonis est fréquent dans la vallée d'Eines, aux Pyrénées ; ses fleurs sont presque aussi grandes que celles de la tulipe.

680. LA RENONCULE MINEURE ; *ratuncule :* à feuille gra-

minée, fleur allongée, et semences insérées, en tête d'épée. *Caractéres* : calice de cinq feuillets adhérents à la hampe par leur partie moyenne, étroits, linaires; cinq pétales ou nectaires lingulés. *Fruit* : cylindrique, formé par une foule de semences. *Feuilles* : radicales nombreuses, succulentes, droites, plus courtes que la hampe. *Tige* : sans feuilles, de trois ou quatre pouces, droite, portant au sommet une seule fleur.

681. Renoncule, sagittaire aquatique. *Fleur* : mâle et femelle; calice de trois feuillets; carolle de trois pétales; dans la fleur mâle, environ vingt-quatre étamines; dans la fleur femelle, une foule de pistils. *Fruit* : plusieurs semences nues en tête. *Feuilles* : à longs pétioles; radicales lisses, nerveux, en fer de flèche. *Racine* : fibreuse blanche. Tige nue, droite. *Lieu* : Dans les fossés, vivace. *Propriétés* : Les feuilles sont âcres, on en a proposé le suc pour déterger les ulcères scrofuleux. Les chèvres, les chevaux, et même les vaches mangent volontiers cette plante.

682. Le fluteau plantaginé des marais; *à feuille la plus large. Caractéres* : calice de trois feuillets; corolle de trois pétales; six étamines; plusieurs pistils. *Fruit* : plusieurs capsules ramassées en cercle, à une semence. *Feuilles* : radicales à longs pétioles. *Racine* : bulbeuse, produisant une foule de fibres. Tige nue, deux pieds de haut, pédoncules en anneaux, branchue, formant au sommet de la hampe un panicule; pétales roses, petits; les capsules, dix-sept, forment un triangle à angles obtus. *Lieu* : Dans les fossés. Vivace. *Usages* : cette plante et celles du même genre, sont suspectes, comme âcres, dangereuses pour les vaches; cependant les chèvres les mangent.

683. Le fluteau étoilé et damassé; *alisma damasonium stellatum.* Tiges nues : six pouces de haut, à leur sommet un ou deux anneaux de fleurs blanches, à six styles; feuilles radicales ovales, oblongues, en cœur; capsules terminées en pointe et disposées en étoiles.

684. *Le flûteau renoncule mouillé, des marais;* à feuilles de plantain. Tiges de quatre pouces, droites ou inclinées, terminées par deux verticiles. Fruits en têtes rondes très hérissées.

685. Le FLUTEAU NAGEANT ; *alisma natens.* Tiges rampantes, produisant des radicules ; feuilles oblongues, obtuses ; ombelle formée par un petit nombre de fleurs ; huit capsules. Les feuilles sont quelquefois très étroites.

686. LE FLUTEAU EN BOUCLIER : Tiges de 34 centimètres et plus ; feuilles en cœur, à peine aiguës ; pétioles articulés ; fleurs en panicule formé par des anneaux ; fruit à arête.

687. La FILIPENDULE : SPIRALE ; *spiræa filipendula.* *Fleurs :* comme la reine-des-prés ; calice à six segments ; six pétales ; trente étamines. *Fruit :* plusieurs capsules disposées en rond, de douze à vingt, terminées par un style endurci ; semences rudes et aplaties. *Feuilles :* ailées, d'un vert foncé. *Racine :* fibreuse et tubéreuse ; composée de tubercules oblongs, ronds, charnus, qui paraissent disposés sur un filet, comme les grains d'un chapelet. *Tige :* herbacée qui s'étend jusqu'à 34 centimètres ; droite, cannelée, branchue, feuillée ; les fleurs au sommet, disposées en une espèce d'ombelle rameuse ; les feuilles alternes. *Lieu :* les prairies sèches. Vivace. *Propriétés :* Les racines sont légèrement âcres et amères ; les feuilles ont un goût astringent et un peu salé ; elles sont incisives et antiscrofuleuses. *Usages :* On se sert des feuilles et des racines qui sont plus astringentes que les feuilles. Les corps des racines, succulents, à écorce noirâtre, à chair blanche sont le plus souvent comme des olives. Les racines de la filipendule, cuites et pulvérisées, donnent une farine qui n'est point désagréable ; les *cochons en sont friands* ; les fleurs répandent une odeur aromatique. On peut séparer de la farine macérée dans l'eau, un amidon ; les fleurs donnent une saveur agréable au lait. Toute la plante peut servir à

tanner les cuirs ; les chèvres, les moutons mangent la *filipendule*, que les chevaux dédaignent. Cette plante est très commune dans les prairies.

688. La CLÉMATITE SAUVAGE ; *herbe aux gueux* : à large feuille. *Fleur* : rosacée ; quatre pétales lancéolés, veloutés en dessous ; point de calice. *Fruit* : point de péricarpe ; plusieurs semences dispersées en rond, chevelues, très longues. *Feuilles* : ailées, rangées ordinairement au nombre de cinq sur un côté ; folioles cordiformes. *Racine* : grosse, fibreuse, rougeâtre. C'est une plante grimpante : elle jette des sarments ligneux, gros, rudes, plians, anguleux ; les fleurs blanches, naissent en grappe ou en manière d'ombelle. *Lieu* : les haies. Vivaces. *Propriétés* : Cette plante est âcre au goût et sans odeur ; c'est un gand caustique ; la racine est purgative. *Usages* : on se sert généralement de toute la plante pilée et appliquée sur les vieux ulcères ; elle les nettoie et fait tomber les chairs pourries ; pas d'usage à l'intérieur. On peut former des cautères avec le bois de clématite, tout comme avec le garou. Les mendiants savent se procurer en Italie des ulcères avec les feuilles de cette plante, pour apitoyer la compassion des étrangers et obtenir leurs aumônes. La décoction des feuilles de clématite dans l'huile, a réussi dans le traitement de la gale. On a préparé du papier avec le duvet de ses semences, Voy. pl. 131.

689. La CLÉMATITE, FLAMULE DE DIEU : droite, non grimpante ; feuilles ailées ; folioles ovales ; lancéolées, très entières ; fleurs violettes en ombelle terminant la tige ; quatre et cinq pétales. La poudre des feuilles est utile dans les ulcères sordides, fongueux, carcinomateux, et dans *la carie des os*. Storck la vante beaucoup dans son livre intitulé : *Libellus de flamula jovis*. Voy. pl. 27.

690. La BENOITE : HERBE DE SAINT BENOIT. *Caryophyllata; geum urbanum* ; fleur, rosacée ; cinq pétales : calice, d'une seule pièce. *Fruit:* semences nues en tête, armées de pointes

longues , courbées en hameçon. *Feuilles* : pétiolées, en forme de lyre. *Racine :* fibreuse, roussâtre. *Tiges* : de 34 centimètres de haut, à rameaux alternes ; fleurs au sommet. *Lieu :* les terrains ombragés et humides. Vivace. : *Propriétés* : Cette plante est d'une odeur agréable, quoique assez forte ; le goût en est âcre et amer ; elle est astrringente, sudorifique, cordiale, fébrifuge. On se sert de l'herbe et de la racine cueillie au printemps. Les pétales, *jaunes*, sont souvent plus courts que les segments du calice, à veines *verdâtres*. On compte de soixante à soixante et dix étamines. La tige rouge à sa base. La racine, extérieurement brune, est blanche en dedans ; celle des plantes de la première année n'est qu'un assemblage de fibres ; celle des anciennes produit, d'un tronc court, une foule de chevelés. Si on la cueille au printemps sur un terrain sec, elle répand une odeur de girofle qui se perd par la dessication. Les anciens avaient remarqué les vertus de la benoîte dans les fièvres intermittantes, la diarrhée, la dysenterie, et autres maladies qui exigent de légers astringents amers. Plusieurs médecins danois, ont désigné la benoîte comme le vrai *congénère du quinquina*, dans toutes les fièvres intermittentes. Cette plante fournit un pâturage agréable aux bestiaux.

691. La BENOITE AQUATIQUE : *geum rivale*. Elle diffère de la précédente par ses fleurs inclinées, par ses semences à arêtes, barbues, tordues ; les racines, très nombreuses, sont aussi odorantes ; leur écorce est rougeâtre ; la tige s'élève de six à huit pouces. On trouve des fleurs à pétales blancs, à couleur de rouille et jaunes ; à veines couleur de safran. La racine de cette benoîte mérite tous les éloges que l'observation a assurés à la précédente.

692. La BENOITE DES MONTAGNES ; *geum montanum*. Tiges de six pouces, velues ; feuilles radicales ailées ; velues, une fleur inclinée termine la tige, elle est grande, d'un beau jaune, à pétales échancrés ; les arêtes des semences droites, velues.

693. Le FRAISIER ; *fragaria vesca vulgaris..* Fleur rosacée; cinq pétales obronds, étendus, adhérens, ainsi que les étamines; calice presque découpé en dix parties. *Fruit :* Point de péricarpe ; réceptacle pulpeux, ovale, coloré de rouge et de blanc, renfermant plusieurs petites semences éparses çà et là sur la superficie de la pulpe. *Feuilles :* les radicales pétiolées et ternées, dentées en manière de scie ; les caulinaires sessiles et entières. *Racine :* roussâtre, fibreuse, chevelue. *Tiges :* rampantes, quatre ou cinq fleurs sur un même pédoncule, à la base duquel on trouve une feuille florale. *Lieu :* les bois. Vivace. *Propriétés :* La racine a une saveur astringente ; les fleurs sont presque sans odeur ; les racines et les feuilles sont diurétiques, apéritives ; le fruit a une saveur visqueuse ; il est rafraîchissant, diurétique, apéritif. *Usages :* De toute la plante on tire une eau distillée cosmétique ; on s'en sert en gargarisme. Les semences très petites, sont brillantes, aiguës, rougeâtres ; la pulpe charnue se détache facilement du calice ; les feuilles avant leur développement, sont plissées à chaque nervure comme des manchettes, suivant leur longueur : Dans cet état, elles sont enveloppées par les stipules ; les jeunes feuilles sont très velues ; les racines traçantes, ou les radicules, ont une espèce d'*instinct pour choisir la terre qui leur est favorable ;* on s'en assure en plaçant sous un fraisier traçant, des vases garnis de sable, du terreau. La fraise est un aliment agréable et salutaire pour presque tout le monde. Cependant quelques personnes, après en avoir beaucoup mangé, ont éprouvé des fièvres avec éruption. La fraise cultivée offre plusieurs variétés ; on la trouve dans les jardins, à fleurs doubles ; à fruit blanc ; à gros fruits comme des prunes. On en cultive qui fleurissent tous les mois, et donnent du fruit tout l'été. On peut assurer, d'après l'observation que la fraise raffraîchit, et est antiputride. On la conseille aux goutteux, qui en ressentent de bons effets. Le célèbre Linné éprouvait rarement ses retours de

goutte, depuis qu'il mangeait beaucoup de fraises ; quelques phtisiques ont été guéris en mangeant souvent des fraises. Les calculeux sont moins sujets aux coliques néphrétiques, s'ils peuvent digérer une grande quantité de fraises. La décoction des racines de fraisier qui est un peu amère et astringente, fournit une tisane rougeâtre qui n'est pas à mépriser dans le traitement de la gale, des dartres, des fleurs blanches, de la bouffissure et des diarrhées. Les fraises gardées plusieurs jours se ramollissent, noircissent; dans cet état, elles causent des diarrhées; on peut faire fermenter les fraises fraîches et en retirer de l'alchool : celles du nord sont plus agréables et plus aromatiques que celles du midi ; elles perdent aussi ces qualités par la culture. Elles sont aussi agréables que dans le nord, sur les Alpes, en Dauphiné, aux Pyrénées et sur toutes nos montagnes.

694. Le FRAISIER STÉRILE ; *Fragaria sterilis* : Il ressemble beaucoup au fraisier succulent, mais il ne trace pas, quoique sa tige rampe ; ses fleurs sont blanches et plus petites.

695. La POTENTILLE ; *Grande quinte-feuille rampante.* Fleur rosacée ; cinq pétales ; calice presque découpé en dix. *Fruit :* presque rond ; semences ramassées en manière de têtes, enveloppées par le calice. *Feuilles :* d'un vert foncé ; cinq folioles sur un même pétiole ; d'où vient le nom de *quinte-feuille.* La racine est longue, fibreuse, noirâtre en dehors, rouge en dedans. Tiges de deux à trois pieds, flexibles, rampantes ; fleurs jaunes, portées sur de longs pédoncules, axillaires. *Lieu :* les champs sablonneux, pierreux et humides. Vivace. *Propriétés :* la racine est d'un goût astringent, elle est vulnéraire et fébrifuge. *Usages :* on se sert ordinairement pour l'homme des racines en décoction. La tige s'étend quelquefois à cinq pieds ; alors elle est plus ténue. L'observation a prononcé en faveur de la racine, pour le traitement des diarrhées, des dysenteries

avec relâchement ; elle guérit seule les fièvres intermittentes. Les *vaches*, les *chèvres*, les *moutons* mangent cette
plante ; la racine est utile aussi *pour tanner les cuirs.*

696. La TORMENTILLE SAUVAGE ET DROITE : fleur rosacée ; caractères de la précédente, mais elle n'a que quatre
pétales adhérents à un calice velu, presque découpé en huit
folioles. *Propriétés* : La racine a un goût styptique et amer,
elle est vulnéraire et astringente. *Usages* : on se sert ordinairement de la racine. Son principe médicamenteux est
soluble par l'eau et l'esprit-de-vin ; son suc est rouge, la
décoction prend cette couleur.

697. La POTENTILLE : ARGENTINE AILÉE DES OIES : *Herbe
à cinq côtés.* Fleur rosacée ; caractères de la quinte-feuille.
Fruit : sphérique, chargé de semences arrondies et jaunâtres. *Feuilles :* ailées, dentées en manière de scie, conjuguées, vertes par dessus, et d'une couleur argentine par
dessous. *Racine :* noirâtre, fibreuse. *Tige :* herbacée, rampante, cylindrique, les fleurs jaunes, portées sur de longs
pédoncules. *Lieu :* les bords des rivières, dans les sables
humides. Vivace. *Propriétés :* toute la plante a un goût
d'herbe un peu salé ; elle est vulnéraire, astringente, dessicative ; quelques auteurs la regardent comme fébrifuge.
La racine a le goût du panais, et plaît aux cochons ; elle
peut servir pour tanner les cuirs. Cette plante gâte les prairies, et se multiplie beaucoup dans les endroits où l'eau
sejourne ; cependant elle n'est pas entièrement négligée
des bestiaux, les oies et toutes les volailles palmipèdes en
sont très friandes. Le genre des potentilles contient *trente-
une espèces ;* celles qui suivent sont les plus communes en
Europe.

698. La POTENTILLE ARGENTÉE : tige droite, d'un pied ;
feuilles digitées ; cinq folioles cunéiformes, incisées, blanches en dessous ; calice velu ; corolles jaunes petites.

699. La POTENTILLE DES ROCHES : tige d'un pied, velue ;

feuilles alternes, ailées, de cinq, sept ou neuf folioles ovales, crénelées; les fleurs sont blanches.

700. La POTENTILLE DROITE : tige droite formant un corymbe ; feuilles digitées de cinq ou sept folioles ; dents de scie, velues sur les deux faces ; fleurs jaunes.

701. La POTENTILLE BLANCHE : tige filiforme, d'un pied, couchée, velue ; les feuilles inférieures allongées ; pétioles digités; cinq folioles soyeuses en dessous, blanches, dentées au sommet ; celles de la tige à trois folioles ; pétioles courts ; calices soyeux ; pétales blancs. Commune sur les montagnes et dans les plaines du midi.

702. La POTENTILLE PRINTANIÈRE : tiges inclinées, membraneuses, de quatre pouces, rameuses ; feuilles radicales à longs pétioles, digitées, de cinq folioles mousses, peu velues ; celles de la tige des trois folioles ; les pétiolées accompagnées de deux stipules ; fleurs jaunes.

703. La POTENTILLE DORÉE : très ressemblante à la précédente ; mais plus velue ; les tiges plus longues ; les feuilles moins émoussées ; les fleurs plus grandes, jaunes ; l'onglet offre plus souvent une tache de couleur de *safran*. Commune sur les montagnes d'Aubrac et de la Lozère.

704. La POTENTILLE ROUGE : tige en partie couchée ; feuilles ailées, de cinq à sept feuillets, argentées en dessous ; pétales étroits, rouges, plus courts que le calice ; réceptacle un peu charnu. Très commune en Périgord : dans les terrains aquatiques. Le calice est très grand, d'un rouge foncé ; la tige couchée jette de sa base quelques radicules ; la racine sert à *teindre en rouge*.

705. La SIBBALDIE COUCHÉE : tiges grêles, faibles, de trois ou quatre pouces ; feuilles digitées ; trois folioles mousses ; dents au sommet, velues ; fleurs à cinq pétales, cinq étamines, cinq ovaires. Haller ramène ce genre de Linné aux fraisiers.

VIII. Herbes à fleur polypétale, régulière, rosacée, dont le pistil ou le calice deviennent des fruits mous.

706. L'ACTÉE A ÉPIS : HERBE DE SAINT CHRISTOPHE : *Actea spicata ; Christophoriana vulgaris.* Fleur rosacée ; quatre pétales pointus aux deux extrémités, plus grands que le calice qui a quatre feuillets. *Fruit :* baie noire, molle, ovoïde ; semences rangées sur deux rangs, collées ensemble. *Feuilles ·* deux fois aillées. *Racine :* noueuse. *Tige :* herbacée, de trois pieds ; les fleurs au sommet de la tige, disposées en une grappe ovoïde. *Lieu :* les bois de l'Europe. Vivace. Cette plante est regardée comme vénéneuse ; elle est apéritive, sudorifique. On se sert de la racine ; peu employée en médecine ; on ne doit la prescrire qu'avec beaucoup de circonspection. On ne la trouve dans nos provinces que sur les plus hautes montagnes. Les baies sont nauséeuses, fétides, vénéneuses ; le suc des baies, bouilli avec l'alun, donne une couleur noire; en froissant les feuilles, il s'exhale une odeur légère, désagréable ; si on les mâche, leur saveur est amère, âpre. La décoction des feuilles guérit la gale, tue les poux ; la racine est très purgative.

707. LE RAISIN D'AMÉRIQUE A GROS FRUIT ; *Phytolacea Americana. Fleur :* rosacée, cinq pétales ouverts, étendus, concaves, courbés à leurs pointes ; point de calice. *Fruit :* baie molle, ronde, comprimée ; à six sillons longitudinaux, ombiliquée à l'insertion du pistil ; composée de dix loges qui contiennent chacune une semence réniforme, glabre. *Feuilles :* pétiolées, simples, très entières, lisses, grandes, ovales, lancéolées. *Racine :* fusiforme, blanche, plus grosse que la jambe. *Tiges :* s'élevant quelquefois à la hauteur de 2 centimètres, rondes, fermes, rougeâtres, rameuses, cylindriques ; les fleurs sont blanches, verdâtres, disposées en grappes opposées aux feuilles, soutenues par des pédoncules rouges, les *baies d'un beau rouge* dans leur maturité. *Lieu :* La Virginie. On le cultive dans les jardins, et il ne craint pas la rigueur de nos hivers. Vivace. *Propriétés :* les feuilles et les racines sont anodines et résolutives. Le suc de la racine est un purgatif violent qu'il est dangereux de

mettre en usage ; les baies donnent une *teinture d'un très beau rouge.* On emploie les feuilles pour les tumeurs douloureuses et difficiles à résoudre.

708. L'ASPERGE ; *Asparagus sativa.* Fleur rosacée ; six pétales réunis par leurs onglets en forme de tube ; point de calice. *Fruit :* baie sphérique, rouge dans sa maturité, renfermant deux ou trois semences anguleuses, noires, dures et glabres. *Feuilles :* sétacées, molles, longues de 3 centimètres. *Racine :* nombreuse, comme attachée à une tête cylindrique et charnue. Les tiges s'élèvent à la hauteur de 1 mètre à 1 mètre 34 centimètres, lisses, rameuses ; à la base des feuilles et des rameaux on trouve de petites stipules membraneuses ; les fleurs aux aisselles des feuilles à deux pédoncules portant chacun une ou deux fleurs, dont les trois pétales extérieurs sont d'un vert rougeâtre. *Lieu :* les terrains sablonneux, tous les pays de France, de Hollande, d'Espagne, ont leurs variétés de cette excellente plante. *Propriétés :* les racines ont une saveur douceâtre, gluante, un peu austère. On les place parmi les *cinq grandes racines apéritives ;* elles sont diurétiques. *Usages :* les jeunes tiges se mangent, provoquent l'urine et lui donnent une odeur nauséeuse. On prescrit les racines mêlées avec les autres plantes apéritives. L'asperge est spontanée dans les îles du Rhône, auprès de Lyon ; on l'a aussi trouvée dans plusieurs terrains sablonneux et incultes de la Lithuanie ; ses jeunes racines de la première année sont assez menues ; chaque année le tronc transversal prend de l'accroissement jusqu'à offrir la grosseur du bras. Ces racines ont une écorce blanche ; le tronc jette une foule de rejetons qui, transplantés, servent à propager la plante ; chaque rejeton de la racine produit une tige ; l'odeur des racines fraîches est particulière, sans être désagréable ; si on les mâche, elles sont d'abord un peu douces, mais sur le retour, on sent un goût amer, assez marqué ; les jeunes pousses d'asperge ont un goût de pois crus. Par la culture,

on obtient des asperges plus grosses que le pouce ; souvent cette grosseur excessive vient de ce qu'elles sont faciées, c'est-à-dire, parce que plusieurs tiges naissent collées ensemble. Dans les pays très chauds, l'asperge est ligneuse, très fine, sans goût. La racine d'asperge entre dans les bouillons apéritifs ; sa décoction n'est point inutile dans le traitement des dartres, des rhumatismes, de la jaunisse ou ictère, de l'œdématie ; mais elle ne peut être que remède adjuvant dans tous ces cas. L'asperge mangée même en petite quantité rend les urines fétides, leur donne une odeur particulière ; ce qui prouve la tendance d'un principe particulier vers les voies urinaires. On a éprouve qu'elle est nuisible aux goutteux et aux calculeux. Les vaches et les chèvres mangent l'asperge sauvage, que les chevaux négligent ; mais ce sont les chats surtout qui sont friands des asperges cuites ; ces animaux poussent la gloutonnerie pour cet aliment jusqu'à l'indigestion, qui leur donne des attaques d'épilepsie.

709. L'ASPERGE PIQUANTE ; *Asparagus acutifolius* : tige ligneuse, anguleuse ; à feuilles raides, piquantes, persistantes, très ténues, ramassées, sept à sept par faisceaux très courts ; fleurs solitaires, jaunâtres. L'asperge est une plante qui déroute les botanistes dans leurs méthodes, car elle appartient à la famille naturelle des *lilacées*, par toutes les parties de sa fructification, quoiqu'elle s'en éloigne beaucoup par son port. Voir plus loin le *corollaire sur la culture de* l'ASPERGE.

IX. Herbes à fleur polypétale, régulière, rosacée, dont le calice devient un fruit sec.

710. Le CUMIN SAUVAGE ; *lagoccia cuminoïdes*. *Fleur* : rosacée ; cinq pétales fourchus supérieurs ; calice de cinq feuillets découpés en filets pinnés. *Fruit* : sous-orbiculaire ; semences solitaires, ovales, couronnées par le calice. *Feuilles* : ailées terminées par une impaire, écartées, plus larges vers le bas. *Racine :* napiforme. La tige cylindrique, her-

bacée; les fleurs axillaires, pédonculées, disposées en ombelle, à collerette générale et partielle, quelques épines sur les denticules des folioles. *Lieu* : les îles de Crète, de Lemnos. Annuelle. *Propriétés* : odeur forte. Voilà encore une de ces plantes faciles à cultiver dans nos jardins, dont l'odeur annonça un principe médicamenteux énergique, qui néanmoins est négligée par les médecins modernes.

711. La CIRCÉE PARISIENNE ; *herbe de Saint-Étienne : herbe des magiciennes. Fleur* : rosacée ; deux pétales en forme de cœur, de la grandeur du calice formé par deux feuilles vertes, repliées ; deux étamines. *Fruit* : capsule ovoïde, rude, velue, aplatie, à deux loges ; semences solitaires, oblongues, étroites à leur base. *Feuilles* : pétiolées, ovales, pointues. *Racine* : rameuse, rampante. Tige de 34 ou 68 centimètres, droite, velue, quelquefois lisse ; elle pousse des rameaux ; fleurs en grappes terminant les branches ; corolles blanches ou roses. *Lieu* : les bois de l'Europe. Vivace. Ses vertus sont suspectes.

712. La CIRCÉE DES ALPES : elle diffère de la précédente par sa tige un peu couchée, haute de 4 à 5 centimètres ; par ses feuilles véritablement en cœur, plus profondément dentées ; par son calice coloré en rouge.

713. La CIRCÉE MOYENNE : tige élevée ; feuilles séparées : sur les Alpes.

714. L'EUPATOIRE : AIGREMOINE. *Fleur* : rosacée ; cinq pétales planes, échancrés, attachés par de petits onglets à un calice d'une seule pièce divisée en cinq ; ce calice entouré d'un second calice. *Fruit* : le calice intérieur resserré et endurci tient lieu de péricarpe ; il est couvert en dessus de poils rudes, pliés en hameçon ; il renferme deux semences obrondes. *Feuilles* : veinées, velues. *Racine* : horizontale, rameuse, noirâtre. *Tige* : de 68 centimètres, cylindrique ; corolles jaunes. *Lieu* : les prairies, les champs, les fossés. Vivace. *Propriétés* : la racine a une saveur astringente ; les feuilles sont âcres ; les fleurs ont une odeur

douce ; la plante est vulnéraire, apéritive, détersive, dessicative. *Usages :* les feuilles pilées et bouillies dans l'eau ou le vin servent pour des cataplasmes sur les plaies et sur les ulcères. La racine au printemps a une odeur aromatique ; cette plante a quelquefois réussi dans la *leucophlegmatie,* la cachexie, l'ulcération de la vessie, les fièvres intermittentes : dans l'ordre naturel, l'aigremoine se rapproche de la benoite.

715. L'ONAGRE A LARGES FEUILLES : *herbe aux ânes. Fleur :* rosacée ; quatre pétales cordiformes. *Fruit :* capsule cylindrique, tétragone, à quatre battants, à quatre loges remplies de semences anguleuses sans poils, attachées à un réceptacle en forme de colonne. *Feuilles :* ovales, lancéolées. *Racine :* rameuse. *Tiges :* s'élevant à 68 centimètres ou 1 mètre de hauteur, velues, cylindriques, fistuleuses; les fleurs sans pédoncules, ont des pétales jaunes. *Lieu :* la Virginie ; naturalisée en Europe depuis 1614. *Propriétés :* quelques auteurs la regardent comme un excellent vulnéraire et comme détersive. Les fleurs répandent une odeur assez vive, analogue à celle des primevères; la racine au printemps peut se manger en salade ; elle contient une assez grande quantité de principe muqueux nutritif.

716. Le PETIT LAURIER-ROSE : *herbe de Saint-Antoine ; épilobe à feuilles étroites. Fleur :* rosacée, quatre pétales. Calice divisé en quatre folioles aiguës, colorées; stigmate recourbé ; germe grêle, très allongé. *Fruit :* longue capsule cylindrique, à quatre battants et autant de loges; les semences aigretées. *Feuilles :* lancéolées. *Racine :* ligneuse. *Tige :* herbacée, les fleurs ont un calice rouge ; les corolles irrégulières, pourpres. *Lieu :* dans les sables aux bords du Rhône, de la Loire, de la Garonne, et surtout de la Dordogne. *Usages :* peu employée; on en fait quelquefois des cataplasmes, des décoctions. Les racines de cette espèce, et des autres épilobes, sont nutritives, surtout au printemps. On peut préparer avec leur mucus, une bonne

bière. On a fabriqué de très bons feutres avec les aigrettes des semences ; ce genre est très voisin de l'onagre, il n'en diffère que par ses semences qui sont aigretées. Les espèces d'épilobes assez généralement répandues en Europe, sont les suivantes.

717. L'ÉPILOBE A ÉPIS. Tige de 1 mètre 12 centimètres, lisse, rougeâtre ; feuilles longues , blanchâtres en dessous ; fleurs en épis, rouges ; calice coloré.

718. L'ÉPILOBE VELU : *épilobium hirsutum.* Tige de 1 mètre ; feuilles embrassant la tige, opposées, lancéolées, dentelées , hérissées , à grandes fleurs pourpres, à siliques velues.

719. L'ÉPILOBE MOLLET. Feuilles à peine embrassant la tige ; fleurs plus petites que celles de la précédente et d'un *rose pâle.*

720. L'ÉPILOBE DES MONTAGNES : tige de 68 centimètres, rameuse ; feuilles pétiolées, opposées, ovales, dentées , lisses ; fleurs rouges.

721. L'ÉPILOBE A QUATRE PANS : ou *tétragone.* Tige de 34 centimètres ; feuilles lancéolées, dentées, lisses ; les inférieures opposées ; fleurs petites ; pétales échancrés.

722. L'ÉPILOBE DES MARAIS : tige droite de 21 à 24 centimètres ; feuilles lisses, étroites, lancéolées, très entières , opposées.

X. *Corollaire :* sur le GENRE PELARGONIUM de la famille des géraniacées ou *geraniums :* et becs-de-grue , dont il a été déjà question plus haut dans cette *classe* ou *groupe,* pag. 107, 108, 109 et 110 de ce volume. — M. Endlicher, de Vienne, *Gen.,* pl. art 6048 , dépeint ce genre en traits caractéristiques et tout à fait nouveaux. Les *pelargonium ,* dit-il, *herbes* acaules ou *sous-arbrisseaux,* souvent charnus, sont très nombreux au cap de Bonne-Espérance : leurs feuilles sont *opposées,* pétiolées : stipules scorieuses : *pédoncules* axillaires : fleurs ombellées : ombelles involucrées. *Pétales* de la corolle au nombre de 5. Rarement 3 et 2 par avortement. 10 étamines. 5 ovaires oblongs. 5 capsules monospermes terminées en forme de queue. Graines trigones à *crest* crustacé. Embryon condupliqué. Cotylédons foliacés. Radicule conique. Le mot *pelargonium* vient du grec : πελαρμός et signifie *sicogne ;* parce que le fruit de ces plantes imitent en quelque sorte la petite tête et le long bec des cigognes. C'est de là aussi que vient aux *géraniums* leur nom primitif de *bec-de-grue.* M. Paxton en a publié dans le temps une excellente monographie; et tout récemment MM. Lemaire et Chauvière, horticulteurs et jardiniers-fleuristes, nous ont donné un excellent *Traité pratique* sur la *culture générale* des espèces et *variétés* du genre *pelargonium,* dit vulgrirement *géranium.* Sous le règne transitoire de la famille d'Orléans sur le trône de France, quelques botanistes, pour honorer les vertus éminentes de la reine Marie-Amélie, avaient surnommé le pelargonium, reine des Français. Déjà cette belle plante était en possion d'attirer les regards de toutes les personnes les plus étrangères au culte des fleurs. On en admirera un sujet des plus beaux très bien reproduit dans notre atlas, planche 28.

Il n'y a rien de plus odorant ni de plus magnifique qu'une collection de *geranium* en fleurs, quand arrivent les mois de mai et juin, pendant lesquels éclosent tant de fleurs diverses, mais dont aucune n'efface l'éclat et le coloris des géranium, ou leurs teintes délicates. Burmann fut le premier botaniste qui, au commencement du xviiie siècle, créa le genre *pelargonium.* Linné le conserva confondu avec les *geraniums.* De Candole, dans son *Prodrome* (1824), décrit près de 400 espèces de *pelargonium.* En 1840, Swet, dans une nouvelle édition de son *Hortus Britannicus,* enumère 730 espèces de pelargonium, sans y comprendre les variétés. Les pelargonium habitent la partie australe de l'Afrique et les environs du cap de Bonne-Espérance. Deux espèces croissent naturellement à l'île Sainte-Hélène et dans les Canaries. Leur feuillage est extrêmement varié ainsi que la couleur des fleurs. Nous allons énumérer les plus remarquables cultivés dans les jardins d'agrément de l'Europe,

723. *Pelargonium carneum triste* : feuilles à forme elliptique, laciniées. Fleurs incarnat mêlé de tristesse et de mélancolie douce. C'est celui qu'on a surnommé *reine des Français*, voy pl. 28.

724. *Pelargonium thérebinthinaceum* : il sécrète une liqueur visqueuse à odeur de musc; et il suffit de froisser une de ses feuilles entre les doigts pour qu'ils en soient empreints.

725. *Pelargonium citriodorum* : à odeur de citron.

726. *Pelargonium capitatum* : à odeur de rose.

727. *Pelargonium quinque vulnerum* : à cinq petites taches rouges.

728. *Pelargonium ligneux* : sous-arbrisseau magnifique. On le place dans les vases de métal qui surmontent les portes cochères des maisons de campagne.

729. *Pelargonium tricolor* : son nom dit son caractère ; cette espèce s'agrandit dans toutes ses parties par la culture. On en possède une variété extraordinairement développée au jardin botanique de Bruxelles, où nous avons pu l'admirer en 1847.

730. *Pelargonium acetosum* : distingué par son goût acide : par ses fleurs très brunes.

731. *Pelargornium quercifolium* : à feuilles de chêne.

732. *Pelargonium odoratissimum* : dont un seul pied suffit pour embaumer l'air d'une serre de 24 mètres de long et de 12 de large sur autant de hauteur.

733. *Pelargonium verbena* : à feuilles de verbeine.

834. *Pelargonium Pauline Garcia* : à couleur brune créole, dédié par le naturaliste qui le premier le cultiva, à l'artiste dont il porte le nom.

735. *Pelargonium Syrus* : aux fleurs presque noires, d'un brun foncé.

736. *Pelargonium Anaïs* : aux fleurs d'un vrai incarnat tendre : odeur de sardine.

737. Pelargonium fraternel, ou *Adelphie,* fleurs grandes, d'un blanc légèrement carné , à macule noire fortement veinée et entourée de carmin.

738. Pelargonium, *médecin du corps et de l'âme,* fleurs grandes, d'un rose foncé vif , à pétales supérieurs entièrement couverts d'une macule noire et cramoisie , veloutée sur les bords ; plante superbe.

739. Pelargonium, *Archimède,* fleurs moyennes , d'un rouge transparent, à macule veinée de pourpre noir.

740. Pelargonium, *Aristide,* fleurs grandes , à pétales supérieurs d'un rose foncé , maculés de noir-pourpre velouté , les inférieurs d'un rose vif.

741. Pelargonium, *Bajazet,* fleurs grandes ; pétales supérieurs d'un beau rose-cramoisi satiné, à macule brune ; les inférieurs d'un rose lilacé.

742. Pelargonium , *beauté suprême ,* fleurs grandes ; pétales supérieurs occupés par une macule d'un pourpre noir , flammé de carmin ; les inférieurs d'un blanc moucheté de rose tendre ; formes parfaites.

743. Pelargonium, *belle Angélique,* fleurs moyennes, d'un rose foncé, violacé, satiné, à centre blanc.

744. Pelargonium, *bouquet de Flore,* fleurs moyennes, d'un blanc carné ; pétales supérieurs presque entièrement couverts d'une macule cramoisi-pourpre , striée. Plante multiflore.

745. Pelargonium , *de France ,* fleurs grandes , d'un blanc rosé, à pétales supérieurs à macule cramoisi-carminé, striée de pourpre-noir en éventail.

746. Pelargonium, *Charlemagne ,* fleurs grandes, d'un amarante-pourpre vif, à amples macules d'un noir velouté.

747. Pelargonium, *Charlotte Corday ,* fleurs grandes ; pétales supérieurs d'un rose tendre saumonné , à macules pourpres veinées ; les inférieurs couleur de chair.

748. **Pelargonium**, *Bossuet*, fleurs grandes, à pétales supérieurs d'un rose tendre, à ample macules d'un rose pourpré; les inférieurs d'un rose tendre superbe.

749. **Pelargonium**, *Dona Maria*, fleurs moyennes, d'un rose orangé satiné, à amples macules brunes veinées en éventail.

750. **Pelargonium**, *Émilie*, fleurs grandes, d'un rose nankin saumonné, à macules légères, très joliment veinées.

751. **Pelargonium**, *enchanteresse*, fleurs grandes, d'un blanc carné, à pétales supérieurs entièrement couverts d'une macule pourpre-noir, veinée de carmin; superbe.

752. **Pelargonium**, *Esculape*, fleurs grandes; pétales supérieurs rose carminé; macules grandes, pourpres, entourées de carmin; les inférieurs d'un rose clair.

753. **Pelargonium**, *Fénelon*, fleurs moyennes, d'un brun carminé velouté; pétales inférieurs striés de violet.

754. **Pelargonium**, *Cardinal-Giraud*, fleurs grandes, d'un rose carné; pétales supérieurs ornés d'une macule cramoisi-feu striée; superbe plante.

755. **Pelargonium**, *général Washington*, fleurs d'un beau violet; très fleurissant.

756. **Pelargonium**, *gloria mundi*, fleurs moyennes, d'un rose carné; pétales supérieurs pourpre-cramoisi.

757. **Pelargonium**, *gloria parisiensis*, fleurs très grandes, d'un blanc de chair; pétales supérieurs à macules cramoisi-noir, veloutées; perfection.

758. **Pelargonium**, *impératrice Joséphine*, fleurs moyennes, d'un rose nuancé de carmin et de lilas.

759. **Pelargonium**, *Jéhu*, fleurs moyennes; pétales supérieurs d'un pourpre brun velouté; les inférieurs blancs et roses-violacés; bords des pétales blancs.

760. **Pelargonium**, *Juda*, fleurs grandes, roses, marbrées; macules pourpres, flammées de carmin vif.

761. **Pelargonium**, *Louis XVI*, fleurs moyennes, d'un

rose carminé vif; macules des pétales supérieurs d'un pourpre entouré de feu; les inférieurs carminés.

762. Pelargonium, *Madona*, fleurs grandes, blanches;
pétales supérieurs maculés de carmin lilacé.

763. Pelargonium, *Magna Charta*, fleurs d'un blanc pur,
macules roses, veinées.

764. Pelargonium, *Marc Aurèle*, fleurs grandes; pétales
supérieurs d'un rouge cerise violacé, maculés de brun; les
inférieurs d'un rose uni.

765. Pelargonium , *Mathilda* , fleurs grandes; pétales
supérieurs d'un rose tendre, ornés d'une grande macule
pourpre-velouté, bordée de carmin; les inférieurs blancs,
lavés de carné.

766. Pelargonium, *cardinal Mazarin* , fleurs grandes,
d'un rose foncé; pétales supérieurs entièrement occupés
par une macule carminée-veloutée.

767. Pelargonium, *mignardise*, fleurs petites , carmi-
nées-pourprées, lisérées de carné, à centre d'un blanc rosé.

768. Pelargonium, *Nigrum erectum* , fleurs moyennes,
fond blanc relevé de noir; belle plante, très fleurissante.

769. Pelargonium, *Nymphe*, fleurs grandes, à fond d'un
blanc pur; pétales supérieurs d'un rose légèrement saumonné, à macules pourpres, entourées de rose vif; les inférieurs tachés de rose.

770. Pelargonium , *olivier*, fleurs grandes , d'un rose
foncé, à macules pourpre-noir, entourées de feu , à centre
blanc-carné; très belle plante.

771. Pelargogium, *orange Boven*, fleurs grandes, pétales supérieurs d'un rose vermillonné, à larges macules noires variées de blanc, en éventail, les inférieurs roses, centre blanchâtre.

772. Pelargonium, *Polyphemus*, fleurs moyennes, d'un
rose tendre , à fond blanc; macules pourpres.

773. Pelargonium, *prince Albert* (nouveau), fleurs grandes, d'un blanc nuancé de rose; pétales supérieurs ornés

d'une macule noire, flammés de carmin ; plante superbe.

774. PELARGONIUM, *purpureum grandiflorum*, fleurs grandes, d'un violet clair pourpré ; macules des pétales supérieurs d'un pourpre noir velouté.

775. PELARGONIUM, *queen Victoria*, fleurs grandes, d'un rose violacé ; macules noires.

776. PELARGONIUM, *Romeo*, fleurs grandes, pétales supérieurs rose-pourpre, à macules brunes, veinées de blanc ; les inférieurs rose-violacé.

777. PELARGONIUM, *Rosa-bella*, fleurs grandes, d'un rouge cerise clair ; macules légères, pourpres, striées de blanc ; plante très belle, d'un coloris brillant.

778. PELARGONIUM, *Rubens*, fleurs d'un rose amarante et carminé lilas ; superbes macules flammées.

779. PELARGONIUM, *Sapho*, fleurs grandes, d'un rose pourpré, pétales supérieurs presque entièrement remplis par une macule brune veloutée, les inférieurs tachés en long de pourpre.

780. PELARGONIUM, *Sophocle*, fleurs grandes, centre blanc ; pétales supérieurs d'un rose foncé carminé, à macules pourpre-noire ; les inférieurs d'un rose vif.

781. PELARGONIUM, *spectabile maximum*, fleurs moyennes, d'un rose carminé brillant, à reflets blancs ; pétales inférieurs d'un rose satiné, flammé.

782. PELARGONIUM, *speculum mundi superbum*, fleurs grandes ; pétales supérieurs d'un rose foncé, à grandes macules cramoisies, veinées ; les inférieurs rose violacé, veinées de pourpre.

783. PELARGORNIUM, *unique*, fleurs petites, violet évêque ; petites macules pourprées, veinées-palmées ; feuillage odorant.

784. PELARGONIUM, *volcan*, fleurs grandes, d'un rose tirant sur l'amarante ; macules noires.

785. PELARGONIUM, *Ninon de l'Enclos*, fleurs grandes, d'un rouge cerise tirant sur l'écarlate ; macules superbes,

nettes, pourpre-noir ; un point blanc au centre ; perfection.

786. PELARGONIUM, *chanoine Clergeau*, fleurs, d'un rose cerise saumonné ; macules des pétales supérieurs noires.

Ces deux dernières espèces sont admirablement cultivées par le jardinier de l'hôtel qu'habita la célèbre Ninon de l'Enclos : où l'on trouve aujourd'hui la double harmonie si naturelle des fleurs d'agrément, et de la musique instrumentale de l'orgue et du piano transpositeurs.

CULTURE PRATIQUE *des espèces et variétés du genre pelargonium ou geranium :* Ces plantes magnifiques, dont les amateurs se plaisent à contempler les teintes si variées, réclament des *serres et abris divers* pour les garantir de la gelée et des frimats pendant les rigueurs de l'hiver. L'exposition du midi convient surtout aux serres destinées à la culture de ces végétaux des tropiques, transplantés en Europe. Les chassis à charnières peuvent suffire pour les variétés de taille moyenne ou petite. On peut cultiver en effet les geranium sous chassis ou dans des bâches. Mais le chauffage est reconnu par les praticiens comme plus nuisible qu'utile. Tous les géranium doivent être rentrés dans leurs serres vers la mi-octobre. Pendant l'hiver, il ne faut pas trop les arroser, ni les laisser entièrement dessécher. Il faut les garder vivants. Le mois de mars voit ordinairement bourgeonner les geranium. Ce n'est que vers la fin de mai ou au commencement de juin qu'on les sort de leurs serres, qu'on les taille pour les rempoter. La terre de bruyère et un compost de terreau formé de feuilles consommées et de poudrette ou de fiente de pigeon conviennent à cette espèce de plantes. Les boutures de pelargonium peuvent se faire toute l'année, mais celles du printemps et de l'automne réussissent le mieux. Quoique celles de juillet et août ne soient mauvaises ni difficiles à prendre. La fécondation artificielle des pelargonium est le triomphe du praticien horticulteur. Parmi les insectes qui attaquent le plus spécialement les pelargonium, il faut signaler le *puceron ;* le seul

moyen de le détruire complètement est l'emploi de la fumée
du tabac. C'est dans les serres qu'on fait usage d'un *fumi-
gateur* à tabac ; mais comme cette fumée est suffocante, il
faut avoir soin de sortir et de lui abandonner en proie les
pucerons.

Corollaire sur la culture dds asperges : voir, plus
haut, pag. 131 et 132 de ce tome, les *caractères botaniques
de l'asperge savoureuse*. Le fond des détails pratiques qui
suivent, est emprunté à une excellente brochure sur la
culture naturelle des asperges, publiée par M. Loisel,
directeur des jardins de M. le marquis de Clermont-Ton-
nerre, membre de la *Société impériale d'horticulture de
Paris*. L'honorable horticulteur auquel nous devons ces
précieuses données sur la culture de l'asperge, les a vues
confirmer, sous ses yeux, par trente années d'expérience.

» Parmi les plantes potagères, dit M. Loisel, il n'en est
peut-être pas de plus utile à cultiver que l'asperge, aussi
bien pour l'économie domestique que pour en tirer profit,
si on la destine à la vente. *Cette plante est d'un avantage
immense dans les potagers, parce qu'elle se montre naturellement la première d'entre tous les légumes ; sa durée peut
varier de douze à vingt-cinq ans, et quelquefois plus, selon
l'importance que l'on y attache*. Cultivée naturellement,
elle apparaît au commencement du printemps ; c'est elle
qui vient nous dédommager de la longue absence des légumes frais, dont l'hiver nous a privés.

» L'asperge est cultivée depuis un temps immémorial ;
mais cette culture, malgré son ancienneté, malgré tous les
perfectionnements qu'elle a subis, laisse encore beaucoup
à désirer pour qu'on l'obtienne à la grosseur qu'elle est
susceptible d'atteindre. Pour avoir de belles asperges, il
faut un terrain riche ou rendu tel par de bons engrais.

» L'asperge est indigène ; on la rencontre de préférence
dans les lieux sablonneux, les dunes. La culture a donné
naissance à trois variétés d'asperges : *la verte, la blanche,*

et *la violette*, qui, en réalité, ne font qu'une seule et même espèce.

» Depuis les premiers jours de mars jusqu'à la fin de ce mois et même jusqu'au 15 d'avril, mais pas plus tard, on commence par fumer l'emplacement des asperges avec du terreau de fumier de vache ou de cheval bien consommé, qui n'ait pas encore servi, et que l'on étend en couche de 16 à 18 centimètres d'épaisseur ; ensuite on laboure ou l'on défonce cette terre à 40 ou 50 centimètres de profondeur, en ayant soin de bien amalgamer le terreau avec la terre, de manière que les deux parties ne fassent plus qu'un tout, et que le terreau ne se trouve pas par masses isolées dans la terre. Si l'on avait de la colombine à sa disposition, on pourrait en ajouter un vingtième au terreau et autant de cendre lessivée ; cette addition active singulièrement la germination, et donne ensuite une force surprenante à la végétation. La colombine est un engrais énergique et en même temps un puissant stimulant pour le développement des jeunes asperges. Il faut autant que possible que cette terre soit préparée par un beau temps, c'est-à-dire par un temps sec ; s'il était à la pluie, comme il arrive quelquefois, il vaudrait mieux attendre la fin d'avril que d'opérer par un temps pluvieux. On aura soin, en préparant le terrain, d'en extraire toutes les pierres, les racines et les mauvaises herbes, en un mot tout ce qui peut nuire à la propriété du sol et à la végétation des jeunes asperges. Si le terrain dans lequel on se propose de semer était par trop rempli de pierres et de racines, il faudrait le passer à la claie. On ne doit rien négliger pour favoriser la végétation et le développement de cette précieuse plante. Il faut travailler la terre de manière à ce qu'elle puisse servir à faire des rempotages de fleurs ; ce léger sacrifice est nécessaire pour obtenir une jouissance qui doit durer vingt-cinq ou trente ans. Quand le terrain est préparé et amalgamé comme nous venons de le dire, on le nivelle et on le tire au râteau, en ayant bien soin de ne pas piétiner la terre. Ensuite on procède au semis, soit en rayons, soit à la volée. Si c'est en rayons, on fera, tous les 12 centimètres, de petites rigoles, tracées au cordeau, de 2 ou 3 centimètres de profondeur.

Préparation et disposition du terrain. Dès l'automne, il faut bien préparer la place pour y mettre les jeunes griffes d'asperges, dans l'endroit qu'elles doivent occuper pendant vingt-cinq ou trente ans. L'emplacement bien arrêté, si la terre est meuble et substantielle, jusqu'à 70 centimètres ou 1 mètre de profondeur, qu'elle soit saine et qu'elle laisse bien égoutter les eaux, cela est suffisant; le travail est peu dispendieux et se réduit à peu de chose. Il faut alors, soit en plein carré, soit en planches, en se guidant toujours sur la quantité que l'on veut planter, et selon les dimensions que nous indiquons, enlever toute la superficie de la terre jusqu'à la profondeur de 25 à 30 centimètres, et la transporter ailleurs, pour regarnir ou améliorer d'autres endroits, ou la garder en réserve pour s'en servir au besoin; puis on apporte, à la place de la terre enlevée, une forte quantité de fumier d'étable presque consommé, de manière que le terrain en soit couvert partout de 7 à 8 centimètres d'épaisseur; puis on enterre ce fumier par un profond labour, en ayant soin de l'amalgamer avec la terre, et toujours par un beau temps. En faisant ce travail, on aura soin d'enlever toutes les racines des mauvaises herbes et autres, s'il y en a, de même que toutes les pierres, en un mot tout ce que la terre renferme qui pourrait nuire à la végétatiou du jeune plant. Après ce travail, on piétine légèrement et uniformément toute la terre. Si c'est en automne ou en hiver que l'on prépare son terrain, l'on attendra le moment de planter pour le piétiner, c'est-à-dire le mois de mars ou le commencement d'avril au plus tard. Lorsqu'on a enterré et amalgamé le fumier comme nous venons de le dire, et aussitôt avant la plantation, on couvre l'emplacement de 5 à 6 centimètres d'épaisseur de très bonne terre légère, mêlée de moitié de terreau neuf très consommé, en ayant soin qu'il reste à 15 ou 18 centimètres en contre-bas de l'encaissement; après quoi l'on donne un coup de râteau, et le terrain se trouve disposé pour planter. Pour avoir de très grosses asperges, on fait toujours les planches isolées, et on met deux rangs par planche. Dans ce cas, nous mettons trois ou quatre rangs selon l'urgence et selon que nous voulons les obtenir plus ou moins grosses. Ceux qui conseillent de mettre quatre rangs d'asperges en culture naturelle dans des planches de 1 mètre 33 centimètres de large, et à 33 ou 40 centimètres de distance, ne peuvent jamais espérer de récolter des asperges de la première grosseur, ni compter sur une durée de vingt-cinq à trente ans. Si l'on se décide à planter en planches et que l'on veuille mettre deux rangs à chacune d'elles, il faut que la planche ait 1 mètre 33 centimètres de large.

Préparation de la terre à couvrir les asperges. Longtemps d'avance il faut s'occuper de préparer une terre convenable pour couvrir les jeunes griffes d'asperges en les plantant et après la plantation. Cette terre doit être la plus légère possible. Voici celle qu'on a reconnu la meilleure. Pendant tout le cours de l'année, nous faisons mettre dans une grande fosse destinée à cet usage toutes les ratissures des allées, les herbes du jardin et autres, les feuilles vertes quand nous en avons, les épluchures de légumes, la tonte des vieux gazons, les fleurs qui ont cessé de fleurir, etc. Nous ne perdons rien et nous tirons parti de tout. Nous en formons d'abord un premier lit de 30 à 40 centimètres d'épaisseur et de toute la largeur de la fosse. Quand ce premier lit est ainsi formé, je le fais recouvrir de 12 à 15 centimètres de bon fumier d'étable presque consommé; j'étends sur ce fumier 2 à 3 centimètres d'épaisseur de cendre lessivée et autant de sable de bruyère; puis on recommence un second lit de la même manière que le premier, et ainsi de suite jusqu'à ce que la fosse soit pleine.

Mais dans cet intervalle de temps, et surtout pendant l'été, lorsque nous avons des herbes ou des plantes sèches, de même que des tontes de haies, etc., nous les brûlons dans la fosse. Quand arrive le mois de novembre, je fais enlever tout ce que la fosse contient, et je le fais déposer sur le bord, en ayant soin de faire mettre de côté tout ce qui n'est pas consommé, pour le rejeter dans la fosse aussitôt qu'elle est vide. Quand le tas est remanié et passé à la claie, on le relève de nouveau avec la pelle de manière à le rendre conique et le plus élevé possible, toujours afin de le rendre impénétrable aux eaux de pluie; on le tasse bien tout autour avec le dos de la pelle, et on le laisse en cet état jusqu'au moment de s'en servir; on a alors la terre la meilleure et la plus riche qu'il soit possible de trouver pour cette culture. Lorsque nous en avons une quantité plus que suffisante pour recouvrir nos asperges, nous l'employons à remplir nos fosses, car il n'existe point de terre plus meuble ni plus végétale que celle-ci.

Plantation des asperges. On a un panier de terre préparée comme nous l'avons dit et criblée; on ne peut jamais user de trop de précautions pour la plantation à demeure. Ensuite on prend une griffe d'asperge que l'on étend bien doucement sur les petites buttes préparées à cet effet, mais en commençant par un des bouts et par le premier rang. On étend les racines à droite, à gauche et en tous sens, en ayant soin qu'elles ne se croisent ni ne soient repliées sur elles-mêmes. Cette opération doit s'exécuter avec la plus grande célérité. Quand les racines sont ainsi étendues et dirigées dans toutes les directions, on maintient doucement la griffe de la main gauche, et avec la main droite on la recouvre de terre prise dans le panier, en ayant soin qu'aucune racine ne reste à jour. Pourvu qu'il y ait seulement 2 ou 3 centimètres d'épaisseur de terre sur l'œil et les racines, cela suffit pour le moment. On passe alors à une seconde griffe, et ainsi de suite jusqu'au bout du rang;

après quoi on en recommence un [autre de la même manière , et ainsi jusqu'au bout de la planche ou du carré.

Quand une planche ou un carré est planté, on répand
de la terre sur toute la planche ou sur tout le carré entre les
griffes, et jusqu'à 7 à 8 centimètres d'épaisseur pardessus
les griffes, en ayant soin de ne pas poser les pieds sur ces
griffes, dans la crainte de les endommager. Après quoi on
donne un léger coup de râteau sur toute la planche. Si l'on
veut assurer complétement la réussite d'une plantation d'asperges, il faut, aussitôt le coup de râteau donné, recouvrir
toute la planche de 2 centimètres d'une bonne terre franche,
la meilleure terre à blé qu'il soit possible de se procurer ;
on aura, dès la première année de plantation, des asperges
d'une vigueur admirable et d'une grosseur remarquable.
Les asperges, après avoir été plantées et recouvertes, n'ont
besoin, pendant le printemps et l'été, que d'être débarrassées des mauvaises herbes au fur et à mesure qu'elles lèvent, et de recevoir de temps à autre de légers binages, afin
de tenir toujours la terre très meuble et en bon état, en
ayant soin de n'endommager les jeunes asperges en aucune
manière. Pendant cette première année de plantation, il ne
faut pas se permettre d'en couper aucune, quelque grosseur qu'elles puissent avoir. Ce n'est que la deuxième année, que l'on commence à en couper quelques-unes, pendant une quinzaine de jours. Si, pendant le printemps ou
l'été, le temps devient sec, il est utile, nécessaire même, de
leur donner un bon arrosement de temps à autre pour faciliter leur reprise aussi bien que leur accroissement, qui
ne peut être trop rapide ni trop stimulé pendant la première année de plantation. Si l'on ne veut rien négliger
pour avoir la plus belle réussite possible, il faut, lorsque
les asperges ont atteint 50 à 60 centimètres de haut, mettre un petit tuteur à chaque touffe et les attacher légèrement avec des brins de jonc, pour empêcher que les vents
ne les rompent, ce qui leur fait un grand tort. Dans le cou-

rant de l'été, chaque fois qu'il arrive des pluies ou un orage, on aura soin, aussitôt que la terre sera ressuyée, de lui donner un léger binage pour en tenir toujours la superficie très meuble et en bon état ; cela excite beaucoup la végétation des jeunes asperges. Tous ces soins se continuent jusqu'à l'automne ; et lorsque les asperges commencent à jaunir, à la fin d'octobre ou au commencement de novembre, il faut les couper à 5 ou 6 centimètres au-dessus du sol, sans les rompre ni les déchirer, de crainte d'endommager les rudiments des pousses de l'année suivante. Après cette opération, on jette sur toute la planche ou le carré 3 ou 4 centimètres d'épaisseur de fumier consommé ; au moyen des dents d'une fourche il faut le mêler légèrement avec la superficie du terrain. On laisse le plant en cet état jusqu'au mois de mars, et, dans le courant de ce mois, par un beau jour, on le recouvre de 5 à 6 centimètres de terre préparée comme nous l'avons dit, et on donne un coup de râteau par-dessus. Peu de temps après, vers les derniers jours du mois ou le commencement d'avril, on verra les asperges se montrer partout, belles, grosses et bien nourries ; mais, pour le plus grand avantage du plant, il ne faudra en cueillir ou couper que très peu, et seulement pendant une quinzaine de jours au plus, pour ne pas l'affaiblir.

Récolte des asperges. La manière de cueillir ou de couper les asperges n'est pas tout à fait indifférente. Il faut avoir une espèce de long couteau, un peu recourbé vers la pointe, que l'on nomme *couteau à double asperge.* Avec la pointe on ôte doucement la terre auprès de l'asperge à couper, et l'on descend le plus près possible de la racine, en ayant la précaution de ne pas blesser ni endommager celles qui se trouvent dans le voisinage, et qui souvent sont prêtes à sortir de terre. Alors on rompt l'asperge à sa naissance en s'aidant du couteau, et en ayant soin de ne pas la plier par le milieu, ce qui la ferait casser en deux. Si elle offre quelque résistance, on la coupe le plus près possible

de la souche, sans rien endommager ; après quoi on remet
la terre à sa place. Pour couper une asperge, on attend
qu'elle se soit élevée de 3 à 5 centimètres au-dessus du
sol : plus tôt il y a perte, plus tard la saveur en devient
un peu trop prononcée. Si l'on était obligé de marcher
dans les planches ou carrés pour les couper, il faudrait
avoir beaucoup d'attention pour ne poser les pieds sur
aucune asperge, afin de n'éprouver aucune perte ; car
il n'y a que la tête de mangeable ; une asperge à qui elle
manque est à rejeter. A l'automne, lorsque les feuilles
deviennent jaunes, on coupe les tiges à 5 ou 6 centimètres au-dessus du sol, comme l'année précédente, et
ainsi chaque année. Immédiatement après on donne un
très léger labour avec les dents d'une fourche, et autant
que possible, dans le courant de l'hiver, par un temps de
gelée, pour ne pas gâcher la terre ; on recouvre le tout de 4
à 5 centimètres de terre préparée. Au mois de mars suivant,
par un beau jour, on divise la superficie de la terre avec les
dents d'une fourche, puis on donne un coup de râteau.
Cette année les asperges donneront avec abondance ; on
pourra en récolter amplement, en ayant soin cependant de
ne couper encore que jusque vers la fin de mai, pour ne pas
nuire aux griffes et leur assurer un long avenir. On donnera toujours les soins indiqués précédemment. Tous les
deux ans on mettra sur le plant une épaisseur de 5 à 6 centimètres de fumier consommé, avec un peu de terre préparée, jusqu'à ce que les griffes se trouvent recouvertes d'environ 20 centimètres de terre, ce qui doit avoir lieu la
quatrième année. Alors on fait une ample récolte jusqu'au
10 ou 12 juin, et jamais plus tard, pendant toute la durée
du plant, si l'on tient toujours à avoir de bonnes et grosses
asperges. Comme les griffes d'asperges se détruisent d'un
côté et augmentent de l'autre, et par cette raison tendent
toujours à remonter vers la superficie du sol, on est obligé,
tous les trois ou quatre ans, de répandre dessus une cou-

che de terre préparée de l'épaisseur à peu près de ce que les griffes ont remonté vers la superficie, et cela indépendamment des engrais ou des fumiers, qu'on leur donnera tous les deux ans.

Culture hâtive en pleine terre des asperges. Pour les obtenir au moins quinze jours plus tôt que par la culture en plein air. On prépare une plate-bande le long d'un mur exposé au midi et bien abrité de toutes parts ; on la creuse à 40 centimètres de profondeur et on la remplit d'une terre composée de deux tiers de terreau neuf et d'un tiers de très bonne terre franche bien mêlés et bien amalgamés ensemble, en ayant soin d'incliner fortement cette plate-bande, de manière que, quand elle sera prête pour la plantation, il y ait un encaissement de 15 à 16 centimètres au bord du sentier et que le côté au pied du mur se trouve élevé de 15 à 20 centimètres au-dessus du sol, afin qu'en recouvrant les griffes la terre ne coule pas sur le sentier et que les griffes se trouvent recouvertes d'au moins 20 centimètres de terreau.

La plate-bande ainsi préparée, on la garnira avec des griffes d'asperges d'un an et choisies comme nous l'avons dit. On commencera par planter le premier rang à 5 ou 6 centimètres de distance du pied du mur, en tenant les griffes espacées entre elles de 33 centimètres, puis un troisième et un quatrième à la même distance, de sorte que, dans la largeur d'un mètre, il se trouvera quatre rangs. Quand les asperges ont trois ans et qu'arrive le mois de février, on couvre la plate-bande d'une bonne couche de litière sèche, et lorsque le temps est beau et que le soleil donne, on ôte la litière pendant le jour pour la replacer vers le soir ; dans le cas contraire on laisse la plate-bande couverte le jour. Aussitôt que les premières asperges commencent à paraître, on enlève toute la litière et on la remplace par des paillassons, que l'on a soin d'enlever le jour s'il fait beau et de replacer exactement tous les soirs. Des asperges ainsi plantées et bien soignées doivent donner abondamment quinze jours ou trois semaines plus tôt que celles plantées en plein air.

Ennemis des asperges. La criocère fait de grands dégâts, surtout aux jeunes asperges, ce n'est pas l'insecte lui-même, mais bien sa larve. L'insecte ne fait que déposer ses œufs autour des asperges lorsqu'elles sont encore jeunes, ou vers l'extrémité des tiges lorsqu'elles sont grandes. Ces dangereux insectes ont un tact particulier pour cela ; il est rare qu'ils choisissent les parties dures ou boiseuses des asperges ; c'est toujours sur les endroits tendres et succulents qu'ils déposent symétriquement leurs œufs, afin que, quand ils éclosent, les larves puissent vivre et assurer d'autres générations. Les plus grands ennemis des asperges, et de presque toutes les plantes, sont, sans contredit, *les vers blancs* qui produisent les *hanetons* en se métamorphosant. Quand ils se sont emparés d'une planche d'asperges, ils la détruisent totalement si l'on ne s'oppose pas à leurs ravages. Ils commencent par attaquer les jeunes racines de préférence, et ils ne tardent pas à les faire périr. *Les taupes* sont aussi les ennemis des asperges ; elles ne s'en nourrissent point, mais elles bouleversent le sol de fond en comble par les galeries souterraines qu'elles pratiquent, et mettent souvent les griffes à nu. Aussitôt qu'un de ces animaux s'est introduit dans un jardin, il est aisé de s'en débarrasser, soit en le guettant à l'affût, soit en tendant des pieges dans ses galeries.

SEPTIÈME CLASSE OU GROUPE.

CARACTÈRES DE CE GROUPE. Herbes et sous‑arbrisseaux à fleurs simples, polypétales, régulières, rosacées, disposées en parasol ou en ombelle. — FAMILLE NATURELLE DES OMBELLIFÈRES. Les espèces de cette *famille* offrent des attributs semblables dans les *racines, les tiges, les feuilles et les parties de la fructification.* Dans la plupart des plantes à ombelles, les racines sont fusiformes, assez épaisses, marquées par des stries transversales, formant des anneaux d'où naissent les radicules. La tige est presque dans toutes, herbacée, striée, fistuleuse, contenant plus ou moins de moëlle ; elle offre ses feuilles et ses rameaux le plus souvent alternes. Dans le plus grand nombre, les feuilles sont ailées ou pinnées ; les fleurons sont à pédoncules ; les ombelles composées. Dans beaucoup, une ou deux collerettes formées par des feuilles simples ou composées, enveloppent l'extrémité des rameaux ou des pédoncules qui supportent les ombelles ou ombellules. Dans toutes, le fruit inférieur est composé de deux semences collées ensemble avant la maturité, mais séparées lorsqu'elles sont mûres ; sur le germe, dans le plus grand nombre des espèces, on trouve un placenta pulpeux, environné par les feuillets très-courts du calice propre. Dans toutes, on compte cinq pétales à la corolle, cinq étamines, deux pistils ; les pétales sont souvent en cœur, planes, ou à segments repliés. Le plus souvent les pétales de la circonférence plus longs que ceux du centre, rapprochent ces ombellifères des syngenèses radiées. Dans les ombelles resserrées, les fleurs centrales sont souvent stériles. Quant aux propriétés générales, on peut dire que la plupart des ombellifères contiennent dans l'écorce des semences, une huile essentielle, aromatique ; leurs feuilles et leurs racines sont souvent aromatiques, un peu âcres. Ces deux principes les rendent utiles dans toutes les maladies dans lesquelles il faut ranimer le principe vital, augmenter le ton des solides, exciter la sueur ou le flux des urines ; cependant quelques ombellifères aquatiques, sont nauséeuses. Ces caractères généraux des ombellifères que nous venons d'esquisser, nous permettent d'abréger les détails phytographiques propres à chaque espèce. Pour nous étendre un peu plus sur leurs propriétés et usages.

I. OMBELLIFÈRES : herbes à fleurs rosacées en ombelle, soutenues par des rayons, dont le calice devient un fruit composé de deux petites semences striées et cannelées.

787. LE GRAND AMMI : fleur rosacée, en ombelle ; cinq pé-

tales cordiformes, toutes les fleurs hermaphrodites. *Fruit :* ovale, composé de deux semences. *Racine :* fusiforme. *Tige :* d'un pied et demi, herbacée, les fleurs au sommet en ombelle composée d'un grand nombre de rayons. *Lieu :* les provinces méridionales de la France. Cette plante est rare, annuelle. *Propriétés :* aromatique, âcre, piquante au goût, stomachique, emmémagogue, diurétique et un excellent carminatif. *Usages :* on se sert de la semence, elle est rousse, d'une saveur assez marquée ; l'une des *quatre semences chaudes.*

788. Le PERSIL COMMUN DES JARDINS : *opium hortense, seu petroselinum vulgo.* Fleur rosacée, en ombelle. *Fruit :* ovale, strié, se divisant en deux semences. *Feuilles :* deux fois ailées, amplexicaules. *Racine :* fusiforme, de la grosseur du pouce, fibreuse, blanchâtre, pivotante. Tige de deux ou trois pieds, herbacée. *Lieu :* les terrains humides ; cultivé dans nos jardins. Bisannuelle. *Propriétés :* la semence un peu âcre, toutes les parties de la plante apéritives ; les feuilles résolutives et vulnéraires ; la racine diaphorétique ; la semence est une des *quatre semences chaudes mineures.* La racine s'emploie dans les tisanes et apozèmes apéritifs ; les feuilles appliquées dissipent le lait des mamelles ; la décoction des racines facilite l'éruption de la petite vérole. L'huile essentielle de persil est assez pesante pour gagner en grande partie le fond de l'eau. L'esprit-de-vin extrait le principe le plus énergique ; on le regarde assez unanimement comme capable de résoudre, de dissiper les vents, d'augmenter le cours des urines ; la poudre des semences détruit les poux ; l'herbe répand une odeur particulière, très agréable, elle contient aussi un peu d'huile essentielle. Les épileptiques sont plus fatigués s'ils mangent habituellement du persil dans les ragoûts ; les personnes sujettes à l'ophtalmie en sont certainement plus incommodées. Le persil pilé et appliqué sur les mamelles engorgées par le lait grumelé, dissipe promptement les glandes. Le suc de persil est utile aux graveleux.

789. Le **céleri des Italiens**; *persil des marais : Apium graveolens*. Caractères fleur et fruit, comme le précédent. *Racine :* pivotante et fibreuse, rousse en dehors et blanche en dedans. *Tiges :* hautes de 2 mètres, cannelées profondément, noueuses. *Lieu :* les terrains humides, marécageux. On l'a naturalisé dans les jardins potagers, où l'on blanchit les tiges par la culture. Bisannuelle. *Propriétés :* la racine de la plante sauvage est d'une saveur désagréable, âcre, un peu amère; son odeur forte et aromatique; celle des jardins est plus douce; elle est apéritive, sudorifique, diurétique et emménagogue. *Usages :* la racine est une des cinq *racines apéritives majeures;* et la semence une des *quatre semences chaudes.* L'odeur de la racine du céleri sauvage la rend suspecte, comme nauséeuse; quelques personnes en ont éprouvé de mauvais effets; elle répand un suc jaune fétide; la racine du céleri cultivé est très grasse, succulente, blanche; son odeur vive n'est point désagréable; les tiges et les côtes des feuilles sont aussi aromatiques; ce principe se perd en grande partie par la dessication et la coction. Le céleri est nuisible aux épileptiques et à ceux qui sont sujets aux vertiges, de même qu'aux vieillards; les hypochondriaques et les hystériques en sont certainement incommodés. On mange les feuilles et les racines en salade; dans ce cas, elles sont aphrodisiaques. Le suc des feuilles et des racines est utile aux calculeux. Quoique le céleri sauvage soit suspect, cependant les chèvres, les moutons et quelquefois les vaches le mangent; mais les chevaux n'y touchent pas. Dans le Nord, malgré la culture la plus soignée, les racines et les feuilles du céleri n'acquièrent pas le tiers de la grosseur qu'elles ont en France.

790. Le **persil de Macédoine** : fleur rosacée, en ombelle. *Fruit :* ovale, cannelé. *Feuilles :* rhomboïdales, ovales, crénelées. *Racine :* fusiforme, blanche, ridée. *Tige :* haute de 1 mètre 50 centimètres, velue, rameuse, l'ombelle au sommet, blanche dans les jeunes plantes. *Lieu :* les rochers et endroits pierreux. Bisannuelle. *Propriétés :* le goût de la racine est âcre ; celui des feuilles moins piquant que dans le persil des jardins ; les semences odorantes, aromatiques, d'un goût âcre ; la semence est carminative et bonne à tuer les vers instestinaux.

791. L'ANIS : *persil-pimprenelle, grande, odorante.* Fleur rosacée, en ombelle ; cinq pétales. *Fruit :* oblong, ovoïde. *Feuilles :* ailées. *Racine :* fusiforme, blanche, fibreuse, *Tige :* de 1 mètre, branchue, cannelée, creuse ; les fleurs naissent au sommet. *Lieu :* l'Égypte On le cultive dans nos jardins. Annuelle. *Propriétés :* la semence est carminative, stomachique et apéritive. On en fait des bonbons exquis pour la santé. *Usages :* la semence d'anis est douce, aromatique, moins âcre que celle des autres *ombellifères ;* trois livres de semences fournissent une once d'huile éthérée qui réside dans le tissu cellulaire de l'écorce ; car, des grains purement farineux, on retire une huile grasse, sans goût, et sans odeur d'anis. Dans le Nord on aime le pain pétri avec des semences d'anis. L'huile essentielle retient très bien l'odeur de la semence ; le moindre froid la fige comme du beurre ; elle est si pénétrante, que des femmes qui en avaient pris quelques gouttes, rendaient un lait vraiment anisé. L'anis est célèbre, comme *propre à dissiper les vents,* en détruisant les spasmes des intestins qui, par leurs étranglements, les empêchent de circuler. Les *pimprenelles* ou *boucages* suivantes, se trouvent en France.

792. La BOUCAGE MINEURE ; *Pimpinella saxifraga : Tragolinum minus.* Tige de 34 centimètres, grêle, peu rameuse ; feuilles radicales ailées ; fruits oblongs, striés.

793. La BOUCAGE MAJEURE ; *Pimpinella magna : Tragolinum majus.* Elle diffère de la précédente par ses tiges plus hautes, de 68 centimètres ; par ses feuilles lisses, brillantes, à folioles ovales, lancéolées, dentées, offrant souvent des oreillettes.

794. La **boucage naine jaune**. Tige de 18 centimètres, grosse, très rameuse ; folioles très découpées, comme pinnées ; ombelles nombreuses.

795. La **boucage, a ombelle blanche et suc bleu, fondant** ; *Tragolesinum majus ombella candida succum caruleum fundente*. Elle est commune dans toute l'Allemagne, et très employée par les médecins de ce pays-là. Sa racine récente est rousse ; desséchée, elle devient noire ; par la distillation, elle donne une eau couleur de saphir et une huile aromatique bleue. Elle a d'ailleurs toutes les vertus de la précédente ; excellente sur la fin des fièvres intermittentes, suivies d'enflure.

796. La **grande cigue** ; *Cicuta major*. Fleur rosacée, en ombelle très ouverte ; cinq pétales en cœur recourbé. *Fruit :* strié, divisé en deux semences convexes, hémisphériques, crénelées des deux côtés. *Feuilles :* grandes, trois fois ailées ; à folioles lancéolées, découpées, pointues, luisantes, d'un vert noirâtre. *Racine :* fusiforme, jaunâtre en dehors et blanche en dedans. *Tige :* s'élevant à la hauteur de 1 mètre 30 c., lisse, blanche, marquetée de quelques taches d'un rouge noirâtre ; l'ombelle naît au sommet ; fleurs blanches. *Lieu :* les terrains aquatiques, mais rare ; elle se cultive et se multiplie facilement ; bisannuelle. *Propriétés :* toute la plante est nauséeuse par sa saveur et par son odeur ; elle est résolutive et narcotique. *Usages :* on se sert de la racine, de l'herbe et de la semence. De la racine on tire une poudre ; de l'herbe un suc simple ou épaissi : on en fait des emplâtres, des cataplasmes. La ciguë, prise intérieurement à une dose considérable, devient un poison ; donnée avec prudence, elle est salutaire. La grande ciguë fraîche répand au loin une odeur nauséabonde particulière. Elle est un remède efficace pour réduire les tumeurs squirreuses, même pour guérir les carcinomes et les cancers ulcérés.

797. La **cicutaire aquatique** ; *Cicuta virosa*, de Linné.

Sa racine est très grande, grosse comme le bras d'un enfant, vide, à diaphragme ; sa tige, grosse, s'élève à plus d'un mètre ; ses feuille deux ou trois fois ailées, à folioles lancéolées, incisées. Fleurs blanches, presque régulières ; semences ovales, un peu velues ; à marges blanches. C'est la plus vénéneuse des ombellifères. En coupant ses racines pour en exprimer le suc, qui est jaune et fétide, on éprouve de violents maux de tête et des étourdissements. Vepfer, auteur allemand, a fait un admirable traité, *de Cicuta aquatica*, dans lequel on trouve une foule d'expériences qui prouvent que cette racine excite tous les symptômes des poisons : anxiétés, coliques, vertiges, convulsions, vomissements. Vepfer a prouvé qu'elle tuait en causant l'inflammation, la gangrène. Le meilleur contrepoison de cette plante est de donner promptement l'*émétique* à ceux qui par méprise ont mangé de sa racine. Elle est aussi mortelle pour les bœufs que pour l'homme, comme l'expérience l'a trop souvent démontré; quelques pharmacologistes, et même Linné, conseille de préparer l'emplâtre de ciguë plutôt avec cette plante qu'avec le *conium maculatum*. Parmi les ombellifères plus ou moins vénéneuses, on grouppe encore aux ciguës les plantes suivantes :

798. L'ŒNANTHE ; *Phellandrie aquatique :* Tige de 60 cent. plus grosse que le pouce ; feuilles trois fois ailées ; ombelles opposées aux feuilles; fleurs petites, blanches, à pétales en cœur ; semences ovales, lisses, couronnées par une espèce de calice. Cette plante, en cataplasme, est *utile pour arrêter la gangrène* et les progrès du carcinome ; elle est si peu vénéneuse que certainement les chèvres et les moutons la mangent impunément ; et si on l'a cru un poison pour les chevaux, on doit attribuer les accidents qu'elle leur cause à une espèce de charançon qu'elle nourrit.

799. La PETITE CIGUE qui ressemble au persil ; *OEthuse.* Fleur rosacée, en ombelle. *Fruit :* presque rond, cannelé, se divisant en deux semences striées. *Feuilles :* amplexi-

caules. *Racine* : fusiforme. Cette plante est beaucoup plus basse que la précédente ; les tiges de 50 centimètres. *Lieu* : dans les jardins où elle ne se mêle que trop souvent avec les herbages. Annuelle. *Propriétés* : toute la plante a une saveur d'ail ; elle est nauséeuse, résolutive, calmante extérieurement ; c'est un poison très énergique, prise intérieurement. *Usages* : on n'emploie que l'herbe. On pourrait dans le besoin la substituer à la précédente. La petite ciguë, confondue dans les salades avec le persil qui lui ressemble beaucoup pour la forme des feuilles, a causé les plus grands maux et même la mort ; elle fait périr les oies ; cependant les bestiaux quadrupèdes la mangent impunément.

C'est avec le suc de cette plante que Socrate, l'un des sept sages de la Grèce, se fit mourir en conversant familièrement avec ses disciples. Ce philosophe du vieux paganisme, dont la morale est la plus rapprochée de la doctrine chrétienne, obéissait à la loi qui l'avait condamné à mort plutôt qu'il ne s'ôtait la vie volontairement.

800. Le CARVI ; *Cumin des prés et des montagnes*. Fleur rosacée, en ombelle. *Fruit* : ovale, strié, se divisant en deux semences aplaties. *Feuilles* : amplexicaules. *Racine* : fusiforme, de la grosseur du pouce. *Tiges* : hautes de deux pieds, cannelées, lisses, branchues, rameuses ; l'ombelle au sommet. *Lieu* : dans les prés des montagnes ; bisannuelle. *Propriétés* : la racine a un goût âcre et aromatique, ainsi que la semence, l'une des *quatre semences chaudes ;* elle est carminative, stomachique, diurétique. On se sert communément de la semence. La plante du carvi cultivé produit de plus grosses semences dont l'arome est plus agréable, moins âcre que celle du carvi sauvage. Dans le Nord, on mêle cette semence avec la pâte du pain et avec l'eau-de-vie de grains. Les jeunes racines se mangent en salade ; les semences, infusées dans l'eau, l'imprègnent d'un arome très agréable. Une livre de semences donne par la distillation une grande quantité d'huile essentielle jaune. En sou-

tenant les forces de la digestion , les semences du carvi augmentent la quantité du lait dans les femmes qui en sont privées.

801. La CAROTTE SAUVAGE à racine jaune et rouge, *Carotta daucus sativus*. Fleur rosacée , en ombelle. *Fruit :* ovoïde , couvert de poils rudes, composé de deux semences convexes, hérissées d'un côté et aplaties de l'autre. *Feuilles :* velues, amplexicaules. *Racine :* fusiforme, jaune ou rouge, ce qui ne constitue qu'une variété. Tige de 68 cent. à 1 mètre , herbacée , cannelée , rameuse , velue ; les fleurs sont blanches. *Lieu :* les prés , les champs arides ; cultivée dans les potagers ; bisannuelle. *Propriétés :* la semence carminative , apéritive , diurétique ; elle est une des quatre semences chaudes mineures. On donne aux animaux la racine pour nourriture et la semence comme médicament, macérée dans du vin blanc. La variété à *racine rouge* est plus rare. Ces racines sont douces et fournissent un mucus nutritif assez abondant. On en retire un suc sucré analogue au sirop. Ce suc, épaissi en extrait, peut tenir lieu de miel ; on l'a employé avec avantage contre la toux, la phthisie et les vers. Cette racine est savonneuse et avantageuse dans les maladies chroniques de la peau. Les calculeux se trouvent mieux lorsqu'ils la mangent en quantité ; le suc exprimé est vermifuge et utile dans les aphtes des enfants. La pulpe n'est point à mépriser dans le traitement des ulcères cachectiques ; elle diminue les *douleurs des cancers* et des *brûlures profondes*. Les semences, aromatiques , âcres , fournissent par la distillation une huile essentielle ; elles rendent la bierre plus agréable : dans la Bourgogne , les fermières l'emploient pour colorer le beurre en jaune.

802. Le SISON AROMATIQUE , *Sium aromaticum , Sison amomum*. Fleur rosacée, en ombelle. *Feuilles :* amplexicaules, ailées, composées de cinq à sept folioles ovales, lancéolées, simples et dentelées à leurs bords. *Racine :* fusiliforme, blanche , dure. *Tiges :* de 68 cent. , moelleuses

l'ombelle redressée au sommet ; *Lieu :* les terrains humides et glissants. *Propriétés :* les semences âcres et plus aromatiques que les racines.

803. Le SISON DES BLÉS, *Sison segetum*. Tige droite de 34 à 44 cent.; feuilles ailées; de onze à quinze folioles petites; ombelles de cinq à six rayons, inclinées. Dans les champs un peu humides, en France.

804. Le SISON AMMI. Cultivé dans les jardins. C'est l'*ammi parvum foliis fœniculi*. La semence est petite, striée, d'un gris-brun, amère; son odeur aromatique est analogue à celle de l'*origan;* elle fournit une grande quantité d'huile aromatique qui a l'odeur et le goût de la semence : l'extrait spiritueux conserve la saveur de la semence. Cette plante, abandonnée de nos jours, avait paru si énergique aux anciens, qu'ils ont cru, d'après l'expérience, que plusieurs femmes stériles avaient conçu après avoir pris pendant quelques jours un grain de semences de sison ammi. Ces semences sont carminatives, antispasmodiques, diurétiques.

805. Le SISON INONDÉ. Tige petite, rampante ; feuilles radicales, très découpées, à folioles capillaires ; cellules de la tige ailées, à folioles impaires de trois lobes ; ombelle de deux ou trois rayons. Commun dans la Brie.

806. Le SISON VERTICILLÉ, *Carri foliis tenuissimis, asphodeliradiæ*. Racine charnue, oblongue ; tige de 34 cent., très grêle ; feuilles à folioles très courtes, capillaires, entourant le pistil, comme en anneaux; à ombelles terminant la tige, de six à dix rayons. Terrains humides.

807. Le CHERVI, persil germanique. Fleur rosacée, en ombelle. *Fruit :* ovale, presque rond, petit, strié, se divisant en deux semences, convexes d'un côté, striées, planes de l'autre. *Feuilles :* amplexicaules, ailées. *Racine :* tubéreuse. *Tiges :* de la hauteur de 1 mètre, noueuses, cannelées; l'ombelle au sommet. *Lieu :* on le cultive dans les jardins potagers. *Propriétés :* les racines sont douces, apé-

ritives, vulnéraires. *Usages :* on se sert des racines, plus souvent comme nourriture que comme remède. Elles contiennent un mucus sucré. On obtient aussi de l'amidon en les triturant dans l'eau. C'est une nourriture saine et légère ; recommandée comme adoucissante, bonne contre le crachement de sang.

808. La PERCE-FEUILLE : *Oreille de lièvre.* Annuelle. A feuille ronde. *Bufleurum perfoliatum. Fleur :* rosacée, en ombelle ; calice à peine visible. *Fruit :* sous-orbiculaire, cannelé, aplati, composé de deux semences, ovales. *Feuilles :* lancéolées, dures, entières, perfoliées, lisses, nerveuses. *Racine :* blanche. Tige unique, haute de 51 centimètres ; l'ombelle à fleurs jaunes au sommet. *Usages :* on se sert de toute la plante pour cataplasmes.

II. *Herbes à fleurs rosacées, en ombelle, soutenues par des rayons, dont le calice se change en deux petites semences oblongues et un peu épaisses.*

809. L'ANETH COMMUN : *grand fenouil doux, à graines blanches. Fleur :* rosacée, en ombelle. *Fruit :* composé de deux semences. *Feuilles :* très grandes, amplexicaules. *Racine :* fusiforme, cylindrique, presque blanche. *Tiges :* de la hauteur d'un homme, nombreuses, droites, cylindriques, cannelées, noueuses, lisses ; l'ombelle au sommet, grande, concave, à fleurs jaunes. *Lieu :* dans les vignes pierreuses des provinces méridionales, dans les jardins. Bisannuelle. *Propriétés :* sa racine a une saveur aromatique ; toute la plante un goût âcre, pénétrant ; elle est résolutive, carminative, diurétique, sudorifique, stomachique. Les nourrices qui mangent du fenouil ont beaucoup plus de lait ; tous les stomachiques peuvent produire cet effet.

810. Le FENOUIL TORTU : *séséli de Marseille. Fleur :* rosacée, en ombelle arrondie ; cinq pétales en cœur, recourbés, un peu inégaux. *Fruit :* petit, ovale, strié, divisé en deux semences. *Feuilles :* amplexicaules. *Racine :* fusiforme, petite. *Tige :* herbacée, haute, droite, raide, très

rameuse. *Lieu* : l'Europe méridionale. Vivace. *Propriétés :* la semence est aromatique, un peu âcre au goût, stomachique, diurétique, emménagogue, résolutive, carminative.

811. L'ATHAMANTHE MEUM, à feuilles d'anet. *Fleur :* rosacée, en ombelle. *Fruit :* ovale, oblong, cannelé, divisé en deux semences glabres, cannelées, convexes d'un côté et aplaties de l'autre. *Feuilles :* amplexicaules. *Racine :* fusiforme. Tiges de 40 à 60 centimètres, les feuilles alternes. *Lieu :* les alpes en Suisse, en Espagne, au mont Pila. Annuelle. *Propriétés :* la racine a un goût piquant, assez agréable à sentir ; elle est carminative, diurétique, stomachique, incisive, détersive, sudorifique et antiasthmatique.

812. L'ŒNANTHE AQUATIQUE FISTULEUSE. *Fleur :* rosacée, en ombelles irrégulières. *Fruit :* oblong, couronné par le calice et les styles persistants. *Racine :* stolonifère ; et produisant çà et là dans la vase, des bulbes. *Tige :* 30 centimètre ; les fleurs sont blanches. *Lieu :* dans les marais. *Propriétés :* semences âcres, aromatiques ; racines à odeur fétide. Cette plante est suspecte, comme vénéneuse. Un chien qui avait mangé de sa racine, périt en peu de jours ; les vaches, les chevaux n'y touchent point. La décoction de la racine, versée sur les taupinières, fait périr les taupes.

813. L'ŒNANTHE-PIMPRENELLE : feuilles de persil. Tige de 16 centimètres, anguleuse ; feuilles radicales deux fois ailées ; folioles linaires, très longs ; à collerette générale et partielle, de plusieurs feuillets en alène, sétacés ; corolles blanches, les extérieures un peu plus grandes. Sur les montagnes. *OEnanthe* signifie fleur de vigne.

814. L'ŒNANTHE SAFRANÉE. *Racine :* donnant un suc jaune. *Tige :* de deux pieds, d'un vert roussâtre ; toutes les feuilles une ou deux fois ailées ; folioles cunéiformes, incisées lisses ; collerette générale, nulle ; ombelle de quinze à vingt rayons, opposée aux feuilles. Observée en Provence ; elle passe pour un poison très dangereux.

815. La LIVÈCHE ; *Ache-angélique de montagne :* à feuille

paludéenne. *Fleur* : rosacée, en ombelle ; cinq pétales égaux, blancs. *Fruit* : oblong, anguleux, sillonné, divisé en deux semences. *Feuilles* : amplexicaules. *Racine* : fusiforme, rameuse, longue de 17 centimètres. Les tiges de la hauteur d'un homme, de la grosseur du pouce, membraneuses, noueuses, épaisses creuses, cannelées, peu rameuses ; l'ombelle au sommet. *Lieu* : les alpes. Vivace. *Propriétés* : toute la plante, surtout la semence, a une odeur désagréable ; elle est carminative, stomachique, antiarthritique, sudorifique, résolutive. La livèche cultivée dans les jardins s'en échappe facilement, et devient ainsi comme spontanée ; toute la plante répand une odeur forte, particulière ; sa saveur est vive, aromatique. Elle contient un suc jaune, assez abondant ; la livèche le dispute en vertus avec l'angélique et l'impératoire.

816. La petite angélique sauvage : *Podagraire*. *Fleur* : rosacée, en ombelle ; cinq pétales. *Fruit* : ovale, cannelé, divisé en deux semences, convexes d'un côté et aplaties de l'autre. *Feuilles* : amplexicaules. *Racine* : longue, rampante, fibreuse. *Tige* : de 34 centimètres, droite, anguleuse, herbacée, cannelée ; l'ombelle au sommet ; fleurs blanches ; feuilles alternes. *Lieu* : les haies, les bords des vignes. Vivace.

817. Le cerfeuil : *Scandix cerefolium sativum*. *Fleur* : rosacée, en ombelle ; cinq pétales en cœur, recourbés. *Fruit* : long, subulé, strié, composé de deux semences. *Feuilles* : amplexicaules. *Racine* : fusiforme, menue, blanche, fibreuse. *Tige* : de 1 mètre. *Lieu* : les jardins potagers ; spontanée dans les champs des provinces méridionales. Annuelle. *Propriétés* : la racine est légèrement âcre ; les feuilles ont une saveur et une odeur aromatique ; la plante est incisive, apéritive, résolutive, diurétique. Le cerfeuil mérite toute l'attention des botanistes : sans parler de son usage dans nos cuisines, connu de tout le monde, son odeur agréable annonce un principe, une huile essen-

tielle, tonique ; les feuilles de cerfeuil pilées, appliquées extérieurement, peuvent résoudre les tumeurs des mamelles, causées par le lait.

818. Le scandix : *Cerfeuil hérissé*. Tige lisse, de 34 centimètres ; feuilles trois fois ailées, légèrement velues ; folioles petites, incisées ; à ombelles latérales ; pédoncules courts ; fleurs petites, presque régulières ; semences ovales, hérissées, de 2 millimètres de longueur. C'est le *charophyllum sylvestre seminibus brevibus hirsutis* de Tournefort. Il ressemble beaucoup au cerfeuil.

819. Le *scandix : cerfeuil noueux*. Tige hérissée de poils mous, semences allongées, hérissées de poils redressés. C'est le *charophyllum sylvestre alterum geniculis tumentibus* de Linné.

820. Le cerfeuil sauvage : à feuilles de ciguë. *Fleur :* rosacée, en ombelle ; cinq pétales en forme de cœur. *Fruit :* ovale, pointu, divisé en deux semences très menues, lisses. *Feuilles :* amplexicaules. *Racine :* fusiforme. *Tige :* herbacée, striée, rameuse, de 3 à 6 centimètres, un peu enflée à chaque nœud ; l'ombelle au sommet. *Lieu :* les vergers, les lieux cultivés. *Propriétés :* cette plante est amère et âcre au goût. On l'emploie pour arrêter les progrès de la gangrène. Les espèces suivantes de cerfeuil peuvent tomber sous la main.

821. Le cerfeuil bulbeux : racine charnue, en toupie ; tige de 1 mètre 64 centimètres, lisse, tachetée comme celle de la ciguë, enflée à chaque nœud, hérissée à sa base ; feuillées trois fois ailées ; folioles incisées ; à collerettes de cinq à sept feuillets inégaux, en alène, presque réunis par la base. Ce grand cerfeuil se trouve dans les prairies.

822. Le cerfeuil penché : tige rude, tachetée, dont les nœuds sont enflés ; feuilles deux fois ailées ; folioles découpées, obtuses ; ombelles souvent penchées.

823. Le cerfeuil aromatique : tige de 64 centimètres ou 1 mètre, rude, tachetée ; feuilles composées, deux fois ternées ; folioles entières, en cœur, à dents de scie ; om-

belles blanches ; semences allongées, lisses, grêles; à quatre sillons obscurs terminés par deux arêtes.

824. Le CERFEUIL DORÉ. Tige petite, d'un pied, anguleuse, striée, inférieurement hérissée ; feuilles deux fois ailées, hérissées en dessous ; folioles découpées; pétioles blancs, extérieurement un peu rouges ; semences à peine striées, cylindriques, jaunes. C'est le *myrrhis perennis alba minor, foliis hirsutis, semine aureo*, de Tournefort. On le trouve en France sur les montagnes.

825. Le CERFEUIL MUSQUÉ; CIGUE ODORANTE, *Scandix myrrhis major seu sicularia odorata*. Fleur rosacée, en ombelle ; caractères du cerfeuil commun, mais l'enveloppe ne persiste que peu de temps. Les fleurs du disque n'ont que des étamines. *Lieu* : les alpes et les montagnes du Languedoc ; on le cultive dans les jardins potagers. Vivace. *Propriétés* : la racine est d'une saveur agréable, aromatique, un peu âcre, ainsi que les semences ; cette plante a toutes les vertus du cerfeuil commun ; on la regarde aussi comme béchique, incisive. On l'emploie en infusion ou en décoction.

III. *Herbes à fleurs rosacées, en ombelle, soutenues par des rayons, dont le calice devient un fruit arrondi, un peu épais, et de médiocre grosseur.*

826. La GRANDE CORIANDRE : *Coriandrum majus*. Fleur rosacée, en ombelle ; cinq pétales en forme de cœur, recourbés. *Fruit* : rond, sphérique, ridé, strié, composé de deux semences hémisphériques, à stries légères. *Racine* : fusiforme, faible, blanche, peu fibreuse. *Tige* : simple, grêle, cylindrique, plein de moëlle, haute de 68 centimètres ; l'ombelle au sommet ; les feuilles alternes ; les fleurs du disque ne produisent souvent point de semences. *Lieu* : l'Italie. On la cultive aisément dans les jardins. Annuelle. *Propriétés* : la semence fraîche est d'une odeur désagréable ; elle devient plus douce en séchant ; elle est carmina-

tive, stomachique. On emploie la semence, dont on tire une eau distillée ; on en fait des décoctions et une farine.

IV. *Herbes à fleurs rosacées, en ombelle, soutenues par des rayons, dont le calice devient deux semences ovales, aplaties et assez petites.*

827. L'IMPÉRATOIRE : *Imperatoria major estrutheum.* Fleur rosacée, en ombelle ; cinq pétales en cœur. *Fruit* : obrond, comprimé, se divisant en deux semences arrondies, ou formant une bosse au centre, marquées de deux sillons, entourées d'un large rebord. *Racine :* charnue, tubéreuse. *Tige :* de 68 centimètres, au sommet de laquelle naît une large ombelle blonde. La plante présente le port de l'angélique, mais moins rameuse et moins fistuleuse. *Lieu :* les montagnes. Vivace. *Propriétés :* âcre, surtout la racine, aromatique, sudorifique, carminative, cordiale, stomachique par excellence. De la racine on fait des infusions, des vins, des décoctions.

828. L'ANGÉLIQUE ; *Imperatoria sativa : angelica archangelica.* Fleur rosacée, en ombelle ; cinq pétales lancéolés, un peu recourbés, d'un jaune verdâtre, et tombant bientôt. *Fruit :* obrond, anguleux, divisé en deux semences ovales, planes d'un côté et entourées d'un rebord, convexes de l'autre et marquées de trois lignes. *Feuilles :* amplexicaules. *Racine :* fusiforme, grande, brune en dehors. *Tige :* herbacée, fistuleuse, rameuse, de la hauteur de un mètre ou un mètre 12 centimètres ; l'ombelle au sommet. *Lieu :* les Alpes ; cultivée dans les jardins. Vivace. *Propriétés :* toutes les parties de cette plante sont d'un goût aromatique, un peu âcre et amer, d'une odeur agréable. Elles sont cordiales, stomachiques, carminatives, vulnéraires, apéritives, emménagogues et antivermineuses. On se sert souvent, pour l'homme, de l'herbe, de la racine et des semences ; on fait de la racine fraîche un extrait ; de la racine sèche une poudre ; de l'herbe en général une eau distillée ; avec les semences, on compose une liqueur spi-

ritueuse, une huile, un baume. La racine d'angélique renferme, dans des vaisseaux particuliers, un suc jaune, gommeux, résineux, très vif ; toute la plante a une odeur agréable, pénétrante, surtout les racines ; on les fait confire ; alors c'est un des meilleurs stomachiques.

829. La GRANDE ANGÉLIQUE SAUVAGE DES PRÉS. Caractères, fleurs et fruit : comme la précédente. *Racine* : fusiforme, comme la précédente, moins forte, moins nourrie ; feuilles alternes. *Lieu* : dans les parties froides et humides des forêts. Vivace. Elle jouit des mêmes vertus que l'angélique des alpes, mais dans un moindre degré : on la croit antiépileptique.

830. La PETITE ANGÉLIQUE. Elle est moins pénétrante et a les mêmes propriétés que la précédente ; il suffit d'augmenter la dose. *La poudre de ses semences tue les poux.*

831. Le PETIT FENOUIL MARIN ; PERCE-PIERRE ; *trithmum fœniculum minus maritimum*. Fleur rosacée, en ombelle ; *Fruit* : ovale, comprimé, divisé en deux semences elliptiques, comprimées, planes d'un côté, striées de l'autre. *Feuilles* : amplexicaules, blanchâtres. *Racine* : fusiforme. *Tige* : herbacée, de 34 centimètres, le plus souvent sans rameaux, courbée, cannelée ; l'ombelle en sommet. *Lieu* : au bord de la mer, sur les rochers, cultivée dans les jardins. Vivace. *Propriétés* : apéritive, diurétique, emménagogue, lithontriptique. On confit les feuilles dans le vinaigre ; elles sont bonnes à manger.

832. L'ANET PUANT DES JARDINS ; *anethum hortense graveolens*. Fleur rosacée, en ombelle, plane ; cinq pétales lancéolés, recourbés, aucune enveloppe. *Fruit* : presque rond, divisé en deux semences convexes. *Racine* : fusiforme, blanche. *Tige* : de 34 ou de 68 centimètres, herbacée, striée. *Lieu* : l'Espagne, l'Italie ; on le cultive aisément dans nos jardins. *Propriétés* : son odeur est forte, son goût âcre et piquant ; il est carminatif, assoupissant, stomachique, antiémétique, résolutif.

833. Le **fenouil germanique des porcs** ; *ou queue de pourceau*. Fleur rosacée, en ombelle. *Fruit :* arrondi, entouré d'un rebord membraneux, strié de deux côtés, divisé en deux semences ovales. *Feuilles :* amplexicaules, ailées, cinq fois divisées en trois. *Racine :* grande, fusiforme, grosse, noire en dehors, blanche en dedans. *Tige :* de 68 centimètres, herbacée, creusée, cannelée, rameuse ; l'ombelle au sommet. *Lieu* : en Provence, dans les terrains marécageux et ombrageux. Vivace. *Propriétés :* La racine est pleine d'un suc jaunâtre ; elle a une odeur de poix ; elle est apéritive, résolutive, diurétique, antispasmodique.

V. Herbes à fleurs rosacées, en ombelles, soutenues par des rayons, dont le calice devient un fruit composé de deux semences ovales, aplaties, et d'une grosseur considérable.

834. L'**athamanthe** ; *grand persil de montagne*. Fleur rosacée, en ombelle ; cinq pétales en cœur, renversés, un peu inégaux. *Fruit :* arrondi, strié, divisé en deux semences arrondies, velues, convexes. *Racine :* fusiforme, blanche en dehors, noirâtre en dedans, succulente. Tige de 1 mètre 34 ou 1 mètre 68 centimètres ; l'ombelle au sommet. *Lieu :* sur les montagnes de Bugey. Vivace. *Propriétés :* la semence a un goût âcre et aromatique, ainsi que la racine ; la semence surtout est carminative, diurétique, emménagogue ; la racine odontalgique est excellente contre les douleurs des dents qui proviennent de névralgie ; souvent la tige s'élève à peine à 34 centimètres.

835. L'**athamanthe des chevreuils** ; *athamanta cervaria*, de Linné. Tige de 1 mètre 68 centim. ; feuilles deux fois ailées, glauques, veinées en déssous ; folioles larges, lancéolées, dentées, comme à trois lobes.

836. L'**athamanthe oreoselinum** ; tige de 68 centimètres ; feuilles trois fois ailées ; semence ovale, comprimée, aplatie, ayant une bordure membraneuse, blanche et vive ; aromatique ; saveur analogue à celle de l'orange ; on en retire une eau distillée aromatique ; l'herbe infusée donne à l'eau une odeur de citron. Cette infusion est utile dans les faiblesses d'estomac.

837. Le PERSIL DE CRÊTE ; *athamanta cretensis*. Tige striée, un peu velue ; feuilles velues, trois fois ailées ; folioles profondément divisées en deux segments linéaires ; pétales en cœur ; semences oblongues, hérissées.

838. Le PERSIL DES MARAIS ; *thysselinum palustre*. Fleur rosacée, en ombelle ; cinq pétales en forme de cœur. *Fruit* : comprimé, elliptique. *Feuilles* : radicales ou amplexicaules, quatre fois ailées. *Racine* : une seule racine fusiforme. Tige de 50 centimètres, ferme, droite, striée, noueuse, blanchâtre ; l'ombelle au sommet ; toute la plante est recouverte d'un suc desséché, blanchâtre. *Lieu* : les prés et terres marécageuses. Vivace.

839. Le PERSIL SELIN SAUVAGE ; *selinum sylvestre*. Racine fusiforme, divisée. Tiges nombreuses, lisses ; feuilles trois fois ailées ; semences ovales. L'herbe brisée donne encore plus de lait que la précédente.

840. Le PERSIL SELIN A FEUILLES DE CHERVI ; *selinum cardifolia*. Tige sillonnée, anguleuse ; feuilles trois fois ailées ; folioles un peu élargies, simples et à trois segments, terminées par une pointe blanche ; semences ovales.

841. Le PANAIS ; PASTENADE A LARGE FEUILLÉ ; *pastinaca sativa*, *vel sylvestris*, *latifolia*. Fleur rosacée, en ombelle ; cinq pétales lancéolés. *Fruit* : comprimé, aplati, elliptique, divisé en deux semences presque aplaties de deux côtés, et bordées d'une membrane. *Feuilles* : amplexicaules. *Racine* : fusiforme. *Tige* : herbacée, de 1 mètre ou 1 mètre 34 centimètres, cannelée, gousse rameuse ; l'ombelle au sommet ; fleurs jaunes ; on la cultive dans les jardins potagers. Bisannuelle. *Lieu* : Périgord, le Quercy, l'Agenais, le Limousin, *Propriétés* : la racine a un bon goût ; elle est nourrissante, venteuse. On s'en sert dans les cuisines ; on l'a abandonnée en médecine.

842. Le PANAIS CULTIVÉ. Il n'est qu'une variété du sau-

vage, dont la racine est plus sèche, plus petite. Dans le cultivé elle est assez succulente, un peu aromatique, fournissant même de l'huile essentielle, odorante, cachant dans son mucus une petite quantité de sel saccharin ; cette racine donne une assez bonne nourriture, qui convient aux calculeux et aux phthisiques; les semences, qui donnent une petite quantité d'huile essentielle, sont aromatiques. Le panais est un légume essentiel pour aromatiser le pot-au-feu à Paris.

843. Le PASTINACA OPOPONAX : Il a une tige de un mètre 68 centimètres, lisse, peu rameuse; ses feuilles deux fois ailées, sont très amples ; à pétioles hérissées ; à folioles ovales, dentées et remarquables par un lobe à leur base. Dans les provinces méridionales de la France. On retire de cette plante un suc qui, en s'épaississant, fournit des *grains résineux*, extérieurement jaunes, blancs en dedans, amers, nauséabonds, d'une odeur balsamique. Cette résine est, comme bien d'autres, propre pour faciliter l'expectoration ; on l'a utilement ordonnée dans l'asthme.

844. La FÉRULE, qui produit l'encens aromatique ; *ferula galbanifera*. Fleur rosacée, en ombelle ; cinq pétales jaunes. *Fruit* : ovale, strié, velu, couronné, divisé en deux semences. *Feuilles* : rhomboïdes, striées, dentées en manière de scie, glabres. *Racine :* fusiforme et fibreuse. *Tige :* de 1 mètre 68 centimètres ou 2 mètres, ligneuse ; les feuilles et le port de la livèche, caractère générique du persil de Macédoine, dont il diffère par les feuilles et par le petit nombre de ses ombelles. *Propriétés :* la plante est remplie d'un suc visqueux, laiteux et clair ; on en tire le *galbanum*, l'encens. Il faut bien distinguer cette plante du *ferulago latiore folio*, dont on tire une sorte de *gomme rouge*, qui n'a pas beaucoup d'odeur, et dont les vertus sont inférieures à celles du *galbanum*, véritable encens aromatique. On le trouve en Éthiopie, et encore en France,

sur les bords de la mer Méditerranée, en Languedoc ; les semences sont aromatiques, sudorifiques.

845. La CHAPSIE ; MALHERBE ; TURBITH NATUREL, à large feuille. Fleur rosacée, cinq pétales lancéolés, recourbés. *Fruit :* oblong, entouré d'une membrane longitudinale ; divisée en deux grandes semences pointues aux deux extrémités, entourées d'un large rebord plane, tronqué à la base. *Feuilles :* grandes, larges, velues, blanchâtres en dessous. *Racine :* fusiforme. *Tige :* herbacée, de 68 centimètres ou un mètre, rameuse, striée ; l'ombelle au sommet. *Lieu :* les provinces méridionales, aux bords de la mer. Vivace. La racine est très âcre ; son suc purge beaucoup.

VI. *Herbes à fleurs rosacées, en ombelles soutenues par des rayons dont le calice se change en deux semences assez grandes et profondément cannelées.*

846. Le CAUCALIS DES CHAMPS, à grandes fleurs. Fleur rosacée, en ombelle ; cinq pétales en forme de cœur, recourbés. *Fruit :* ovale, avec des stries longitudinales, hérissé de poils très rudes ; deux semences planes d'un côté, convexes de l'autre, et couvertes de poils. *Feuilles :* deux fois ailées. *Racine :* fusiforme. Tige de 34 centimètres, herbacée, faible, cannelée, rameuse ; l'ombelle au sommet. *Lieu :* Dans les blés, dans les champs. Annuelle.

847. Le CAUCALIER APRE ; *cordylium anthriscus.* Tige de 68 centimètres, rude au toucher ; feuilles ailées ; folioles ovales, lancéolées, profondément incisées ; ombelles de cinq à dix rayons ; semences petites, hérissées de poils courts.

848. Le CAUCALIER NODIFLORE ; *cordylium nodosum.* Tige de 34 centimètres, raide, dure ; feuilles hérissées, ailées ; folioles pennatifides, à segments étroits, pointus ; ombelles petites ; pédoncules très courts aux aisselles des feuilles ; semences ovoïdes, hérissées, petites.

849. Le CAUCALIER A LARGES FEUILLES ; *caucalis latifolia.* Tige de 34 centimètres, anguleuse ; feuilles deux fois ai-

lées ; folioles ovales, pennatifides, rudes ; fruits hérissés de poils rouges.

850. La **livèche d'autriche** ; *seseli de montagne*, jaune, à feuille de ciguë ; *ligusticum cicutæ folio glabrum austriacum*. Fleur rosacée, en ombelle ; cinq pétales égaux, recourbés au sommet, pliés en carène. *Fruit* : oblong, anguleux, divisé en deux semences glabres. *Feuilles* : amplexicaules. *Racine* : fusiforme. Tige herbacée. *Lieu* : les alpes. Vivace. *Propriétés* : la plante a un goût âcre ; elle est emménagogue. On l'emploie en infusion et en décoction.

851. Le **lasser des gaules** ; *laserpitium Gallicum*. Fleur rosacée, en ombelle ; cinq pétales à peu près égaux, dont le sommet est en cœur, recourbés. *Fruit* : oblong, remarquable par huit membranes longitudinales ; divisé en deux semences, ou demi-cylindres. *Feuilles* : amplexicaules, ailées, ressemblant à celles de l'aubépine. *Racine* : fusiforme. Tiges herbacées, striées ; les fleurs au sommet. *Lieu* : les provinces méridionales. La plante a un goût âcre ; elle est résolutive, diurétique, stomachique.

VII. *Herbes à fleurs rosacées, en ombelles, soutenues par des rayons, dont le calice se change en deux semences qui ont une enveloppe spongieuse:*

852. L'**armarinte**, à semence plate, large ; feuilles étroites. *Cachrys* : fleurs rosacées, en ombelles ; cinq pétales jaunes, lancéolés, droits, égaux. *Feuilles* : amplexicaules. *Racine* : fusiforme. Tiges de deux pieds, herbacées, rameuses, striées ; les fleurs jaunes au sommet. *Lieu* : nos provinces méridionales, Montpellier. *Propriétés* : la semence âcre ; toute la plante a une odeur aromatique et d'encens ; elle est échauffante, anti-ictérique. On emploie rarement la semence, à cause de son âcreté ; on applique sur les contusions les feuilles, comme celles du persil et du cerfeuil ; on fait infuser la racine dans du vin.

VIII. *Herbes à fleurs rosacées, en ombelles, soutenues par des rayons, dont le calice se change en deux semences terminées par une longue queue.*

853. Le PEIGNE DE VÉNUS ; L'AIGUILLE ; *Scandix pecten semine rostrato.* Fleur rosacée, en ombelle. *Fruit* : très long, en forme d'alène, divisé en deux semences filiformes. *Feuilles* : amplexicaules, ailées. *Racine* : ténue, fusiforme. Tiges de 34 cent., herbacées, striées ; les fleurs au sommet. *Lieu* : les blés, les champs, les vignes. Annuel. *Propriétés* : le goût âcre, mais doux ; la plante est diurétique, vulnéraire. On n'emploie que la racine et très rarement. Quelquefois les tiges sont très basses.

IX. *Herbes à fleurs rosacées, en ombelles, ramassées en forme de tête arrondie.*

854. La SANICLE OFFICINALE, *Sanicula officinarum.* Fleur rosacée, en ombelles ; cinq pétales comprimés, recourbés, découpés en deux à leur sommet ; l'enveloppe universelle placée extérieurement ; la partielle entourant les petites ombelles et plus courte que les fleurs ; l'ombelle universelle le plus souvent composée de quatre rayons ; la particulière globuleuse, de plusieurs rayons ramassés, très courts. *Fruit* : ovale, aigu, hérissé, rude, divisé en deux semences planes d'un côté ; de l'autre convexes et rudes au toucher. *Feuilles* : simples, palmées, digitées, découpées en cinq lobes ovales, lancéolées ; les radicales pétiolées ; les caulinaires presque sessiles, ordinairement solitaires ; une feuille séminale ovale ou cruciforme. *Racine* : nassiforme, blanche dans l'intérieur, noirâtre en dehors. *Tiges* : 1 mètre 50 centimètres, herbacées, presque nues, simples ; les fleurs sessiles au sommet ; les petites ombelles disposées en rond, ramassées en têtes. *Lieu* : les bois de l'Europe. Vivace. *Propriétés* : la racine a un goût amer ; les feuilles sont aussi amères, âpres, vulnéraires, astringentes, détersives. La sanicle est une de ces plantes autrefois célèbres, comme vulnéraires ; mais sa réputation est bien déchue à ce titre, depuis que l'on sait que la nature seule guérit les

plaies. Elle est utile pour déterger les ulcères. La sanicle est une des principales plantes des vulnéraires de Suisse, collections très arbitraires, qu'on décore du nom de *thé suisse*. Chaque collecteur adopte, suivant son caprice, telles ou telles espèces : les principales sont, la *sanicle*, l'*aigremoine*, la *véronique*, la *bétoine*, la *sauge*, la *scolopendre*, le *pied-de-lion*. Voy. pl. 123, une belle branche fleurie de cette plante.

855. L'ÉRINGE; CHARDON ROLAND; PANICAUT; CHARDON A CENT TÊTES, *Erigium campestre*. Fleurs rosacées en tête, sessiles, sur un réceptacle conique, séparées les unes des autres par des écailles; cinq pétales. *Fruit :* ovale, se divisant en deux parties; semences cylindriques. *Feuilles :* composées, dures, d'un vert foncé, avec de fortes nervures blanchâtres; les caulinaires amplexicaules, plusieurs fois ailées; les radicales pétiolées, leurs folioles subdivisées en trois, celles de l'extrémité courant sur le pétiole, chaque dentelure terminée par une épine jaunâtre. *Racine :* longue, grosse comme le doigt, rameuse, molle, blanche à l'intérieur, noirâtre au dehors. Tige herbacée, striée, rameuse, de la hauteur de 40 à 60 centimètres; un grand nombre de fleurs ramassées au sommet, en têtes arrondies et verdâtres, imitant des têtes de chardon. *Lieu :* les terrains incultes, les bords des chemins. Vivace. *Propriétés :* la plante est aqueuse, légèrement aromatique; la racine d'une saveur douce; toute la plante diurétique, emménagogue, aphrodisiaque. Les panicauts ressemblent aux chardons par leur port, aux scabieuses par la disposition de leurs fleurs, et aux ombellifères par les pétales, les étamines et les semences; dans la chaîne des végétaux, ils offrent les chaînons qui unissent les ombellifères avec les composées. La racine de panicaut est d'abord douce; sur le retour, elle lâche son principe légèrement aromatique et un peu âcre; l'herbe a les mêmes propriétés. Cette racine est auxiliaire dans le traitement des maladies cutanées.

856. L'ÉRINGE; PANICAUT PLANE. Tige droite ; feuilles radicales, pétiolées, ovales, en cœur, crénelées, dentelées ; celles de la tige acérées, palmées, dentelées, épineuses ; fleurs en tête, petites, ovales. On le trouve, en France, sur les montagnes de Provence; très commun dans les plaines du Nord.

857. L'ÉRINGE; PANICAUT AMÉTHYSTE, *Eryngium amethysticum*. Tige cylindrique, rameuse, d'un bleu violet, de 40 à 50 centim. Les feuilles inférieures à longs pétioles, presque arrondies, et divisées en trois parties pinnatifides ; les têtes des fleurs ovales, terminales, remarquables par la couleur d'améthyste de la colerette, qui est à folioles étroites, épineuses. En Languedoc.

858. L'ÉRINGE ; PANICAUT DES ALPES, *Eryngium alpinum*. Tige de 50 centimètres, rameuse, d'un beau bleu d'améthyste; feuilles radicales, à colerettes de neuf folioles linéaires, dentées, épineuses.

859. L'ÉRINGE ; PANICAUT DE MER, *Eryngium maritimum*. Fleur et fruits comme le précédent. *Feuilles :* les radicales plissées, épineuses, pétiolées ; les caulinaires amplexicaules. *Racine :* grosse comme le pouce, longue, rameuse, éparse, noueuse, blanchâtre ; un peu odorante. La tige s'élève du milieu des feuilles à la hauteur d'un pied et plus, herbacée, branchue ; les fleurs au sommet, disposées en petites têtes épineuses, portées sur des pédoncules. *Lieu :* aux bords de la mer. Bisannuelle. *Propriétés et usages :* les mêmes que le précédent, mais à un degré supérieur ; on mange les jeunes pousses comme les asperges.

860. L'HYDROCOTILE, *écuelle d'eau, renoncule aquatique*. Fleur rosacée, en ombelle simple : cinq pétales ovales. *Fruit :* orbiculé, droit, divisé en deux semences. *Feuilles :* pétiolées, en rondache, radicales, solitaires, entières, orbiculées, crénelées, imitant celles du nombril-de-vénus. *Racine :* horizontale, noueuse, stolonifère, divisée en petites racines perpendiculaires. Les tiges rampantes, lon-

gues de quatre à cinq pouces ; les fleurs, petites, blanches,
sont au nombre de cinq ou huit, ramassées en têtes très
petites ; elles portent sur des pédoncules qui partent de la racine ; feuilles sans aucun support. *Lieu :* dans les étangs,
les marais, les rivières. Vivace. *Propriétés :* vulnéraire et
détersive à l'extérieur ; intérieurement apéritive.

Huitième classe ou groupe. Herbes et sous-arbrisseaux
à fleur polypétale, régulière, disposée en œillet, nommée
caryophyllée.

I. *Herbes à fleur disposée en œillet, dont le pistil devient
le fruit.*

861. Le grand œillet rouge ; *Dianthus caryophyllus ;
coronarius maximus ruber.* Fleur caryophyllée ; cinq pétales ; les onglets de la longueur du calice, étroits, insérés
au réceptacle ; le limbe plane, élargi, crénelé au sommet ;
calice cylindrique, allongé, découpé en cinq à son extrémité, entouré à sa base de quatre écailles courtes, presque
ovales. *Fruit :* capsule cylindrique, uniloculaire, s'ouvrant
par la pointe en quatre parties, renfermant plusieurs semences aplaties, arrondies. *Feuilles :* sessiles, très entières,
linéaires, pointues, d'un vert tendre. *Racine :* rameuse, très
fibreuse. *Tige :* de 68 centimètres à 1 mètre, droite, lisse,
noueuse ; les nœuds d'un vert clair ; les fleurs solitaires,
simples ou doubles, de plusieurs couleurs, que la culture
fait varier agréablement ; les feuilles rassemblées en bas
des tiges, opposées sur leurs articulations. *Lieu :* on le
croit originaire de Suisse, d'Italie ; on le cultive dans tous
les jardins. On soupçonne que toutes les variétés de l'œillet
des jardiniers tirent leur origine de la variété sauvage qui est
inodore. Vivace. *Propriétés :* la fleur a une odeur de girofle ; sa saveur est amère ; les bases des onglets fournissent
une goutte d'excellent miel ; elle est cordiale, diaphorétique.
On emploie quelquefois ses fleurs en médecine, dont on
fait une conserve peu usitée, une eau presque inutile, un
vinaigre peu recommandé, des infusions abandonnées ;

mais un sirop très employé. La *famille des œillets* est des plus naturelles. Non-seulement ses plantes se ressemblent par les parties de la fructification, mais encore par les tiges, les feuilles ; un calice cylindrique d'une seule pièce, orné à la base d'écailles : cinq pétales à onglets, une capsule cylindrique à une loge, forment le caractère essentiel générique ; en outre, tous les œillets ont la racine ligneuse ; la tige herbacée, noueuse à chaque articulation, les feuilles simples, assez étroites, entières, opposées. Voici les caractères essentiels des espèces les plus communes.'

862. ŒILLETS A FLEURS AGRÉGÉES ; *l'œillet barbu* : tiges de 34 centimètres, nombreuses, lisses, feuilles lancéolées, trois nervures, d'un vert foncé ; les fleurs forment un faisceau bien garni, terminant la tige ; le limbe des pétales lisse, denté, panaché ; écailles du calice de la longueur du tube, ovales, à sommet en alène. Originaire du Languedoc, cultivée dans nos jardins.

863. L'ŒILLET DES CHARTREUX ; *Dianthus carthusianorum* : il diffère de l'œillet barbu par sa tige un peu rude ; par ses feuilles plus étroites, plus raides ; par ses pétales à limbe velu, *rouge crénelé.*

864. L'ŒILLET VELU ; *Dianthus armeria* : tige peu rameuse ; fleurs en faisceaux, peu garnies ; écailles du calice velues ; lancéolées, de la longueur du calice ; limbe de la corolle *rouge*, étroit, peu denté.

865. L'ŒILLET PROLIFÈRE ; *Dianthus prolifer* : tige peu rameuse ; feuilles très étroites ; fleurs en tête compactes ; les écailles du calice ovales, obtuses, plus longues que le calice.

866. L'ŒILLET A FEURS SOLITAIRES ; le PETIT ŒILLET : très ressemblant au velu ; tige rameuse ; feuilles encore plus étroites, fleurs solitaires terminant les rameaux ; huit écailles enveloppant le calice ; la corolle très courte surpasse à peine le calice. Sur les montagnes.

867. L'ŒILLET DES FLEURISTES ; *Dianthus caryophyllus* : écailles du calice très courtes.

868. L'ŒILLET COUCHÉ ; *Dianthus deltoïdes* : tiges rameuses, couchées avant la floraison ; deux écailles du calice lancéolées, un peu plus courtes que le calice ; limbe denté.

869. L'ŒILLET FRANGÉ ; *Dianthus plumarius* : feuilles d'un vert de mer, très ouvertes ; écailles du calice ovales, très courtes ; limbe de la corolle très découpé, à gorge velue.

870. L'ŒILLET SUPERBE ; *Dianthus superbus* : tige droite ; fleurs en panicule ; écailles du calice très courtes, aiguës ; limbe des pétales très découpé en segments capillaires. Les fleurs répandent une odeur très pénétrante et agréable, surtout la nuit.

En 1845, il a été publié à la librairie horticole de M. H. Cousin, une *Monographie du genre œillet*, qui contient de curieuses observations sur le mariage et la classification des fleurs dans cette espèce de caryophyllées. C'est à cet excellent opuscule que nous avons puisé quelques-uns des détails qui suivent, dont l'intérêt nous a paru palpitant pour les vrais amateurs de botanique expérimentale : car ils matérialisent, pour ainsi dire, les règles que Linné appelle *connubii florum*. En résumé, tous les œillets sont beaux, mais il existe une hiérarchie florale à la tête de laquelle les suivants pourront être placés, et qui sont tellement connus qu'il suffit de les nommer.

871. L'ŒILLET FLAMAND ; appellé l'*œillet incomparable*, par quelques fleuristes.

872. L'ŒILLET ; *Laure de Saint-Vincent* : dont M. Pâquet fait la description suivante dans sa *Revue d'horticulture pratique* : « L'été dernier, dit-il, on nous adressa un œillet qui nous parut tellement extraordinaire, que notre imagination ne pouvait y croire. Sur une simple observation de notre part, nous reçûmes de M. le directeur du jardin botanique de Châlons un certificat en forme dans lequel il nous garantit que l'œillet désigné sous le nom de *Laure de Saint-Vincent*, et venant des semis du baron de Ponsort, est loin d'être flatté. Quelque beau qu'il paraisse,

l'original est de beaucoup supérieur par sa richesse, le fini des tons, par la dimension des pétales. M. de Ponsort, ajoute le certificat, en a obtenu cette année vingt-cinq autres variétés. »

873. L'œillet ; *Maria de Ponsort* : variété du précédent, est une fleur rose admirable, à laquelle aucun œillet ne peut être comparé.

874. L'œillet mignardise : si commun, si beau et si odorant, pour bordures.

875. L'œillet pourpre : se révèle par un violet nuancé marron, par une verdure foncée, par un pédoncule aux nœuds rougeâtres,

876. L'œillet marron : le ton, vigoureux, s'approche beaucoup du noir ; les fanes, très vertes, sont sablées de brun.

877. L'œillet feu : d'un rouge éclatant, jouant le charbon enflammé dans un milieu d'oxygène ; les feuilles, courtes et raides, réflètent la puce.

878. L'œillet bizarre feu : on nomme *bizarre*, en général, le semis tricolore, quel qu'il soit ; on le détermine par la teinte dominante. Le feu est donc ligné de marron vif, net, se dessinant plus ou moins pressé ; le feuillage est large et sauvage.

879. L'œillet cramoisi : le rouge marron clair emprunte les reflets du pourpre ; la verdure est très développée.

880. L'œillet violet : Quatre veines noirâtres ramifient le bleu foncé, nuancé rose, et les fanes étroites se détachent en vigueur sur le pédoncule,

THÉORIE DU MARIAGE DES FLEURS, *établie par des observations expérimentales sur le genre œillet.* Si l'herbe du chemin est la preuve irrécusable de l'existence d'un Dieu, la théorie du mariage des fleurs en est la confirmation pratique. Pour en établir l'observation il faut, tantôt faciliter, tantôt préserver l'union des sexes : difficulté sérieuse, car les vices étaient, pour ainsi dire, inhérents aux éléments constitutifs, et l'on devait craindre de tarir la source en la dirigeant. Dans une plate-bande plein midi, abritée du nord et de l'ouest, remplie du mélange propre au rempotage, nous plantons, à des distances de 35 centimètres, les œillets qui donnent graine d'ordinaire. La floraison venue, nous retirons du buffet les plus beaux sujets, dont nous entourons nos plantes sémifères, formant des quadrilles diversement nuancés : tantôt ce sont deux cramoisis, deux marrons, deux cerises, un rose et un blanc; tantôt les violets se réunissent aux pourpres et aux feux; dans tous les cas les groupes se composent de tons primitifs, mariés suivant le résultat qu'on désire, sont toujours accompagnés d'un, de deux, quelquefois même de trois blancs très purs, car cette blancheur caractérise la famille. On égalise ces diverses têtes soit par des excavations du sol, soit par des briques superposées ; on laisse une fleur à chaque tige ; on les réunit en faisceau ; on les incline vers la mère ; placée au centre et moins élevée. Sur les côtés de la plate-bande, des piquets profondément implantés, dominant de 1 mètre le sommet du pédoncule, soutiennent des tringles transversales qui les sillonnent d'un triple cordon, en haut, en bas, à mi-flanc ; on fixe sur ces bandes une gaze très grosse qui emprisonne les couples et les préserve des attouchements impurs ; on construit sur le tout une toiture mobile, à clairvoie, recouverte de toile cirée dans les temps humides ; on y enferme enfin quelques abeilles, ravies à la ruche et dont le nombre se détermine par les dimensions de l'enceinte. Les matières premières de cette prison volante sont communes, servent longtemps. La floraison passée, on les ploie comme une boutique foraine et les conserve dans un coin. La nôtre est divisée par compartiments, ce qui nous permet de poursuivre infailliblement nos expériences.

881. L'ŒILLET ROSE : ont pour insigne le rose ou le rouge

tendre ; des feuilles pâles, longues, larges, et parfois frisées, renversées.

882. L'œillet bizarre rose : quoique issu d'un tronc commun, le bizarre rose se bifurque : ici le rose est strié de marron ; là, de violet. Frère, du reste, il développe son feuillage plus court, plus vif, plus épais que le précédent.

883. L'œillet violet gris de lin : dont le bleu terne laisse deviner un rose imperceptible, dont la fane est longue et la tige frêle.

884. L'œillet violet pourpré : le coloris, très vif, veiné plus vif, sert d'intermédiaire entre le violet et le poupre ; une strie fauve rayonne sur le côté ; une verdure prononcée couvre entièrement le support.

885. L'œillet violet giroflée : dans le violet giroflée le rouge est surchargé de couleurs étrangères, donnant un tout variable du violet au marron sale.

886. L'œillet bizarre incarnat : il participe du rose et du feu.

887. L'œillet bizarre ponceau : le grenat foncé, corrompu, cotoie un rouge ardent, que le violet ou le marron traverse en taches ou en rubans.

888. L'œillet bizarre agathe : les stries mourantes se croisent sur le fond jaunâtre, et les fanes s'effilent vers leurs extrémités.

889. L'œillet cerise : un rouge vif bleuacé descend majestueux au centre du pétale, puis s'éparpille. Parfois une ligne violette, ligne précaire, justifie le nom de *bizarre*.

890. L'œillet amarante : une tige basse, mince, décolorée, se couronne d'un calice blanc, que trois cordons diaprent seuls d'un composé de rouge, de marron et de pourpre.

891. L'œillet lie-de-vin ; *Ulpius* : avec ses raies violet velouté noir, est un des meilleurs du groupe.

892. L'œillet blanc et jaune : quand l'agent média-

teur ne répartit point également la vie entre les différentes facultés de l'être , l'une croît aux dépens des autres et les paralyse. Un arrossement impropre, un ciel humide , un sol fangeux, ternissent l'éclatante blancheur ; et on a des sujets blèmes, que nous appelons jaunes afin de les classer.

893. L'œillet ponceau : est rouge opaque défiguré par des taches violettes ou roses se dispersant irréfléchies.

894. L'œillet isabelle : un brun rouge trois fois répété, des stries régulières, font de cette caste un flamand remarquable.

895. L'œillet bordé : offre sur l'extrémité des corolles une couleur plus ou moins compacte qui, réunie, entoure le cœur d'un réseau prononcé.

896. L'œillet rubané : forme une nuance vive , s'élevant de la base au sommet qui joue sur l'ensemble un nombre indéterminé de cordons inégaux.

897. L'œillet dentelé : la circonférence est découpée, les lignes courtes, formulées en pointes saillantes.

898. L'œillet sablé : moucheté en grand ou en petit, se reconnaît encore au liseré plus foncé qui serpente d'ordinaire sur la totalité du contour.

Les communs : on range sous ce titre , tous les œillets que leur abandon assimile.

899. L'œillet bichon : foliole blanche, découpée, flammée de rouge très fort au milieu.

900. L'œillet crevart : porte une large fleur blanc mat nuancé rose.

901. L'œillet geradin : d'un beau pourpre marron unicolore, il se trahit au loin par son suave arome.

902. L'œillet des sables ; *Dianthus arenarius* : tige de 16 centimètres ; feuilles d'un vert de mer , étroites ; fleurs terminant la tige ; pétales très découpés, velus ; poils pourpres ; une tache livide à la base du limbe ; écailles du calice obtuses. Sur les montagnes du Forez ; le plus souvent la corolle est toute blonde.

903. La LAMPRETTE; CROIX DE MALTE : *lychnis chalcedonica*. Tige de 73 cent. ; feuilles velues; fleurs en faisceaux, nombreuses, écarlates; pétales très échancrés. Cultivée dans nos jardins. Cette plante fait un bel effet par ses beaux bouquets de fleurs ramassées. On peut obtenir un savon végétal de ses feuilles et de ses racines, analogue à celui de la saponaire, mais plus alcalin. Voy. pl. 106.

904. La LAMPRETTE DÉCHIRÉE; *lychnis flos cuculi*. Tige rougeâtre, un peu visqueuse; feuilles lisses, lancéolées; limbes des pétales rouges; divisées en quatre lanières; capsule à une loge arrondie.

905. La LAMPRETTE VISQUEUSE; *lychnis viscaria*. Elle diffère de la précédente en ce qu'elle est plus visqueuse, et par son calice rouge, par ses fleurs plus grandes, à pétales entiers. Ses fleurs sont verticillées, en épis.

906. Là LAMPRETTE DES ALPES; *lychnis alpina*. Tige de 17 cent.; feuilles linéaires, lancéolées; fleurs en tête aplatie; pétales fendus, rouges; quatre styles. Sur les montagnes du Dauphiné.

907. LA GRANDE NIELLE DES BLÉS ; LYCHNIS, AGROSTÈME DES BLÉS : *gitago seg tum major*. Fleur caryophyllée; corolle rouge, quelquefois blanche. *Fruit* : capsule ovale; à cinq valvules; semences noires, rondes, réniformes. *Feuilles* : sessiles, hérissées de poils. *Racine* : petite, blanche. Tige de 33 cent., velue, articulée, creuse, rameuse; les fleurs au sommet, solitaires, pédonculées. *Lieu* : dans les blés. Annuelle. *Propriétés* : plante vulnéraire, astringente. Elle est négligée en médecine comme les deux précédentes; on peut l'employer dans les maladies cutanées. L'écorce de la semence, qui est noire, donne au pain une teinte brune, et le rend un peu amer, mais la substance même de ses semences est farineuse, nutritive; les chèvres, les vaches, les moutons et les chevaux mangent l'herbe de l'agrostème chevelu. Voy. pl. 136.

908. La NIELLE DES BLÉS, *à tige filiforme*; très menue,

sans rameaux, à peine haute de 32 cent.; une fleur terminant la tige; feuilles très étroites; calice plus long que la corolle, incarnate.

909. L'AGROSTÈME ; FLEUR DE JUPITER ; *agrostema, flos Jovis.* Tige et feuilles cotonneuses ; fleurs rouges ; en corymbe aplati ; pétales échancrées. En Suisse ; cultivé dans les jardins.

910. La SAPONAIRE OFFICINALE ; *lychnis saponaria.* Fleur caryophyllée ; cinq pétales, les onglets étroits, anguleux, de la longueur du calice ; celui-ci d'une seule pièce ; cylindrique, divisé en cinq. *Fruit :* capsule de la longueur du calice, uniloculaire ; les semences sous-orbiculaires, rougeâtres. *Feuilles :* sessiles, opposées, lancéolées, entières, lisses, nerveuses, presque réunies à leur base. *Racine :* longue, noueuse, rampante, fibreuse. Les tiges de 34 cent., herbacées, articulées, dures, rameuses ; plusieurs *fleurs incarnates* portées sur des pédoncules axillaires, ou qui partent du sommet des tiges. *Lieu :* les bords des champs, des ruisseaux. Vivace. *Propriétés :* toute la plante est amère, diurétique, emménagogue, antelminthique, vulnéraire, détersive, résolutive, antisyphilitique. On se sert en décoction, pour l'intérieur, de la racine, de l'herbe et de la semence ; extérieurement, on l'emploie pilée et appliquée sur les ulcères rongeants, dont elle calme les douleurs lancinantes. On se sert de la saponaire pour laver proprement les étoffes de soie et les foulards. La saponaire officinale présente souvent ses fleurs toutes blanches ; c'est une de ces plantes précieuses qui offrent dans leur mucilage un vrai *savon végétal*, bon pour *blanchir les dentelles* ; les feuilles et les racines, longtemps bouillies dans l'eau, lâchent leur extrait qui, évaporé, est un vrai savon amer, un peu âpre ; la décoction des racines et des feuilles est aussi amère ; mais le miel la corrige assez pour la rendre potable. Des observations très répétées prouvent que l'extrait et la décoction de saponaire est un des plus puissants remèdes dans le trai-

tement des *dartres*, de la *gale*, du *rhumatisme*, de la *jaunisse*, des empâtements des viscères du bas-ventre à la suite des fièvres intermittentes. On a vu réussir souvent ce remède en l'unissant avec les purgatifs. Voy. pl. 113, la reproduction d'un pied de saponaire officinale.

911. La SAPONAIRE BLÉ-DE-VACHE; *saponaria vaccaria*. Tige de 50 cent., lisse, branchue; feuilles comme perfoliées, ovales, pointues; fleurs comme en corymbe; pétales petits, dentelés, rouges; calice pyramidal, qui offre cinq angles saillants. Commune dans les blés, en Bourgogne. Cette espèce est appelée blé-des-vaches, parce que les bestiaux la mangent avec avidité.

912. La SAPONAIRE RAMPANTE; *saponaria ocymoïdes*. Tige de 18 cent., très rameuse, un peu velue, couchée sur terre; feuilles petites, ovales, pointues, assez semblables à celles du basilic; fleurs axillaires petites; pétales rouges; calice tubulé, velu. Sa station s'étend de la Méditerranée en Suisse. La famille naturelle des lychnides comprend encore les *silènes*.

Les *silènes*, dont les espèces les plus curieuses ou les plus communes se rapprochent des lychnides, se distinguent génériquement de leurs analogues par la corolle, qui offre une couronne formée par deux oreilles, naissant de la base des pétales; les silènes, comme les *cucubales*, n'ont que trois styles. Celles qui suivent méritent d'être caractérisées.

913. LE CORNILLET; *silène à cinq gouttes de sang*. Tige de 14 cent., velue, rameuse; feuilles étroites, un peu rudes; les inférieures en spatules; fleurs en épi tourné d'un côté, droites; calice velu, strié; lames des pétales à peine échancrées, rouges au centre, bordées de blanc; ce qui fait que la corolle offre comme cinq blessures ou gouttes de sang. Cultivé dans les jardins, originaire du Languedoc.

914. Le CORNILLET FRANÇAIS; *silene gallica*. Tige de 34 centimètres, velue, rameuse; feuilles elliptiques, hérissées; fleurs en épis alternes, tournées d'un côté; calice hérissé,

strié, gluant; pétales petits, blancs, entiers; sa station s'étend du Languedoc à Paris. On le trouve très commun en Bourgogne.

915. Le CORNILLET PENCHÉ; *silene nutans.* Tige de 50 centimètres, un peu velue, visqueuse; feuilles lancéolées, hérissées; fleurs en panicule incliné; calice strié; pétales blancs, fendus en deux segments roulés.

916. Le CORNILLET ŒILLET; *silene armeria.* Tige de 34 centimètres, lisse, visqueuse, rameuse; feuilles d'un vert de mer, lisses, celles de la tige en cœur; fleurs comme en ombelle; calice long, sillonné, rouge; pétales rouges.

917. Le LIN; *linum sativum.* Fleur caryophillée ou plutôt infundibuliforme; cinq pétales grands, larges et crénelés à leur sommet; calice en cinq pièces lancéolées, étroites, aiguës, ce qui distingue ce genre des caryophyllées proprement dites, qui en ont dix. *Fruit* : capsule globuleuse et pointue au sommet, pentagone, à dix loges, à cinq valvules; dix semences lisses, luisantes, oblongues, pointues. *Feuilles* : linéaires, lancéolées, sessiles, très entières. Les tiges de la hauteur de 33 ou 66 centimètres, cylindriques, grêles, lisses, ordinairement solitaires; les fleurs bleues au sommet en panicule lâche. *Lieu* : on le cultive dans les terres fortes et un peu humides, il devient indigène dans nos provinces. Annuelle. *Propriétés* : la semence donne une huile ou suc gluant, mucilagineux et fade; elle est *émolliente par excellence*, béchique, antiphlogistique, très usitée dans les maladies des voies urinaires qui dépendent d'une grande tension. En médecine, on emploie uniquement la semence, qui entre dans toutes les tisanes, décoctions, fomentations, lavements et collyres émollients; on en fait une farine émolliente et maturative, dont on se sert dans les cataplasmes; on en tire une huile très usitée, que l'on donne intérieurement. Voy. pl. 96.

M. Charles GOMARD, secrétaire-général du Comice agricole de Saint-Quentin, a publié, en 1852, sur cette plante une excellente monographie sous ce titre : *Des moyens de développer la culture du lin en France.* C'est à ce travail remarquable que nous empruntons les détails qui suivent :

Avant l'application de la mécanique à la filature du lin et lorsque la production des fils et des tissus était partout l'ouvrage des fileuses au rouet, la France était supérieure à l'Angleterre. Les provinces du Nord et du Sud-Ouest de la France étaient alors le siége de l'industrie linière, non pas que ces pays aient jamais eu le monopole de ce genre de fabrication, mais parce que la culture du lin s'y était plus développée, et qu'on y trouvait généralement les ouvriers les plus habiles. L'Espagne, l'Italie, l'Allemagne, l'Angleterre elle-même avec ses colonies, étaient nos tributaires, et la supériorité des linons et baptistes françaises était incontestable. D'après les renseignements contenus dans la statistique de l'Aisne, par Brayer, la fabrique de Saint-Quentin entretenait en 1789, dans un rayon très rapproché de la ville, 78,000 fileuses de lin et près de 6,000 tisseurs, livrant annuellement au commerce 145,000 pièces de batiste, dans l'achat desquelles on voit figurer en 1789, savoir : la France et ses colonies, pour 51,000 pièces ; l'Espagne, 30,000 ; l'Allemagne, 24,000 ; la Hollande, 22,000 ; l'Angleterre, 10,000 ; l'Italie, 1,000 ; la Russie, 6,000 ; le Portugal, 1,000. — Total : 145,000 pièces. La mécanique, cette puissance moderne, appliquée à la filature du lin, a opéré une révolution dans cette industrie et a enlevé au commerce de Saint-Quentin cette branche si intéressante de notre production indigène. Le lin se travaille aujourd'hui mécaniquement avec une économie et une perfection dont on n'avait pas d'idée il y a un demi-siècle, et désormais la filature et le tissage mécanique sont appelés à satisfaire à l'augmentation assurée de la consommation des toiles. Le développement des manufactures sera d'autant plus grand que la mécanique a pour elle : 1° l'avantage du bon marché pour lequel l'ancienne fabrication ne saurait entrer en lutte avec elle ; 2° le peignage mécanique supérieur au peignage à la main, en ce qu'il fait moins d'étoupes ; 3° le parti que les machines peuvent tirer des étoupes, auparavant rejetées comme matières de rebut. L'empereur Napoléon Ier attachait une si grande importance *à l'industrie du lin*, qu'il avait proposé une prime d'un million pour la meilleure invention de machines destinées à le peigner, le filer et le tisser. La filature mécanique emploie aujourd'hui, dans le département du Nord, les lins de toute provenance. Les lins de Belgique, surtout ceux des environs de Malines, sont les plus estimés et se paient quatre ou cinq fois plus cher que les lins russes. Si l'on veut se faire une idée de l'immense développement que la filature du lin a pris en Angleterre, il suffira de consulter un rapport de M. Horner, inspecteur des manufactures, qui constatait déjà en 1834, 343 filatures de lin pour ce pays. — En Écosse, 159 filatures; en Irlande, 32 ; dans le nord de l'Angleterre, 152. — Total : 343 filatures. — Le sol de l'Irlande, amélioré par le drainage, paraît convenir à cette culture, qui y a pris, depuis 1841, un immense développement. Une statistique, dressée en 1848 par le gouvernement anglais, présentait une surface de terres cultivées en lin : en 1851, 138,610 ares, donnant chacun 500 kil. de lin, qui rendaient une récolte de 6,000,000 kilos, produit plus considérable que celui de toute la France qui, d'après la statistique de M. Moreau de Jonnès, ne livre pas aujourd'hui annuellement 100,000 hectares à la culture du lin. 40 millions de matières premières introduites de l'étranger en France, sous formes de lins taillés, fils ou tissus, exigeraient annuellement une mise en culture supplémentaire de plus 80 mille hectares de lin qui répandraient, à raison au moins de 400 francs de manutention agricole par hectare, la somme de 32 millions. Mine d'or pour les ouvriers agricoles, déshérités de l'ancienne industrie du fil à la main, indépendamment de la filature et du tissage mécanique de ces produits par les ouvriers industriels. Le lin, qui demande une terre bien préparée et bien fumée, donne lui-même les moyens de réparer les emprunts qu'il lui a faits. Outre ses tiges, le lin produit des graines qui fournissent une huile abondante; dont le résidu forme tout à la fois une excellente nourriture pour les bestiaux et un précieux engrais.

Culture du lin. — Les avantages que peut donner aux cultivateurs la culture du lin sont incontestables; mais pour les obtenir il ne suffit pas de bien cultiver la terre, de lui fournir des engrais avec abondance, il faut encore avoir des ouvriers suffisamment pour sarcler, cueillir et travailler le lin en temps et saison convenables; car autrement on n'aurait que de mauvaises récoltes, et on épuiserait le sol sans bénéfices.

Terres propres a la culture du lin. — Le lin demande un sol très meuble, silico-argileux, bien amendé et nettoyé des années précédentes. Les contrées montueuses et composées de terres argileuses peu profondes, sablonneuses, crayeuses ou marneuses, sont peu propres à la culture du lin. Il faut à cette plante une terre de vallée douce et chaude, pouvant être facilement pulvérisée. Les terrains humides et froids ne conviennent pas parce qu'ils ne peuvent être labourés, hersés, ameublis, en temps utile. Tous les engrais ne sont pas convenables pour les terres sur lesquelles on veut semer le lin. Il faut éviter les engrais pailleux, même enfouis avant l'hiver qui précède le semis. Le lin pousse inégal et jaunit dans une terre nouvellement chargée de fumier. Cette plante réussit mieux dans un terrain engraissé de longue date.

Espèces de lin et graine propre a cultiver pour l'industrie. — On compte un grand nombre d'espèces de lin. M. Mareau, qui, en 1851, a fait au ministre de l'agriculture un rapport très étendu sur cette plante, la porte à quarante-huit espèces botaniques; mais on n'en cultive

qu'une seule, le lin commun, *linum usitatissimum*, dont
il existe deux variétés bien distinctes, celui à fleur bleue et
celui à fleur blanche. Le lin à fleur bleue donne une filasse
plus fine, plus douce, plus soyeuse; c'est avec lui qu'on
obtient ces lins ramés qui font l'admiration de ceux qui les
voient et dont la récolte vaut quelquefois la terre qui les
produit. Le lin à fleur blanche donne une filasse plus
grosse, moins estimée, moins chère, mais plus de graine,
et il réussit sur des terres où l'autre ne pourrait prospérer.
C'est au cultivateur à apprécier à quelle variété il doit donner la préférence. Suivant les débouchés qu'il peut obtenir,
il devra se préoccuper soit d'avoir une plus belle filasse et
moins de graine, soit une filasse plus forte et une plus
grande quantité de graine. L'appréciation de la richesse
du sol doit être prise en grande considération. La beauté
de la récolte dépend, en grande partie, du choix de la semence. En général, on préfère la graine longue et épaisse
à la graine grosse et courte. La bonne graine est toujours
égale et d'un poids élevé. On cultive le lin pour obtenir
soit des *lins de mars*, soit des *lins de mai*. Le lin de mars
est fin et nerveux tout à la fois. Lorsqu'il est ramé, il fournit les fils les plus fins et les plus précieux; c'est pourquoi
on le nomme *lin de fin*. Le lin de mai, mûrissant trop rapidement, fournit des fils plus forts et plus durs; c'est
pourquoi on le nomme *lin de gros ;* pour obtenir ces espèces de lins, on ne se sert pas dans la Flandre, indifférem-
ment de même graine, ni on ne la sème à la même époque.
Pour le lin *de mai* ou *de gros*, on emploie la graine de lin
de Riga qui est plus grosse, plus brune et plus rude au
toucher que celle qu'on récolte en France. Elle se vend
par tonne avec garantie de levée.

918. LE LIN PURGATIF DES PRÉS, à petites fleurs étroites;
linum catharticum. Fleur et fruit comme le précédent; les
pétales très petits, aigus. *Feuilles :* lancéolées, sessiles.
Racine : menue, blanche, ligneuse. Tiges grêles, lisses, s'é-

levant de 10 à 12 centimètres, ; rameaux dichotomes ; pédoncules se bifurquant dans toutes leurs divisions ; les fleurs blanches, en onglets jaunes. *Lieu* : les champs, les prés. Annuel. *Propriétés* : toute la plante a un goût amer et nauséeux ; elle est purgative ; c'est un très bon diurétique. On s'en sert après l'avoir fait infuser dans du vin blanc pendant dix à douze heures. Le lin purgatif offre une amertume particulière ; si on le froisse entre les doigts, il répand une odeur nauséabonde ; cette plante fraîche, bouillie avec du miel à 13 grammes, purge sans coliques. Cette espèce de purgatif est indiquée dans le traitement des dartres, des fièvres intermittentes.

919. Le LIN DE NARBONNE. Tige de 34 centimètres, rameuse au sommet ; feuilles alternes, lancéolées, un peu raides ; fleurs grandes, d'un beau bleu ; les feuillets du calice très aigus, membraneux ; étamines réunies à leur base. Sa station ne s'étend que de la Suisse à la Méditerranée.

920. Le LIN TRÈS FIN. Tige de 34 centimètres, menue ; feuilles éparses, nombreuses, sétacées, rudes sur les bords : fleurs grandes, purpurines ou blanches, quelquefois cendrées ou incarnates.

921. LE LIN FRANÇAIS ; *linum gallicum*. Tiges de 16 centimètres ; feuilles éparses, linéaires, lancéolées ; les pédoncules du panicule portent chacun deux fleurs qui sont petites, jaunes. En Dauphiné, en Auvergne, en Flandre. Les feuilles du calice en alène.

922. LE LIN MARITIME. Il n'est distingué du précédent que par les feuillets du calice, qui sont ovales, par les feuilles un peu plus élargies et opposées à la partie inférieure de la tige. En Languedoc, en Autriche.

923. Le LIN CAMPANULÉ. Tige simple, de 14 à 16 cent. ; feuilles inférieures en spatule ; trois grandes fleurs jaunes terminant la tige. En Dauphiné, en Languedoc.

924. Le LIN MULTIFLORE. Tige de 3 à 6 centimètres, très subdivisée en rameaux bifurqués, terminés par plusieurs

petites fleurs ; calice de quatre feuilles ; quatre pétales blancs ; quatre étamines ; quatre styles.

II. Herbes à fleur disposée en œillet, dont le pistil devient une semence renfermée dans le calice..

925. La STATICE DE LYON ; *gazon d'Espagne ou d'Olympe.* Fleur caryophillée, presque infundibuliforme ; plusieurs fleurs rassemblées en forme de boule ; cinq pétales élargies par le haut ; cinq étamines. *Fruit :* une petite semence renfermée dans le calice propre. *Feuilles :* radicales, rassemblées en faisceaux. *Racine :* longue, rougeâtre, ligneuse. Les tiges, espèces de hampes, s'élèvent d'entre les feuilles à 16 centimètres, nues, simples, cylindriques ; les fleurs sont blanches ou rouges, ou violettes au sommet, en tête arrondie ; leur calice commun composé de trois rangs de folioles. *Lieu :* les pays montagneux et un peu humides ; cultivée en bordure dans les jardins. Vivace. *Propriétés :* ornement des parterres, bordures et bouquets.

926. Le GRAND LIMOINE MARITIME ; *statice rouge.* Fleur et fruit comme la précédente. *Feuilles :* radicales, sessiles, lancéolées, glabres, douces au toucher. *Racine :* menue, fibreuse. *Tige :* nue, en panicule ; les fleurs petites, violettes ou blanches, ramassées en têtes, disposées en séries, d'un seul côté. *Lieu :* les bords de la mer. Vivace. *Propriétés :* vulnéraire et apéritive. On emploie les feuilles et les semences en décoction.

927. La STATICE APRE. Tige en hampe, paniculée, de 16 centimètres ; feuilles radicales, lingulées, rudes ; fleurs petites, d'un bleu pâle ; stries pourpres.

928. La STATICE MONOPÉTALE. Tige ligneuse, rameuse, de 1 mètre ; feuilles lancéolées, vaginales ou en gaînes. Fleurs en panicule ; corolle d'un rouge violet, monopétale, infundibuliforme, en entonnoir. Cueillie sur les bords de la mer, vis-à-vis Narbonne, à Sainte-Lucie. La flore pyrénéenne du célèbre abbé Pourret, botaniste qui herborisait aux envi-

rons de Narbonne, vers le milieu da siècle dernier, a décrit plusieurs belles sortes de *limoines statices*.

NEUVIÈME CLASSE OU GROUPE. Herbes et sous-arbrisseaux à fleurs régulières, qui imitent en quelque sorte celles du lis, produisent comme lui un fruit tricapsulaire et sont nommées fleurs en lis ou liliacées. C'est la *famille des liliacées*.

I. Herbes à fleur régulière, liliacée, monopétale, divisée en six parties, et dont le pistil devient le fruit.

929. L'ASPHODÈLE, *à fleur et à racine jaunes*. Fleur liliacée, monopétale, découpée en six parties ; les découpures lancéolées, planes, ouvertes ; un nectaire composé de six petites valvules insérées à la base du pétale, et couvrant le germe ; point de calice ; étamines inclinées. *Fruit :* capsule globuleuse, charnue, triloculaire, renfermant plusieurs semences triangulaires, et convexes d'un côté. *Feuilles :* sessiles, fistuleuses, à trois côtés, striées. *Racine :* tubéreuse, en faisceau jaunâtre. La tige s'élève à la hauteur de 1 mètre à 1 mètre 34 centimètres, simple, couverte de feuilles ; les fleurs jaunes en épi le long de la tige. *Lieu :* l'Italie ; on la cultive aisément dans les jardins. Vivace. *Propriétés :* la racine a une odeur agréable et un goût âcre ; elle est emménagogue, émolliente, maturative. On trouve en France une seule espèce d'asphodèle, *asphodelus ramosus*.

930. L'HÉMÉROCALE SAFRANÉE ; *asphodèle de Phénicie*. Tige de 1 mètre, nue, rameuse au sommet ; feuilles radicales en lames d'épée, fort longues, creusées en gouttières ; fleurs grandes, pédonculées, terminales ; corolle campaniforme ; à six segments larges ; tube court, d'un jaune rougeâtre ; étamines inclinées. Cultivée dans les jardins ; on la trouve spontanée en Provence et en Suisse.

931. L'HÉMÉROCALE JAUNE. Elle ne diffère de la précédente que par ses fleurs qui sont jaunes et petites. Spontanée en Suisse, en Hongrie, en Sibérie. Ces deux espèces

produisent un bel effet dans nos jardins ; elles supportent si bien le climat froid, qu'on peut les cultiver en pleine terre dans les jardins du Nord. Leurs racines sont grosses, tubéreuses, charnues, en faisceaux.

932. L'HYACINTHE ORIENTALE. Dans cette même *section*, Tournefort propose les *hyacinthes* qui présentent quelques espèces, ou cultivées ou spontanées, qu'il serait honteux de négliger. Le caractère essentiel des *hyacinthes* c'est d'offrir la corolle monopétale en cloche, tubulée, en grelots, et trois pores mielliers au-dessus du germe ; la racine bulbeuse ; la tige à hampe. Telle est l'*hyacinthe orientale* : corolles en entonnoir ; cultivée dans les jardins, elle fournit aux curieux une foule de variétés, relativement aux couleurs, et suivant qu'elle est plus ou moins pleine. On la trouve en Russie, à fleurs jaunes et à fleurs pourpres.

933. L'HYACINTHE A FEUILLES DE JONC. Hampe grêle ; feuilles linaires, en gouttière, faibles ; fleurs odoriférantes, en épi court, ovale, serré ; corolles en grelots, bleues. Sur les montagnes du Lyonnais ; sa station s'étend de la Méditerranée en Autriche.

934. L'HYACINTHE BOTRIDE. Ressemblant à la précédente ; feuilles plus relevées, plus larges ; fleurs inodores, bleues, toutes fécondes ; à dents blanches. En Suisse, en Languedoc, en Périgord.

935. L'HYACINTHE A TOUPET. Hampe de 34 centimètres ; feuilles larges de 5 millimètres, en épée ; fleurs en épis fort longs ; les inférieures d'un bleu rougeâtre ; pédoncules très ouverts.

936. Le COLCHIQUE D'AUTOMNE TUE-CHIEN ; *colchicum automnale*. Nous avons longuement décrit cette plante et ses effets au tome 1er de ce livre. Voy. page 382 et suiv., et dans l'Atlas, pl. 67.

II. *Herbes à fleur régulière, liliacée, monopétale, divisée en six parties, et dont le calice devient le fruit.*

937. Le SAFRAN ; *crocus sativus*. Fleur liliacée ; le tube

simple, très allongé, filiforme ; le limbe droit divisé en six découpures ovales, oblongues, égales ; le calice est un spathe monophylle, qui part de la racine ; trois stigmates grêles, roulés. *Fruit* : le germe, placé sous le réceptacle de la fleur, devient une capsule arrondie, à trois lobes ; trois loges, trivalves. *Feuilles* : radicales, très étroites, longues, cylindriques, divisées dans leur longueur par une ligne blanche. *Racine* : bulbeuse, plusieurs oignons les uns sur les autres. Les fleurs et les feuilles partent de la racine, sans tige ; la fleur, gris de lin ou bleu de ciel, paraît en automne ; les feuilles et le fruit au printemps. *Lieu* : cultivé dans les provinces méridionales de France ; il réussit dans nos jardins. Vivace. *Propriétés* : les trois stigmates du pistil ont une odeur aromatique assez agréable, le goût amer ; ils sont anodins, stomachiques, expectorants. On se sert des stigmates, mais on doit craindre de les donner à trop forte dose ; ils provoquent l'assoupissement, les rires sardoniques. Voy. pl. 67, une belle tige de safran.

En 1847, M. le comte de Gasparin a publié un *Mémoire sur la culture du safran aux environs d'Orange*, où nous trouvons les détails qui suivent : «On a plusieurs écrits sur la culture du safran ; La Rochefoucauld a parlé de sa culture dans l'Angoumois ; Duhamel, de celle du Gâtinais ; Descourtilz, dans son *Voyage d'un naturaliste*, a aussi décrit la culture du safran dans cette même province.»

Le safran est cultivé en grande quantité dans l'ancien Gâtinais, notamment à Beaune et dans les communes environnantes, arrondissement de Montargis, département du Loiret ; dans l'arrondissement de Pithiviers tout entier, Puiseaux et Bromeilles ; à Neuville-au-Bois, arrondissement d'Orléans ; à Beaumont, arrondissement de Fontainebleau, département de Seine-et-Marne. La culture du safran est très ancienne en France. En 1613, Jean Bauhin parlait du safran du comtat Venaissin ; en 1715, Garidel faisait mention du safran d'Orange comme du meilleur connu ; mais l'époque de son introduction , se perd dans la nuit des temps. Cette culture dut nous venir de l'Orient avec celle de la vigne et de l'olivier que les Grecs, fondateurs de Marseille, apportèrent en Provence ; au moins, la plante est originaire de l'Asie. Les anciens botanistes , qui l'avaient annoncée comme européenne, l'avaient confondue avec le safran printanier, qui croît dans les Alpes et fleurit au printemps, tandis que le safran officinal ne fleurit qu'en automne. La anciens citaient les safrans que l'on cultivait à Cyrène en Barbarie, au mont Olympe en Lycie, à Centivipini en Sicile, et sur le Tmole en Lydie, comme les meilleurs sofrans :

> Nonne vides croccos ut Tmolus odores ,
> India mittit ebur, molles sua thura Sabæi ?
>
> GEORG. , lib. I.

Le safran est encore une plante à ajouter à celles que notre agriculture a reçues de l'Asie. En effet, nous lui devons les céréales , la vigne , l'olivier , la luzerne , la garance, le mûrier, le cerisier, l'abricotier, le pêcher, et enfin le safran. Faites disparaître tous ces dons de la terre d'Europe, restituez aussi le maïs et la pomme de terre à l'Amérique, et voyez ce qui reste à ses malheureux habitants.

CULTURE DU SAFRAN. Le safran donne les meilleurs produits possibles dans une terre meuble et fertile. Les terrains qui ont porté des prairies artificielles ou naturelles , les défrichements nouveaux, écobuage, lui plaisent principalement. L'emploi le plus judicieux que l'on puisse faire du safran est de le placer sur les défrichements des terres sèches, ou de le faire succéder sur ces terres à un blé bien fumé : on le plante aussi dans les lisières de mûriers qui bordent un champ dont le milieu est occupé par des prairies artificielles. Le sainfoin ne peut être rapproché des mûriers sans causer leur mort, et ce terrain resterait vacant et inutile sans la culture du safran. Les terres à safran se

louent, dans les environs d'Orange, de 21 à 38 fr. le
dixième d'hectare par an, avec obligation de fumer la terre
à la dernière année, pour le blé que le propriétaire doit y
semer. La même étendue de terrain ne vaut pas au delà de 5
fr. de fermage pour la culture du blé. On prépare le terrain
en le bêchant complètement à la profondeur d'un fer de
bêche. On se sert pour semence des oignons et des caïeux
d'une ancienne plantation que l'on détruit. Quand ces
plantations n'ont pas été attaquées par les rats très friands
des oignons, ou par le rhizoctone des safrans, plante parasite qui en détruit un grand nombre, les oignons triplent
en nombre; mais ces accidents en détruisent beaucoup,
l'on ne peut pas compter en moyenne sur plus du doublement, et quelquefois la plantation se perd en entier par
les grands froids, comme cela arriva en 1789; ces faits
expliquent comment une culture aussi intéressante gagne
si lentement en surface. Dans les années où le safran se
vend bien, on ne trouve même à aucun prix des oignons
à acheter, et chaque propriétaire consacre exclusivement à
augmenter sa culture tout ce qu'il peut en recueillir sur
ses terres; tandis que, quand il a été à très bon marché,
on a vu jeter les oignons : ce dernier cas arrivait en 1813,
où le safran valait 18 fr. la livre; en 1816, il a valu 120
fr. Le temps le plus favorable à la transplantation du safran
est celui où les anciennes feuilles sont mortes et où les
nouveaux bourgeons n'ont pas encore paru. C'est vers le
mois de juin, avant les moissons, que se font les meilleures
plantations. Vers le milieu d'octobre, les premières fleurs
commencent à paraître. Elles ne sont pas nombreuses, la
première année. Tous les deux jours on passe dans le
champ, on les cueille, on les porte à la ferme, et la soirée
est occupée à en extraire les pistils. La récolte dure ainsi
une quinzaine de jours, dont les huit premiers sont les
plus abondants en fleurs; quand elle est terminée, on râcle
légèrement à la houe toute la surface du terrain qui a été

foulée pendant l'apparition des fleurs. Dans le Gâtinais, on n'enlève les oignons qu'à la troisième année; M. de La Rochefoucauld propose même de les laisser cinq ans en terre. A Moelk, en Autriche, ce temps varie de deux à quatre ans. Les anciens les laissaient sept à huit ans en place. Selon la statistique de Vaucluse, on les laisse six ans auprès de Carpentras, et ce n'est qu'à la quatrième année qu'ils sont suffisamment garnis d'oignons. Aux environs d'Orange, on les enlève à la seconde année. Les oignons arrachés sont épluchés, on leur ôte, par cette opération, la partie la plus grossière de l'enveloppe filamenteuse qui les recouvre, et on s'occupe bientôt après de les transplanter.

Cueillette, triage et séchage du safran. Le safran craint le froid excessif : il mourut entièrement en 1789, de même que les oliviers. Dans cette année, le thermomètre descendit à 12 degrés et demi R., dans la nuit du 31 décembre au 1er janvier. Un été froid est ordinairement suivi d'une mauvaise récolte, telle fut celle de 1816. Les temps froids, au mois d'octobre, retardent la sortie des fleurs et rendent les pistils moins beaux; mais, après un été sec et chaud, si l'automne est modérément pluvieux et point froid, les champs de safran se couvrent de fleurs vers le milieu d'octobre. Rien n'est beau alors comme les terrains consacrés à cette culture. Qu'on s'imagine un riche tapis violet relevé par des points dorés et pourpres, tel est l'effet singulier que font les fleurs violettes du safran avec leurs étamines jaunes et leurs pistils rougeâtres. Les enfants de la ferme sont alors occupés tout le jour à ramasser ces fleurs; ce qu'ils font en parcourant les lignes vacantes, coupant la fleur rez terre; et la mettant dans un panier passé au bras gauche. Le soir venu, les fermiers, leurs femmes, leurs enfants, leurs valets se réunissent autour de la table; chacun est muni d'une petite écuelle, où il dépose les pistils à mesure qu'il les arrache à la fleur. Huit personnes travaillant pendant la durée ordinaire d'une veillée, de six à onze heures, trient ordinairement une demi-livre de safran. On pratique deux méthodes pour sécher le safran : la première, pratiquée près de Carpentras, est de l'exposer au soleil ; la seconde, autour d'Orange, consiste à mettre les pistils dans un tamis garni en canevas, que l'on place sur la braise de sarments.

MALADIES DU SAFRAN. L'accident le plus redoutable qui menace chez nous la culture du safran', est celui de l'invasion des rats, qu'elle semble appeler de loin. Ces animaux sont très friands de l'oignon de cette plante, et en détruisent bientôt une grande quantité, si l'on ne prend pas les moyens les plus actifs pour les chasser de la plantation. Les safrans souffrent aussi beaucoup de la multiplication d'une plante parasite de leur bulbe. C'est le rhizoctone des safrans, de la famille des champignons. Cette plante consiste en petits filets bleuâtres, portant de distance en distance des tubercules. C'est filets s'établissent sur l'oignon, vivent de sa substance et s'étendent ensuite au loin pour atteindre les oignons voisins. On voit alors les feuilles jaunir dans tout l'espace occupé par le rhizoctone, qui s'étend indéfiniment, si l'on n'a pas soin de creuser le cercle déjà formé, d'en enlever les oignons en pénétrant même dans la partie saine. On arrête ainsi les progrès du mal.

PRODUITS DE LA CULTURE DU SAFRAN. Si l'on établissait un calcul sur le prix que les safrans ont valu depuis la paix, on ne trouverait aucune culture agricole qui rapportât un pareil revenu.

938. Le SAFRAN SUISSE ; *crocus helveticus*. On trouve sur les alpes du Dauphiné une variété de safran qui fleurit en juin et juillet, dont les feuilles sont plus larges et les stigmates sans odeur. Dans le safran, un spathe en gaîne forme un faisceau qui réunit les feuilles. Au point de vue de la médecine, le safran est une de ces drogues précieuses en faveur de laquelle de nombreuses observations ont pro-

noncé ; elle donne son principe aromatique dans les infu--
sions vineuses et aqueuses ; elle fournit même une petite
quantité d'huile essentielle ; on l'a ordonnée avec succès
dans la suppression des règles et des lochies, dans la toux ,
le vomissement , l'ophtalmie ; l'infusion dans du vin augmente évidemment le cours des urines ; quelques femmes
hystériques sont singulièrement fatiguées par l'odeur du
safran.

939. L'IRIS ; TULIPE ; FLAMBE GERMANIQUE : *iris vulgaris
germanica, sive sylvestris.* Liliacée, divisée en six pétales ,
réunis par les onglets ; corolle barbue. La couleur violette
ou pourprée ; chaque fleur est inférieurement entourée de
spathes membraneux ; les stigmates en forme de pétales.
Fruit : capsule oblongue. *Feuilles :* ensiformes, simples,
terminées en pointe ; amplexicaules. *Racine :* noueuse.
Tiges de 64 centimètres , plus longues que les feuilles ,
chargées de plusieurs fleurs. *Lieu :* les bois, les vieux murs.
Vivace. *Propriétés :* la racine est âcre au goût, emménagogue ; elle répand une odeur propre, assez agréable , et
laisse dans l'arrière-bouche une sensation d'acrimonie assez
durable. Cette racine, desséchée brusquement et enfermée
dans des boîtes, acquiert une odeur de violette analogue à
celle de l'iris de Florence , dont il est une variété ; elle offre
quatre principes, l'un soluble par l'eau , le second soluble
par l'esprit-de-vin, le troisième farineux, le quatrième ami-
lacé ; peut-être contient-elle en outre , comme l'iris de
Florence, une petite portion d'huile essentielle. Le suc de
la racine fraîche est purgatif , à 33 grammes ; on l'a quelquefois employé utilement dans l'hydropisie. On l'ordonne
en pastilles dans l'asthme, la coqueluche. Si on exprime le
suc de fleurs pilées, qu'on les fasse bouillir avec l'alun , on
a une pâte d'un beau vert ; recherchée par les peintres en
miniature ; les racines servent, comme savonneuses, pour
blanchir le linge ; la poudre entre dans les parfums. Les
marchands de vin de Bourgogne, s'en servent pour donner

le goût du vin de Bordeaux aux vins trop acides, et surtout le bouquet.

940. L'IRIS NAINE ; *iris pumila*. Tige de 16 à 24 cent., plus courte que les feuilles, ne portant qu'une fleur très belle, bleue, pourpre, jaune ou blanche, quelquefois variée. Originaire du Dauphiné, du Languedoc ; cultivée dans nos jardins.

941. L'IRIS DE FLORENCE ; *iris florentina*. Tige plus haute que les feuilles, portant des fleurs blanches sans pédoncules, à stigmates dentelés. Originaire d'Italie ; cultivée dans les jardins : elle ressemble beaucoup à l'iris flambe ; ses racines récentes sont aussi âcres et purgatives ; desséchées, elles ont l'*odeur de violette* ; les parfumeurs en consomment beaucoup. En médecine, on l'ordonne en pastilles, comme expectorante, diurétique ; elle réussit dans l'asthme, la coqueluche, l'anorexie causée par atonie, avec glaires.

942. L'IRIS DE SIBÉRIE ; *iris siberica*. Tige ronde, presque nue ; feuilles linaires ; pétales renversés, veineux ; germes à trois coins, sans sillons. En Bourgogne.

943. L'IRIS GERMANIQUE ; *iris germanica*. Tige anguleuse, penchée avant la floraison ; feuilles linaires ; spathes renfermant deux fleurs. Voy. pl. 70.

944. L'IRIS FÉTIDE OU GLAYEUL PUANT. *Fleur* et *fruit* : comme la précédente, mais la corolle sans barbe, et les pétales internes de la longueur du stigmate, d'un violet pâle. D'une mauvaise odeur, ainsi que les feuilles ; les capsules, dans leur maturité, s'entrouvrent et laissent voir des semences d'un beau rouge. *Lieu* : les bois taillis. Vivace. *Propriétés* : la racine a un goût âcre, elle est apéritive, antihystérique et fondante.

945. *L'iris jaune des marais ou faux acorus*. La tige en zig-zag ; les feuilles plus hautes que la tige ; les fleurs plus nombreuses ; la corolle jaune et sans barbe. *Lieu* : les bords des fossés et des étangs. *Propriétés* : la racine est

sans odeur, un peu styptique au goût, dessicative, détersive, astringente. On se sert de la racine dont on fait une poudre purgative.

946. *L'iris tubéreuse, hermodactyle à feuille triangulaire.* Tige verdâtre, de la hauteur de celle de l'iris jaune; les fleurs au sommet. *Lieu :* l'Orient, la Turquie, les prés d'Italie. Vivace. *Propriétés :* les hermodactyles sont purgatives et vomitives. Séchées et grillées, elles servent de nourriture; mais ce purgatif est trop faible pour être donné seul, on le joint avec la coloquinte, l'*aquila alba* ou l'aloès.

947. Le GLAYEUL; *gladiolus* à fleurs disposées d'un seul côté. Liliacée, ressemblant à celle des iris; les trois pétales supérieurs réunis, les inférieurs étendus, terminés par la réunion des onglets en un tube recourbé; le calice est un spathe quelquefois plus long que la corolle, dont la couleur est pourprée, les étamines ascendantes. *Racine :* bulbeuse, solide. La tige s'élève à la hauteur de 70 centimètres. *Lieu :* dans les blés. Vivace. *Propriétés :* la racine est âcre au goût, résolutive, diurétique.

Tournefort a placé dans cette section les *narcisses*, qui offrent des fleurs assez grandes; renfermées dans un spathe; leur corolle est un tube produisant deux limbes; l'extérieur, à six pièces lancéolées, et l'intérieur comme monopétale, en anneau ou en cloche, frangé à son bord. On trouve dans le nectaire six étamines, dont trois sont plus courtes; la tige des narcisses est une hampe portant au sommet une ou plusieurs fleurs.

948. Le NARCISSE DES POÈTES. Limbe intérieur, ou miellier, très court, en anneau crénelé, rouge en son bord; pétales blancs; hampe de 34 centimètres; feuilles radicales, en épée, lisses. Voy. pl. 71.

949. Le NARCISSE SAUVAGE; *pseudo-narcissus.* Limbe intérieur fort grand, en cloche, jaunâtre, à pétales jaunes aussi longs que le miellier.

950. Le NARCISSE BICOLORE; *narcissus bicolor.* Il diffère

du précédent par les pétales qui sont blancs et le miellier jaune. On le trouve en Dauphiné et en Auvergne.

951. Le NARCISSE MULTIFLORE ; *narcissus Tazetta*. Hampe à plusieurs fleurs, à miellier en cloche tronquée, plissée, trois fois plus court que les pétales; feuilles planes. En Languedoc.

952. Le NARCISSE JONQUILLE ; *narcissus jonquilla*. Hampe à trois ou six fleurs jaunes; miellier court, hémisphérique; feuilles arrondies. En Provence.

953. L'ALOÈS SUCCOTRIN ; *aloes perfoliata*. Liliacée, monopétale, découpée en six parties oblongues; le tube bossu; le limbe étendu, petit, point de calice. *Fruit :* capsule oblongue, à trois sillons, triloculaire, remplie de semences demi-circulaires, anguleuses, aplaties. *Feuilles :* amplexicaules, armées d'épines; le sommet terminé par une épine ligneuse. *Racine :* en forme de corde, charnue, fibreuse. La tige est une hampe; les fleurs pédonculées entourent la tige en forme de corymbe; les feuilles radicales ramassées en rond au bas de la tige. *Lieu :* l'aloès, dit *succotrin*, vient des Indes; on le cultive dans les jardins en le garantisssant des gelées; il fleurit rarement. Vivace. *Propriétés :* toute la plante est d'une amertume excessive; le suc des feuilles est stomachique, vermifuge, hémorrhoïdal, emménagogue et purgatif; extérieurement très détersif et balsamique. *Usages :* on se sert souvent du suc et rarement des feuilles. Les trois variétés d'extrait d'aloès que l'on vend dans les pharmacies ne sont que le même extrait différemment préparé; le suc, qui s'écoule des feuilles rompues, évaporé au soleil, donne l'aloès le plus pur, le *succotrin*. En pilant les feuilles, exprimant et faisant bouillir, on a l'*aloès épatique*; si on fait cuire jusqu'à dessication le marc, on a l'a-loès *caballin*. En Europe, on imite ces trois préparations avec les aloès des jardins; le *succotrin* est d'un rouge brun, à peine diaphane, lisse, brillant; l'*hépatique d'un rouge noir*; le *caballin est rude, noir;* offrant plusieurs débris de

filets , de nervures. On cultive dans les jardins de botanique assez généralement les espèces suivantes d'aloès.

954. L'ALOÈS A DENT DE BROCHET ; *aloes perfoliata*. Variété de succotriu, à feuilles dentées, embrassant la tige , s'engaînant. Originaire d'Éthiopie.

955. L'ALOÈS PERROQUET ; *aloes variagata*. Feuilles tuilées, trois faces, droites ; trois angles cartilagineux, tachetés de blanc et de vert ; fleurs comme cylindriques, en grappe ; limbes égaux, ouverts ; étamines inclinées. Originaire d'Éthiopie.

956. L'ALOÈS A BEC-DE-CANNE ; *aloes disticha*. Feuilles en langue , opposées , ouvertes ; fleurs en grappes pendantes, ovales, cylindriques , courbées. Originaire d'Afrique.

957. L'ALOÈS A POUCE ÉCRASÉ ; *aloes retusa*. Feuilles rangées à cinq rangs ; feuilles très courtes, très épaisses , dont le sommet est renversé ; fleurs en épis. Originaire d'Afrique.

958. L'ALOÈS EN ARBRE ; *l'agave americana*. Linné en fait un genre particulier ; à corolle supérieure au germe, filaments plus longs que la corolle. Cette plante, originaire de l'Amérique méridionale , a été introduite en Europe en 1561 ; elle est devenue spontanée dans les provinces méridionales. A Perpignan , on voit des vignes qui en sont bordées ; ses grandes feuilles piquantes forment des haies impénétrables.

959. La CANNE D'INDE ; *balisier à larges feuilles*. La fleur imite les liliacées , monopétale , divisée en six parties lancéolées ; une seule étamine ; la corolle rouge ; il y a une variété jaune. *Fruit :* capsule grande, raboteuse , renfermant plusieurs semences globuleuses, noires. *Feuilles :* pétiolées, ovales, aiguës de chaque côté , nerveuses , roulées en cornet avant leur développement , de manière que le bord d'un des côtés de la feuille enveloppe le bord de l'autre côté. *Racine :* en forme de bulbe, charnue, noueuse, horizontale. Tige solide, feuillée, simple ; les fleurs au

sommet, disposées en manière d'épée. On voit au collet de la racine une sorte de gommr en consistance de gelée. *Lieu :* les Indes ; cultivé dans les jardins. Vivace. Quelques auteurs le regardent comme diurétique.

III. *Herbes à fleur régulière, liliacée, composée de six pétales, et dont le pistil devient le fruit.* Voyez ce que nous avons dit de cette brillante famille et de sa culture au tome précédent, page 247 et suivantes.

960. Le lis blanc ; *lilium candidum.* Corolle blanche, sans calice, campanulée, sans aucun poil dans l'ietérieur. *Usages :* on emploie les oignons ou bulbes en cataplasme ; la décoction des feuilles entre dans les lavements émollients ; on fait macérer les feuilles au soleil pendant trois semaines dans de l'huile qui devient adoucissante et émolliente ; les feuilles donnent aussi une eau distillée, employée pour la toilette, mais d'ancien usage en médecine. Les lis offrent de grandes et belles fleurs.

961. Le lis bulbifère ; *Lilium bulbiferum.* Tige de 68 centimètres, simple, droite ; feuilles éparses ; fleurs droites, de couleur de safran, grandes, sans odeur, parsemées de petites taches noires et veloutées en leur contour.

962. Le lis de Chalcédoine ; *Lilium Chalcedonium.* Feuilles lancéolées ; feuilles pourpres, renversées ; corolles roulées en dehors.

963. Le lis Mortagan ; *Lilium Mortagan.* Très ressemblant au précédent, mais ses feuilles sont verticillées. Les racines de ce lis sont nutritives.

964. Le petit lis a hampe rameuse ; *Anthericum ramosum.* Feuilles aplaties comme les graminées ; tige rameuse ; fleurs petites, blanches, en panicule.

965. Le petit lis a hampe ; *Anthericum liliago.* Tige simple ; pédoncule uniflore, pistil incliné.

966. Le petit lis de Saint-Bruno ; *Anthericum liliastrum.* Hampe très simple ; feuilles plates ; fleurs en épis

d'un seul côté, campanulées, assez grandes, blanches. Sur les montagnes du Bugey et du Dauphiné.

967. Le PETIT LIS CALICULÉ ; *Anthericum calyculatum.* Hampe très simple ; fleurs petites, en épis serrées, chaque fleur a un calice de trois dents ; feuilles radicales, en épée.

968. La TULIPE DES JARDINIERS OU DE GESNER ; *Tulipa Gesneriana.* Fleur à corolle de six pétales formant la cloche ; pistil sans style ; filaments très courts ; anthères oblongues, droites, à quatre angles. *Fruit :* capsule à trois angles, trois loges, trois valves ciliées à la marge ; semences nombreuses. *Feuilles :* radicales ovales, lancéolées. *Racine :* bulbeuse, solide. *Tige :* à hampe simple, solide, ne portant qu'une fleur droite qui offre *toutes les variétés de couleurs. Lieu :* la tulipe est originaire de Cappadoce, apportée en Europe en 1559 ; on l'a trouvée en Russie. *Propriétés :* la tulipe, quoique sans odeur, est très recherchée par les fleuristes ; elle offre une multitude innombrable de variétés ; on les obtient surtout en variant les terres des couches. La tulipe se multiplie plus promptement par ses bulbes, qui ont l'étonnante propriété de descendre plus ou moins en terre, et de s'éloigner suffisamment de leur mère pour s'assurer une suffisante quantité de suc nourricier. Les tulipes monstrueuses, à pétales verts, adhérents, lacérés, resserrés, ne sont pas rares. *Propriétés :* les bulbes ont les mêmes propriétés que celles des lis ; elles sont émollientes, et peuvent fournir, étant cuites, des pulpes dans les flegmons, lorsqu'on veut accélérer la suppuration et diminuer la douleur.

969. La TULIPE SAUVAGE ; *Tulipa sylvestris.* Tige de 34 centimètres ; feuilles lancéolées ; fleur jaune, penchée, velue, odorante. On la trouve dans toute l'Europe.

970. La DENT DE CHIEN ; *Erythronium.* Le caractère essentiel de cette plante est d'offrir deux callosités saillantes à la base des trois pétales intérieurs. Hampe de 18 centimètres, ne portant qu'une fleur pendante, formée par six

pétales lancéolés ; à six étamines insérées sur les onglets des pétales ; feuilles d'un rouge obscur. La fleur est blanche, pourprée ou jaune. Sur les montagnes. Les pétales sont renversées, les étamines plus courtes que le pistil.

971. Le PERCE-NEIGE ; NARCISSE D'HIVER ; *Leucojum vernum*. Cette espèce porte une hampe très courte, le plus souvent qu'une fleur inclinée ; les feuilles radicales, lancéolées ; les pétales presque égaux le stigmate en masse. En Dauphiné.

972. Le PERCE-NEIGE ; NARCISSE GALANT ; *Galanthus nivalia*. Diffère du précédent par les trois pétales intérieurs qui sont très courts, échancrés, et ses feuilles plus étroites. En Bourgogne.

973. La COURONNE IMPÉRIALE ; ou *Diadème d'empereur*. *Fritillaire*, liliacée, campanulée, composée de six pétales, un nectaire hémisphérique ; étamines de la longueur du calice. *Fruit :* capsule à trois lobes, triloculaire, trivalve, remplie de semences planes, un peu convexes, rangées en deux rangs. *Feuilles :* courantes, sessiles, très entières, rangées presque en spirale. *Racine :* bulbeuse ; à doubles écailles qui l'enveloppent à moitié ; la tige s'élève à la hauteur de 40 centimètres, feuillée dans le milieu, colorée dans le haut ; les fleurs disposées en grappes, retombent, environnent la tige, et sont surmontées par une touffe de feuilles. Cette plante fut apportée de Perse en 1570 ; elle réussit dans les jardins et fleurit l'une des premières au printemps. Pleine de vigueur, elle est magnifique et digne de son nom, si elle avait bonne odeur. Vivace. *Propriétés :* la racine est âcre, piquante, désagréable, rongeante et vénéneuse. suivant les observations de Vepfer, Voy. pl. 70.

974. La FRITILLAIRE DE PERSE ; *Fritillaria Persica*. Tige de 68 centimètres ; fleurs en grappes, presque nues ; feuilles obliques ; corolles violettes, plus petites, miellier vert. Originaire de Perse et Russie ; introduite dans nos jardins en 1573.

975. La FRITILLAIRE MÉLÉAGRE ; *Fritillaria meleagris.*
Tige menue ; feuilles de la tige alternes , graminées , trois
ou quatre écartées ; fleur terminale grande comme la tulipe , renversée , communément tachetée par petits car-
reaux ; elle s'étend de nos provinces jusques en Suède.

976. Le JONC ODORANT ; *Acorus sive calamus officinalis
aromaticus.* Fleur lilacée. *Racine :* spongieuse, à anneaux,
produisant plusieurs fibres, de 6 centimètres de longueur.
La tige est une hampe terminée comme une feuille à son
sommet et à quatre côtés vers le haut, droite, lisse, creusée
en gouttière ; les fleurs sessiles sont disposées en manière de
chaton, qui naît d'une gouttière. *Lieu :* les fossés marécageux. En Bresse, en Suisse. *Propriétés :* la tige a une odeur
douce et agréable, lorsqu'on la frotte.

977. La SQUILLE OU SCILLE ROUGE ; *Ornithogalum maritimum.* Fleur lilacée ; corolle plane , composée de six pétales ; filaments filiformes ; point de calice. *Fruit :* capsule
arrondie, triloculaire, trivalve, renfermant plusieurs sé-
mences obrondes. *Feuilles :* longues de 34 centimètres au
moins ; vertes. *Racine :* bulbe très gros, rougeâtre, formé de plusieurs tuniques épaisses, charnues. Du milieu
des feuilles, sort une hampe ou tige qui part de la racine
et s'élève de 34 à 68 centimètres ; les fleurs blanches ; le
bulbe pousse ses feuilles, sa tige et ses fleurs sans être mis
en terre. *Lieu :* l'Espagne ; dans les sables des bords de la
mer. Vivace. *Propriétés :* âcre, amère et nauséeuse , apéritive, diurétique, purgative, émétique, antiasthmatique.
Usages : on emploie l'oignon après l'avoir fait sécher cru,
ou, après l'avoir fait cuire, on en tire une pulpe et des
trochisques,

978. Le PORREAU OU POIREAU, à gousse pommée ; *Allium
porrum commune capitatum.* Fleur, liliacée ; six pétales ;
calice spathe ovale qui s'ouvre pour laisser sortir plusieurs
fleurs. *Fruit :* petit, capsule large, renfermant des semences obrondes. *Feuilles :* radicales, amplexicaules, repliées

en gouttières, longues, terminées en pointe. *Racine* : bulbeuse, composée de tuniques blanches. La tige s'élève
d'entre les feuilles, à la hauteur de 68 centimètres ; les
fleurs au sommet, disposées en manière de tête ou d'ombelle. *Lieu :* les jardins potagers. Bisannuelle. *Propriétés :*
la racine crue est âcre au goût, d'une odeur forte ; elle est
diurétique, emménagogue ; la semence apéritive et diurétique. *Usages :* on emploie la racine et la semence ; celle-ci
concassée et infusée ; à la dose d'un gros dans du vin blanc ;
la première, cuite et appliquée, sert dans les fomentations.
Il n'y a qu'un seul genre qui comprend, le poireau, *Porrum ;* le *Cepa*, l'oignon, et l'*Alium*, l'ail de Tournefort.
Dans toutes les espèces de ce genre, les fleurs sont agrégées, nombreuses, petites ; les étamines à filaments simples, ou alternativement trifides, fendues en trois.

979. Le PORREAU-AIL ; *Allium ampeloprasum*. Il diffère
du porreau par sa racine prolifère. Il est originaire d'O-
rient ; on l'a trouvé dans nos provinces méridionales.
La plante répand l'odeur du porreau ; ses fleurs sont aromatiques. Le porreau a une odeur propre qui pénètre nos
humeurs ; cette odeur se perd en grande partie par l'ébul-
lution ; sa *racine est très usitée dans nos cuisines*, comme
assaisonnement et dans les potages ; cette racine et la base
des tiges contiennent, en outre, un mucus peu nutritif.
La décoction du porreau offre un médicament assez actif,
qui a réussi dans les maladies cutanées, chroniques, comme
les dartres, la teigne.

980. L'OIGNON ; *Allium cepa vulgaris*. Fleur, comme
dans le précédent. *Racine :* bulbe déprimé, arrondi,
composé de tuniques charnues, solides, rougeâtres ou
blanches ; ce qui constitue deux variétés, sous le nom d'*oignon rouge*, et d'*oignon blanc*. La tige s'élève à la hauteur
de 1 mètre, du milieu des feuilles, en forme de hampe nue.
Lieu : les jardins potagers. Bisannuelle. *Propriétés :* le suc
de la racine est âcre, son odeur pénétrante ; elle est matu-

rative, diurétique, venteuse, aphrodisiaque. *Usages :* on emploie le pulpe et les feuilles, dont on tire un suc qui est un bon diurétique. Des deux variétés d'oignons, ceux à *bulbes rouges* sont âcres; ceux à *bulbes blancs* sont plus doux; l'un et l'autre s'adoucissent dans les pays chauds, et offrent dans les régions septentrionales une plus grande quantité de principe volatil, piquant et irritant les yeux; aussi les Israélites avaient-ils raison de regretter les oignons d'Égypte. Les plus âcres perdent par une longue décoction, ce principe pénétrant et irritant. Le principe de l'oignon est analogue à celui de l'ail, quoique moins fétide et moins âcre? On fait brûler l'oignon pour colorer le bouillon de bœuf.

981. L'AIL VULGAIRE; *Allium sativum.* Étamines trifides; semences sous-orbiculaires. *Feuilles :* caulinaires, aplaties, linaires, en quoi elles diffèrent de celles de l'oignon. *Racine :* plusieurs bulbes couverts de tuniques fort minces. Ces bulbes sont improprement appelés gousses d'ail; il vient de la Sicile. Bisannuelle. *Propriétés :* son odeur forte diffère de celle de tous les oignons; la racine a un goût âcre et même caustique; elle est maturative, antithystérique, diurétique, vermifuge; elle excite la transpiration. *Usages :* on se sert des bulbes. Ils ne conviennent point aux tempéraments chauds, lorsqu'il y a bouillonnement dans le sang ou des ardeurs dans les entrailles.

982. L'AIL PLANTAGINÉ; *Allium victorialis.* Feuilles plus larges que le pouce, lancéolées, lisses, nerveuses, à ombelle sphérique; racine oblongue, enveloppée d'un réseau. Dans le Forez.

983. L'AIL ROCAMBOLE; *Allium scorodoprasum.* Très ressemblant à l'ail vulgaire, mais ses feuilles sont finement crénelées; sa tige tournée en spirale avant la maturité des bulbes de l'ombelle. Cultivée dans nos jardins, spontanée en Bourgogne et dans nos provinces méridionales : congénère de l'ail vulgaire.

984. L'AIL A TÈTE RONDE ; *Allium sphærocephalon.* Feuilles fistuleuses, semi-cylindriques, menues, se fanant de bonne heure ; fleurs d'un pourpre foncé ; étamines saillantes hors de la corolle.

985. L'AIL JAUNE ; *Allium flavum.* Tige d'un vert glauque ; feuilles arrondies ; fleurs jaunes, pendantes ; étamines plus longues que la corolle. En Languedoc, cultivée dans les jardins, elle produit un bel effet.

986. L'AIL A FLEURS BLANCHES ; *Allium pallens.* Très ressemblante à la précédente, dont elle ne diffère que par la couleur de ses fleurs, blanches ou d'un jaune paille.

987. L'AIL PANICULÉ ; *Allium paniculatum.* Feuilles très menues, succulentes, fleurs en ombelle très lâche, et comme paniculée ; pédoncules filiformes, corolles pourpres. Les terres crayeuses. Les champs du Sénonais en sont infectés.

988. L'AIL DES VIGNES, *Allium vineale.* Feuilles menues, fistuleuses ; à fleurs rougeâtres ; ombelles portant des bulbes prolifères, ce qui la fait paraître comme chevelue.

989. L'AIL VERDATRE ; *Allium oleraceum.* Feuilles fistuleuses, sillonnées, très menues ; ombelle lâche ; fleurs verdâtres.

990. L'AIL DE PALESTINE ; *Allium Ascalonicum.* Feuilles en alène ; étamines trifides. Originaire de Palestine ; cultivé dans nos jardins ; les pétales sont bleus ; les filaments alternes, très larges ; les anthères sont jaunes.

991. L'AIL ANGULEUX ; *Allium angulosum.* Hampe nue, à deux angles ; feuilles linaires, creusées en dessous en gouttière, anguleuse en dessous.

992. L'AIL PÉTIOLÉ ; *Allium ursinum.* Hampe nue, trois angles ; feuilles ovales, lancéolées, pétiolées.

993. L'AIL MOLY ; *Allium moly.* Feuilles lancéolées, sans pétioles ; fleurs jaunes, en ombelle lâche. Sur les Pyrénées, en Hongrie ; cultivée dans les jardins.

994. L'AIL FISTULEUX ; *Allium fistulosum.* Hampe de la

longueur des feuilles, qui sont fistuleuses, ventrues; bulbes oblongs. Cultivé les jardins.

995. L'AIL CIBOULE; *Allium schœnoprasum*. Tiges de 12 à 18 centimètres, grêles, non ventrues à leur base; feuilles de la longueur des tiges, cylindriques, un peu fistuleuses; fleurs purpurines, en ombelle serrée. Sur les montagnes. Cultivée dans les jardins; on en consomme beaucoup pour ranimer les salades; hachée menue, elle assaisonne très bien les fromages blancs avec la crême : mais elle cause des éructations désagréables aux personnes dont l'estomac est faible.

996. La SCILLE A DEUX FEUILLES; *Scilla bifolia*. Bulbe solide; fleurs redressées, en petit nombre. Trois ou quatre petites *fleurs bleues* terminent la hampe; les feuilles assez larges naissent au nombre de deux du bulbe.

997. La SCILLE AUTOMNALE; *Scilla autumnalis*. Feuilles filiformes, linaires; fleurs en corymbe; pédoncules nus, redressés, de la longueur de la fleur. Fleurit en automne; *fleurs bleues*.

998. L'ORNITHOGALE JAUNE. Hampe anguleuse; deux feuilles; pédoncules simples formant l'ombelle. Racine bulbeuse; bractées grandes, velues. Chaque pédoncule a une fleur jaune.

999. L'ORNITHOGALE TRÈS PETIT; *Ornithogalum minimum*. Hampe anguleuse; pédoncule portant plusieurs fleurs qui, réunies, forment une espèce d'ombelle. Fleurs jaunes.

1000. L'ORNITHOGALE DES PYRÉNÉES. Fleurs en grappe très longue; filaments lancéolés; pédoncules égaux. La hampe s'élève à 1 mètre; les fleurs blanches; extérieurement verdâtres.

1001. L'ORNITHOGALE DE NARBONNE. Fleurs en grappe allongée, plus courte que dans la précédente; filaments membraneux, lancéolés; hampe plus petite, feuilles plus larges que dans la précédente; fleurs blanches.

1002. L'ornithogale en ombelle. Fleurs en corymbe, à pédoncules plus élevés que la hampe; filaments dilatés à la base ; hampe de 8 centimètres ; fleurs blanches.

1003. L'ornithogale penché. Fleurs pendantes, tournées d'un seul côté; les filaments réunis forment un nectaire en cloche. Les fleurs sont d'abord redressées, blanches, extérieurement verdâtres.

1004. La tubéreuse ; polianthe. Corolle en entonnoir, recourbée, égale ; filaments insérés dans la gorge de la corolle ; germe placé dans le fond. Fleurs blanches, alternes, très odorantes. Originaire des Indes. Cette espèce est recherchée des parfumeurs. Le principe aromatique de la tubéreuse est si pénétrant que plusieurs personnes en sont incommodées ; mais, quelque belle et quelque suave que soit cette fleur, si on veut se former une idée des belles espèces de la *famille des liliacées*, il faut rechercher dans les auteurs, ou dans les jardins des amateurs, ces grandes et magnifiques liliacées, qui surprennent autant par la variété des nuances que par la beauté des formes. Il faut voir les *gloriosa*, les *amaryllis*, les *hœmanthus*, les *lastrœmaria* et autres.

DIXIÈME CLASSE OU GROUPE : *Papilionacées.*

Caractères généraux de cette famille.

Herbes et sous-arbrisseaux à fleur polypétale, irrégulière, dont la forme imite un PAPILLON, dont le fruit est une gousse ou légume : ce qui la fait appeler FAMILLE DES LÉGUMINEUSES ou papilionacées. Cette famille est des plus naturelles; l'irrégularité de la corolle la rapproche en quelque manière des *labiées ;* elle a une analogie marquée avec les *crucifères*, par son fruit ; le calice est d'une seule pièce, à cinq segments ; la *corolle* est le plus souvent formée de quatre pétales, le supérieur s'appelle l'étendard ; avant le développement de la fleur, il embrasse les autres pétales ; après leur épanouissement, on le trouve le plus souvent étendu ou renversé et plié vers le milieu. Les deux pétales latéraux se nomment les ailes, elles sont parallèles au germe ; le pétale inférieur s'appelle la carène, imitant la figure d'une nacelle ; ce pétale enveloppe le germe et les étamines, il est quelquefois formé de deux pièces ; dans ce cas, la corolle est pentapétale. Dans quelques espèces de trèfles, tous les pétales sont réunis par les onglets ; alors on peut nommer ces corolles, *monopétales papilionacées*. Neuf des étamines réunies par les filaments forment une gaîne qui enveloppe le germe ; le style forme un angle avec le germe, la dixième étamine est libre par son filament et se détache des neuf autres ; quelquefois elle se réunit avec la colonne. Le fruit de ces plantes se nomme *légume*, il est formé de deux valves réunies par deux sutures ; on trouve les semences adhérentes, par des pédicules très courts, à la suture inférieure. Le légume dans cette famille offre plusieurs formes curieuses, en corne de bélier, contourné en pied d'oiseau, en fer à cheval, en hérisson, en croissant de lune. Quelques espèces, les astragales, ont des légumes divisés en deux chambres par une cloison ; presque toutes ces plantes sont plus ou moins sensibles, dormeuses. Les fleurs, les feuilles changent souvent de situation, suivant l'impression de la chaleur, du froid, et à différentes heures du jour. La grande ressemblance des corolles et des légumes de plusieurs de ces plantes, rend les genres difficiles à déterminer, aussi sont-ils chez plusieurs auteurs assez arbitraires. Le principe dominant dans cette famille, c'est le farineux sucré, soit dans les semences, soit dans les feuilles ; quelques semences cependant sont, en outre, surchargées de particules amères, séparables de la farine. Les *légumineuses* fournissent *le fond de la nourriture de l'homme, des quadrupèdes herbivores* et des *oiseaux granivores*. Les papilionacées offrent peu de médicaments vraiment énergiques, quoique quelques fleurs soient aromatiques ou purgatives.

I. *Herbes à fleur polypétale, irrégulière, papilionacée, dont le pistil devient une gousse courte et unicapsulaire.*

1005. La RÉGLISSE ORDINAIRE JAUNE, à racine rampante ; *Glycyrrhiza glabra.* Fleur, papilionacée, à quatre pétales. Etendard, en pavillon ovale, lancéolé ; les ailes semblables à la carène ; calice tubulé, à deux lèvres. *Fruit* : légume ovale, aplati, terminé en pointe ; une seule semence réniforme. *Feuilles* : ailées, terminées par une foliole impaire et pétiolée. *Racine* : rameuse, rampante, jaune en dedans, roussâtre en dehors. Les tiges de 1 mètre 50 centimètres et plus, branchues, ligneuses ; les fleurs petites, rougeâtres, pédonculées, axillaires, rassemblées en épis grêles. *Lieu* : l'Italie, le Languedoc, les jardins. Vivace. *Propriétés* : la racine est douce, mucilagineuse, avec un principe résineux et amer ; elle est adoucissante, diurétique, laxative. *Usages* : on emploie très souvent la racine, dont on tire un suc et dont on fait une pâte, des tablettes, des décoctions : elle entre dans la plupart des tisanes. C'est avec cette racine qu'on fait le *coco* avec lequel le peuple de Paris se désaltère pendant les chaleurs de l'été. Voy. pl. 104 de l'atlas, un magnifique pied de réglisse.

1006. Le POIS CHICHE ; *Cicer sativum.* Fleur, papilionacée ; étendard plane, arrondi ; aile obtuse ; carène aiguë ; calice hérissé, découpé en cinq, de la longueur à peu près de la corolle. *Fruit* : légume rhomboïdal, renflé, contenant deux semences. *Feuilles* : ailées avec une impaire ; quinze ou dix-sept folioles ovales, dentées. *Racine* : fibreuse, rameuse. *Tige* : herbacée, branchue ; fleur pourpre, axillaire, pédonculée. *Lieu* : le Languedoc, les champs. Annuelle. *Propriétés* : la semence est nourrissante, venteuse, extérieurement résolutive, émolliente. *Usages* : on emploie la farine de pois en cataplasme. Le pois chiche fournit une farine légère, qui se digère assez promptement, quoique un peu venteuse ; l'eau de la décoction des semences fraîches est un peu âcre ; si on les fait torréfier comme le café, on obtient par l'infusion de la poudre de pois, une liqueur agréable, imitant assez bien le café. Les anciens mangeaient fréquemment des pois chiches légèrement rôtis à la poêle. Ils préparaient des bouillies au lait, avec la farine de ces semences. Encore aujourd'hui, en Espagne et en Italie, on mange les semences tendres, vertes, comme les petits pois.

1007. La LENTILLE; *Ervum lens major*. Fleur, papilionacée; calice divisé en cinq découpures. *Fruit :* légume court, aplati, large, obtus, cylindrique, contenant quatre semences comprimées, convexes, orbiculaires, rousses ou noirâtres; fleurs blanchâtres, à étendard rayé de bleu. *Lieu :* les champs, les jardins potagers. Annuelle. *Usages :* on se sert plus souvent des lentilles comme nourriture que comme remède; leur farine, cependant, est très résolutive. Le germe des lentilles n'est distingué des vesces que par le stigmate qui est sans poils; les fleurs et les légumes de la lentille sont pendants,

1008. L'ERS, ou LENTILLE TÉTRASPERME; *Ervum tetraspermum*. Quatre semences arrondies; un ou deux légumes lisses; feuilles linaires; pédoncules filiformes, portant une ou deux *fleurs couleur de sang* ou *violette*. Dans les blés.

1009. L'ERS VELU; *Ervum hirsutum*. Pédoncules portant jusques à quatre fleurs blanches ou bleuâtres; légumes hérissés, renfermant deux semences; feuilles linaires, tronquées au sommet.

1010. L'ERS CIVILIER. Feuilles sans vrilles; folioles, douze ou treize, linaires; légumes articulés; pédoncules portant deux fleurs blanchâtres, à étendard rayé de violet. Dans nos provinces méridionales. Les semences de cette espèce de lentille fournissent un aliment dangereux. On a observé qu'il occasionnait, à la longue, une singulière faiblesse des jambes aux hommes, et même aux chevaux. Les poules périssent, si elles avalent une trop grande quantité de ces semences. On attribue ces effets à la surabondance d'air qui se dégage pendant la digestion.

1011. Le GRAND SAINFOIN ORDINAIRE ; esparcette du Dauphiné ; à feuilles de vesce et fruit maculé : *Onobrychis.* Fleur, papilionacée. *Fruit :* légume sous-orbiculaire, irrégulier, renflé, hérissé de pointes, ne contenant qu'une semence en forme de rein. *Feuilles :* ailées, dix-huit à vingt folioles ovales, lancéolées, terminées par un style. *Tige :* de 36 centimètres, rameuse, droite ou inclinée, dure ; les fleurs purpurines, axillaires, en épis, portées sur de longs pédoncules. *Lieu :* les prés semés, les prairies artificielles. Vivace. *Propriétés :* cette plante est résolutive ; elle fournit aux bestiaux un très bon fourrage ; il serait dangereux de le leur donner sans mélange, en trop grande quantité. *Usages :* la médecine ne l'emploie qu'en décoction, et rarement. Le sainfoin mérite peu notre attention comme plante médicinale. Comme plante fourragère, il est très précieux. Elle s'accommode de tous les terrains, secs ou humides ; on peut en former de bonnes prairies artificielles ; ses branches dures, ligneuses, perdent facilement leurs feuilles par la dessiccation. Si on veut en tirer meilleur parti, il faut le faucher avant le développement des épis ; cette herbe est très nourrissante ; il serait même dangereux d'en gorger les bestiaux ; les graines nourrissent très bien la volaille.

1012. Le SAINFOIN D'ESPAGNE A BOUQUETS · *Hedysarum coronarium.* Tiges à branches éparses ; feuilles pinnées ; folioles ovales, un peu velues ; légumes articulés, hérissés de piquants ; fleurs d'un beau rouge, assez grandes, en épis courts portés sur des pédoncules plus longs que les feuilles.

1013. Le PETIT SAINFOIN à bouquets ; *Hedysarum humile.* Ressemble beaucoup au précédent, mais sa tige s'élève beaucoup moins ; ses fleurs sont plus petites, moins colorées et ses épis plus pointus, un peu velus. On la trouve près de Narbonne.

1014. Le SAINFOIN DES ALPES. Fleurs pendantes sur l'axe de leurs épis, d'un bleu pourpre, ou d'un blanc jaunâtre ; légumes très lisses. Sur les montagnes du Dauphiné.

1015. La **VULNÉRAIRE RUSTIQUE** ; *Vulneraria rustica.*
Fleur, papilionacée ; calice d'une seule pièce, un peu renflé.
Fruit : petit légume sous-orbiculaire, couvert par le calice ;
bivalve, contenant une ou deux semences. *Feuilles :* ailées
avec une impaire. *Racine :* rameuse, noirâtre. Les tiges
hautes de 18 à 24 centimètres, herbacées, deux bouquets
de fleurs en tête ; les corolles d'un jaune plus ou moins
foncé. *Lieu :* les pâturages montagneux, le bord des bois.
Vivace. L'herbe est vulnéraire. On l'emploie pilée et appliquée, ou bien en décoction.

1016. La **VULNÉRAIRE DES MONTAGNES** ; *Anthyllis montana.* Tige herbacée, penchée ; feuilles pinnées ; folioles
soyeuses, fleurs en tête ; corolles d'un pourpre foncé. Sur
les montagnes.

1017. La **VULNÉRAIRE ARGENTÉE** ; *Anthyllis barba Jovis.*
Arbrisseau de 1 mètre 34 centimètres ; feuilles pinnées,
soyeuses ; folioles ovales ; fleurs jaunes, en tête. En
Provence.

1018. La **VULNÉRAIRE A VESSIES** ; *Anthyllis tetraphylla.*
Tige herbacée, couchée, velue ; feuilles composées de trois
ou quatre folioles très petites ; calice très renflé, comme
des vessies ; corolle d'un jaune pâle ; fleurs en tête, assises
aux aisselles des feuilles.

II. Herbes à fleur polypétale, irégulière, papilionacée, dont
le pistil devient une gousse longue et unicapsulaire.

1019. La **FÈVE DE MARAIS** ; *Vicia faba rotunda oblonga.*
Fleur, papilionacée. *Fruit :* légume long, coriace, terminé
en pointe, renfermant plusieurs semences ovales, oblongues et aplaties. *Feuilles :* ailées. *Racine :* fibreuse. Les
tiges de 36 à 72 centimètres, droites, quadrangulaires,
creuses ; les fleurs axillaires, plusieurs attachées au même
pédoncule ; point de vrilles. *Lieu :* les champs et les potagers. Originaire de Perse. Annuelle. *Propriétés :* cette fève
est venteuse ; sa farine est une des quatre farines résolu-

tives. On l'emploie en cataplasme ; on tire des fleurs une eau aromatique ; des gousses, une eau distillée, diurétique : on obtient par la lixiviation des tiges et des gousses brûlées, un sel également diurétique.

1020. Le LUPIN BLANC ; *Lupinus sativus flore albo*. Fleur, papilionacée. *Fruit* : légume grand, plusieurs semences aplaties. *Feuilles* : velues en dessous, cotonneuses en dessus. *Racine* : rameuse. *Tige* : haute, au plus, de 72 centimètres ; fleurs blanches au sommet ; les folioles se replient sur elles-mêmes au coucher du soleil. On ignore le pays natal du lupin ; on le sème dans les champs, il y sert d'engrais. Annuelle. *Propriétés* : la semence est amère et désagréable, résolutive, détersive. La farine de la semence est une des quatre farines résolutives.

1021. Le LUPIN JAUNE ; *Lupinus luteus*. Folioles très étroites : fleurs jaunes, petites, odorantes, ramassées en épis très courts. En Languedoc. Le lupin jaune est cultivé dans nos provinces comme engrais ; la farine des semences est jaune, amère ; ce principe qui lui est étranger, disparaît par de fréquentes lotions avec de l'eau chaude. Les anciens mangeaient cette farine ainsi préparée, elle faisait la base de la nourriture des esclaves. En Espagne, en Italie, cette farine sert à engraisser les bœufs. C'est une erreur de la croire vénéneuse.

1022. L'OROBE PRINTANIER ROUGE DES BOIS ; *Orobus sylvaticus purpureus*. Fleur, papilionacée. *Fruit* : légume cylindrique, long, pointu à son sommet ; bivalve, plusieurs semences orbiculaires. *Feuilles* : ailées, à quatre ou six folioles ovales, lancéolées. *Racine* : ligneuse, noires. *Tiges* : simples, haute de 34 centimètres, les fleurs terminant la tige ; pédonculées, rassemblées en espèces de grappe, de quatre, huit à dix ; l'étendard pourpre ; les ailes bleues. *Lieu* : les terrains froids et secs, les montagnes. Vivace.

1023. L'OROBE TUBÉREUX. Sa racine est succulente, garnie de beaucoup de filaments ; sa tige est simple, ses feuilles ailées, à six folioles lancéolées, les fleurs d'un rose pourpre.

1024. L'orobe noiratre. Tige rameuse ; feuilles ailées ; fleurs axillaires, purpurines ou bleuâtres, de quatre à huit, sur de longs pédoncules. Toute la plante noircit en desséchant.

1025. L'orobe filiforme. Tige simple, de 16 centimètres, à feuilles aiguës ; quatre folioles linaires ; stipules en alène ; fleurs jaunes, en grappe peu fournie.

1026. L'orobe des bois. Tiges couchées, rameuses, très-velues ; feuilles ailées, de quatorze à vingt folioles ; fleurs en grappes purpurines ou bleuâtres. Les orobes fournissent en général une bonne nourriture aux bestiaux ; dans le tubéreux, le principe nutritif est assez abondant pour présenter, en cas de disette, une excellente farine.

1027. Le grand pois cultivé des jardins. Fleur, papilionacée, quatre pétales ; étendard très-large, en cœur recourbé, échancré avec une pointe ; calice d'une seule pièce. *Fruit* : légume grand, long, bivalve, renfermant plusieurs semences presque rondes, marquées, au point par où elles s'attachent au légume, d'une cicatrice arrondie. *Feuilles* : ailées. *Racine* : grêle et fibreuse. *Tiges* : longues, fistuleuses, couchées par terre si on ne les soutient, et qui s'entortillent ; vrilles rameuses à l'extrémité des feuilles. *Lieu* : les jardins potagers, Annuelle. Les pois sont émollients, laxatifs et venteux. *Usages* : ils sont plus employés comme nourriture que comme remède.

1028. Le pois savoureux. Les pois verts fournissent une nourriture agréable ; mais lorsqu'ils sont secs, ils deviennent lourds et plus venteux pour les estomacs faibles, car les gens robustes s'en accommodent très-bien. On conseille aux scorbutiques les pois verts ; mangés crus, ils ont un goût sucré ; les feuilles et les tiges contiennent un principe saccharin très nutritif ; aussi nourrissent-elles très-bien les bestiaux.

1029. Le POIS DES CHAMPS ; *Pisum arvense*. Pétioles à quatre folioles ; stipules crénelées ; pédoncule uniflore.

1030. Le POIS OCRE ; *Pisum ochrus*. Pétioles membraneux, prolongés sur la tige, portant deux feuilles ; pédoncule à une fleur.

1031. La GRANDE GESSE DES CHAMPS ; *Latyrus sativus sylvestris major*. Étendard rouge ou violet ; ailes blanches ou brunes au sommet. *Fruit :* légume très long, cylindrique, aplati. *Feuilles :* conjuguées, terminées par des vrilles, portées sur des pétioles qui se prolongent et courent sur la tige. *Racine :* fibreuse. *Lieu :* les jardins potagers, les champs. Annuelle. *Propriétés :* la semence est nourrissante et laxative.

1032. La GESSE SANS FEUILLES ; *Lathyrus aphaca*. On la reconnaît facilement par ses deux grandes stipules en fer de flèche qui accompagnent la vrille nue, ou sans feuilles ; Ses fleurs sont petites, jaunes ; ses fausses feuilles comme celles du petit liseron. On l'appelle *vesce jaune*, à feuilles du petit liseron. Cette espèce de gesse très commune dans les terres à bled, fournit un bon pâturage aux bestiaux.

1033. La GESSE DE NISSOLE ; *Lathyrus nissolia*. Tige droite, feuilles simples, étroites, sans vrilles ; stipules très-petites, en alène ; fleurs pourpres, nutritive pour les moutons.

1034. La GESSE CULTIVÉE ; *Lathyrus sativus*. Feuilles deux à deux, graminées ; stipules de la longueur des feuilles, à vrilles ; fleur bleue ou blanche, nutritive pour les bestiaux.

1035. La VESCE A SEMENCE, OU GRAINE NOÏRE ; *Vicia semine nigro*. Caractères de la fève des marais. *Fruit :* deux légumes presque réunis à leur base. *Feuilles :* ailées, sans impaire, terminées par une vrille ; tiges s'élevant à 34 centimètres, droites, herbacées, rameuses, presque quadrangulaires ; deux fleurs bleues et blanches, axillaires, de la grandeur des folioles. *Lieu :* les champs. Annuelle. *Pro-*

priétés : la semence est nourrissante, venteuse ; sa farine est une des quatre farines résolutives ; intérieurement elle est astringente. La nécessité a quelquefois forcé d'en faire du pain, il est d'une mauvaise digestion ; la vesce sert de nourriture aux pigeons, les poules et les canards la rebutent parce qu'elle leur est nuisible. On emploie la farine des vesces en calaplasmes. Elles ressemblent beaucoup aux gesses.

1036. La VESCE DES BUISSONS. Tige très haute ; vrilles portant plusieurs feuilles ovales, stipules dentées ; pédoncules produisant plusieurs fleurs violettes, pourpres. Les légumes noirs, en grappe, pendants. Les vaches, les chèvres, les moutons, les chevaux, mangent cette plante.

1037. La VESCE DES FORÊTS. Tige anguleuse de 1 mètre ; feuilles pinnées, de douze folioles ovales ; stipules dentelées ; pédoncules axillaires, produisant douze fleurs pendantes, blanches, à lignes bleues. Elle répand une odeur désagréable.

1038. La VESCE MULTIFLORE. Tige faible, de 68 centimètres ; feuilles pinnées, de douze folioles lancéolées, étroites, un peu velues ; stipules entières ; pédoncules produisant jusqu'à trente fleurs tuilées ; petites, rangées sur un seul côté, pourpres, violettes ou toutes blanches. C'est un des meilleurs fourrages.

1039. La VESCE CULTIVÉE. Folioles échancrées ; stipules marquées d'une tache noire ; à deux fleurs presque assises ; deux légumes droits. On a fait du mauvais pain avec les semences, elles ne peuvent que nourrir les moutons et les pigeons. Cette herbe sert comme les lupins à fertiliser les terres ; on la renverse avec la charrue lorsqu'elle est en fleur. On peut semer la vesce avec l'avoine et les couper en vert, le produit en est très avantageux.

1040. La VESCE-GESSE ; *Vicia lothyroïdes.* Feuilles pinnées ; six folioles, une seule fleur d'un bleu pourpre aux aisselles des feuilles.

1041. L'ERS OU LES ERS ; *Ervum, ervilia.* Fleur papilionacée ; caractère de la lentille ; le germe plissé, ondé. *Fruit :* légumes pendants ; les haies, les champs. Annuelle.

1042. Le GALÉGA ; RUE DE CHÈVRE, à fleurs bleues. Fleur papil'onacée. *Fruit :* légume droit, plusieurs semences. *Feuilles :* ailées. *Racine :* rameuse, ligneuse, fibreuse. Les tiges s'élèvent quelquefois à la hauteur d'un homme de haute taille, presque ligneuses, cannelées, creuses, très-branchues ; les fleurs axillaires, bleues ou blanches, pendantes ; on trouve quelquefois une petite épine à la base de la foliole impaire. *Lieu :* l'Italie, l'Espagne, la Suisse : cultivé dans les jardins. Vivace. Voy. pl. 95.

II. *Herbes à fleur polypétale, irrégulière, papilionacée, qui portent trois feuilles sur une même queue.*

1043. Le PETIT TRÈFLE JAUNE OU LOTIER ; *Lotus corniculata et hirsuta minor.* Fleur papilionacée, corolle jaune : calice d'une seule pièce. *Fruit :* légume cylindrique renfermant plusieurs semences. *Feuilles :* ternées sur un pétiole. *Racine :* ligneuse, longue, noire, tiges menues, fleurs disposées en manière de têtes. *Lieu :* les prés, les pâturages. Vivace. *Propriétés :* la racine a un goût douceâtre, astringent. Cette herbe est très nourrissante pour les bestiaux, et de peu d'usage en médecine.

1044. Le LOTIER TRÈFLE MARITIME ; *Lotus maritimus.* Légume solitaire, à quatre angles membraneux ; feuilles lisses, fleurs jaunes. Cultivé sur les bords de la mer Baltique et de la Méditerranée.

1045. TRÈFLE LOTIER A SILIQUES ; *Lotus siliquosus.* Légumes solitaires, membraneux, quadrangulaires ; tiges couchées ; feuilles un peu velues en dessous ; fleurs jaunes, calices velus.

1046. Le LOTIER TRÈS ÉTROIT ; *Lotus angustissimus.* Légumes deux à deux, linaires, droits, resserrés ; tige droite ; pédoncules alternes.

1047. Le LOTIER HÉRISSÉ ; *Lotus hirsutus.* Tige droite,

hérissée, ligneuse ; fleurs en tête arrondie ; calices produisant un duvet ; légumes ovales, courts.

1048. Le LOTIER EN CORNE ; *Lotus corniculatus*. Fleurs en tête aplatie ; tige un peu couchée ; légumes cylindriques, très-droits, arrondis. Il varie par la grandeur des fleurs et des feuilles ; les corolles sont d'une odeur suave.

1049. Le LOTIER DORICNIE. Feuilles digitées, cinq ou sept folioles étroites ; fleurs en tête sans feuilles florales ; légumes très-courts.

1050. Le TRÈFLE POURPRE OU TRIOLET DES PRÉS ; *Trifolium pratense purpureum*. Fleur papilionacée : quoique la corolle soit réellement monopétale, on y distingue un étendard réfléchi, des ailes, une carêne ; le calice est d'une seule pièce, tubulé, à cinq dentelures, et ne tombe pas avec la fleur, dont la couleur est ordinairement pourprée. *Fruit* : légume court, contenant un petit nombre de semences blanches, ligneuses ; tiges de 34 centimètres environ ; quelquefois les fleurs au sommet en épis obtus. Trisannuel. *Propriétés* : les fleurs ont une odeur assez agréable, un goût légèrement astringent ; la plante est vulnéraire, détersive ; on l'emploie intérieurement en décoction, on la fait bouillir dans de l'eau ou du vin et on l'applique en cataplasme ; on en tire aussi une eau distillée, ophthalmique.

1051. Le TRÈFLE PIED-DE-LIÈVRE ; *Lagopus*. Caractères et usages du précédent ; légume enveloppé du calice, semences réniformes et rougeâtres ; tiges de 17 centimètres, droites, couvertes d'un duvet blanchâtre ; les fleurs en épis velus et ovales. *Lieu* : les champs. Annuelle.

1052. Le TRÈFLE MÉLILOT DE GERMANIE. Caractères des précédents ; corolle jaune, blanche dans plusieurs variétés ; tiges droites de la hauteur de 1 mètre 50 centimètres. *Lieu* : les haies, les buissons. Bisannuelle. Les feuilles du mélilot sont odorantes, émollientes, carminatives ; on s'en sert pour lavements adoucissants, dans les cataplasmes, fomentations, bains et potions.

1053. Le TRÈFLE, GRAND MÉLILOT VIOLET OU LOTIER ODORANT. Corolle d'un bleu violet; tige de 68 centimètres à 1 mètre, creuse, blanche; les fleurs en grappes axillaires. *Lieu :* cultivé dans les jardins. Vivace. *Propriétés :* cette plante a un goût aromatique et une odeur agréable; les mêmes vertus que la précédente, mais elle est plus résolutive; avec l'herbe on fait des décoctions, avec les fleurs des infusions. Les mélilots à légumes nus renferment plusieurs semences.

1054. Le TRÈFLE MÉLILOT BLEU. Tige droite, fleurs bleues en épis oblongs; légumes à demi nus, terminés par une pointe.

1055. Le TRÈFLE MÉLILOT OFFICINAL. Tiges droites; légumes en grappes, nus, ridés, aigus, renfermant deux semences. On le trouve à fleurs blanches et à fleurs jaunes.

1056. Le TRÈFLE MÉLILOT D'ITALIE. Tige droite; folioles entières; légumes obtus, ridés, en grappes, nus, renfermant deux semences.

1057. Le TRÈFLE HYBRIDE. Tige ascendante, fistuleuse; folioles en ovale renversé, à dents de scie; fleurs en têtes imitant une ombelle; légumes renfermant quatre semences.

1058. Le TRÈFLE DES ALPES. Tige comme en hampe, sortant de la racine, lancéolée, nerveuse; fleurs grandes, comme en ombelle; légumes pendants, renfermant deux semences. Sa racine a un goût doux comme la réglisse; on le trouve très-abondamment sur les Pyrénées, autour de Mont-Louis; les fleurs purpurines, quelquefois blanches.

1059. Le TRÈFLE SEMEUR. Tiges rameuses, velues; folioles assez petites; fleurs blanches en têtes.

1060. Le TRÈFLE LUPACÉ. Tiges menues, diffuses, un peu velues; folioles cunéiformes; têtes des fleurs fort petites, ovales; les dents du calice aiguës et ciliées.

1061. Le TRÈFLE ROUGEATRE. Tige droite, de 40

centimètres; folioles dentelées; fleurs en épis longs de 5 centimètres; calices velus; corolles rougeâtres, monopétales.

1062. Le TRÈFLE DES GAZONS. Tiges rameuses, un peu couchées; folioles ovales, très-entières, à épis arrondis; stipules opposées, très-dilatées, qui forment comme un calice commun.

1063. Le TRÈFLE ALPIN. Très-ressemblant au précédent, il diffère par les folioles plus étroites, lancéolées, par ses stipules plus longues et plus vertes, et par ses fleurs d'un beau pourpre.

1064. Le TRÈFLE INCARNAT. Tige velue, de 34 centimètres; à folioles arrondies, crénelées, à épis longs, velus, obtus, sans feuilles florales.

1065. Le TRÈFLE OCREUX; *Trifolium ocroleucum*. Tige droite; feuilles inférieures, un peu en cœur; les autres ovales; les fleurs de couleur d'ocre.

1066. Le TRÈFLE A FEUILLES ÉTROITES. Feuilles linaires, épis velus, coniques, de 5 ou 7 centimètres; dents du calice sétacées.

1067. Le TRÈFLE DES CHAMPS. Épis velus, ovales; dents du calice sétacées, égales.

1068. Le TRÈFLE ÉTOILÉ; *Trifolium stellatum*. Épis ovales, chargés de poils; calices fort grands, dont les segments, extérieurement velus, sont ouverts en étoile.

1069. Le TRÈFLE RUDE; *Trifolium scabrum*. Tiges couchées; têtes ovales, assises aux aisselles des feuilles; calices à dents recourbées; corolles blanches.

1070. Le TRÈFLE GLOMÉRULÉ. Tiges penchées; têtes hémisphériques arrondies, assises aux aisselles des feuilles; segments du calice égaux, ouverts.

1071. Le TRÈFLE STRIÉ; *Trifolium striatum*. Têtes assises, ovales; calices arrondis, striés; fleurs petites, d'un pourpre clair.

1072. Le TRÈFLE ÉCUMEUX; *Trifolium spumatum*.

Tiges nombreuses, diffuses; épis ovales; fleurs rouges ; calices enflés, lisses ; cinq dents terminées par des soies.

1073. Le TRÈFLE FRAISIER ; *Trifolium fragiferum*. Tige rampante; têtes arrondies; calices enflés, soyeux ; deux dents renversées.

1074. Le TRÈFLE A ÉTENDARDS RENVERSÉS. Son nom désigne son caractère.

1075. Le TRÈFLE DES MONTAGNES ; *Trifolium montanum*. Tige de 34 centimètres, droite; folioles lancéolées, dentelées, nerveuses, un peu velues en dessous; têtes arrondies terminales , peu nombreuses; calices nus; l'étendard de la fleur est en alène.

1076. Le TRÈFLE HOUBLONNÉ ; *Trifolium agrarium*. Tiges droites, diffuses ; épis ovales, denses ; étendards persistants, renversés ; calices très peu velus. Les corolles jaunes se flétrissent sans tomber, et acquièrent alors une couleur ferrugineuse qui donne aux épis l'apparence de celle du houblon.

1077. Le TRÈFLE PAILLE; *Trifolium spadiceum*. Très ressemblant au précédent , il ne diffère que par ses calices plus velus.

1078. Le TRÈFLE JAUNE ; *Trifolium procumbens*. Tige couchée ; épis ovales; étendards durables, renversés. On compte dix à douze petites fleurs jaunes dans l'épi.

1079. Le TRÈFLE FILIFORME ; *Trifolium filiforme*. Il ne diffère du précédent que par ses tiges plus menues, par ses épis moins garnis de fleurs, quatre à cinq, très petites.

1080. L'ARRÊTE-BŒUF, ONONIS ÉPINEUX, à fleur rouge pourpre ; *Anonis spinosa*. Fleurs papilionacées; étendard en cœur; corolle purpurine. *Fruit :* légume renflé. *Feuilles :* trois à trois, un peu gluantes. *Racine :* longue, rampante, brune en dehors et blanche en dedans. Espèce de sous-arbrisseau ; tige de 34 centimètres environ, velue, rameuse; les rameaux épineux; les fleurs en grappes; les feuilles alternes. *Lieu :* les terrains incultes, les champs, aux labours desquels elle est nuisible. Vivace. *Usages :* la racine est une des cinq racines apéritives mineures.

1081. L'ARRÊTE-BŒUF A FLEUR JAUNE *ou buqrane sans épines.* Caractères du précédent ; corolle jaune, légume moins velu. *Propriétés :* l'odeur de toute la plante, qui est balsamique, annonce des qualités médicales avantageuses dans plusieurs maladies.

1082. La BUGRANE DES ANCIENS ; *Ononis antiquorum.* Tige ramassée très épineuse ; fleurs solitaires ; pédoncule plus grand que la foliole.

1083. La BUGRANE DES CHAMPS ; *Ononis arvensis.* Tige penchée, dont les rameaux en vieillissant deviennent épineux ; les feuilles des branches ternées ; fleurs en grappes, sortant deux à deux des aisselles, ayant chacune son pédoncule. Elles sont pourpres, quelquefois blanches.

1084. La BUGRANE RAMPANTE ; *Ononis repens.* Très ressemblante à la précédente ; elle en diffère par ses tiges couchées, éparses çà et là ; elle est plus petite, ses feuilles plus velues ; ses fleurs solitaires aux aisselles.

1085. La BUGRANE TRÈS PETITE ; *Ononis minutissima.* Tiges filiformes, un peu ligneuses ; fleurs axillaires, solitaires ; corolles jaunes, plus courtes que le calice ; légumes ovales ; très commune en Suisse.

1086. La BUGRANE RÉFLÉCHIE ; *Ononis reclinata.* Tiges petites, velues, un peu visqueuses ; feuilles ternées ; folioles arrondies, crénelées ; pédoncules ne portant qu'une fleur blanchâtre et un peu purpurine ; légumes réfléchis contre les pédoncules.

1087. La BUGRANE VISQUEUSE. Feuilles ternées et simples ; pédoncules uniflores, terminés par un fil ; fleurs d'un jaune pâle ; tiges droites chargées de poils qui donnent une humeur gluante.

1088. La BUGRANE GLUANTE ; *Ononis natria.* Feuilles ternées, visqueuses, dentelées au sommet ; stipules très entières ; tiges ligneuses ; fleurs jaunes, grandes, portées sur des pédoncules chargés d'un filet particulier. Toute la plante répand une odeur forte de thériaque.

1089. La BUGRANE ÉPAISSE ; *Ononis pinguis*. Ressemble à la précédente, mais sa tige est moins ligneuse, plus anguleuse ; les feuilles sont plus longues, lancéolées ; les filets des pédoncules de la longueur de la fleur.

1090. La TRIGONELLE, FENU-GREC ; *Trigonella, fœnum græcum*. Fleur papilionacée. *Fruit* : légume allongé, étroit, courbé en forme de faux et terminé en pointe ; semences rhomboïdales, sillonnées. *Feuilles* : ternées. *Racine* : menue, blanche, ligneuse ; fleurs jaunâtres. *Lieu* : le Languedoc ; cultivé dans les jardins. Vivace. *Propriétés* : cette plante est odorante, mucilagineuse, émolliente, maturative, laxative. On se sert souvent de la semence que l'on réduit en farine ; elle entre dans presque tous les cataplasmes émollients, maturatifs ; on l'emploie aussi en lavements émollients, carminatifs et anodins ; le mucilage des graines est ophthalmique.

1091. La TRIGONELLE CORNICULÉE. Tiges droites ; fleurs en bouquets ; pédoncules épineux ; légumes pendants, recourbés en dehors, en faucille, rassemblés en tête ; fleurs petites, d'un jaune pâle ; très odorantes ; elles sont succédanées du mélilot ; toute la plante fournit un bon fourrage pour les chèvres et les moutons.

1092. La TRIGONELLE DE MONTPELLIER. Tiges un peu velues, couchées par terre ; légumes presque assis, sans pédoncules, entassés aux aisselles, huit à dix, arqués, divergents ; fleurs petites et jaunes ; pédoncules en arête molle. En Bourgogne, à Paris.

1093. La TRIGONELLE FENU-ROMAIN ; *Trigonella fœnum romanum*. Légumes fort longs, un peu courbés, presque sessiles et solitaires.

1094. La LUZERNE A FLEURS ROUGES ; *Medicago sativa floribus purpureis*. Fleur papilionacée ; étendard ovale ; calice d'une pièce, droit, campanulé, cylindrique. *Fruit :*

légume aplati, long, contourné ; semences réniformes.
Feuilles : ternées, pétiolées ; folioles ovales ou lancéolées,
dentées à leur sommet. *Racine :* blanche, ligneuse. Tige
de 34 centimètres au moins, sans poils, lisse et droite ;
fleurs violettes ou purpurines, pédonculées, disposées en
grappes. *Lieu :* les prés ; la luserne en prairie artificielle
prend, dans les bons fonds, la consistance d'un arbuste.
Vivace. *Propriétés :* rafraîchissante, légèrement apéritive ;
on s'en sert en décoction, mais elle est plus utilement employée à nourrir les bestiaux, auxquels, cependant, il n'en
faut donner que modérément.

1095. La LUZERNE CULTIVÉE. Tige droite, lisse ; fleurs
en grappes ; légumes plats contournés.

1096. La LUZERNE A FAUCILLE ; *Medicago falcata.* Tige
couchée ; légumes en croissant ; fleurs en grappes, d'un
jaune rougeâtre ou pâle, mêlé de bleu et de violet.

1097. La LUZERNE LUPULINE. Tiges couchées ; fleurs
très petites, jaunes, en tête ; légumes réniformes, fort
petits, noirâtres, monospermes, ramassés en tête.

1098. La LUZERNE POLYMORPHE. Tige diffuse ; stipules
dentées ; légume très contourné, faisant plusieurs circon-
volutions sur lui-même.

1099. Le HARICOT OU FLAGEOLET ; *Phaseolus vulgaris.*
Fleur papilionacée ; étendard cordiforme ; carène étroite
roulée en spirale ; calice d'une seule pièce. *Fruit :* légume
long, droit, coriace, terminé par une pointe ; semence réniforme. *Feuilles :* pétiolées ; folioles très entières. *Racine :*
grêle, fibreuse ; tige longue, rameuse, qui s'entortille ;
légumes pendants. *Lieu :* l'Inde ; cultivé dans les potagers.
Annuelle. *Propriétés :* les semences sont nourrissantes,
venteuses, émollientes, résolutives ; réduites en farine on
les emploie dans les cataplasmes ; le caractère essentiel et
générique du haricot se trouve sur la carène, qui, réunie
avec les étamines et le pistil, est roulée en spirale.

1100. Le HARICOT COMMUN ; *Phaseolus vulgaris.* Tiges

grimpantes, se roulant autour des fulcres ; fleurs en grappes, deux à deux, bractées plus petites que le calice ; légumes pendants.

1101. Le haricot a fleurs pourpres ; *Phaseolus coccineus.* Variété du commun. Le haricot est nourrissant, mais difficile à digérer ; l'écorce de ces semences résiste aux forces digestives de l'estomac ; c'est pourqnoi les personnes délicates doivent préférer les purées. Les tiges battues fournissent une bonne nourriture aux moutons.

1102. Le haricot nain ; *Phaseolus nanus.* Tiges courtes, droites, lisses ; bractées plus longues que le calice ; légumes pendants, comprimés, ridés. Originaire des Indes ; cultivé dans les jardins. Les semences sont comme des grains de riz, elles en portent le nom.

V. Herbes à fleur polypétale, irrégulière, papilionacée, dont le pistil devient une gousse bicapsulaire ou divisée en deux loges selon sa longueur.

1103. L'astragale ou réglisse sauvage ; *Astragalus glycyphyllos.* Fleur papilionacée ; calice tubulé, d'une seule pièce. *Fruit :* légume biloculaire ; semences réniformes. *Feuilles :* ailées, avec une impaire. *Racine :* rameuse ; tiges feuillées ; les fleurs pédonculées avec des fleurs florales. *Lieu :* les bois, les prés et pâturages humides. Vivace. Apéritive.

1104. L'astragale-adragant de marseille ou *barbe de renard.* Caractères de la précédente ; le légume moins grand, terminé par une pointe ; tige velue montant en arbrisseau ; fleurs purpurines. En Provence. Vivace. Rafraîchissante.

1105. L'astragale alopécurier. Tiges de 68 centimètres, velues ; feuilles fort longues, composées d'un grand nombre de folioles ; fleurs en épis ; calices et légumes laineux. En Espagne. .

1106. L'astragale sillonné. Tige lisse ; légumes

amincis par les deux extrémités; fleurs en grappes, petites, d'un bleu pâle.

1107. L'ASTRAGALE VELU. Tige chargée de poils; fleurs jaunâtres, en épis; légumes en alène, velus, ronds.

1108. L'ASTRAGALE ESPARCETTE; *Astragalus onobrychis*. Tige rameuse, chargée de poils soyeux; fleurs en épis longs, d'un pourpre bleuâtre; étendards très longs; légumes courts, hérissés, enflés.

1109. L'ASTRAGALE A VESSIES; *Astragalus cicer*. Tiges couchées, presque lisses; légumes enflés, globuleux, velus, terminés par une pointe.

1110. L'ASTRAGALE DOUX. Tige couchée, lisse, rameuse; feuilles d'un vert clair; légumes un peu couchés, en faucille; fleurs d'un jaune pâle; la racine est douce, analogue à la réglisse. On peut la regarder comme ayant les mêmes vertus. Toute la plante est très nutritive; elle plaît aux bestiaux, et pourrait former d'excellentes prairies artificielles.

1111. L'ASTRAGALE A HAMEÇONS. Tiges couchées, de 17 centimètres; pédoncules axillaires, portant quatre ou cinq fleurs jaunâtres; légumes repliés sur eux-mêmes, très crochus, comme des hameçons. En Languedoc, en Bourgogne.

1112. L'ASTRAGALE SESAMIER. Tiges rameuses; pédoncules très courts, portant quatre ou cinq fleurs bleues; légumes droits, hérissés, en alène, repliés à leur sommet. En Languedoc.

1113. L'ASTRAGALE DES ALPES. Tiges couchées; fleurs pendantes, en grappes; folioles ovales; légumes renflés, hérissés, pointus par les deux extrémités.

1114. L'ASTRAGALE DES MONTAGNES. Tiges presque en hampes, plus longues que les feuilles; fleurs pourpres, droites, en épis lâches; légumes enflés, droits, un peu hérissés, le sommet est replié. En Suisse.

1115. L'ASTRAGALE SOYEUX. Hampes droites, plus longues que les feuilles, qui sont ovales, lancéolées, soyeuses ; légumes en alène, enflés, droits, hérissés ; fleurs pourpres, violettes. Aux Pyrénées, en Suisse.

1116. L'ASTRAGALE DE MONTPELLIER. Hampes inclinées, ovales, un peu velues ; fleurs à étendard très long ; légumes en alène, arrondis, lisses, un peu arqués. En Suisse, en Languedoc.

1117. L'ASTRAGALE BLANCHATRE. Hampes penchées ; folioles blanchâtres, cotonneuses ; fleurs en épis courts, denses ; légumes en alène, un peu arqués, blancs, courbés à la pointe. En Provence.

1118. L'ASTRAGALE CHAMPÊTRE. Hampes couchées ; calices et légumes velus ; folioles lancéolées, aiguës ; fleurs jaunes.

1119. L'ASTRAGALE, TRAGACANTHE LIGNEUSE : est caractérisée par les pétioles qui deviennent épineux. Très commune sur les côtes de Narbonne, dans l'île Sainte-Lucie, surtout dans les îles de l'Archipel ; c'est de cette espèce que suinte la gomme adragant, qui se dissout facilement dans l'eau. On la prescrit en poudre dans les diarrhées bilieuses. Toutes les gommes ont les mêmes propriétés ; ainsi, que l'on adopte l'*adragant*, l'*arabique* ou celle de *cerisier*, c'est la même chose.

1120. La DOUBLE SCIE PÉLICINE ; *Biserrula pelicin s.* Astragale à tige menue, striée ; folioles nombreuses, comme en cœur ; pédoncules axillaires, portant quatre ou cinq fleurs assises. En Languedoc.

1121. La FHAQUE DES ALPES. Astragale à tige droite, très rameuse, lisse ; folioles elliptiques, hérissées ; légumes pendants, enflés, en vessie ; fleurs jaunes. En Suisse.

ONZIÈME CLASSE OU GROUPE. Anomales.

Herbes et sous-arbrisseaux, à fleur polypétale proprement dite, irrégulière, nommée anomale.

I. Herbes à fleur polypétale, irrégulière, anomale, dont le pistil devient un fruit unicapsulaire.

1122. L'IMPATIENCE : BALSAMINE FEMELLE ; *Impatiens balsamina fœmina.* Fleur anomale, cinq pétales inégaux, sorte de calice composé de deux folioles vertes, arrondies, terminées en pointe ; corolle divisée en deux lèvres ; au-dessous de la corolle on voit un nectaire en forme de capuchon, qui se prolonge en manière de corne. *Fruit :* capsule uniloculaire, à cinq valvules, qui dans la maturité s'ouvrent avec élasticité en se pliant en spirale ; semences obrondes. *Feuilles :* simples, dentées en manière de scie. *Racine :* menue, imitant un fuseau ; tige haute de 50 centimètres. *Lieu :* les Indes, nos jardins. Annuelle. On la cultive dans les jardins pour l'agrément de ses fleurs plus que pour ses vertus médicinales ; cependant elle est vulnéraire, détersive.

1123. La BALSAMINE CULTIVÉE. Pédoncules agrégés, portant une seule fleur ; feuilles lancéolées.

1124. La BALSAMINE JAUNE ; *Impatiens, noli me tangere.* Tige de 68 centimètres, rameuse, un peu succulente, renflée à l'origine des rameaux ; feuilles pétiolées ; pédoncules portant quatre ou cinq fleurs pendantes, jaunes, assez grandes, à cinq étamines ; l'herbe est âcre ; froissée entre les doigts, elle répand une odeur nauséabonde ; on la dirait vénéneuse ; une personne, ayant avalé six grains des feuilles fraîches, en éprouva des nausées, des envies de vomir très fortes, analogues à un empoisonnement.

1125. La VIOLETTE ODORANTE DE MARS, rouge, à fleur simple ; *Viola martia.* Fleur anomale, cinq pétales inégaux, dont l'arrangement a quelque ressemblance avec celui des papilionacées. *Fruit :* capsule ovale ; semences ovoïdes. *Feuilles :* cordiformes. *Racine :* fibreuse, sarmenteuse, stolonifère, rampante ; tige de quelques pouces. *Lieu :* les bois, les prés. Vivace. *Propriétés :* fleurs âcres, piquantes au goût, d'une odeur agréable ; les feuilles, l'herbe et les racines sont insipides; la fleur est rafraîchissante. *Usages :* on emploie toute la plante; la fleur est une des quatre fleurs cordiales; on en fait un sirop, une conserve, du miel.

1126. La VIOLETTE HÉRISSÉE ; *Viola hirsuta.* Feuilles en cœur, velues, hérissées, pétioles velus ; fleurs sans odeur.

1127. La VIOLETTE DES MARAIS ; *Viola palustris.* Feuilles en rein, lisses; fleurs petites, d'un bleu clair.

1128. La VIOLETTE ODORANTE; *Viola odorata.* Feuilles en cœur, drageons rampants. Le suc exprimé des fleurs fraîches est certainement aussi purgatif que la manne ; une grande quantité de fleurs fraîches, renfermées dans une chambre fermée, peuvent être funestes pour ceux qui y respirent longtemps. Toutes les teintures alcalines verdissent le sirop de violettes, qui, de même que la conserve, est indiqué dans les rhumes.

1129. La VIOLETTE SAUVAGE ; *Viola canina.* Tige couchée qui se relève lorsqu'elle produit ses fleurs ; feuilles en cœur; stipules dentées et à cils; fleurs sans odeur, bleues, avec nectaire blanc.

1130. La VIOLETTE DES MONTAGNES ; *Viola montana.* Tiges droites; feuilles en cœur; fleurs axillaires, bleues ou blanches.

1131. La VIOLETTE JAUNE ; *Viola biflora.* Tige faible de 5 centimètres, portant une ou deux fleurs jaunes.

1132. La VIOLETTE PENSÉE ; *Viola tricolor.* Tige diffuse, lisse; trois angles ; feuilles oblongues, découpées; fleurs axillaires, *blanches, jaunes* et *violet foncé.* On la trouve à grande et à petite corolle, à tige droite ou couchée. Voy. pl. 125, la représentation d'une *pensée* magnifique.

COROLLAIRE SUR LE GENRE DES PENSÉES OU *violettes.* M. le baron de Ponsort, ancien officier supérieur de l'armée, ayant consacré les loisirs de sa retraite à des travaux de floriculture, publia, en 1844, un *Traité sur la culture de la pensée*, auquel nous empruntons le fond de ces développements. M. de Ponsort soutient dans son livre, contre la majorité des botanistes, que la *pensée est vivace* et non *annuelle*, et, pour prouver sa thèse, l'honorable écrivain apporte, dit-il avec autant de feu que de modestie, *sa goutte d'eau au fleuve impétueux de l'expérience*, afin de combattre le préjugé commun. La *patrie de la pensée c'est l'Univers* : on rencontre cette humble fleur de l'océan Atlantique au grand Océan : et du lac Ontario à la Terre de Feu. Dieu l'a répandue dans l'Univers, comme la *pensée humaine*, son homonyme, dans le champ intellectuel. Après ces gracieuses images de la pensée, M. le baron de Ponsort établit une nomenclature des espèces de cette plante qui lui est propre, et dont il suffit d'énumérer les suivantes :

1133. La PENSÉE DE DIEU ; *Viola grandiflora*. Magnifique variété, que la culture multiplie chaque jour de plus en plus au moral, dans les vastes domaines de la religion, comme les personnes de bon goût dans leurs collections de plantes florales.

1134. La SOMBRE PENSÉE ; *pensée anglaise*. Aux pétales noirâtres, imitant le spleen.

1135. La PENSÉE DE FRANCE. Autrefois blanche comme le lis éclatant; de nos jours tricolore et tout à fait bien cultivée dans tous les jardins.

1136. La PENSÉE VIOLETTE : à laquelle chaque pays attache un surnom en lui conservant le même emblème. C'est cette humble et modeste fleur, que Véturie envoya à Coriolan inflexible, afin de conjurer l'orage de sa colère. Saint Louis, roi de France, malade à Pontoise, l'envoyait à Blanche de Castille pour tranquilliser les sollicitudes de sa tendresse maternelle. Ainsi, l'humble *famille des violettes*, sans avoir la majesté du lis, ni *la force des fritillaires*, ni l'odeur de la rose, eut dans tous les temps et dans tous les lieux, le privilége de plaire à tout le monde. La pensée est naturelle à l'homme comme à la terre. Cependant elle aime une *demi-ombre*, le grand air. Elle commence à pousser du 15 au 20 mai avec toute la sève que développe le printemps. Il faut l'arroser avec modération soir et matin. On pince le sommet de ses pousses pour contraindre la sève à se replier sur la plante, afin de lui donner plus de consistance. Alors, le pivot fortifié donne, jusqu'aux premiers froids de l'hiver, une floraison splendide. La pensée brave le sévice des temps, mais une succession de gelée et de dégel compromet sa vie. Le meilleur moyen de la garantir de ces funestes accidents, c'est de la cultiver en pot, pour l'abriter en temps opportun. On multiplie la pensée par marcotte ou par bouture ; on la sème aussi en mars et en août, sur place ou dans des baquets. La pensée qui dégénère en blanc et perd l'éclat de ses autres couleurs, est une pensée malade, qui se meurt d'inanition et qu'il faut conforter en fumant le terrain où elle est plantée. Les limaces sont ses plus cruels ennemis, elles la mangent et la salissent : les chats y vont déposer leurs défécations et en arrachent avec leurs griffes les racines pour cacher la souillure infecte qu'ils lui infligent, et alors la pensée ne tarde pas à périr : mais pour ressusciter encore par ses graines ou même par ses tiges, si on a soin de les secourir en les environnant d'un terreau bienfaisant. Quelques fleuristes ont énuméré jusqu'à 600 espèces de *pensées* ou *violettes*. Celles qui suivent nous ont paru les plus remarquables.

1137. Viola ; *Adelina.* Sommet rose pâle, veiné violet ; bordure jaune se perdant dans le rose, qui se dégrade insensiblement ; base jaune nuancée vers les extrémités d'un bleu violacé.

1138. Viola ; *Perfection.* Les corolles pourpres aux reflets violacés se détachent sur trois pétales jaunâtres fortement bordés pourpre, tiquetés jaune à la jonction des nuances.

1139. Viola ; *Agar.* Le bleu changeant de la tête se fait

encore sentir sur les contours du pied ; le cœur jaune est agréablement relevé par une moucheture marron.

1140. Viola ; *Alba grandiflora.* Corolles blanches au centre desquelles se ramifient quelques lignes violettes.

1141. La pensée obscure. Violet d'évêque, liseré jaune à la base, cœur jaune vif rayé marron presque en totalité.

1142. La pensée Basile. Violet bleu, veiné pâle, maculé de faibles taches blanches, base jaune foncé vers le centre ; stries peu prononcées.

1143. Viola ; *belle Gabrielle.* Tige bien sombre, nuance brune ou blonde ; voile d'un violet noir qui retombe sur les flancs en reflets bleus.

1144. La pensée ; *caprice de dames.* Bleu ardoisé, flanqué vers le milieu des corolles de deux taches violettes, petites, régulières ; barbe marron foncé, centre jaune.

1145. Viola ; *Captivation.* Jaune soufre, régulièrement strié de bandes minces ; les pétales supérieurs d'un violet très pur sur lequel les pointes du fond se détachent en relief et offrent l'image d'innombrables cornets.

1146. La pensée de César le grand. Le violet pourpre se réfléchissant sur les contours inférieurs, le cœur blanc, envahi par la macule.

1147. La pensée chevaleresque. Tête d'un violet d'évêque, base d'un jaune largement bordé de violet, liséré blanc ; stries violettes occupant le centre.

1148. Viola ; *Christiana.* Le violet du sommet se pourpre à l'approche de l'éperon, puis entoure les corolles subséquentes d'une ample raie moins foncée, lisérée jaune, teinte unique du cœur.

1149. Viola ; *duchesse de Richemond.* Se caractérise par le violet pourpre des corolles, le jaune tendre des côtés, foncé de la base, mouchetée violet.

1150. La pensée éclipsée. Le violet d'évêque surmonte le jaune bordé en teintes fines et claires qui se faufilent timides vers le cœur et se terminent en stries verdâtres.

1151. La **pensée Fénelon**. Innombrables reflets du velours d'évêque soutenues par un blanc bordé violet clair, maculé et liséré blanc, qui repose lui-même sur un jaune à la bordure violet foncé.

4152. La **pensée Henri IV**. Un blanc très pur, animé par la large bordure violette des premier, second et cinquième pétales.

1153. La **pensée**; *Jean Bart*. Velours violet sombre, liséré soufre dominant un jaune pâle.

1154. La **pensée**; *Kléber*. Violet d'évêque; cœur jaune, dont la large macule ne laisse entrevoir qu'un faible cordon.

1155. **Viola**; *Raynal*. Velours violet changeant, liseré blanchâtre à la base; un marron noir scintille sur le fond blanc.

1156. **Viola**; *Marie de Ponsort*. Sommet rose pâle, plus vif sur les contours; ailes mi-jaunes, mi-roses, pied brun ou rouge bistre.

1157. La **pensée**; *princesse Malthide*. Bleu nuancé; le jaune du centre se perd dans la dernière foliole, lisérée violet.

1158. **Viola**; *Rêve - de - bonheur*. Corolles d'un rose tendre veiné plus sombre; le cœur, jaune encadré de rose légèrement strié, présage de gloire. Toujours l'espérance ne mûrit point sur la terre!

1159. La **pensée**; *Rose des vents*. Violet d'évêque couronnant une teinte orange diaprée dans sa totalité de filets minces.

1160. **Viola**; *Veyssière, prélat romain*. Un rose nuancé surmonte agréablement un jaune pâle, chargé au pied d'une forte tache violette; le marron, le violet, envahissent le cœur sans jamais se confondre.

1161. La **pensée défiante**. Jaune pâle, plus chaud à la base; stries marron.

1162. La **pensée Zénobie**. Violet pourpre très foncé, se

termine par trois pétales jaunes lisérés pourpre, et quelquefois lilas bleu.

1163. La Violette éperonnée ; *Viola calcareata*. Tiges hautes, rameuses; feuilles oblongues ; fleurs très grandes, dont l'éperon est deux fois plus long que le calice. Sur les montagnes.

1164. La fumeterre ; *Fumaria officinalis*. Fleur anomale, imitant les papilionacées. *Fruit :* petite silicule uniloculaire , contenant des semences obrondes. *Feuilles :* pétiolées , terminées par une impaire. *Lieu :* les champs, les jardins. Annuelle. *Propriétés :* très amère et désagréable au goût, sans odeur; l'herbe est détersive , apéritive , diurétique, antiscorbutique. Voy. pl. 105.

1165. La fumeterre bulbeuse. Racines bulbeuses, charnues; feuilles ailées, d'un vert de mer; fleurs sans calice, en grappes, terminant la tige, bleues, purpurines, quelquefois roses ou blanches, très amères..

1166. La fumeterre vivace ; *Fumaria caproides*. Tiges rameuses ; fleurs blanches.

1167. La Fumeterre dentelée. Capsule à une seule semence; fleurs ramassées en grappes. Les vaches et les moutons mangent cette plante, que les chèvres et les chevaux négligent.

1168. La fumeterre grimpante ; *Fumaria capriolata.* Feuilles se roulant par l'extrémité des folioles autour des fulcres voisins.

1169. La fumeterre a épis ; *Fumaria spicala*. Tiges droites; folioles filiformes; fleurs en épis. En Auvergne.

1170. Le réséda jaune; *herbe des mauves*. Fleur anomale, jaune ; plusieurs pétales inégaux, dont un est chargé de miel. *Fruit :* capsule bossue, semences réniformes. *Feuilles :* sessiles, découpées. *Racine :* grêle et blanche. *Tiges :* de 34 centimètres, creuses, velues, courbées. *Lieu :* les terres crétacées ou sablonneuses. Annuelle. Toute la plante est amère au goût, adoucissante et résolutive.

1171. La GAUDE, *réséda jaunâtre à feuille de saule : herbe à jaunir*. Fleur et fruit, comme la précédente ; feuilles très entières, imitant celles du saule. *Racine* : blanche, droite, pivotante. *Tige* : de 68 centimètres à 1 mètre, et de 1 mètre 34 à 1 mètre 68 centimètres, lorsqu'elle est cultivée ; les fleurs disposées le long de la tige, en espèce d'épis. *Lieu* : le bord des chemins ; cultivée dans les champs. Annuelle. *Propriétés* : la racine apéritive. *Usages* : on se sert de la racine en décoction. Dans les résédas, le calice est d'une seule pièce découpée en lanières.

1172. Le RÉSÉDA JAUNISSANT ; *gaude des teinturiers*. Feuilles lancéolées, entières, offrant de chaque côté une dent à leur base ; calice à quatre lanières.

1173. Le RÉSÉDA TRÈS JAUNE. Toutes ses feuilles sont fendues en trois ; le calice de six lanières ; six pétales. Les moutons mangent ce réséda, les autres bestiaux le négligent.

1174. Le RÉSÉDA CALICINIER ; *Reseda phytenma*. Feuilles à trois lobes ; calice de six lanières, plus grand que la fleur ; anthères jaunes ou rougeâtres.

1175. Le RÉSÉDA ODORANT ; *Reseda odorata*. Très ressemblant au précédent par le port et les feuilles, il en diffère par son calice plus court, ses anthères d'un rouge de brique. Originaire d'Égypte, cultivé dans nos jardins.

II. *Herbes à fleur polypétale, irrégulière, anomale, dont le pistil devient un fruit multicapsulaire.*

1176. L'ACONIT SALUTIFÈRE ; *tue-loup* ; *Anthore* : ainsi nommé parce qu'il donne la mort, pris à une certaine dose. Fleur anomale, pourpre, cinq pétales inégaux. *Fruit* : cinq capsules ovales, en forme d'alène, renfermant des semences anguleuses, ridées et noirâtres. *Feuilles* : digitées, blanchâtres en dessous. *Racine* : tubéreuse, composée de deux ou trois tubercules bruns en dehors, blancs en dedans. *Tige* unique, de 34 centimètres environ, forme anguleuse, un peu velue. *Lieu* : les Alpes et les montagnes.

Vivace. *Propriétés :* les racines ont un goût amer et âcre. Les aconits sont sans calice.

1177. L'aconit tue-loup ; *Aconitum lycoctonum.* Feuilles à découpures, élargies ; fleurs d'un jaune pâle ; trois siliques. Sur les montagnes.

1178. L'aconit napel. Fleurs bleues, à trois siliques. cette espèce est allemande.

1179. L'aconit anthore. Feuilles hérissées ; découpures linaires ; cinq styles. Sur les montagnes du Bugey.

1180. L'aconit paniculé. Tige rameuse, paniculée ; pédoncules portant plusieurs fleurs ; feuilles cunéiformes, lisses. Sur les montagues du Dauphiné.

1181. L'aconit bigarré. Tige petite ; feuilles fendues à moitié. Sur les montagnes. Tous les aconits sont très âcres, amers ; appliqués sur la peau, ils l'enflamment, causent des phlyctènes ; gouttez les feuilles, elles laissent sur la langue une sensation âcre, brûlante, qui dure plusieurs heures. Si on en mâche même une très petite quantité, l'œsophage s'échauffe, et on sent longtemps une sensation d'ardeur ; la salive coule abondamment, et l'estomac éprouve des nausées, de l'anxiété. Les racines et les feuilles, prises à haute dose, excitent tous les symptômes des vomissements. Dans ces malheureuses circonstances, si on arrive à temps, il faut faire vomir le malade, et donner immédiatement après, les huileux à grandes doses. Les chèvres mangent l'aconit tue-loup, et les chevaux, le napel ; on trouve dans le nectaire des napels un miel aussi doux et aussi agréable que celui de l'œillet, aussi les fleurs ne sont point vénéneuses.

1182. Le pied-d'alouette ; *petite consoude : dauphine des moissons.* Fleurs anomales, bleues au sommet ou roses, à cinq pétales inégaux, disposés en rond ; point de calice. *Fruit :* unicapsulaire, plusieurs semences rudes, anguleuses, noires. *Feuilles :* divisées en folioles étroites. *Racine :*

rameuse. *Lieu :* les champs, nos jardins. Annuelle. Ornement des parterres. Vulnéraire et astringente.

1183. La STAPHISAIGRE ; *herbe aux poux*, à feuilles de platane : *Delphinium staphisagria.* Fruit tricapsulaire , à lobes obtus. *Feuilles :* palmées, velues, portées sur de longs pétioles. *Racine :* longue, ligneuse, fibreuse. *Tige :* de 34 à 68 centimètres, droite, ronde, velue , rameuse. *Fleur :* bleues et velues au sommet, plus grandes que celles du pied-d'alouette ; feuilles alternes. *Lieu :* la Provence , le Languedoc, dans les terrains ombrageux. Annuelle. *Propriétés :* cette plante est d'une saveur très âcre , et d'une odeur nauséeuse ; la semence est un purgatif violent ; elle est masticatoire, sternutatoire, détersive ; vénéneuse, prise intérieurement. *Usages :* on s'en sert extérieurement comme d'un vulnéraire détersif , pour consumer les chairs baveuses des ulcères ; on s'en sert aussi pour *détruire les poux* et autres insectes de la peau chez les animaux, en mêlant la graine réduite en poudre avec du beurre. Le genre des dauphins, *Delphinium*, a des fleurs sans calice.

1184. Le DAUPHIN DES BLÉS ; *pied-d'alouette sauvage.* Tige rameuse ; nectaire de deux pièces.

1185. Le DAUPHIN CULTIVÉ ; *Delphinium Ajacis.* Tige simple ; nectaire d'une seule pièce.

1186. Le DAUPHIN ÉTRANGER ; *Delphinium peregrinum.* Nectaire de deux pièces ; corolle de neuf pétales ; feuilles découpées en folioles obtuses. Originaire d'Italie.

1187. Le DAUPHIN ÉLANCÉ ; *Delphinium elatum.* Nectaire de deux pièces fendues, barbues au sommet ; tige droite ; feuilles palmées ; folioles découpées.

1188. Le DAUPHIN STAPHISAIGRE : à feuilles palmées ; lobes obtus. En Provence, en Languedoc.

1189. L'ANCOLIE SAUVAGE ; GRIFFE D'AIGLE , ancolie du Canada ; *Aquilegia sylvestris.* Fleur anomale. Les fleurs imitent les griffes de l'aigle, d'où lui vient son nom latin , point de calice. *Racine :* pivotante, branchue, blanche, fibreuse. *Tige :* de 68 centimètres, rougeâtre. *Lieu :* les bords des bois, les jardins. Vivace. *Propriétés :* la racine a une saveur doucâtre ; elle est apéritive, rafraîchissante. Voy. pl. 19, un magnifique sujet de cette espèce : *l'ancolie du Canada.*

1190. L'ancolie vulgaire. Nectaires courbés en dedans, tiges rameuses, portant plusieurs fleurs.

1191. L'ancolie visqueuse. Elle diffère de la précédente par sa tige presque nue, visqueuse, un peu velue, portant peu de fleurs, ce qui est l'effet du climat. En Languedoc.

1192. L'ancolie des Alpes ; *Aquilegia Alpina.* Fleurs très grandes. Sur les montagnes du Dauphiné. L'ancolie offre une foule de variété à fleurs blanches, rouges, pleines, petites, grandes ; elle répand une odeur et une saveur désagréable, ce qui la rend suspecte. Le sirop préparé avec les fleurs, est d'un beau bleu, il peut servir comme celui des violettes, pour déterminer la nature des sels. Les chèvres mangent cette plante ; que les autres bestiaux négligent.

1193. La fraxinelle ; dictame blanc des friches. Calice de cinq feuillets ; corolle de cinq pétales. *Fruit :* cinq capsules réunies en dedans par la base. *Feuilles :* alternes, ailées, avec une impaire, ressemblant à celles du frêne. *Racine :* menue, blanche. *Tige :* de 50 centimètres, velue, droite, rameuse ; fleurs en grappe. *Lieu :* le Languedoc, Vivace. *Propriétés :* la racine récente est amère, et répand une odeur forte. Elle est vermifuge.

1194. La grande capucine, à large feuille et vaste fleur ; *Tropæolum majus.* Fleur anomale ; le calice d'une seule pièce, coloré, jaune, divisé en cinq découpures. *Fruit :* trois baies solides, convexes d'un côté, sillonnées et anguleuses de l'autre ; chaque baie renferme une semence d'une forme à peu près semblable. *Feuilles :* pétiolées, en rondache, planes, lisses, divisées comme en cinq lobes peu marqués. *Racine :* fibreuse. *Tiges :* herbacées, pliantes, s'élèvent contre les supports qu'on lui présente, à la hauteur de 1 mètre 68 centimètres à 2 mètres ; fleur jaune, solitaire, pédonculée, une des trois semences ouverte. Originaire du Mexique, d'où elle fut apportée en 1684, elle y est vivace, et dans nos jardins. Annuelle. *Propriétés :* toute la plante est âcre et piquante ; la fleur est odoriférante ; excellent détersif ; résolutive, diurétique, antiscorbutique. *Usages :* l'herbe se prend en décoction ; on confit dans le vinaigre les boutons et les fleurs pour les employer comme les câpres. Celles-ci sont une belle parure pour les salades.

1195. La PETITE CAPUCINE ; *Tropœolum minus.* Pétales rétrécis au sommet, et terminés par des soies. Originaire du Pérou. Elle a été introduite dans les jardins de l'Europe en 1580, par Dodoens, voyageur portugais.

1196. La CAPUCINE ROUGE. Pétales obtus. Une dame, la fille de Linné, observa la première qu'avant le crépuscule, les fleurs de capucine produisent comme une explosion électrique. Les fleurs ont exactement le goût et l'odeur du cresson, aussi les mange-t-on en salade ; cette plante qui décèle le principe piquant et volatil des crucifères a été très étudiée par les médecins, son énergie est sensible ; on peut l'employer avantageusement dans toutes les maladies contre lesquelles les crucifères ont réussi, comme le scorbut et les maladies de la peau.

1197. Le MIELLIER ; PETIT MÉLIANTHE D'AFRIQUE ; *Melianthus minor Africanus.* Fleurs anomales, axillaires. *Fruit :* capsule quadrangulaire, quatre semences globuleuses. *Feuilles :* ailées, terminées par une impaire ; sept folioles, dentées, imitant celles de la pimprenelle. *Racine :* branchue. *Tige :* montant en arbre. *Lieu :* l'Afrique. Vivace. *Propriétés :* la fleur est agréable et remplie de miel ; sa liqueur stomachique, nourrissante. Le caractère essentiel des *mélianthes* qui suivent est d'avoir un calice de cinq feuillets.

1198. Le GRAND MÉLIANTHE. Originaire d'Éthiopie, a été

introduit dans les jardins d'Europe par Thomas Bartholin, en 1672. En secouant la plante en fleur, il en tombe comme une pluie qui est formée par les gouttelettes du miellier.

1199. Le POIS DE MERVEILLE; *Coriandre*, à grande feuille et gros fruit, ou *haricot de senteur*. Fleur anomale; un petit nectaire de quatre feuilles, entourant le germe. *Fruit :* Capsule, renflée en forme de vessie, à trois lobes obtus, divisée en trois loges qui contiennent chacune une semence globuleuse, marquée à sa base d'une cicatrice cordiforme. Tige herbacée, qui s'entortille; les fleurs, naissant à côté des feuilles, sont disposées en corymbe.

1200. Le PETIT POIS; *Coriandre* à feuilles et fruits moindres. *Lieu :* les Indes, annuelle. *Propriétés.* Toute la plante a un goût visqueux; elle est tempérante et adoucissante.

III. *Herbes à fleur polypétale, irrégulière, anomale, dont le calice devient le fruit —* ORCHIDÉES.

1201. Le SATIRION-MALE; *Orchis mascula.* Fleur, anomale, soutenue par le germe, nectaire d'une seule pièce, coloré. *Fruit :* Capsule oblongue, à trois sillons; les semences nombreuses, petites, en forme de sciure de bois. Feuilles marquées de taches d'un rouge brun. *Racine*, bulbes, ordinairement deux, arrondis en forme de poires. Tige haute d'environ 18 centimètres. *Lieu :* Les prés, les terrains humides. Vivace. *Propriété.* La racine est visqueuse au goût et d'une odeur forte.

1202. Le SATIRION-FEMELLE; *Orchis fœmina.* Fleur et fruit, comme le précédent, dont il diffère en ce que les pétales sont tous réunis, ressemblant à celle du plantain. Les champs, les terrains secs. Vivace.

1203. L'ORCHIS BLANC; *Orchis bifolia.* Le tablier de la corolle est très entier, les fleurs blanches, ou un peu verdâtres. Elles répandent au loin une odeur très agréable.

1204. L'ORCHIS PYRAMIDAL. Feuilles tachetées; fleurs en épis denses; tige très élevée pourpre, pétales lancéolés. Voyez planche 80.

1205. L'ORCHIS PUNAIS ; *Orchis coriophora.* Corne courte, pétales rapprochés, en casque, fleurs en épi, d'un rouge sale, mêlé de vert ; elles répandent une odeur forte de punaise qui tue ces insectes.

1206. L'ORCHIS BOUFFON ; *Orchis morio.* Pétales ramassés en casque, l'épi présente peu de fleurs, qui sont pourpres.

1207. L'ORCHIS CARDINALICE ; fleurs nombreuses, grandes, pourpres.

1208. L'ORCHIS PONCTUÉ ; *Orchis ustulata.* Tablier blanchâtre, chargé de points rouges, rudes ; l'épi des fleurs blanc ; rouge pourpre vers le sommet ; les pétales rapprochés, et distincts.

1209. L'ORCHIS MILITAIRE ; *Orchis militaris.* Tablier à cinq segments, chargé de points rudes ; pétales réunis.

1210. L'ORCHIS A LARGES FEUILLES ; *Orchis latifolia : Ælia Majalis.* Tige fistuleuse ; bractées plus grandes que les fleurs ; les feuilles, dans cette espèce, n'ont point de tache ; les doigts des racines sont droits, bulbeux, offrant jusqu'à douze bulbes. Voy. pl. 17.

1211. L'ORCHIS A FLEURS TACHETÉES ; *Orchis maculata : Oncidium Leucochilum.* Tige pleine ; fleurs panachées de blanc et de pourpre ; feuilles étroites et presque toujours tachées ; les digitations des racines divergentes. Voyez planche 21.

1212. L'ORCHIS ODORANT ; *Orchis odoratissima.* Feuilles linaires ; corne du nectaire recourbée, plus courte que le germe ; tablier à trois segments, fleurs pourpres, odoriférantes.

1213. L'ORCHIS CONOPS ; pétales extérieurs très ouverts. Cette espèce ressemble beaucoup à l'orchis odorant et au pyramidal.

1214. L'ORCHIS AVORTÉ, ou *Lycaste.* Racines filiformes ; tiges sans feuilles ; tige violette, ornée d'écailles violettes ;

fleurs de la même couleur. Bulbe unique en faisceau. Voyez planche 34.

1215. L'ELLÉBORINE à large feuille des montagnes. *Serapias*. Anomale, soutenue par le germe; cinq pétales, nectaire chargé de miel. *Fruit* : Capsule ovoïde, uniloculaire, composée de trois battants qui s'ouvrent pour laisser échapper un grand nombre de semences, imitant la sciure de bois. *Feuilles* embrassant la tige par leur base, en manière de gaîne. *Racine* : bulbeuse, charnue, fibreuse. Tige garnie de plusieurs feuilles; les fleurs au sommet, disposées en épis. *Lieu :* les bois, les bords des fossés. Vivace. Apéritive.

1216. L'ELLÉBORINE A FEUILLES LARGES; *Serapias latifolia*. Fleurs pendantes; épi long.

1217. L'ELLÉBORINE DES MARAIS. Feuilles en lames d'épée, sans pétioles; fleurs très grandes, pendantes; tablier obtus.

1218. L'ELLÉBORINE A GRANDES FLEURS; *Serapias grandiflora*. Fleurs redressées, grandes, blanches; lignes saillantes sur le tablier.

1219. L'ELLÉBORINE ROUGE; *Serapias rubra*. Très ressemblant à celle qui précède; lignes formant des ondes; fleurs grandes, pourpres.

1220. L'OPHRIS DOUBLE. Feuille ovale; fleur anomale, cinq pétales oblongs; nectaire plus long que les pétales. *Fruit :* capsule presque ovoïde, striée, à trois battants, s'ouvrant par les sillons des angles, renfermant des semences qui imitent la sciure de bois. *Racine :* bulbe fibreuse; une seule tige, haute de 50 centimètres, herbacée; les fleurs au sommet disposées en épis. *Lieu :* les terrains humides et ombrageux, les prés. Vivace. *Propriétés :* la racine a un goût amer; vulnéraire, détersive; on emploie la racine pilée et appliquée sur les vieux ulcères en manière de cataplasme; on se sert, comme d'un baume, de toute la plante infusée dans l'huile d'olives.

1221. L'OPHRIS NID D'OISEAU. Racine en gros faisceau,

formé par un amas de fibres charnues; tige sans feuilles, garnie d'écailles desséchées, roussâtres; les cinq pétales supérieurs sont courts et en forme de casque.

1222. L'ophris a racine de corail. Bulbe formé par des rameaux branchus; tige sans feuilles, ornée d'écailles vaginales; fleurs petites, de couleur herbacée et blanchâtre. Sur les montagnes du Dauphiné, des Pyrénées et de l'Auvergne.

1223. L'ophris en spirale. Bulbes formés par deux ou trois cylindres réunis; fleurs petites, blanchâtres, tournées d'un seul côté, développées en épi spiral. On en trouve dans les marais une variété à fleurs plus blanches, très odorantes.

1224. L'ophris a double feuille. Tige à deux feuilles ovales seulement.

1225. L'ophris en cœur. Tige très petites; deux feuilles en cœur, armées à leur base de deux dents.

1226. L'ophris a un bulbe; *Ophris monorchis*. Tige nue; fleurs petites d'un vert jaunâtre.

1227. L'ophris-homme; *Ophris anthropophora*. Tige feuillée; fleurs formant un épi allongé, elles représentent en quelque sorte un homme pendu par la tête; pétales d'un blanc jaunâtre; le pétale inférieur ou le tablier forme assez bien le corps et les quatre membres d'un homme.

1228. L'ophris insecte; *Ophris insectifera*. Cette espèce présente plusieurs variétés relativement aux couleurs du tablier.

1229. L'ophris insecte mouche; *Ophris insectifera muscaria*. Pétale inférieur ou tablier un peu rétréci.

1230. L'ophris insecte araignée; *Ophris insectaria arachnites*. Pétale inférieur ou tablier large, ovale, velu d'un rouge brun, marqué vers sa base de quelques lignes jaunâtres.

1231. Le sabot de notre-dame; *Cypripedium calceolus marianus*. Fleur, cinq pétales; tablier creusé en sabot.

Fruit : capsule, trois angles ; semences très petites, très nombreuses. *Racine* : fibreuse, succulente ; tige de 35 centimètres, feuillée, terminée par une ou deux grandes fleurs jaunâtres, ou un peu purpurines. *Lieu* : en Languedoc, sur les montagnes. La racine contient une farine mucilagineuse, très nutritive.

1232. Le PETIT SABOT DE NOTRE-DAME. Petite fleur, dont le sabot est couleur de safran, traversé intérieurement de lignes rouges. Le plus souvent cette espèce n'offre qu'une seule fleur.

DOUZIÈME CLASSE OU GROUPE. Herbes et sous-arbrisseaux à fleur composée, formée de l'agrégation de plusieurs petites corolles, nommées *fleurons à tuyau*. Monopétales, infundibuliformes, ramassées et réunies dans un calice commun. La fleur est appelée *flosculeuse*.

I. Herbes à fleur *flosculeuse*, qui ne laisse aucune semence après elle.

1233. Le PETIT GLOUTERON ; *Xanthium strumarium*. *Fleur* : mâle ou femelle sur le même pied. *Fruit* : noix sèche, ovale, oblongue, couverte de pointes dures et recourbées, avec deux espèces de crochets, contenant dans chaque loge une semence oblongue, convexe d'un côté, plane de l'autre. *Feuilles* : alternes, quelquefois dentées. *Racine* : petite, blanche, rameuse. *Tige* : de 68 centimètres, herbacée, rameuse, sans défenses ; fleurs axillaires, rassemblées au nombre de trois ou quatre. *Lieu* : le long des chemins, dans les champs. Annuelle. Les feuilles sont amères, astringentes, résolutives ; la semence diurétique.

1234. L'AMBROISIE MARITIME, à feuilles d'armoise inodores et élancées. *Fleur* : mâle et femelle sur le même pied ; calice commun, de la longueur des fleurons, stériles, infundibuliformes. *Fruit* : espèce de petite noix ovale, renfermant une semence obronde. *Tige* : velue, herbacée, rameuse, de 50 centimètres de haut. *Lieu* : les bords de la mer, dans les sables. Annuelle. *Propriétés* : toute la plante a une odeur aromatique très agréable, un goût un peu amer ; elle est cordiale, stomachique. On en fait des infusions dans l'eau ou dans le vin ; on s'en sert pour composer des liqueurs spiritueuses. L'odeur pénétrante de cette plante annonce ses vertus ; elle a réussi dans le traitement des migraines causées par atonie de l'estomac.

II. Herbes à fleur flosculeuse, qui laisse après elle des semences aigrettées.

1235. Le CHARDON ÉTOILÉ ; CHAUSSE-TRAPE ; *Carduus stellatus, sive centaurea calcitrapa.* Fleur flosculeuse, remarquable par un calice qui porte deux rangs de longues épines jaunâtres ; les fleurons de couleur pourpre, ceux du disque inodores ; ceux de la circonférence stériles. *Fruit :* semences luisantes, petites, oblongues, aigrettées, contenues par le calice, et portées sur un réceptacle couvert d'un duvet soyeux. *Feuilles :* sessiles ; les latérales étroites, dentées. *Racine :* blanche, succulente. *Tiges :* s'élevant à la hauteur de 34 centimètres, branchues, épineuses ; fleurs axillaires. *Lieu :* les bords des chemins. Annuelle. *Propriétés :* les feuilles sont amères, la racine d'une saveur douce ; toute la plante diurétique, vulnéraire, fébrifuge. Le chardon étoilé est placé par Linné dans la *famille des centaurées.* Les Juifs employaient les feuilles de cette plante pour assaisonner l'agneau pascal. On mange encore en Égypte les jeunes pousses. Dans le midi de la France, on mange le turgon de la fleur comme ceux de l'artichaut, on l'appelle *cardabelle.*

1236. Le CHARDON MARIE, marqué de taches blanches. *Fleur :* flosculeuse ; fleurons tubulés dans le disque et à la circonférence ; égaux, rassemblés dans un calice renflé, écailleux, épineux ; semences couronnées d'une aigrette simple ; réceptacle charnu, velu. *Feuilles :* triangulaires en fer de pique, presque ailées, épineuses, marquées de taches blanches. *Racine :* succulente. *Tige :* s'élevant depuis 68 centimètres à 1 mètre, branchue, cannelée, couverte d'un duvet blanc. *Lieu* : les terrains incultes ; on le resème chaque année dans les lieux où on l'a cultivé.

1237. Le PET D'ANE ; DÉLICES DES BAUDETS ; CHARDON A ÉPINE BLANCHE, *à feuilles d'acanthe ; Onopordum , acanthium.* Fleur composée, flosculaire, calice arrondi ; écailles raboteuses, relevées, terminées par un aiguillon en forme d'alène. *Fruit* : plusieurs semences couronnées d'une aigrette capillaire, contenues par le calice, sur un réceptacle nu, ponctué. *Feuilles :* très épineuses ; se prolongeant sur la tige. *Tige :* herbacée , blanchâtre , droite , rameuse , de 1 mètre à 1 mètre 34 centimètres. Les terres incultes , les bords des chemins. Il dure deux ans. *Propriétés :* plusieurs auteurs graves, entre autres Stolh et Borelli, assurent qu'en appliquant le suc des feuilles du pet d'âne sur les carcinomes, ils l'ont guéri avec ce seul topique.

1238. Le CHARDON AUX ANES, plante à tête ronde. Caractères du chardon Marie ; mais le calice est globuleux. Les épines ne sont point cannelées. Tige de la hauteur d'un homme ; fleurs au sommet, pédonculées, en têtes rondes et velues. *Lieu :* les chemins. Bisannuelle. On mange les têtes du chardon aux ânes avant la fleuraison ; le duvet cotonneux, en assez grande quantité entre les écailles du calice, se file comme du coton.

1239. Le CHARDON LANCÉOLÉ ; *Carduus lanceolatus.* Tige velue ; feuilles lancéolées ; calices ovales , épineux , velus , cotonneux. Les chevaux, les vaches et les chèvres mangent ce chardon ; les moutons n'y touchent pas.

1240. Le CHARDON PENCHÉ ; *Carduus nutans.* Feuilles épineuses ; fleurs inclinées, caillant le lait. Les chevaux et les vaches le mangent quelquefois.

1241. Le CHARDON ACANTHOÏDE. Feuilles cotonneuses en dessous, épineuses ; calices droits ; épines peu raides.

1242. Le CHARDON CRÉPU. Fleurs grosses comme des noisettes. Tige de 1 mètre, verte. Les feuilles frisées ; toute a plante a un aspect noirâtre ou d'un vert foncé. Les chevaux et les vaches la mangent.

1243. Le CHARDON DES MARAIS ; *Carduus palustris.* Fleurs blanches terminant la tige, en grappes petites, droites ; calice à peine piquant. On mange dans le Nord les jeunes pousses et les racines. Les vaches et les chevaux recherchent cette plante.

1244. Le CHARDON BULBEUX ; *Carduus tuberosus.* Feuilles pétiolées, épineuses ; tige sans épines ; fleurs solitaire ; racine tubéreuse.

1245. L'ARTICHAUT ; *Cinara scolymus hortensis.* Fleur flosculeuse ; fleurons disposés comme le chardon. *Fruit :* point de péricarpe, le calice contient des semences solitaires, tétragones, couronnées d'une aigrette placée sur un réceptacle plane, couvert de poils. *Feuilles :* un peu épineuses, découpées ou indivises ; les découpures dentées. *Racine :* épaisse, fusiforme. *Tige :* de la hauteur de 68 centimètres, cannelée, cotonneuse, épineuse dans une variété ; la fleur sur un pédoncule épais. *Lieu :* les provinces méridionales de l'Europe, cultivé dans les jardins potagers. Vivace. *Propriétés :* la chair de l'artichaut crû est presque sans odeur ; elle a une saveur désagréable, amère, qui devient agréable par la coction ; sa racine est diurétique et apéritive. On emploie la tête de l'artichaut plus souvent dans les cuisines qu'en médecine ; on fait avec la racine, des apozèmes et des décoctions apéritives. L'infusion des fleurs, dans l'eau froide, à laquelle on ajoute du sel commun, coagule le lait. Les placentas des artichauts augmentent évidemment le cours des urines. Substance éminemment muqueuse, alimentaire, l'artichaut se digère facilement, il est une excellente nourriture.

1246. Le CARDON D'ESPAGNE ; *Cinara cardunculus spinosa.* Caractères du précédent ; feuilles plus grandes, d'un vert plus blanc. Les côtes des feuilles sont amères et perdent cette amertume blanchies sous la neige. On mange les cardons d'Espagne comme les artichauts.

1247. L'ARTICHAUT DES VERTUS ; *Cinara scolymus.*Feuilles empennées et entières ; à peine épineuses ; écailles du calice ovales.

1248. L'ARTICHAUT CARDON ; *Cinara cardunculus.* Feuilles toutes empennées, épineuses.

1249. La JACÉE NOIRE DES PRÉS, à large feuille ; *Centaurca jacea nigra.* Calice écailleux. *Feuilles* : lancéolées. *Racine :* fibreuse. Tige de la hauteur de 50 centimètres, cannelée, remplie de moëlle ; deux ou trois fleurs purpurines au sommet ; l'herbe et les fleurs sont astringentes, antiulcéreuses. La jacée des prés a été recommandée en gargarisme contre les aphthes et les gonflements des amygdales ainsi que des gencives.

1250. La SARRETTE JACÉE DES BOIS, employée par les teinturiers ; *Jacea nemorensis serratula tinctoria.* Fleur flosculeuse ; fleurons rougeâtres, ressemblant à ceux des chardons, rassemblés dans un calice presque cylindrique ; écailles aiguës sans piquants. *Fruit :* semences ovales, couronnées d'une aigrette, renfermées dans le calice. *Feuilles :* dentées, épineuses. *Racine :* fibreuse. Deux ou trois tiges droites, fermes, herbacées ; les fleurs au sommet. *Lieu :* les bois, les prés, les lieux humides. *Propriétés :* la plante donne une teinture jaune plus pâle que celle de la gaude ; la racine a un goût amer.

1251. Le BLUET DES BLÉS, AUBIFOIN, CASSE-LUNETTE ; *Centaurea cyanus segetum.* Fleur composée, flosculeuse ; calice écailleux ; les semences cachées dans les poils du réceptacle. Tiges de la hauteur de 34 à 68 centimètres, cotonneuses, creuses, branchues ; les fleurs au sommet, bleues, quelquefois blanches. Les champs, commun dans les blés. Annuelle. *Propriétés :* le bluet eut quelque célébrité chez les anciens, les fleurs sont sans odeur ; l'herbe et les semences sont amères.

1252. Sarrette rampante, chardon des vignes. Fleur flosculeuse, rougeâtre ; l'aigrette des semences longues ; feuilles d'un vert plus foncé que celles du laiteron qu'elles imitent. Tige de 34 centimètres, rameuse ; les fleurs purpurines au sommet, en panicule. *Lieu :* elle infecte les champs et les vignes, Vivace. Apéritive, résolutive.

1253. La grande bardane ou glouteron ; *Arctium lappa major.* Fleur flosculeuse ; fleurons dans le disque et à la circonférence tubulés, calice globuleux. *Fruit :* semence, couronnée d'une aigrette. *Feuilles :* longues de 34 centimètres. *Racine :* épaisse, spongieuse. *Tige :* s'élevant de 68 centimètres à 1 mètre ; les fleurs solitaires sur les branches. *Lieu :* les prés, les grands chemins, les cours des granges. Annuelle. La racine a une saveur douceâtre, un peu austère ; les feuilles sont amères ; les semences âcres et amères ; les fleurs, les feuilles et les racines sont vulnéraires, fébrifuges ; les semences, excellent diurétique.

1254. La bardane personnée ; *Arctium personata.* Feuilles décurrentes, ciliées, peu épineuses. Selon Haller, c'est une espèce de chardon.

1255. Le chardon bénit. Fleur flosculeuse ; calice ovale, tuilé, composé d'écailles, terminée, vers le sommet, par des épines rameuses. *Fruit :* semences tronquées à leur base d'un seul côté, rayées de filets durs et jaunâtres dans leur maturité, placées sur un réceptacle plane et velu. *Feuilles:* dentées, velues, terminées par des épines. *Racine :* à fibres blanches. *Tige :* droite, de 68 centimètres ; les fleurs jaunes, une ou deux au sommet, soutenues par des pédoncules hérissés et cotonneux. *Lieu :* les provinces méridionales de France ; il se cultive facilement dans nos jardins. Annuel.

1256. Le chardon bénit des parisiens ; *Carthamus lanatus.* Flosculeuse ; fleurons jaunes ; semences garnies d'une aigrette. *Feuilles :* dentées. *Tige :* herbacée de 50 centimètres, velue, cotonneuse dans le haut; fleurs au sommet. Commun dans les champs, les bords des fossés secs des environs de Paris.

1257. La PÉTASITE; HERBE AUX TEIGNEUX; *Tussilago petasites major*. Fleur flosculeuse; calice cylindrique; écailles lancéolées, au nombre de quinze ou vingt; semences solitaires, couronnées d'une aigrette velue. *Racine* : grosse, brune en dehors, blanche en dedans. *Tiges* : de 50 centimètres, espèce de hampe lanugineuse; les fleurs au sommet. Croît sur les bords des ruisseaux, dans les montagnes. La racine est amère, sudorifique, résolutive et vulnéraire. On l'emploie en décoction. Dans les tussilages, les tiges naissent avant les feuilles.

1258. Le TUSSILAGE DES ALPES. Hampe presque nue, à une fleur; feuilles lisses, petites, réniformes, crénelées. Sur les montagnes. La fleur est rouge ou blanche.

1259. Le TUSSILAGE VULGAIRE; *Tussilago farfara*. Hampe garnie d'écailles membraneuses, à une fleur radiée; fleurons et demi-fleurons; feuilles anguleuses, dentées, cotonneuses en dessous.

1260. Le TUSSILAGE EN THYRSE. Hampe portant plusieurs fleurs en thyrse ovale.

1261. Le TUSSILAGE BLANC. Hampe terminée par un thyrse de fleur blanche imitant une ombelle.

1262. Le TUSSILAGE HYBRIDE. Thyrse oblong, dont les fleurs pendent. Plusieurs fleurons à pistils dans chaque fleur.

1263. Le TUSSILAGE FROID. Hampe portant plusieurs fleurs en thyrse; les fleurs sont élevées; dans chaque fleur il y a des demi-fleurons. Sur les montagnes.

1264. L'IMMORTELLE JAUNE; *Stœchas citrin*, à larges feuilles. Fleur flosculeuse; écailles jaunes, brillantes. Les fleurons produisent des semences petites, couronnées d'une aigrette plumeuse, renfermées dans le calice. *Feuilles* : étroites, cotonneuses, blanchâtres. *Racine* : fibreuse, blanche. *Tige* : espèce de sous-arbrisseau, de 64 centimètres de haut, rameuse, dure, blanchâtre; les fleurs au sommet, disposées en corymbe. Les provinces méridionales de France. Vivace. Vulnéraire, diaphorétique. On l'emploie en infusion.

1265. Le PIED-DE-CHAT; IMMORTELLE DES MONTAGNES, à fleur ronde et brune. Caractère du précédent; mais les écailles du calice sont blanches, luisantes; la fleur de forme ronde, blanche ou rose. Croît sur les Alpes, dans les prés des montagnes, où il est très nuisible. Vivace. Les fleurs sont détersives, béchiques, incisives. On l'emploie en infusion, en manière de thé.

1266. La PERLIÈRE CITRINE; *Gnafolium stœchus*. Caractères du précédent. Fleur en corymbe composé.

1267. La PERLIÈRE DES SABLES; *Gnafalium arenarium.* Fleur en corymbe, jaunâtres. Tige très simple; les écailles blanchâtres des deux côtés.

1268. La PERLIÈRE GLOMÉRULÉE; *Gnaphalium lenter album*. Fleurs ramassées en boule; calice luisant, d'un jaune couleur de paille.

1269. La PERLIÈRE DIOÏQUE. Corymbe terminant la tige; fleurs purpurines ou blanches.

1270. La PERLIÈRE DES ALPES. Tige terminée par des fleurs oblongues, ramassées en tête, sans feuilles qui les environnent.

1271. La PERLIÈRE DES BOIS. Tige berbacée; fleurs ramassées par petits bouquets de trois ou quatre, disposées dans les aisselles des feuilles; ces bouquets réunis au sommet de la tige, forment un long épi.

1272. La PERLIÈRE DES MARAIS. Tige rameuse; fleurs ramassées en paquets, terminant les branches, jaunâtres, et souvent un peu noirâtres; toutes les perlières sont sèches dans leurs parties; comme elles se conservent très longtemps, on les a aussi appelées *immortelles*; les feuilles et les sommités pourraient fournir d'excellentes couchettes.

1273. L'HERBE A COTON; *Filago seu impia germanica.*

Fleur composée, flosculeuse. *Feuilles :* sessiles, blanches. *Racine :* un peu dure. *Tige :* divisée en deux, quelquefois en trois; les fleurs disposées en pyramide, au sommet des branches. Croît dans les champs. Annuelle. Les feuilles sont dessicatives, astringentes, répercussives. On s'en sert en décoction; on en tire une eau distillée.

1274. La COTONNIÈRE PYGMÉE; *Filago acaulis.* Feuilles cotonneuses; fleurs ramassées en tête aplatie. Si on écarte les feuilles, on aperçoit souvent une tige de quelques lignes, qui porte au sommet les fleurs.

1275. La COTONNIÈRE COMMUNE; *Filago vulgaris.* Tige droite, branchue; fleurs arrondies, ramassées en paquets.

1276. La COTONNIÈRE DE MONTAGNE. Tige droite, rameuse; fleurs coniques, ramassées au sommet des rameaux et sur la bifurcation des branches.

1277. La COTONNIÈRE FILIFORME; *Filago gallica.* Tige très menue, droite, à bras ouverts; feuilles blanchâtres, filiformes, très aiguës; fleurs en alène aux aisselles des branches, et terminant les rameaux.

1278. La COTONNIÈRE DES CHAMPS. Tige de 34 centimètres; fleurs coniques, en paquets aux aisselles des feuilles, dans toute la longueur des rameaux.

1279. La COTONNIÈRE ÉTOILÉE. Tige de 14 à 18 centimètres, très simple, terminée par plusieurs fleurs sans pédoncule, couronnées par des bractées très cotonneuses, plus longues que les fleurs. Toute la plante est blanche.

1280. Le MICROPE COUCHÉ. Genre analogue aux cotonnières. Tige inclinée vers la base; feuilles florales, opposées; semences hérissonnées. En Provence.

1281. La GRANDE CONISE, HERBE AUX PUCES. Fleur flosculeuse; fleurons infundibuliformes; semences couronnées d'une aigrette. Tige herbacée, droite, dure, haute de 68 centimètres; les fleurs au sommet, disposées en corymbe. Les terrains secs, les balmes des chemins. Bisannuelle.

Aromatique, amère, carminative, vulnéraire, apéritive. On l'emploie en décoction dans la chlorose.

1282. Le CONISE VULGAIRE. Tige herbacée, formant le corymbe; feuilles lancéolées, aiguës, calices à écailles renversées; angles droits.

1283. La CONISE SORDIDE. Tige blanche, un peu ligneuse, feuilles linaires, très entières, pédoncules longs, portant trois fleurs. En Languedoc.

1284. La CONISE DES ROCHES; *Conyza saxatilis*. Tige ligneuse; feuilles linaires; pédoncules très longs ne portant qu'une fleur. En Provence.

1285. L'EUPÉTALE DE LINDLEY, *à feuilles de chanvre*. *Eupatorium cannabinum*. Fleur composée, flosculeuse. *Feuilles :* dentées, imitant celles du chanvre. *Racine :* fusiforme, avec de grosses fibres blanchâtres. *Tige :* herbacée, de 1 mètre à 1 mètre 34 centimètres, pleine de moelle, rameuse; les fleurs au sommet, disposées en corymbe; elles sont petites, pourpres. Les terrains humides. Vivace. *Propriétés:* saveur amère, âcre, un peu aromatique; l'herbe est détersive, hépatique, apéritive, la racine un fort purgatif. On s'en sert en décoction ou en infusion; on emploie aussi l'herbe en cataplasmes, dans les tumeurs froides ou scrofuleuses. Voy. pl. 24.

1286. LE PETIT SÉNEÇON, appelé *tête d'oiseau*, parce que les oiseaux aiment beaucoup ses graines; *Senecio minor vulgaris*. Fleur flosculeuse. *Fruit :* semences ovales, couronnées d'une aigrette, placées sur un réceptacle nu et plane. *Feuilles :* amplexicaules, ailées, sinuées, épaisses. *Racine :* petite, fibreuse, blanchâtre. *Tige :* herbacée, fistuleuse, rameuse, de 6 centimètres de haut; les fleurs rasemblées au sommet des branches, ou éparses. *Lieu :* les jardins. Annuelle. *Propriétés :* le séneçon est sans odeur; fade, légèrement acide, émollient, rafraîchissant. On en tire un suc; on en fait des décoctions pour lavements, fomentations et cataplasmes.

III. Herbes à fleur flosculeuse qui laisse après elle des semences sans aigrette.

1287. Le CARTAME; *safran naturel*, à fleur jaune qui
sert pour la teinture; *Carthamus tinctorius*. Fleur composée et flosculeuse; les calices plus grands; les fleurons d'un
jaune rougeâtre; semences quadrangulaires, blanches, lisses, luisantes, pointues, sans aigrette. *Feuilles* : simples ,
dentées; les dentelures piquantes, la surface glabre , avec
trois nervures. *Tige* : blanchâtre , herbacée , haute de 1
mètre; la fleur au sommet, solitaire et pédonculée. L'Égypte;
cultivé dans les jardins. Annuelle. Cette plante sert aux
teintures. La semence est un fort purgatif, dont il faut user
avec précaution sous la surveillance et la prescription des
médecins.

1288. La GRANDE ABSINTHE ROMAINE; *Artemisia absinthium ponticum*. Fleur flosculeuse; semences des fleurons
solitaires. *Feuilles* : pétiolées, blanchâtres, très découpées.
Racine : ligneuse. *Tiges* : de 68 centimètres , cannelées ,
ligneuses, branchues, blanchâtres, pleines de moelle blanche. *Lieu* : les terrains incultes et arides. Vivace. *Propriétés* : La plante est amère, aromatique, odorante, antiseptique,
que , vermifuge , fébrifuge , stomachique , antiémétique ,
antivermineuse. L'absinthe est une de ces plantes précieuses
en médecine, sur laquelle l'observation a souvent prononcé;
son amertume est si pénétrante qu'elle peut la communi-
quer au lait des animaux, et même à celui des femmes. Son
odeur est due à une huile essentielle. Extérieurement, le
suc et l'herbe pilés sont très utiles pour arrêter la putridité
des ulcères, et pour la gangrène. Appliquée en poudre sur
l'œdème, en donnant du ressort à la peau , elle favorise le
traitement interne. L'absinthe, comme plante économique,
entre dans la préparation de la *bière*, elle supplée le houblon; son effet est de modérer la fermentation et d'empêcher qu'elle ne devienne acéteuse. L'absinthe conserve les
vins qui sont prêts à s'aigrir. Le vrai climat de cette plante

paraît être le Nord, car on l'y trouve très commune; rare dans nos provinces tempérées de France, spontanée par accident.

1289. La PETITE ABSINTHE PONTIQUE, à feuilles étroites; *Artemisia pontica absinthium tenuifolium*. Fleur et fruit, comme la précédente; feuilles couvertes en dessous d'un duvet blanchâtre. Les tiges de 50 centimètres environ. *Lieu :* la Hongrie, la Thrace, et tous les jardins d'Europe. Vivace. Cette plante est moins amère que la précédente, moins forte au goût, moins agréable à l'odorat; ses vertus sont les mêmes, mais à un moindre degré. On en fait une liqueur verdâtre qui devient blanche en la versant dans de l'eau, et qui a la propriété de stimuler l'appétit en dégageant l'estomac des sucs propres, dont il est imprégné avant les repas.

1290. La GRANDE AURONE MALE, à feuilles étroites, absynthe; *Artemisia abrotanum*. Caractères de la précédente; les semences plus petites. Espèce de sous-arbrisseau, à tige haute de 68 centim. à 1 mètre, dure, cassante, cannelée. On la trouve au bord des vignes, dans les provinces méridionales de France. Vivace. *Propriétés :* âcre, amère au goût, d'une odeur forte; tonique, stomachique, vermifuge, carminative, détersive, résolutive. Toute la plante produit de l'huile essentielle par infusion, qui sert à déterger les ulcères variqueux; on en fait aussi des vins médicinaux. L'aurone répand une odeur de *citronnelle* très agréable; son amertume mêlée d'âcreté est très sensible.

1291. L'ESTRAGON, à feuille de lin, âcre et odorant; *Artemisia drocunculus*. Caractères des trois précédentes. *Feuilles :* très simples, linéaires, lancéolées, verdâtres. *Tiges :* herbacées, de 68 centimètres de haut. *Lieu :* il vient de Sibérie; on le cultive dans les jardins potagers. Vivace. *Propriétés :* les feuilles sont âcres et piquantes au goût, mais agréables et aromatique; elles sont apéritives, stomachiques, antiscorbutiques, et fortement répercussives. On emploie les feuilles et les jeunes tiges pour aromatiser les salades de laitue. L'estragon a les mêmes vertus que les plantes précédentes.

1292. La GRANDE ARMOISE ; *Artemisia major*. Caractères de la précédente ; la fleur ovale, a cinq fleurons. Les feuilles découpées, sont velues et blanches à leur surface inférieure. Les tiges herbacées, hautes de 1 mètre, rougeâtres, moelleuses : les fleurs au sommet, disposées en grappes. Vivace. Des sommités sèches, on tire une poudre ; les feuilles s'emploient eu infusions, décoctions, lavements, fomentations.

1293. L'ARMOISE ABSINTHE DE JUDÉE ; *Artemisia Judaica*. Tige de 18 centimètres de haut ; feuilles comme en spatule, cendrées, terminées par trois lobes obtus ; fleurs en panicule, arrondies, très petites. Originaire de Judée. Ses semences fournissent une *excellente poudre contre les vers*.

1294. L'ARMOISE AURONE FEMELLE ; *Artemisia abrotanum*. Tige ligneuse ; feuilles finement découpées en plusieurs lanières. En Languedoc.

1295. L'ARMOISE AURONE CHAMPÊTRE ; *Artemisia campestris*. Tige ligneuse, à plusieurs rameaux rouges ou verts, droits, herbacés ; feuilles découpées en plusieurs lanières.

1296. L'ARMOISE ABSINTHE MARITIME ; *Artemisia maritima*. Tiges blanches ; feuilles cotonneuses, découpées en plusieurs lanières ; fleurs en grappes pendantes. En Languedoc, sur les bords de la mer.

1297. L'ARMOISE ABSINTHE GLACIALE ; *Artemisia glacialis*. Tiges de 8 centimètres ; feuilles soyeuses, blanches, palmées ; fleurs jaunes, terminant la tige, ramassées en bouquet serré. et redressées. Sur les alpes du Dauphiné. Amère et aromatique.

1298. L'ARMOISE ABSINTHE GÉNIPÉ ; *Artemisia rupestris*. Tiges redressées, hérissées ; feuilles soyeuses, fleurs arrondies. Bonne dans le traitement des fièvres intermittentes et dans toutes les maladies qui se jugent par les succès, telles que rhumatismes et catharres.

1299. La SANTOLINE; GARDEROBE ; aurone femelle à feuilles de cyprès. Fleur flosculeuse. *Feuilles* : ressemblant aux feuilles de cyprès. *Racine* : dure, ligneuse. *Tige* : espèce d'arbrisseaux , de 34 centimètres de haut environ, couvert de duvet blanchâtre ; fleurs au sommet des tiges , une seule sur chaque pédoncule. Les pays méridionaux. Plante âcre, amère et d'une odeur forte ; stomachique, vermifuge, diaphorétique, diurétique. On se sert des feuilles dont on fait des décoctions et des vins médicinaux.

1300. La SANTOLINE RAMPANTE. Caractères de la précédente. *Feuilles* : blanches, imitant celles du romarin, leurs bordures chargées de petits tubercules glanduleux. L'Espagne et les pays chauds. *Propriétés* : de la précédente.

1301. La TANAISIE ; *Tanacetum luteum*. Flosculeuse, à fleurons rassemblés dans un calice hémisphérique ; semences solitaires, oblongues , nues. *Feuilles* : découpées comme par paire, dentées en manière de scie à leurs bords, très vertes. Tiges de 1 mètre au moins , rondes , rayées , remplies de moelle, légèrement velues ; les fleurs au sommet, disposées en corymbe, ou bouquets arrondis. *Lieu* : dans les jardins. Vivace. Cette plante est amère et désagréable au goût ; stomachique, carminative , vermifuge, vulnéraire, détersive.

1302. La TANAISIE , MENTHE-COQ ; *herbe au coq ; coq des jardins*. Caractères de la précédente , un peu plus amère, mais aromatique, agréable , ayant l'odeur de la menthe ; elle est stomachique ; la semence vermifuge. On emploie l'herbe, les sommités fleuries et les semences ; on en fait un extrait, une eau distillée et une huile par infusion, qui guérit les plaies et contusions.

1303. L'EUPATOIRE AQUATIQUE ; BIDENT , à feuilles divisées en trois parties, imitant celles du chanvre. Fleur flosculeuse, composée de fleurons jaunes, rassemblés en forme de tube dans un calice commun. Tige herbacée. L'herbe est sternutatoire et donne une teinture jaune. Les vaches, les moutons mangent cette plante, les autres bestiaux la négligent.

1304. Le BIDENT TRÈS PETIT ; *Bidens minima.* Tige de 8 à 14 centimètres ; feuilles sans pétales ; fleurs et semences redressées.

1305. Le BIDENT PENCHÉ ; *Bidens cernua.* Feuilles lancéolés, embrassant la tige ; fleurs inclinées.

1306. Le COREOPSIS BIDENT. Diffère de l'espèce précédente par un plus grand nombre de demi-fleurons qui se développent en rayon. L'herbe donne une teinture jaune. Les chèvres la mangent, les chevaux n'en veulent point.

IV. *Herbes à fleurs flosculeuses, ramassées en boule et soutenues par un calice particulier.*

1307. La BOULETTE ; *grande echinope,* à tête sphéroïde. Fleurs blanchâtres, à fleurons infundibuliformes, dont le limbe est divisé en cinq parties ouvertes et recourbées ; tous les fleurons posés sur un réceptacle commun, en forme de boule, renfermés chacun dans un calice presque tuilé. *Feuilles :* épineuses, cotonneuses en dessous, hérissées en dessus. Tige herbacée, haute de 68 centimètres à 1 mètre, rameuse. L'Italie. Vivace. Cette plante est apéritive et jouit des mêmes vertus que les chardons.

1308. La PETITE BOULETTE ; *Échinops ritro.* Tige de 34 centimètres de haut, ne portant qu'une tête de fleurs ; petites ; corolles bleues. En Languedoc.

V. Herbes à fleurs flosculeuses, dont les fleurons ordinairement divisés en découpures inégales, sont portés chacun dans un calice particulier.

1309. La SCABIEUSE DES PRÉS ; *Scabiosa pratensis hirsuta.* Flosculeuse, à fleurons dont les étamines ne sont pas réunies par les sommets. Tige de 34 à 68 centimères ; ronde, velue ; fleurs au sommet, disposées en bouquets ronds. Vivace. Toute la plante est amère, sudorifique, apéritive.

1310. La SCABIEUSE DES BOIS ; *Mors du diable,* à feuille entière.

1311. La scabieuse des Alpes. Feuilles pinnées ; folioles lancéolées, à dents de scie ; fleurs inclinées ; calice en recouvrement, plus court que les corolles ; fleurs en têtes arrondies, jaunâtres. Tous les bestiaux mangent cette plante, excepté les cochons.

1312. La scabieuse, grande colombaire ; *Scabiosa columbaria*. Feuilles radicales, ovales, crénelées ; celles de la tige pinnées.

1313. La scabieuse, petite colombaire ; *Scabiosa gramuntia*. Tige plus petite ; feuilles doublement ailées. Variété de la précédente. Dans toutes deux, les fleurs sont bleues ou pourpres.

1314. La scabieuse jaunatre ; *Scabiosa ochroleuca* ; très analogue aux deux précédentes ; fleurs d'un jaune pâle ; les nœuds de la tige d'un rouge foncé.

1315. La scabieuse graminée. Tige de 34 centimètres, ne portant qu'une fleur bleue.

1316. La scabieuse, pourpre, noire, ou fleur de veuve ; *Scabiosa atro-purpurea*. Tige rameuse ; feuilles disséquées ; réceptacle des fleurs allongé ; corolle d'un pourpre noirâtre ; anthères blanches. Dans les jardins ; elle y produit un bel effet par la touffe de ses fleurs d'une couleur peu commune. Originaire des Indes.

1317. Le chardon bonnetier ; *Dipsacus sativus*. Flosculeuse à fleurons dont les étamines ne sont pas réunies par les sommets, comme ceux de la scabieuse ; réceptacle conique, remarquable par des lames très longues. *Feuilles :* dentées, épineuses en leurs bords, avec une côte dans le milieu, armées en dessus d'épines dures. Tige de 1 mètre à 1 mètre 34 centimètres, raide, creuse, cannelée, hérissée de quelques épines. *Lieu :* les champs, les chemins. Bisannuelle. Les têtes et les racines de cette plante sont sudorifiques et diurétiques ; son usage économique est plus précieux ; on l'a cultivé en grand. Les têtes avec la raideur de leurs paillettes recourbées, servent dans les fabriques de draps pour lever et aplanir les poils. On assemble ces têtes comme des brosses.

1318. La VERGE A PASTEUR ; *cardère velue*, à petite tête ; *Dipsacus pilosus sylvestris ; seu virga pastoris.* Caractères de la précédente, mais les têtes formées par la réunion des fleurons, sont petites, plus arrondies. Mêmes usages.

1319. Le TURBITH BLANC ; SÉNÉ *des Provençaux: globulaire, à feuilles de myrthe.* Fleur flosculeuse, à fleurons bleus. *Feuilles :* lancéolées, à trois dents, imitant celles du myrthe. Espèce de sous-arbrisseau à tige ligneuse, de 68 centimètres de haut, conservant ses feuilles pendant l'hiver. *Lieu :* les environs de Montpellier. Vivace. *Propriétés :* violent purgatif qui demande d'être surveillé par des médecins prudents. *Usages :* les habitants de Montpellier s'en servent au lieu du séné véritable, à la dose de 40 grammes, en décoction, pour se purger. On en donne aux animaux quadrupèdes, 30 grammes en poudre dans de l'eau miellée, et 60 grammes aux chevaux. La poudre de cette plante entrait dans *la médecine noire purgative.*

M. Laroze, habile pharmacien de l'École de Paris, a réduit de nos jours, cette *médecine noire* en *capsules purgatives,* qui concentrent, sous une enveloppe gélatineuse fondante, tout son principe actif et médicamenteux, en lui ôtant tout son mauvais goût. De telle sorte, qu'au moyen de ces *capsules purgatives :* nombre de 3, 4 ou 6 au plus, on peut purger sans danger les enfants et les personnes délicates, en leur épargnant l'odeur nauséabonde et le goût âcre de l'antique médecine noire. M. Laroze a rendu un vrai service à la thérapeutique moderne en la débarrassant de la médecine noire, par l'invention de ses *capsules purgatives.* Et désormais les personnes qui auront besoin de se purger auront recours à ce médicament aussi facile que sûr et agréable à prendre.

1320. La GLOBULAIRE CORDIFORME ; *Globularia cordifolia.* Hampe en tige presque nue ; les feuilles noirâtres, à trois dents, échancrées en cœur au sommet ; le tronc de la tige court, ligneux.

TREIZIÈME CLASSE OU GROUPE. — *Semi-flosculeuses.*

Herbes et sous-arbrisseaux à fleur *composée*, formée de l'agrégation de plusieurs petites corolles monopétales, nommées *demi-fleurons*, dont la partie inférieure est un tuyau étroit ; la supérieure une petite langue dentelée à son extrémité, ramassées et réunies dans un calice commun. Cette fleur est appelée fleur à *demi-fleurons*, ou *semi-flosculeuse.*

1. *Herbes à fleur semi-flosculeuse, dont les semences sont aigrettées.*

1321. Le PISSENLIT ; OU DENT DU LION, à large feuille ; dans le midi de la France, on l'appelle, *herbe contre la gravelle.* Fleur semi-flosculeuse, composée de demi-fleurons, égaux, linéaires, tronqués, à cinq dentelures, rassemblés dans un calice tuilé, oblong, dont les écailles intérieures sont parallèles, égales, les extérieures moins nombreuses, recourbées en dessous. Semences solitaires, raboteuses, couronnées d'une aigrette plumeuse, portée sur un pied très long, renfermées dans le calice allongé, posées sur un réceptacle nu, et ponctué. *Feuilles :* découpées profondément des deux côtés, en folioles quelquefois triangulaires. *Racine :* fusiforme, laiteuse. La tige en forme de hampe, s'élève du milieu des feuilles, à la hauteur de 8 centimètres ; fistuleuse, quelquefois velue ; les fleurs solitaires terminant la tige. *Lieu :* toute l'Europe. Vivace. Les feuilles et les racines sont amères, apéritives, hépatiques, stomachiques, détersives ; la racine surtout est un excellent diurétique. On en fait pour l'homme, des décoctions, des tisanes ; avec les feuilles des *apozèmes.*

1322. Le PISSENLIT COMMUN ; *Leontodon taraxacum.* Calice dont les écailles inférieures sont renversées, feuilles pinnatifides, dentées.

1323. Le PISSENLIT D'AUTOMNE ; *Leontodon autumnale.*

Tige nue, branchue, pédoncules à écailles ; feuilles lancéolées, dentées.

1324. Le PISSENLIT RUDE ; *Leontodon hispidum*. Calice dont toutes les écailles sont redressées ; feuilles dentées, hérissées de poils fourchus ; tige nue, une fleur.

1325. Le PISSENLIT HÉRISSÉ ; *Leontodon hirsutum*. Pédoncules et calices moins hérissés que dans le précédent. Le pissenlit est une de ces plantes dont les vertus sont constatées par la pratique journalière de chaque médecin. On peut même assurer qu'elle possède toutes les propriétés médicinales de semi- flosculeuses. La racine est amère; le suc laiteux des feuilles et des tiges , quoique moins amer , l'est assez pour promettre de grandes vertus. L'expérience a démontré qu'il réussisait constamment dans le traitement des empâtements des viscères du bas-ventre, même avec épanchement de sérosités , dans plusieurs maladies cutanées, chroniques, comme dartres, lèpre, gale. Le suc de dent-du-lion ou pissenlit à seul guéri quelques ictères ou jaunisse, des fièvres tierces et quartes. On mange avec plaisir les jeunes feuilles en salade. Les chèvres, les vaches, les moutons et les lapins mangent cette plante avec délices, les chevaux la négligent.

1326. La PILOSELLE ; *pissenlit, dent-du-lion, oreille de rat*. Fleur semi-flosculeuse; semences solitaires , couronnées d'une aigrette simple. *Feuilles* : ovales , blanchâtres et par-dessous couvertes de longs poils. *Racine* : longue , fusiforme, fibreuse. Les tiges en forme de hampe, grêles , sarmenteuses, velues, rampantes ; les fleurs solitaires au sommet des hampes. *Lieu* : les côteaux incultes, les terres sablonneuses. Vivace. Toute la plante est amère , astringente, vulnéraire, détersive. Infusée dans du vin , pendant vingt-quatre heures, elle est fébrifuge. On la croit *mortelle pour les moutons*; on donne aux chevaux l'*infusion contre la morve*.

1327. La PULMONAIRE DES MURAILLES ; *épervière des*

Français, à feuilles de piloselle ; *Hieracium murorum.*
Caractères de la précédente ; l'aigrette noirâtre. *Feuilles :*
velues en dessous, dentées, d'un vert foncé, remarquables
par des taches brunes. *Racine :* grosse, longue, rougeâtre,
fibreuse, remplie d'un suc laiteux. Les tiges rameuses hautes de 50 centimètres , grêles, velues ; fleurs pédonculées.
Lieu : les terrains incultes, les bois, les vieux murs. Vivace.
Propriétés : les feuilles ont un goût d'herbe un peu salé et
gluant ; cette plante est très adoucissante et vulnéraire. On
n'emploie que les feuilles. Mais malgré leur ressemblance
avec celles des vraies pulmonaires , qui ont des taches
comme celle-ci, la conformité de leurs vertus n'est pas suffisamment établie.

1328. L'ÉPERVIÈRE BLANCHE ; *Hieracium incanum.*
Feuilles très entières, rudes, lancéolées, rarement dentées,
à hampe lisse.

1329. L'ÉPERVIÈRE DES ALPES ; *Hieracium Alpinum.*
Feuilles hérissées, lingulées, dentées ; calice velu.

1330. L'ÉPERVIÈRE FILOSELLE ; *Hieracium filosella.* Drageons rampants ; hampe à une fleur ; feuilles très entières ,
ovales, dentées en dessous, longs poils à la marge.

1331. L'ÉPERVIÈRE A TIGE NUE ; portant plusieurs fleurs.

1332. L'ÉPERVIÈRE DOUTEUSE ; *Hieracium dubium.*
Hampe nue, portant peu de fleurs, à rejets rampants, feuilles
entières, ovales, oblongues, longs poils.

1333. L'ÉPERVIÈRE OREILLE ; *Hieracium auricula.* Hampe
nue, portant plusieurs fleurs ; drageons rampants ; feuilles
moins velues et plus étroites que dans la précédente.

1334. L'ÉPERVIÈRE A BOUQUET ; *Hieracium cymosum.*
Tige presque nue , velue vers la base ; feuilles hérissées ,
entières, lancéolées ; fleurs comme en ombelle.

1335. L'ÉPERVIÈRE MORDUE ; *Hieracium præmorsum.*
Tige nue, terminée par des fleurs en grappe ; feuilles ovales hérissées, un peu dentées.

1336. L'ÉPERVIÈRE ORANGÉE ; *Hieracium aurantiacum.*

Tige très simple, presque nue, velue; feuilles ovales, entières; fleurs grandes, en corymbe, de couleur orangée.

1337. L'ÉPERVIÈRE A FEUILLES DE POIREAU; *Hieracium
porrifolium.* Tige rameuse; feuilles très étroites. Celles de
la racine offrent une ou deux dents.

1338. L'ÉPERVIÈRE DES CHATEAUX OU PULMONAIRE; *Hieracium Castellorum.* Feuilles radicales, ovales, dentées,
celles de la tige, qui est rameuse, est plus petite.

1339. L'ÉPERVIÈRE DES MARAIS; *Hieracium paludosum.*
Tige en panicule; feuilles embrassant la tige, lisses, dentées; les radicales pétiolées; calices hérissés.

1340. L'ÉPERVIÈRE VELUE; *Hieracium villosum.* Tige
rameuse; feuilles hérissées; les radicales ovales, lancéolées; celles de la tige en cœur.

1341. L'ÉPERVIÈRE DE SAVOIE; *Hieracium Sabaudum.*
Tige droite portant plusieurs feuilles hérissées, dentées;
les inférieures elliptiques; les supérieures ovales, lancéolées.

1342. L'ÉPERVIÈRE EN OMBELLE; *Hieracium umbellatum.*
Feuilles linaires, éparses, offrant quelques dents; fleurs
comme en ombelle.

1343. La PORCELLE, DENT-DE-LION; herbe à l'épervier, à
grandes feuilles obtuses, dentées, en forme de lyre. *Hypochœris hieracium.*

1344. La PORCELLE TACHETÉE; *Hypochœris maculata.*
Tige presque sans feuilles, hérissée, à une fleur très grande.

1345. La PORCELLE RADIQUEUSE. Tige nue, branchue,
bras ouverts; feuilles rudes, découpées en lyre, obtuses.
Les pédoncules à écailles sont épais à leurs extrémités, la
racine pénètre profondément en terre.

1346. La CRÉPIDE; *Crepis,* dont le réceptacle est nu,
analogue aux épervières; le calice renforcé à la base par
des écailles caduques.

1347. La CRÉPIDE PUANTE; *Crepis fœtida.* Tige hérissée;
feuilles rudes, velues, pinnatifides. Fleur grande et d'un
jaune agréable. Les feuilles répandent une odeur désagréa-

ble, analogue aux amandes amères. Le docteur Persoon la décrivait ainsi qu'il suit, vers le commencement de ce siècle, dans le SYNOPSIS PLANTARUM, ENCHIRIDIUM BOTANICUM : *Hieracium maximum enchorei folio, odore castorei, flore magno, flore luteo, suave, rubente.*

1348. LA GRANDE ÉPERVIÈRE. Feuilles découpées comme celles de la chicorée sauvage, de la roquette ; fleurs grandes, jaunes, rouges.

1349. LA CRÉPIDE DES TOITS ; *Crepis tectorum*. Dans cette espèce, la forme des feuilles est très inconstante : elles sont souvent lisses, d'un vert cendré ; le calice a des poils gluants ; la fleur est petite, plus ou moins haute et rameuse, suivant le terrain.

1350. LA CRÉPIDE BIENNALE ; *Crepis biennis*. Tige fragile, de 1 mètre 34 à 1 mètre 68 centimètres ; feuilles rudes, lyrées, ailées.

1351. LA CRÉPIDE VERTE ; *Crepis virens*. Tige très rameuse ; feuilles lisses, d'un vert agréable ; aiguës, petites, fleurs jaunes ; calice cotonneux.

1352. LA CRÉPIDE ÉLÉGANTE ; *Crepis pulchra*, Tige paniculée ; fleurs en panicule, petites ; calices pyramidaux, lisses. En Languedoc et près de Paris.

1353. LA CRÉPIDE DE DIOSCORIDE ; *Crepis dioscoridis*. Tige lisse ; feuilles en lyre ; fleurs petites, jaunes, rouges en dessous.

1354. LA CHONDRILLE JONCIÈRE ; *Chondrilla juncea*. Plante analogue aux crépides. Tiges dures, branchues, visqueuses ; fleurs petites, jaunes, comme en épis.

1355. LA PRENANTHE OSIER ; *Prenanthes viminea*. Tige rameuse ; branches longues, pliantes ; fleurs jaunes, assises sur les branches.

1356. LA PRENANTHE PURPURINE. Tiges de 1 mètre à 1 mètre 34 centimètres, branchues ; feuilles d'un vert de mer, lancéolées ; fleurs pendantes ; chaque fleur formée par cinq demi-fleurons, rouges ou bleus.

1357. La PRENANTHE DES MURAILLES. Tige de 68 centi-mètres, très branchue; feuilles embrassantes, en lyre; fleurs petites; de cinq demi-fleurons, d'un jaune pâle.

1358. La PICRIDE VIPÉRINE; *Pichris echinoïdes.* Tige de 68 centimètres, hérissée de poils durs et piquants; feuilles lancéolées; calice extérieur plus grand que l'intérieur, composé de cinq folioles ovales, très piquantes et presque épineuses.

1359. La PICRIDE ÉPERVIÈRE; *Picris hieracioïdes.* Tige rude, branchue; feuilles âpres, rudes, blanchâtres, den-tées; fleurs assez grandes.

1360. L'HYOSÈRE FÉTIDE; *Hyoseris fœtida.* Hampe très simple, ne portant qu'une fleur; feuilles pinnatifides, lis-ses; semences nues. La racine répand une odeur désa-gréable.

1361. L'HYOSÈRE RAYONNÉE; *Hyoseris radiata.* Hampe nue, une fleur; feuilles lyrées. En Languedoc.

1362. L'HYOSÈRE NAINE; *Hyoseris minima.* Tige nue, divisée, rameuse, très petite; feuilles ovales, dentées; fleurs terminant les rameaux.

1363. L'HYOSÈRE HÉDIPNOÏDE. Tige rameuse, ornée de feuilles lingulées; fruits lisses, arrondis; semences du dis-que surmontées d'un petit calice aigretté.

1364. La LAITUE POMMÉE; *Lactuca sativa capitata.* Se-mi-flosculeuse, composée de demi-fleurons, rassemblés dans un calice tuilé, dont les écailles sont pointues. Se-mences, terminées par une aigrette. *Feuilles :* presque amplexicaules, rangées les unes sur les autres en tête ronde, avant leur entier développement. *Racine :* fusiforme. Tige haute de 68 centimètres, branchue; les fleurs au sommet, disposées en corymbe. *Lieu :* les jardins potagers. Annuelle. *Propriétés :* cette plante est d'un goût insipide, un peu laiteuse, très délayante, antiphlogistique. On emploie l'herbe et la semence, qui est *une des quatre semences froi-des mineures;* l'herbe se mange en salade; on en tire un sue fort utile aux hypochondriaques et une eau distillée qui paraît avoir peu de vertus. On en a fait dans ces derniers temps, le *sirop de Thridace*.

1365. La LAITUE SAUVAGE; *Lactuca virosa sylvestris*. Fleur et fruit, comme la précédente. *Feuilles* : armées d'épines le long de leur côte qui est blanchâtre. *Racine* : plus courte et plus petite que celle de la laitue cultivée et souvent épineuse; fleurs en corymbe. *Lieu* : les chemins, les bords des murailles. Annuelle. *Propriétés* : cette plante est très laiteuse, un peu amère ; on lui attribue les mêmes vertus qu'à la laitue des jardins; elle est plus apéritive et détersive. Rarement employée en médecine.

1366. La LAITUE *crépue* ; *Lactuca crispa*.

1367. La LAITUE EN TÊTE ; *Lactuca capitata*. Ronde et ferme comme des boules de billard.

1368. La LAITUE SCAROLE; *Lactuca scariola*. Feuilles verticales: carène hérissée de piquants.

1369. La LAITUE VÉNÉNEUSE ; *Lactuca virosa*. Feuilles horizontales, ovales, dentées ; la carène est armée de piquants.

1370. La LAITUE A FEUILLES DE SAULE ; *Lactuca saligna*. Feuilles comme ailées, segments dentés; carène épineuse, blanchâtre.

1371. La LAITUE VIVACE ; *Lactuca perennis*. Feuilles à segments dentés; fleurs bleues. En général, la salade de laitue est un aliment de difficile digestion pour plusieurs personnes dont l'estomac est faible ; la laitue cuite se digère plus facilement. On a recommandé le suc de laitue et l'herbe cuite contre les obstructions, l'affection hypochondriaque, la constipation, l'insomnie. L'empereur Auguste fut guéri par le suc de laitue, d'une affection hypochondriaque; son principal remède était une nourriture longtemps continuée, dont la base était la laitue. En faisant évaporer, on obtient un extrait de la laitue vénéneuse, très analogue par ses effets à l'*opium* ; cet extrait est un médicament énergique ; il augmente le cours des urines, dispose à la sueur et calme slngulièrement les palpitations du cœur. On fait avec les cœurs de laitue et un peu de miel, une tisanne très calmante.

1372. Le LAITRON, à larges feuilles; *Jonchus oleraceus.* Semi-flosculeuse; calice glabre; semences couronnées d'une aigrette. *Feuilles :* dentées, avec des épines. *Racine :* fibreuse, blanche. Tiges fistuleuses, hautes de 50 centimètres, divisées en rameaux, pleines d'un suc laiteux, blanc; la fleur au sommet, soutenue par un pédoncule velu. Annuelle. Cette plante a un goût amer; elle est adoucissante, apéritive. On emploie l'herbe en décoction; elle augmente le lait des nourrices. C'est une excellente nourriture pour les lapins.

1373. Le LAITRON DES MARAIS; *Jonchus palustris.* Tige de 1 mètre à 1 mètre 68 centimètres; feuilles formant deux oreillettes pointues; fleurs en corymbe, pédoncules et calices hérissés de poils glanduleux.

1374. Le LAITRON DES CHAMPS; *Jonchus arvensis.* Feuilles pinnatifides, embrassant la tige par des oreillettes arrondies. Calices hérissés.

1375. Le LAITRON DES JARDINS. Pédoncules cotonneux, calices lisses. Feuilles à segments étroits, hérissés de poils rudes.

1376. Le LAITRON DU PLUMIER. Tige de 1 mètre 68 centimètres; feuilles pinnatifides, longues de 68 centimètres; fleurs en panicules, bleues, grandes, pédoncules nus. Sur les montagnes du Forez et de la Chartreuse.

1377. Le LAITRON DES ALPES; *Jonchus Alpinus.* Tige droite, très haute, feuilles sagittées; fleurs en grappe.

1378. La LAMPSANE; CHICORÉE DE ZANTHE. Fleur semi-flosculeuse; semences cylindriques. *Feuilles :* dentées. Racine fibreuse, blanche. Tige de 68 centimètres à 1 mètre, cannelée, rameuse, un peu velue, rougeâtre, creuse; les fleurs au sommet. Les jardins cultivés. Annuelle. Cette plante est rafraîchissante et émolliente. On s'en sert en décoction, en lavement.

1379. La LAMPSANE COMMUNE. Tige rameuse, bras ouverts ; fleurs jaunes, petites.

1380. La LAMPSANE ÉTOILÉE. Calice du fruit à écailles très ouvertes ; feuilles ouvertes, feuilles de la tige lancéolées, dentées ou sinuées. Les écailles du calice renfermant les semences, par leur écartement, forment une étoile.

1381. La LAMPSANE RHAGADIOLE. Calice du fruit très ouvert, étoilé, écailles en alène ; feuilles lyrées. En Dauphiné.

1382. La SCORSONÈRE D'ESPAGNE, à large feuille. Fleur semi-flosculeuse ; semences cannelées, couronnées d'une aigrette plumeuse ; feuilles dentées en manière de soie ; racine fusiforme, noirâtre en dehors, blanche en dedans, remplie d'un suc laiteux. Tige haute de 68 centimètres, rameuse, ronde, cannelée, creuse, un peu velue ; les fleurs au sommet, pédonculées solitaires. *Lieu :* l'Espagne, les jardins potagers. Vivace. La racine a un goût légèrement amer ; diaphorétique. La scorsonère est une excellente plante potagère.

1383. La PETITE SCORSONÈRE ; *Scorsonera humilis.* Tige ornée d'écailles, ne portant qu'une fleur grande, d'un jaune pâle ; semences sillonnées ; les feuilles varient beaucoup par leur largeur.

1384. La GRANDE SCORSONÈRE D'ESPAGNE. Feuilles à dents de scie. On prépare avec elle une tisane pour les maladies aiguës ; surtout dans la petite-vérole : elle est adoucissante.

1385. La SCORSONÈRE SUBULÉE ; *Scorsonera angustifolia.* Tige simple, velue à la base, ne portant qu'une fleur grande, jaune, un peu pourpre en dessous ; feuilles en alène.

1386. La SCORSONÈRE LACINIÉE. Tige droite ; écailles du calice ouvertes, armées d'une dent au-dessous du sommet.

1387. Le SALSIFIS ; *cercifi commun,* à feuilles de poireau ; fleur bleue, pourprée ; *Tragopogon purpureo cœruleum.* Semi-flosculeuse ; composée de demi-fleurons, imitant par la forme ceux de la scorsonère ; semences terminées par une aigrette plumeuse, ayant environ trente rayons. Feuilles étroites, raides. *Racine :* fusiforme, longue, droite, tendre, laiteuse. Tige haute, fistuleuse ; les fleurs au sommet. *Lieu :* les jardins potagers. Bisannuelle. La racine est douce au goût, pectorale, stomachique. Elle est plus employée dans les cuisines qu'en médecine.

1388. La SCORSONÈRE SAUVAGE ; *salsifis des prés ; barbe de bouc ; Bochina.* Caractères, fleur et fruit, comme la précédente ; corolles jaunes. *Feuilles :* longues, aiguës, très lisses. *Racine :* fusiforme, noirâtre en dehors, blanche en dedans. Tige de 50 centimètres ; les fleurs au sommet. *Lieu :* dans tous les prés. Bisannuelle. La plante pilée et appliquée, déterge et consolide les ulcères. Les enfants du peuple, dans le Midi, la mangent toute crue avec avidité ; et outre qu'ils commettent de grands dégâts dans les prés pour aller à sa recherche, elle leur occasionne souvent la dysenterie. On a vu aussi les grandes personnes les rechercher dans les temps de famine. La racine est nourrissante : ses propriétés sont analogues à celles de la scorsonère. Les bestiaux ruminants et les cochons sont bien nourris avec les racines et les tiges des scorsonères et des salsifis sauvages et cultivés.

1389. Le SALSIFIS DE DALECHAMP. Tige courte ; feuilles rudes, velues ; fleur grande, purpurine en dessous.

II. *Herbes à fleur semiflosculeuse, dont les semences sont sans aigrette.*

1390. La CUPIDONE, CHICORÉE NATURELLE. A fleur bleue double, semiflosculeuse ; semences comprimées, couronnées d'une espèce de petit calice à cinq poils, posé sur un réceptacle garni de lames. Tige herbacée ; la fleur au sommet, solitaire ; feuilles alternes. *Lieu :* originaire de l'île de Crète. Annuelle. Intérieurement apéritive, extérieurement dessicative, vulnéraire. On emploie la racine en décoction, les feuilles pilées et appliquées.

1391. La CUPIDONE JAUNE. Feuilles dentées ; fleur jaune, plus petite que dans la précédente.

1392. La CHICORÉE SAUVAGE ; *Cychorium intybus sylvestre sive officinarum*. Semiflosculeuse, composée d'une vingtaine de demi-fleurons bleus, rangés en rond. Semences solitaires, aplaties, couronnées d'un petit rebord à cinq dents. *Feuilles :* dentées, sinuées. *Racine :* fibreuse, remplie d'un suc laiteux. Tige de 50 centimètres, ferme, herbacée, rameuse ; les fleurs au sommet. *Lieu :* les bords des champs, des chemins ; cultivée dans les jardins. Vivace. *Propriétés :* cette plante est laiteuse, amère, peu odorante ; elle est apéritive et un excellent hépatique. On la cultive en grand pour la *mêler au café*, qu'elle modifie utilement pour la santé. On emploie pour l'homme l'herbe fraîche et la racine en tisanne. Cette plante, mêlée avec la pimprenelle, est un excellent aliment pour les lapins.

1393. L'ENDIVE OU SCARIOLE, chicorée des jardins, à large feuille ; *Cychorium latifolium sive endivia vulgaris*. Caractères, fleur et fruit, comme la précédente. Tige de 68 centimètres, lisse, cannelée, creuse, laiteuse ; les fleurs presque axillaires, feuilles alternes et crépues dans une variété. *Lieu :* cultivée dans les jardins. Annuelle. Elle est moins amère et plus agréable au goût que la chicorée sauvage. On l'emploie dans les mêmes cas, ses vertus sont plus faibles. On la mange en salade et en ragoût. Elle est rafraîchissante et nourrit peu.

QUATORZIÈME CLASSE OU GROUPE. *Radiées.*

Herbes et sous-arbrisseaux à fleur, composée de fleurons et demi-fleurons rassemblés et réunis dans un calice commun, de manière que les fleurons occupent le centre de la fleur qu'on nomme *disque ;* et les demi-fleurons la circonférence appelée *couronne.* Cette disposition a fait donner à cette fleur le nom de *radiée.* Les étamines sont réunies par leurs sommets comme dans les deux classes précédentes.

I. Herbes à fleur *radiée* et à semences aigrettées.

1394. L'AULNÉE, CONISE DES PRÉS ; *Inula aster pratensis autumnalis*. Fleur radiée, jaune ; anthères des fleurons terminées à leur base par des soies ; fleurons infundibuliformes ; semences quadrangulaires, couronnées d'une aigrette. *Feuilles* : amplexicaules, velues. *Racine* : rameuse. Tige de 34 centimètres, velue ; les fleurs au sommet, disposées en panicules, sur des pédoncules qui ne portent qu'une fleur. *Lieu* : les bords des ruisseaux et des fossés. Vivace. On a compté jusqu'à quarante espèces de ce genre. Celles qui suivent sont les plus communes en Europe.

1395. L'INULE AULNÉE ; *Inula helenium*. Feuilles embrassant la tige, ovales, ridées, cotonneuses. La *racine d'aulnée* est *une des drogues les plus précieuses en médecine*; son goût est singulier, il tient de l'amertume ; mais en la mâchant elle donne un principe aromatique, piquant, un principe résineux amer, une huile essentielle et une certaine quantité de camphre. Les *pastilles d'aulnée*, infusées dans le vin, ont été prescrites avec succès dans les *toux catharrales*, dans la *coqueluche*, dans l'*asthme*, dans les *dartres*, la *gale* ; les chèvres seules mangent l'aulnée.

1396. L'INULE ŒIL-DE-CHRIST ; *Inula oculus Christi*. Feuilles embrassant la tige, lancéolées, hérissées. Tige velue, terminée par des fleurs jaunes, en corymbe.

1397. L'INULE BRITANNIQUE. Tige rameuse, droite, velue ; feuilles lancéolées, à dents de scie, velues en dessous.

1398. L'INULE ANTI-DYSENTÉRIQUE. Tige velue, formant par ses rameaux un panicule ; feuilles oblongues, en cœur, ondulées, cotonneuses en dessous, écailles du calice sétacées. Elle a réussi dans les dysenteries. Les bestiaux mangent volontiers cette espèce d'aulnée.

1399. L'INULE PULICAIRE. Tige couchée ; feuilles ondulées, hérissées; fleurs comme globuleuses, demi-fleurons très courts. Les moutons seuls mangent cette plante qui les préserve de la maladie de sang, appelée *sandaraque*.

1400. L'INULE SAULIÈRE ; *Inula salicina*. Tige de 50 centimètres, anguleuse, striée; feuilles lancéolées, à dents de scie, rudes, veinées; fleurs plus hautes.

1401. L'INULE HÉRISSÉE; *Inula hirsuta*. Très ressemblante à la saulière, mais la tige sans stries, ornée de poils; une seule fleur termine la tige.

1402. L'INULE GERMANIQUE. Feuilles lancéolées, recourbées; fleurs cylindriques, entassées au sommet de la tige, en corymbe et comme en faisceaux.

1403. L'INULE DES MONTAGNES. Tige uniforme, velue; feuilles lancéolées, hérissées, cotonneuses, blanchâtres. Toutes les inules offrent des fleurs jaunes assez grandes.

1404. L'ARNIQUE; *Arnica*. Est un genre très analogue aux *inules;* le réceptacle est nu, l'aigrette des semences simples; les demi-fleurons du rayon offrent cinq filaments sans anthères.

1405. L'ARNIQUE DES MONTAGNES ; *Arnica montana*. Feuilles ovales, très entières; tige simple s'élevant à 68 centimètres; deux ou trois grandes fleurs la terminent; semences hérissées. Cette plante offre plusieurs variétés. On trouve des individus de 12 centimètres, uniflores. *L'arnique* ou la *bétoine des montagnes* est une plante précieuse, toutes ses parties sont énergiques; la racine, les feuilles et les fleurs sont amères, âcres; si on frotte les fleurs entre les doigts, elles répandent une odeur vive, aromatique; la racine est moins âcre que les feuilles; les fleurs et les feuilles excitent quelquefois le vomissement, augmentent le cours des urines, déterminent les sueurs. La poudre d'arnique des feuilles, analogue à celle du tabac, mais d'un jaune vert, est un excellent sternutatoire.

1406. L'ARNIQUE SCORPIOÏDE ; *Arnica scorpioïdes*. Feuilles alternes, dents de scie.

1407. L'aster, aulnée bleue; *Aster atticus, amellus cœrulus*. Fleur radiée, bleue, mêmes caractères que la plante précédente. Tige herbacée, haute de 68 centimètres environ, dure, rameuse; les fleurs au sommet, disposées en corymbe. *Lieu* : les collines de l'Europe méridionale, les jardins. Vivace.

1408. L'aster des alpes. Tige uniflore ou ne portant qu'une fleur; feuilles en spatule, hérissées; la fleur est grande, d'un bleu clair, rarement blanche.

1409. L'aster des marais; *Aster tripolium*. Tige rameuse; feuilles lancéolées, succulentes; fleurs en corymbe, rayons bleus.

1410. L'aster acre; *Aster acris*. Tige de 50 centimètres, très garni de feuilles lancéolées; fleurs en corymbe, demi-fleurons bleus.

1411. L'aster de la chine; *Aster chinensis*. Tige rameuse; feuilles ovales, à angles, dentées; fleurs terminant les rameaux, très grandes. Originaire de la Chine, cultivée dans tous les jardins, où on la trouve à fleurs doubles, demi-fleurons bleus ou blancs.

1412. La grande aulnée, enule-campane; *Inula aster omnium maximus, helenium*. Radiée, jaune; écailles du calice ovales. *Feuilles* : longues de 34 centimètres et plus, dentelées. *Racine* : grosse, épaisse, charnue, brune en dehors, blanche en dedans, d'une odeur forte. Tige de 1 mètre 34 centimètres, droite, cannelée, velue, branchue; fleurs au sommet; les pédoncules axillaires ne portent qu'une fleur. *Lieu* : les jardins. Vivace.

1413. La verge d'or, solidagine; *Solidago virga aurea*. Radiée, jaune; fleurons ouverts, découpés en cinq; demi-fleurons lancéolés, à trois dentelures; calice tuilé; semences couronnées d'une aigrette capillaire. *Feuilles* : pointues, dentées en manière de scie à leurs bords. *Racine* : fibreuse. Tige de 1 mètre, tortueuse, ronde, cannelée, moelleuse; rameaux terminés par des panicules de fleurs.

Les bois, les pays montagneux et humides. Vivace. La plante a un goût styptique, amer ; elle est détersive, vulnéraire.

1414. La **verge d'or du canada** ; *Solidago Canadensis*. Tige rameuse, de 1 mètre 34 à 1 mètre 68 centimètres ; feuilles lancéolées ; fleurs redressées, en panicule ou en corymbe recourbé, très nombreuses, petites, jaunes.

1415. La **verge d'or commune** ; *Solidago virga aurea*. Tige anguleuse, comme pliée ; fleurs entassées en grappes, droites. Cette plante a une amertume particulière, laissant un goût acerbe ; elle a réussi dans les affections catharrales des voies urinaires. Tous les bestiaux la mangent volontiers lorsqu'elle est fraîche.

1416. La **verge d'or naine** ; *Solidago minuta*. Tige de 18 centimètres ; pédoncules uniflores.

1417. La **vergerette** ; *Erigeron*. Est très analogue aux verges d'or ; l'aigrette des semences est à poils ; les demi-fleurons du rayon très étroits.

1418. La **vergerette odorante** ; *Erigeron graveolens*. Feuilles lancéolées, gluantes, d'une odeur très forte ; fleurs radiées, d'un jaune pâle. Annuelle.

1419. La **vergerette visqueuse**. Pédoncule uniflore, latéral ; feuilles dentées. Tige de 1 mètre ; on observe sur les feuilles de petites glandes à côté des poils qui sont humectées d'une humeur gluante. Cette espèce ressemble beaucoup à la précédente, mais elle est vivace.

1420. La **vergerette de canada**. Tige velue, blanchâtre ; feuilles linaires, d'un vert blanc ; fleurs très-nombreuses, petites ; fleurons d'un jaune pâle ; demi-fleurons très étroits, d'un blanc couleur de chair.

1421. La **vergerette acre**. Pédoncules uniflores. Tiges de 34 centimètres ; feuilles lancéolées ; fleurons d'un gris jaunâtre ; demi-fleurons, couleur de chair, très courts ; semences ornées de longs poils. Les fleurs pulvérisées ont réussi, comme béchiques incisifs.

1422. La **vergerette des alpes**. Tige portant une ou deux fleurs; feuilles légèrement ciliées. On la trouve aussi aux Pyrénées. La fleur est assez grande, disque jaune; demi-fleurons d'un bleu rougeâtre.

1423. La **vergerette uniflore**. Tige portant une seule fleur; calice cotonneux; feuilles linaires. Les plantes des plaines sont plus petites, se rapetissent sur les montagnes et produisent moins de fleurs.

1424. La **jacobée, herbe de saint jacques**; *Senecio Jacobæa*. Radiée, jaune; caractères du seneçon; fleurs disposées en panicule. *Lieu* : les pâturages humides. Vivace. L'herbe a un goût amer et âcre ; on l'emploie en cataplasmes, infusions, décoctions.

1425. Le **tussilage, pas d'ane**; *Tussilago forfora vulgaris*. Radiée. *Feuilles* : cordiformes. *Racine* : longue, menue, blanchâtre, tendre, rampante. Tige en forme de hampe. *Lieu* : les bords des rivières, des fontaines, dans les terrains gras. Vivace. Cette plante a un goût un peu amer; elle est sans odeur, béchique, adoucissante.

1426. Le **grand doronic**. Radiée, composée de fleurons dans le disque. Tige rameuse, portant deux fleurs pédonculées. *Lieu* : les montagnes de la Suisse, les Alpes. Vivace. La racine est aromatique, savoureuse.

1427. Le **petit doronic, paquerette**; *Doronicum pardalianches*. Hampe petite, ne portant qu'une fleur; feuilles ovales, lancéolées, dentelées, hérissées. Sur les montagnes du Bugey. La fleur est blanche ou quelquefois très rouge.

1428. Le **doronic plantaginé**. Tiges à branches alternes; feuilles un peu dentées, presque lisses.

1429. Le **doronic scorpion**. Tige rameuse; feuilles en cœur, dentelées; fleurs jaunes à longs pédoncules; semences du rayon nues.

II. Herbes à fleur *radiée*, dont les semences sont ornées d'un chapiteau de feuilles.

1430. L'**hélianthe, couronne du soleil, grand**

soleil ; *Halianthus annuus corona solis.* Radiée, composée d'un grand nombre de fleurons dans le disque ; à la circonférence, quelques demi-fleurons stériles ; semences couronnées par les calices propres de chaque fleuron, qui tombent dans leur maturité, contenues sur un large réceptacle plane, garni de lames aiguës. *Feuilles :* en forme de cœur renversé, pointues au sommet, rudes au toucher. *Racine :* fibreuse. Tige de 2 mètres 34 à 2 mètres 68 centimètres de haut, droite, rude, rameuse, remplie d'une moëlle blanche ; la fleur au sommet pédonculée et solitaire. *Lieu :* originaire du Pérou, cultivé aisément dans les jardins. Annuelle. Le plus grand usage de la semence est de servir de nourriture aux perroquets ; on en peut tirer une huile ; les graines torréfiées ont l'odeur du café, on en fait une infusion presque aussi agréable. Toutes les volailles et les lapins mangent la graine qui les engraisse beaucoup.

1431. Le TOPINAMBOUR, HÉLIANTHE, POIRE DE TERRE, TOPIN, couronne du soleil, à petite fleur, à racine tuberculeuse ; *Helianthus tuberosus, corona solis parvo flore.* Caractères de la précédente, moins grosse, moins grande ; le disque plus étroit, ainsi que le calice commun, les semences plus petites. *Racine :* tubéreuse, en quoi elle diffère de la précédente, et excellente à manger, elle a le goût du turgeon d'artichaut. Originaire du Brésil, cultivée dans les champs. Vivace. *Propriétés :* ses tubercules sont adoucissants, nourrissants, un peu venteux, ils ont le goût de l'artichaut. Il s'emploie plus souvent dans les cuisines qu'en médecine, le goût en est plus fade que celui de la pomme de terre.

1432. Le SOLEIL ANNUEL. Dont toutes les feuilles sont en cœur, à trois nervures, les fleurs penchées, est originaire du Pérou.

1433. Le SOLEIL MULTIFLORE. Feuilles inférieures en cœur, trois nervures ; les supérieures ovales ; racine re-

courbée. Vivace. Originaire de Virginie. La tige et les pédoncules hérissés.

1434. Le SOLEIL TUBÉREUX. A feuilles ovales, en cœur.
Ses feuilles, tiges et tubercules sont une excellente nourriture pour les chèvres, moutons, vaches et lapins. Les
semences du soleil annuel peuvent fournir une bonne
farine pour faire du pain et de la bouillie aux enfants. On
en retire une huile bonne pour la lampe. Les bestiaux
mangent volontiers les feuilles; les fleurs sont agréables
aux abeilles. On peut retirer le l'écorce une filasse analogue
au chanvre.

1435. Le SOLEIL D'ALGER; *Helianthus africanus*. Vivace.
Tiges multiples en touffes, de 68 centimètres de hauteur,
magnifique ornement de parterre; fournit une excellente
nourriture pour les bestiaux, qui le mangent avec plaisir
avant que la tige soit devenue ligneuse. Elle dure depuis
le commencement du printemps jusqu'à la fin de l'automne. Vivace.

III. Herbes à fleur radiée, dont les semences n'ont ni
aigrette, ni chapiteau de feuilles.

1436. La PAQUERETTE OU PETITE MARGUERITE; *Bellis
sylvestris minor perennis*. Fleur radiée, composée de
fleurons dans le disque, et de demi-fleurons à la circonférence; calice commun hémisphérique, composé de plusieurs folioles disposées en deux rangs, lancéolées, égales;
semences solitaires, ovoïdes. Tige, hampe nue, au sommet
de laquelle se trouve une seule fleur, à la hauteur de 18
centimètres. Tous les prés. Vivace. La racine a un goût
âcre; les fleurs une saveur d'herbe un peu salée; les
fleurs et les feuilles sont résolutives, détersives, vulnéraires.

1437. La PAQUERETTE ANNUELLE; *Bellis annua*. Tige
un peu feuillée. En Languedoc et dans tout le midi de la
France. Plusieurs fleurs; feuilles en spatule; couronne de
fleurs bleues, rouges ou violettes, souvent mélangées de

nuances, comme les couleurs de l'arc-en-ciel, suivant les variétés. On mangeait autrefois les feuilles de la paquerette comme les plantes potagères, on la faisait cuire avec la viande ; sa racine est un 'peu âcre ; le goût des feuilles est peu sensible. Les moutons mangent volontiers ces plantes.

1438. La MARGUERITE DORÉE, chrysantème des moissons ; *Chrysanthemum segetum*. Fleur radiée, composée d'un grand nombre de fleurons dans le disque, d'une douzaine de demi-fleurons à la circonférence ; leur couleur est d'un jaune doré ; le calice hémisphérique, tuilé, composé d'écailles graduellement plus grandes ; les intérieures terminées par des membranes luisantes. Tige herbacée, rameuse ; la fleur au sommet.

1439. La GRANDE MARGUERITE ; *Chrysanthème des Indes*. Caractères de la précédente ; les corolles du rayon sont jaunes. Tige de 1 mètre de haut ; les fleurs au sommet ; feuilles alternes. Les pâturages d'Orient et les prés en sont jonchés. Vivace. Vulnéraire, détersive. Elle a été recommandée contre l'atonie des plaies. Voy. pl. 148 , la représentation de cette belle plante.

1440. Le CHRYSANTHÈME NOIR ; *Chrysanthemum atratum*. Tige uniflore ; feuilles succulentes ; marges du calice noires. Sur les montages.

1441. Le CHRYSANTHÈME DES ALPES. Tiges uniflores ; feuilles cunéiformes, comme empennées ; les feuilles d'un vert de mer.

1442. Le CHRYSANTHÈME LEUCANTHÈME. Feuilles oblongues ; à dents de scie au sommet, profondément dentées inférieurement.

1443. Le CHRYSANTHÈME DES GAZONS. Feuilles en spatule, lancéolées, à dents de scie, couchées sur le gazon qu'elles recouvrent.

1444. Le CHRYSANTHÈME EN CORYMBE. Tige portant plusieurs fleurs en corymbe ; feuilles ailées ; folioles découpées à dents de scie.

1445. Le CHRYSANTHÈME DES BLÉS. Feuilles laciniées supérieurement, dentées inférieurement ; fleurs jaunes. Très commun en Bourgogne.

1446. La MATRICAIRE DES PARTHES. Fleur radiée, composée de fleurons tubulés, rangés dans le disque hémisphérique, et de demi-fleurons à la circonférence ; calice tuilé ; ses écailles linéaires, en carène ; semences oblongues, sans aigrette. Tiges nombreuses, hautes de 68 centimètres, droites, cannelées, lisses, moelleuses ; les fleurs au sommet pédonculées, disposées en corymbe ; elle réussit dans les terrains cultivés ou incultes. Vivace ou bisannuelle. Odorante, un peu âcre et amère ; elle est emménagogue, stomachique, hystérique, vermifuge. On emploie, pour l'homme, l'herbe, les feuilles, les fleurs et les sommités fleuries ; on en fait des décoctions pour lavements, et des infusions.

1447. La CAMOMILLE COMMUNE ; *Matricaria-chamomilla*. Caractères de la précédente, mais les écailles du calice égales à leurs bords ; les rayons plus ouverts ; le réceptacle unique. Les fleurs au sommet des tiges et disposées en corymbe sur de longs pédoncules. Le Languedoc, au bord de la mer. Annuelle. Odorante, goût amer ; elle est résolutive, fébrifuge, stomachique, carminative, vermifuge. Excellente en infusion, comme le thé, coupée avec une petite quantité de rum : elle favorise singulièrement la digestion des aliments, après les repas copieux. On emploie l'herbe rarement, les fleurs fréquemment ; on en fait des décoctions, des cataplasmes, une eau, une huile essentielle.

1448. La MATRICAIRE ODORANTE ; *Matricaria suaveolens*. Réceptacle conique ; demi-fleurons renversés ; écailles du calice à marges égales. En Dauphiné, en Suède ; elle a les feuilles et le port des camomilles. L'infusion de ses fleurs

calme les coliques venteuses et spasmodiques, et autres affections du conduit alimentaire.

1449. La camomille romaine, noble anthémis officinale; *Anthemis chamœmelum romanum*. Fleur radiée double, jaune, composée de fleurons dans le disque qui est
convexe, et de demi-fleurons à la circonférence; les fleurons divisés en cinq; les demi-fleurons lancéolés, quelquefois à trois dentelures; spontanée dans les campagnes
d'Italie, les jardins. Vivace. Cette plante est amère au goût,
aromatique, agréable à l'odorat; elle a les vertus de la précédente, et lui est préférée. On emploie l'herbe et les fleurs
très fréquemment, en décoctions; son huile distillée est
d'un beau bleu, diurétique; apaise les douleurs, et entre
dans les lavements.

1450. La maronte, camomille fétide; *Anthemis cotula
chamœmelum fœtidum*. Caractères de la précédente. Réceptacle conique, garni de lames extrêmement fines; semences nues. Les terrains incultes. Toute cette plante a un
goût amer, une odeur forte et fétide; elle est antispasmodique, fébrifuge, vermifuge, carminative, mais surtout
anti-hystérique. On emploie l'herbe et les fleurs dont on
fait des décoctions pour lavements et bains de vapeurs.
On s'en sert aussi pour fomentations, cataplasmes émollients et résolutifs.

1451. L'anthemis des teinturiers; l'œil-de-bœuf, à
petites feuilles de tanaisie; *Anthemis tinctoria buphtalmum*.
Caractères de la précédente. Corolle jaune; les fleurs en
corymbe, celles du rayon blanches dans une variété des
Alpes. Feuilles cotonneuses en dessous, imitant celles de
la tanaisie. L'Allemagne, les provinces méridionales de
France, auprès de la mer, dans les prés secs et arides. Vivace. Vulnéraire, apéritive; les fleurs donnent une teinture
jaune et brillante, très estimée dans le Nord.

1452. La camomille des champs. Réceptacle conique,

dont les feuilles sont sétacées ; semences couronnées. Tige un peu cotonneuse.

1453. La CAMOMILLE PYRÈTHRE ; *Anthemis pyrethrum*. Tiges inclinées, uniflores, à folioles découpées. Le rayon de la fleur blanc, pourpre en dessous.

1454. L'ACHILLÉE OU MILLE-FLEUR BLANC ; *Achillea millefolium*. Fleur radiée, blanche ou pourpre, composée de plusieurs rayons inféconds dans le disque, et de cinq à dix rayons séminifères à la circonférence ; semences solitaires et ovales, placées dans le calice sur un réceptacle conique. Tige de 50 centimères ; les fleurs au sommet, en forme de corymbe aplati. Les bords des chemins. Vivace. Un peu âcre, amère, aromatique, vulnéraire, résolutive et astringente. Employée en décoction ou infusion.

1455. L'ACHILLÉE STERNUTATOIRE : HERBE A ÉTERNUER, à fleur blanche en corymbe. Caractères de la précédente ; le calice moins grand ; le disque plus marqué ; les fleurons de la circonférence plus grands, plus nombreux. Les prés humides, les marais. Vivace. Acre, sans odeur, sternutatoire, résolutive, détersive. On emploie les feuilles et les fleurs en poudre, qu'on renifle comme du tabac.

1456. L'EUPATOIRE DES CHAMPS ; *Achillée odorante, jaune*. Caractères de la précédente ; corolle jaune ; fleurs au sommet de la tige, disposées en corymbe étroit ; au bord de la mer. En Languedoc, en Italie. Vivace. Odeur forte et agréable, goût amer ; l'herbe est stomachique, incisive, expectorante, extérieurement vulnéraire, résolutive. On l'emploie fraîche ou sèche, en infusion et en décoction.

1457. L'ACHILLÉE NAINE. Fleurs serrées, comme en ombelle. En Suisse, en Dauphiné, sur les Alpes. Petite plante très odorante. L'extrait spiritueux des fleurs est assez analogue au camphre. La grande réputation des mille-feuilles vient de son action constatée pour calmer les hémorrhagies actives.

1458. L'ACHILLÉE GÉNIPI, *Tanacetum odoratum alpi-*

num. Cette plante, très amère et très aromatique, a réussi dans la diarrhée, la faiblesse d'estomac causée par relâchement, et dans les étourdissements qui ont souvent la même source. Van-Helmont, prescrivait avec succès cette herbe, infusée avec du vin, pour déterminer la sueur dans la pleurésie, les premiers jours de son début.

IV. Herbes à fleur radiée, dont les semences sont renfermées dans des capsules.

1459. Le souci, ou calandule ; *Calendula officinalis*, *catlha vulgaris*. Fleur radiée, composée de plusieurs fleurons jaunes ; calice commun, divisé en quatorze ou vingt segments linéaires, lancéolés, presque égaux. Tige herbacée, grêle, rameuse ; les fleurs au sommet. Cette plante fleurit en tout temps. Elle est cultivée dans les jardins où la fleur devient d'une grandeur beaucoup plus considérable. Bisannuelle. Amère au goût, antispasmodique, hépatique. Dans les *soucis calendules* : le réceptacle est nu ; les semences sans aigrettes.

1460. Le souci des champs ; *Calendula arvensis*. Semences en timbales, recourbées, hérissonnées ; les extérieures droites.

1461. Le souci officinal. Semences en timbales, toutes hérisonnées ; fleurs jaunes.

1462. Le souci pluvieux ; *Calendula pluvialis*. Originaire d'Afrique. Les semences du rayon irrégulièrement dentelées ; celles du disque en cœur, demi-fleurons bleus, fleurons blancs.

1463. Le souci nu ; *Calendula medicaulis*. Tiges nues ; feuilles lancéolées, sinuées, dentées.

V. Herbes à fleur radiée, dont le disque est composé de pétales planes.

1464. La grande immortelle ; héranthème. Fleur simple, pourpre ; fleur radiée ; calice tuilé ; écailles lancéolées, brillantes, formant un rayon qui couronne la fleur. Feuilles blanches, imitant celles de l'olivier. Tige de 16 centimètres, herbacée, cotonneuse; la fleur au sommet, pédonculée, blanche ou rouge; les écailles du calice marquées d'une raie pourpre. L'Italie, les provinces méridionales, les jardins. Annuelle. Le héranthème est une plante d'agrément qui produit un bel effet dans nos jardins; on en tisse des couronnes funéraires pour honorer la tombe de ses parents et amis.

1465. La CARLINE, OU CAMÉLÉON BLANC. Fleur radiée, composée de fleurons blancs, leur tube court, leur limbe campanulé, divisé en cinq; le calice commun renflé, large tuilé, composé d'un grand nombre d'écailles aiguës, les intérieures, très longues, luisantes, colorées, formant une couronne autour de la fleur; quelquefois sans tige, la fleur paraît sortir de la racine; la tige est toujours plus courte que la fleur qui est solitaire; feuilles alternes, étendues en rond sur la terre. Les montagnes du Languedoc. Cette plante a une odeur d'amande amère; la racine est sudorifique, stomachique, vermifuge.

1466. La CARLINE SANS TIGE; *Carlina acaulis*. Tige uniflore, plus courte que la fleur. On trouve en Dauphiné une variété à tige de 34 centimètres.

1467. La CARLINE EN CORYMBE. Tige rameuse, multiflore, portant plusieurs fleurs sans pédoncule; les écailles du rayon jaunes. En Languedoc. On l'a beaucoup ordonnée infusée dans du vin, contre le rhumatisme, les dartres, la gale, l'anorexie, les flatuosités, la suppression des règles : dans les fièvres intermittentes et remittentes, cette infusion ranime les malades et accélère la crise. Ces faits et l'examen de la saveur prouvent, comme cent autres, combien les médecins ont tort, pour remplir les mêmes indications, d'employer des drogues étrangères qui ne sont pas aussi sûres vu les altérations qu'elles éprouvent, et qui, même, en les supposant non frelatées, ne sont pas plus énergiques. Ce principe accordé, on peut démontrer que nos plantes européennes offrent la saveur, l'odeur et l'énergie de beaucoup de drogues étrangères : mais il y a toujours eu des médecins qui semblent croire que les maladies des Européens ne peuvent guérir qu'avec des plantes asiatiques ou américaines.

QUINZIÈME CLASSE OU GROUPE. *Plantes apétales.*

Herbes et sous-arbrisseaux apétales, c'est-à-dire à fleur qui n'a point de pétales, et dont les étamines sont très apparentes, nommées fleurs à étamines.

I. *Herbes à fleur à étamines, dont la partie inférieure du calice devient le fruit.*

1468. Le CABARET; *Asarum Europœum.* Fleur apétale, composée de douze étamines placées dans un calice épais, coriacé, coloré, campanulé, qui contiennent des semences ovales. *Feuilles :* un peu velues, réniformes, luisantes. *Racine :* menue, rampante, fibreuse. Tige herbacée, basse ; les fleurs au sommet, solitaires, extérieurement velues, verdâtres intérieurement, d'un pourpre foncé; portées sur un pédoncule qui se recourbe après la fleuraison. Les montagnes, les Alpes et les Pyrénées. La racine est un peu amère, aromatique, nauséeuse ; les feuilles âcres ; toute la plante purgative par le haut et par le bas, emménagogue, errhine. On emploie les feuilles et les racines , celles-ci étaient le meilleur émétique des anciens. Voy. pl. 30.

1469. La BETTE OU POIRÉE BLANCHE; *Beta alba, vel pallescens.* Fleur apétale, composée de cinq étamines. *Fruit :* espèce de capsule uniloculaire qui renferme une semence réniforme, comprimée, entourée du calice et comprise dans sa substance. *Feuilles :* grandes. Racine cylindrique, fusiforme, longue et blanche. Tiges cannelées, branchues ; les fleurs au sommet. Les bords de la mer ; cultivée dans les jardins potagers. Bisannuelle. Cette plante est aqueuse ; c'est un des cinq émollients. On use assez fréquemment de l'herbe ; les pétioles sont employés dans les cuisines ; on applique les feuilles sur les ulcères ou sur les plaies formées par le cautère, pour entretenir la suppuration; le suc de la bette, introduit dans l'oreille, guérit les surdités occasionnées par des fluxions catharrales.

1470. La **bette-rave**, **poirée rouge**; *Beta rubra vulgaris*. Caractères de la précédente, dont elle ne diffère que par la grosseur de sa racine et la couleur rouge répandue sur toutes ses parties. On mange sa racine. Marcgraff fut l'un des premiers qui tira du sucre de la racine au commencement de ce siècle. (*Opusc.*, Chym., t. 1ᵉʳ, p. 213). C'est depuis, qu'avec cette plante précieuse, on est parvenu à faire du véritable sucre, qui rivalise avec celui de nos colonies, dont les usages sont connus en médecine, dans l'art culinaire et la confiserie, mais qu'il serait trop long d'énumérer ici; d'ailleurs, il en sera question encore au sujet de la canne à sucre.

1471. La **bette blanche**; *Beta-cicla*. Fleurs trois à trois. Originaire du Portugal, cultivée dans les jardins. La betterave rouge contient dans sa racine un principe mucilagineux sucré, qui la rend assez nourrissante; elle ne devient indigeste que pour quelques sujets d'une constitution particulière. La racine de betterave rouge contient beaucoup de sucre; la racine de bette blanche en donne encore une plus grande quantité. Dans le Nord on fait fermenter les racines de la bette rouge, on les réduit en pulpe qui passe à l'état de fermentation acéteuse; cette pulpe apprêtée est très agréable à manger, et peut être considérée comme un préservatif du scorbut et des fièvres.

II. Fleurs apétales, à étamines, dont le pistil devient une semence enveloppée par le calice.

1472. L'**oseille des prés**; *Rumex acetosa pratensis*. Fleur apétale, composée de six étamines; semence à trois côtés. *Feuilles* : pointues, oblongues, en fer de flèche. *Racine* : fibreuse, longue, jaunâtre. Tige de 50 centimètres, cannelée, branchue; les fleurs au sommet. Vivace. La racine est amère, styptique, acide, astringente; les feuilles rafraîchissantes et très résolutives. Cette plante passe pour un excellent antiscorbutique.

1473. L'OSEILLE RONDE DES JARDINS ; *Rumex acetosa rotundifolia hortensis*. Caractères de la précédente. *Feuilles* : en fer de flèche, arrondies en forme de cœur. On trouve dans les montagnes des Alpes, une petite oseille à feuilles rondes, blanchâtres, imitant les feuilles du cochlearia, qui diffère de celle-ci en ce qu'elle a deux pistils ; sa saveur est plus douce. Linné l'appelle : *rumex digynus*. On cultive l'oseille dans les jardins potagers. Vivace. *Usages :* les mêmes que la précédente ; on emploie celle-ci plus souvent dans les cuisines ; sa racine est apéritive, diurétique, rafraîchissante.

1474. La PATIENCE, rhubarbe des prêtres ; *Rumex patientia lapathum*. Caractères de l'oseille, dont elle est distinguée par sa saveur. *Feuilles :* longues de 34 centimètres, cordiformes, lisses, sur un long pétiole. *Racine :* épaisse, fibreuse, brune en dehors, jaune en dedans. La tige s'élève à la hauteur d'un homme, cannelée, rougeâtre, rameuse à son sommet. *Lieu :* les alpes de l'Italie. Vivace. Très commune, aux environs de Rome, dans les jardins. En 1847, nous avons remarqué que les belles allées solitaires du Vatican en étaient pleines, et l'un des jardiniers nous a dit, avec une intention spirituelle, que *le Vatican était le séjour naturel de la patience*. Cette racine est amère, astringente, stomachique et bonne pour purifier le sang. On l'emploie en décoction dans les bouillons.

1475. La PATIENCE ROUGE, sang-dragon ; *Rumex sanguineus*. Caractères et propriétés de la précédente, dont elle n'est distinguée que par la couleur rougeâtre de toutes ses parties.

1476. La PATIENCE DES MARAIS OU PARELLE ; *Rumex aquaticus*. Caractères des précédentes. La racine est fibreuse, noire en dehors, jaune en dedans. Elle croît dans les lieux aquatiques. Vivace.

1477. La PATIENCE SAUVAGE ; *Rumex acutus.* Dont les feuilles sont pointues, et qui a les même vertus que les deux précédentes. On la trouve dans les fossés et dans les bois humides. On l'emploie en décoction, en tisane ; elle convient dans l'asthme et dans l'hydropisie de poitrine.

1478. La PATIENCE FRISÉE ; *Rumex crispus.* A feuilles ondulées, en goutières et lancéolées.

1479. La PATIENCE MINEURE ; *Rumex maritimus.* A valves longues et sétacées ; c'est le *lapatum aquaticum beteolœ folio* de Tournefort.

1480. La PATIENCE SINUÉE ; *Rumex pulcher.* Feuilles radicales, échancrées de chaque côté comme un violon ; celles de la tige lancéolées et pointues. Tige de 34 centimètres, rameuse.

1481. La PATIENCE A ÉCUSSONS ; *Rumex scutatus.* Tige ronde ; feuilles en cœur, en fer de flèche ou garnies à la base de deux oreillettes divergentes. En Provence.

1482. La PATIENCE DES ALPES. Fleurs stériles ; feuilles en cœur, de 34 centimètres, ridées. Racine rampante ; fleurs supérieures à étamines, les inférieures à pistils.

1483. La PATIENCE TUBÉREUSE. Racine charnue à tubercules ; feuilles lancéolées, en fer de flèche. La campagne de Rome, et les vignes qui environnent les anciens remparts de cette ville, en sont pleines en hiver même. Elle pousse aussi parmi les ruines de la pluspart des anciens monuments.

1484. La PATIENCE GRANDE OSEILLE ; *Rumex acetosa.* Feuilles lancéolées, en fer de flèche.

1485. La PATIENCE PETITE OSEILLE ; *Rumex acetosella.* Feuilles lancéolées en hallebarde, feuilles plus ou moins larges ; toute la plante est rouge en automne. En général les bestiaux évitent les patiences. Les poules seulement font leurs délices de l'oseille ronde, de l'oseille des prés et de la petite oseille. Les oseilles sont très précieuses, il faut en nourrir les malades ; les racines des *oseilles* ont les mêmes propriétés que celles des *patiences;* comme nourriture, ces dernières donnent plutôt un aliment agréable que nourrissant ; ceux qui mangent beaucoup de viande à dîner, font bien de souper avec un plat d'oseille. On se sert des feuilles dans les arts, pour préparer les fils de lin, de chanvre, à la teinture rouge. On retire du suc d'oseille un sel acide analogue à la crême de tartre ; la racine sèche donne une couleur rouge.

1486. La RHUBARBE; *Reum palmatum,* de Linné, genre des *polygonées*, tire son nom du grec ρεω, *couler*, à cause de ses *propriétés dépuratives et purgatives.* Plante précieuse pour la médecine, originaire de l'Asie, mais généralement cultivée de nos jours dans les jardins botaniques de l'Europe. Les caractères de la rhubarbe la rapprochent des grandes espèces d'oseille. Sa graine semée en pleine terre en automne, dans nos climats, lève en mai et parvient en été à son état de perfection. Le dessus des feuilles est d'un vert vif, le dessous d'un blanc verdâtre ; celles du bas de la tige sont en forme de cœur et ont environ 68 centimètres de diamètre. La racine est grosse, vivace, arrondie, longue de 50 centimètres, même plus, branchue, rameuse, d'un roux noirâtre en dehors; lorsqu'on la mâche fraîche, on lui trouve une saveur visqueuse un peu amère, qui se fait sentir sur la langue et sur le palais, en laissant une impression gommeuse, astringente. La tige, qui sort du milieu des feuilles, s'élève de 68 centimètres environ, et produit des fleurs ramassées en forme de petites grappes. Chaque fleur est soutenue par un petit pédicule blanc : elle est sans calice, d'une seule pièce, en cloche, découpée en six. Le pistil est triangulaire et se change en une semence triangulaire aussi. Semée à l'automne, elle pousse au printemps, donne sa fleur au mois de juin et ses graines de juillet en août. Le pays natal de la rhubarbe,

où elle croît spontanément, est la partie septentrionale de l'empire chinois. Cette plante et ses propriétés précieuses, connues dès la plus haute antiquité, était l'objet d'un commerce spécial chez les anciens Égyptiens, du temps des Pharaons, comme elle l'est dans les temps modernes en Russie. Pour avoir une idée juste de son produit, il faut consulter un ouvrage du célèbre naturaliste Bernard de Fischer, intitulé : *Actes curieux de la nature*, t. 10, obs. 20, *de Rhubarbaro officinarum*, auquel nous empruntons, en les traduisant en français, les *caractères de la vraie et excellente rhubarbe* : ils sont, « d'avoir une
» couleur jaune tirant sur le rouge, d'être très sèche,
» friable, avec une certaire dureté; épaisse et dense, assez
» ressemblante, en volume et en figure, à la corne du
» pied d'un cheval; décorée d'un nombre infini de raies
» circulaires d'un rouge pâle, mêlé d'un peu de blanc,
» comme la noix muscade. Sa saveur est amère, gluti-
» neuse, astringente : elle communique une couleur de
» safran à la liqueur dans laquelle on la laisse infuser.
» Elle a une *grande vertu diurétique ;* car elle donne à
» l'urine de l'odeur et une couleur de safran. Elle rend
» aussi le lait des nourrices amer et jaune lorsqu'elles en
» font usage pendant quelques jours. »

« La rhubarbe, dit un célèbre médecin de l'école de Salerne, est d'une grande efficacité pour corriger les vices de la bile, pour dissoudre et évacuer les obstructions des viscères, et pour remédier à toutes les maladies qui proviennent de la pituite ou des humeurs glaireuses et de l'atonie des organes en contact avec la muqueuse. Il faut la prendre à petite dose, en poudre, entre deux pièces de pain mouillé dans le bouillon de la soupe, au commencement du principal repas de la journée, et de jour entre autre pendant quelques semaines. » C'est ainsi que l'administrait le savant Baglivi. On lit, dans son livre le plus remarquable, p. 430, qu'il en avait souvent administré avec un succès complet, *l'infusion, dans les convulsions des enfants*, causées presque toujours par le vice de l'estomac. Le célèbre médecin anglais, Hamilton, dans son livre sur *la Pratique de la médecine*, p. 26, recommande l'usage de la rhubarbe et de ses préparations contre toutes les maladies des reins, la goute, la gravelle, le rhumatisme, le rachitis, les indispositions des femmes et des enfants. La diabète, les affections hypochondriaques et d'hystérie ; les fièvres de toute nature, les hydropisies essentielles, les coliques, ont été guéries par Rhodius, médecin allemand, à l'aide de la rhubarbe et surtout de ses préparations alcooliques, mitigées par le suc de quelques autres plantes dépuratives et toniques.

De nos jours, M. Récamier appelait LA RHUBARBE : *la grande panacée des enfants, des femmes et des vieillards.*

Nous croyons, nous, que c'est aux principes médicamenteux de la rhubarbe, qui entre dans la confection de *l'Élixir anti-glaireux* de M. le docteur Guillié, préparé par M. Paul Gage, que ce remède doit sa vogue et la plupart de ses effets merveilleux. Car il est très certain que lorsque le corps humain est obstrué d'humeurs qui arrêtent, soit la circulation du sang, soit le jeu physiologique de l'influx nerveux et des fonctions cérébrales ou digestives, il est indispensable d'opérer une dérivation convenable et immédiate pour rétablir l'équilibre anatomique des divers systèmes de l'économie naturelle. C'est pour cela que depuis que *l'Élixir anti-glaireux*, du docteur Guillié, est usité dans la médecine humaine, on a vu une foule de malades de tout âge et de tout sexe atteints ou menacés de paralysie, de gastrites, de rhumatismes, de goute, d'apoplexie, de rhumes, de catharres, d'asthmes, d'hémorroïdes, d'obstructions du foie, d'irritations de la vessie ou des entrailles, être soulagés, comme par enchantement, par l'usage de cet Élixir : à cause de la dérivation ou de la metastase qu'il occasionne dans l'organisme des personnes qui l'employent à-propos, fréquemment, avec les précautions de sagesse et de prudence indiquées par la science médicale.

En effet, toutes les fois qu'il est question d'opérer sur le tube digestif, une douce et favorable dérivation, pour éloigner de funestes accidents, dans les maladies occasionnées : par les humeurs glaireuses, chez les enfants en bas-âge, telles que les oreillons, la gourme, les scrofules : par l'obstruction des vaisseaux lymphatiques ou sanguins, dans la migraine chez les femmes ; les névralgies, les douleurs de reins, les lassitudes, les gastrites et chloroses, dans les souffrances si variées et si pénibles de leur âge de retour ; dans les asthmes, la goutte, le rhumatisme, la paralysie, la sciatique, les dispositions à l'apoplexie chez les vieillards ; aucune substance végétale ne saurait être comparée aux effets merveilleux et dérivatifs de la rhubarbe et de son composé, l'*Élixir* de Guillié, capables de détourner tant de funestes accidents qui s'emparent des enfants en bas-âge, des femmes à l'époque de l'âge critique, et des vieillards, souvent les plus robustes en apparence.

L'*Élixir anti-glaireux* du docteur Guillié, préparé par M. Paul Gage, étant entièrement liquide et contenant *le suc le plus précieux d'une bonne qualité de rhubarbe*, nous a toujours paru un excellent mode pour administrer les principes actifs et efficaces de cette plante. Aussi, l'ayant prescrit assez souvent dans notre pratique médicale, avec succès, dans les diverses affections auxquelles il s'applique, nous croyons devoir indiquer ici le moyen de s'en servir, en terminant cette *notice médico-botanique* sur la rhubarbe.

Mode d'emploi de l'Élexir anti-glaireux.— Cette préparation au suc de rhubarbe, étant *tonique et purgative*, pour la prendre avec fruit et sans inconvénient, il faut choisir le temps où l'on a la nature pour soi ; car un remède quelconque ne doit être que l'aiguillon des forces vitales de notre organisme. Par conséquent, il est très sage de *s'en*

abstenir dans la période des redoublements et des exacerba-
tions de la maladie. Parce que les mouvements de con-
tractilité et de tonicité s'exécutent dans ces moments avec
trop d'agitation et de tumulte : telles sont les diverses pé-
riodes des *fluxions de poitrine*, des *inflammations du ven-*
tre et des *fièvres continues.*

Lorsque le temps et les circonstances sont favorables,
l'Élixir Guillié peut être administré avec succès à des doses
différentes à tous les âges et tous les sexes, mais dans des
proportions convenables. Les enfants au-dessous de douze
ans qui digèrent mal, dont l'estomac et les intestins sont
surchargés de mucosités glaireuses, devront prendre, le
matin à jeun, une cuillérée à bouche d'élixir pur, ou étendu
dans une quantité double d'eau sucrée. — Les enfants
pâles, blafards, dont le ventre est gros, qui ont des glandes
et une disposition aux scrofules, doivent en prendre une
ou deux cuillerées à une heure d'intervalle l'une de l'autre, jusqu'à ce qu'ils aient été à la garderobe. — Les personnes dont la menstruation s'établit difficilement, prendront l'élixir étendu dans de l'eau rouillée. On la fait en
mettant huit à dix clous dans une pinte d'eau, où ils sé-
journent vingt-quatre heures. Les unes et les autres en
prendront d'une à trois cuillerées, jusqu'à ce qu'il survienne une évacuation. — Les sujets qui éprouvent de
l'*oppression*, une *toux grasse*, du *dégoût des aliments*, des
douleurs de ventre, des *étourdissements*, presque toujours
précurseurs de l'apoplexie séreuse, doivent, sans hésiter,
faire le traitement antiglaireux, qui consiste à prendre de
deux à cinq cuillerées à bouche, le matin à jeun, jusqu'à
ce qu'il survienne quelques selles; une cuillerée à café,
une demi-heure avant le repas, et une autre cuillerée à
café le soir au moment du sommeil, afin d'entretenir le
ventre constamment libre, et cela autant que la cause sub-
sistera, jusqu'à ce que tous les accidents soient dissipés, en
laissant seulement, chaque semaine, un ou deux jours de

repos. —Il est très rare qu'on ne soit pas promptement soulagé. Peu de personnes ont été obligées de prendre pendant plus de quinze jours consécutifs l'Élixir de Guillié ; des maladies opiniâtres et réputées incurables ont été guéries radicalement en deux ou trois mois de son usage, surtout à la campagne. — Au moment où l'on éprouve quelques coliques ou le besoin d'évacuer, il faut prendre trois ou quatre tasses de bouillon aux herbes, d'eau d'orge, de petit-lait, de bouillon coupé ou simplement d'eau sucrée. Il suffit que ces boissons soient tièdes. On peut manger une heure après la dernière évacuation, et se livrer même à ses occupations ; avantage que ne présente aucun autre laxatif, car ils obligent tous à garder la chambre. — Si l'on vomissait la première cuillerée, ce qui arrive quelquefois aux enfants et aux personnes qui n'ont pas l'habitude des médicaments, il faudrait en prendre une autre immédiatement, se tenir couché la tête haute, et ne rien boire après ; au moyen de ces précautions on ne vomit plus.

1487. La RHUBARBE RAPONTIC ; *rhubarbe des moines*, parce qu'on la trouvait plus particulièrement dans leurs couvents, au moyen âge, et qu'ils la distribuaient comme remède aux personnes malades qui résidaient autour de leurs monastères. Sa racine est grosse, jaune en dehors, rougeâtre en dedans. Elle a des propriétés analogues à la précédente, mais à un moindre degré. Elle en diffère en ce que ses feuilles, moins amères, sont un aliment très usité dans le nord de l'Europe. L'art culinaire les prépare comme chez nous, les épinards. Elles en ont les qualités rafraîchissantes et dépuratives. La plante entière teint en jaune, et on l'emploie beaucoup pour teindre les cuirs dans la tannerie et le maroquinage.

1488. La RHUBARBE ONDULÉE ; *rhubarbe de Moscovie*. Les panicules de ses fleurs sont plus étroits que ceux des précédentes, ses feuilles sont crépues. Les Russes les mangent crues, ou les font cuire comme nous les plantes potagères, telles que la chicorée, l'épinard, la laitue, l'oseille.

1489. La RHUBARBE PULPEUSE ; *Reum ribus*. Les semences sont entourées de pulpe succulente et rougeâtre. On la trouve sur les monts Liban et le Carmel. On la mange crue. Elle est très agréable au goût et rafraîchissante. On la confit au sucre, au miel au moût de raisin, pour en manger toute l'année : comme à Paris les prunes, les pommes, les poires, les pêches, etc. Les Persans en font une grande consommation depuis très longtemps.

1490. La RHUBARBE COMPACTE ; originaire de la Tartarie. Les feuilles sont en cœur et glabres à leurs deux faces. Elle nourrit le *scarabœus-aureolus*. Mechoacan l'appelle rhubarbe blanche. On la prescrit en poudre et en décoction, mais à dose double des précédentes dans les obstructions d'entrailles.

1491. L'ARROCHE BLANCHE DES JARDINS ; BONNE DAME ; *Atriplex hortensis alba, sive pallide virens*. Fleurs apétales d'un vert pâle à étamines ; semence orbiculaire comprimée. *Feuilles* : crénelées, tringulaires. *Racine* : longue de 16 centimètres, fibreuse. Tige herbacée, très haute. Annuelle. L'herbe, insipide au goût, est rafraîchissante, peu nourrissante ; la semence est purgative et émétique. L'herbe est usitée dans les cuisines et en médecine ; on en fait des décoctions émollientes pour fomentations et lavements.

1492. L'ARROCHE ROUGE ; *Atriplex hortensis rubra*. Comme la précédente, dont elle ne diffère que par la couleur d'un rouge brun, que l'on remarque dans toutes ses parties.

1493. L'ARROCHE MARITIME ; POURPIER DE MER ; *Atriplex portulacoïdes maritima angustifolia*. Caractères fleur et fruit, comme dans les précédentes. Sous-arbrisseau toujours vert, de 50 centimètres de hauteur. Vivace. Les fleurs au sommet, en épis. *Lieu* : les bords de la mer. Les feuilles ont un goût âcre, un peu salé ; elle sont stomachiques, détersives, antiscorbutiques, elles excitent l'appétit. Les

Anglais et les Hollandais font macérer les jeunes dans du vinaigre, et les mangent en salade, comme les câpres et les capucines.

1494. L'ARROCHE ABBRISSEAU ; *Atriplex halinus*. Tige ligneuse ; feuilles deltoïdes, entières. Originaire d'Espagne. Cultivé dans les jardins,

1495. L'ARROCHE HASTÉE ; *Atriplex hastata*. Tige herbacée ; feuilles triangulaires à oreillettes.

1496. L'ARROCHE ÉTALÉE. Tige herbacée, rameaux étalés et couchés sur terre ; feuilles deltoïdes, lancéolées ; calice des semences dentées sur le disque.

1497. L'ARROCHE FÉTIDE ; *Chenopodium fœtidum*. Fleur apétale, à cinq étamines placées dans un calice concave ; une semence orbiculaire, comprimée, lenticulaire. Racine fibrée. Tiges de 4 à 8 centimètres, rampantes, branchues, feuillés ; les fleurs rassemblées au sommet. Cette plante est spontanée dans les jardins. Annuelle. Elle a une odeur fétide ; elle est antihystérique, emménagogue. On se sert des feuilles et de l'herbe en infusion , ou pilées ; on les emploie aussi en lavements et en cataplasmes. L'odeur de cette plante est vraiment singulière ; froissée entre les doigts et introduite dans les narines , elle arrête comme par enchantement les spasmes hystériques ; son infusion n'est pas moins précieuse dans la même maladie ; très commune de nos jours à la ville et à la campagne , et sujet d'une multitude de querelles, de zizanies, au sein des familles , par les bizarreries incroyables dont elle est la cause incontestable chez les femmes qui ont le malheur d'en être atteintes. Ces bizarreries les rendent dignes de pitié, plutôt que de traitements rudes de la part de leurs parents. Autrefois on les appelaient *possédées du démon* , c'est de là qu'on a dit que ces sortes de malades ont le diable au corps.

1498. L'ARROCHE PIMENT, OU BOTRIS ; *Chenopodium ambrosioïdes* Feuilles oblongues ; racine petite , blanche, perpendiculaire ; tige de 34 centimètres, velues ; les fleurs au sommet, disposées en grappes nues, qui se divisent plusieurs fois. *Lieu* : l'Italie, l'Espagne, les provinces méridionales de France. Annuelle. Toute la plante est aromatique, d'une odeur forte et agréable, un peu âcre au goût ; elle est stomachique, résolutive, expectorante. Quelques hypochondriaques ont trouvé un soulagement à leurs maux en prenant tous les matins l'infusion du *piment*. Il n'est pas moins utile dans les coliques venteuses et l'anorexie. On lui substitue le thé du Mexique.

1499. L'arroche ambroisie ou thé du Mexique ; *Chenopodium ambrosioïdes Mexicaum*. Feuilles angulaires, lancéolées, dentées. Tige haute de 68 centimèt., rougeâtre, cylindrique, un peu velue ; les fleurs disposées en grappes. Cultivée dans nos jardins, où elle se sème d'elle-même. Annuelle. Toute la plante est aromatique. On emploie l'herbe en infusion, la racine en décoction.

1500. Le bon Henri, arroche triangulaire ; *Chenopodium*. Comme dans les trois précédentes, seulement les feuilles sont triangulaires, en fer de flèche. Les terrains incultes de l'Europe. Vivace. On emploie l'herbe en décoction, en lavements, en fomentations ; dans les montagnes on le mange au lieu d'épinards, et dans le Nord, au rapport de Linné, on fait frire ses tiges comme celles des asperges. Dans les pattes d'oie, *chenopodia*, le calice sans corolle est pentagone, à cinq angles.

1501. La patte d'oie rougeatre ; *Chenopodium rubrum*. Feuilles en cœur, triangulaires ; fleurs en grappes. Cette espèce est suspecte ; cependant les vaches, les chèvres et les moutons la mangent. On la croit nuisible aux cochons. Les chevaux ne la touchent point.

1502. La patte d'oie des villes ; *Chenopodium urbicum*. Feuilles triangulaires, légèrement dentées ; fleurs en grappes, rapprochées de la tige. Feuilles un peu charnues, vertes et lisses des deux côtés.

1503. La patte d'oie des murailles ; *Chenopodium*

murale. Tige droite, rameuse ; les feuilles et les fleurs vertes. Les vaches mangent cette plante.

1504. La PATTE D'OIE TARDIVE ; *Chenopodium serotinum.* Feuilles deltoïdes sinuées, dentées, ridées, lisses, uniformes ; grappes terminales.

1505. La PATTE D'OIE BLANCHE ; *Chenopodium album.* Feuilles rhomboïdes, triangulaires, dentées, farineuses en dessous ; fleurs en grappes, droites.

1506. La PATTE D'OIE VERTE ; *Chenopodium viride.* Les tiges sont plus rougeâtres que dans la précédente , ses feuilles un peu moins farineuses en dessous, et ses grappes allongées, moins blanchâtres. Les vaches, les chèvres et les moutons la mangent volontiers, les chevaux la négligent.

1507. La PATTE D'OIE HYBRIDE ; *Chenopodium hybridum.* Feuilles en cœur ; grappes rameuses ; feuilles vertes des deux côtés ; elles ont quelques rapports avec celles de la pomme épineuse. Les vaches et les moutons mangent cette plante, qui est cependant assez fétide ; mais les autres bestiaux n'en veulent point.

1508. La PATTE D'OIE GLAUQUE. Feuilles blanchâtres en dessous ; à grappes nues.

1509. La CAMPHRÉE DE MONTPELLIER ; *Camphorosma Monspeliaca hirsuta.* Fleur apétale, composée de quatre étamines dans un calice monophylle, qui a la forme d'un petit vase comprimé ; une seule semence ovale, aplatie, luisante. Feuilles en forme d'alène, velues. Espèce de sous-arbrisseau de 34 centimètres de haut. On la trouve dans les terrains incultes de l'Espagne, du Languedoc. L'herbe et les feuilles ont une odeur de camphre , et sont âcres au goût, expectorantes, incisives, antiasthmatiques, emménagogues, sudorifiques, apéritives. Quelques auteurs les regardent comme vulnéraires. On emploie l'herbe et les feuilles en infusion dans l'eau ou le vin blanc.

1510. La CAMPHRÉE AIGUE, *Camphorosma acuta*. Feuilles lisses, en alène, raides. En Bourgogne, en Italie.

1511. La CAMPHRÉE JAUNE. Commune en Suisse, en Dauphiné. Cette plante est un puissant secours dans l'hydropisie, l'anasarque, la leucophlegmasie, l'asthme pituiteux, dans la diarrhée, la fin des dyssenteries; bon adjuvant dans le rhumatisme chronique, les dartres. Si elle ne guérit pas les maladies chroniques qui dépendent d'un défaut de vie, elle soulage et prolonge les jours, ce qui est précieux.

1512. La BLETTE ROUGE; AMARANTHE LIVIDE; *Blitum pulchrum*. Fleurs apétales, de trois étamines; toutes les fleurs placées dans un calice à trois folioles lancéolées, colorées de rouge. Une seule semence globuleuse, noire et luisante. Tige de 1 mètre ou 1 mètre 34 cent., herbacée, rameuse; les fleurs au sommet, disposées en épis allongées, d'un rouge pâle. La Virginie, les jardins. Annuelle. Plante d'un goût fade, émolliente, rafraîchissante, délayante. Les feuilles entrent dans les cataplasmes.

1513. La TURQUETTE; HERNIAIRE JAUNE. Fleur apétale, de cinq étamines, disposées dans un calice monophylle; une semence ovale, pointue, luisante. Petite plante à tiges articulées, grêles, herbacées, très rameuses, couchées à terre. Les lieux secs, sablonneux. Annuelle. L'infusion est peu amère. La propriété de guérir les hernies qu'on lui a attribuée longtemps, est imaginaire. Les vaches, les moutons mangent cette plante.

1514. La HERNIAIRE VELUE, *Hernaria hirsuta*. Tige et feuilles hérissées de poils; fleurs moins nombreuses que dans la précédente. Cette espèce, très commune dans les provinces méridionales, ne s'élève pas au-delà du Rhin.

1515. La PARONIQUE D'ESPAGNE; HERBE AUX PANAIS; *Illecebrum paronychia*. Fleur apétale, de cinq étamines; une semence assez grosse, de la forme de la capsule. Tige herbacée, très rameuse, vermiculée, couchée par terre; les fleurs au sommet, entourées de feuilles florales luisantes , d'une couleur de rose pâle. Les provinces méridionales de France. Vivace. Cette plante est acide au goût, astringente, vulnéraire. On emploie les feuilles et les tiges; la décoction des feuilles se donne en lavements. Voy. pl. 142.

1516. La PARONIQUE VERTICILLÉE. Tiges couchées ; fleurs en anneaux, nues. Feuilles petites , opposées , pointues ; fleurs blanchâtres, très petites.

1517. La PARONIQUE CAPITÉE. Tiges droites; feuilles ciliées, velues en dessous, fleurs terminant les tiges, ramassées en tête.

1518. La PARONIQUE LIGNEUSE. Très rameuse ; fleurs latérales, solitaires. Feuilles opposées, pointues, d'un vert gai.

1519. La PARONIQUE ARGENTÉE. Tiges couchées ; feuilles lisses ; fleurs enveloppées de bractées brillantes, argentées. L'herbe aux panaris est abandonnée depuis longtemps ; ses propriétés avaient été exagérées par des médecins crédules plutôt qu'expérimentés.

1520. L'ALCHÉMILLE, *pied-de-lion ; Alchimilla vulgaris.* Fleur apétale , de quatre étamines posées sur les rebords d'un calice monophylle, tubulé, et divisé en huit parties. Une semence elliptique, comprimée , solitaire, renfermée dans le col du calice. *Feuilles :* palmées à huit ou neuf lobes , dentées en manière de scie. *Racine :* noirâtre. Les tiges s'élèvent du milieu des feuilles, à la hauteur de 34 centimètres au plus, grêles, velues; les fleurs petites, disposés en panicule au sommet. *Lieu :* les bois et les taillis. Vivace. Sans odeur, un peu âpre au goût.

1521. Le PIED-DE-LION DES ALPES; *Alchemilla Alpina.* Feuilles digitées; folioles soyeuses, dentées au sommet. Le pied-de-lion, regardé comme astringent, a été prescrit dans la diarrhée, les pertes blanches, et même dans les maladies convulsives; mais, son principe astringent étant à peine sensible, on peut aisément en conclure que ces vertus sont peu certaines.

1522. La PETITE ALCHÉMILLE ; *Percepierre des montagnes*. Apétale ; étamines plus petites, mais très ressemblantes à celles de la précédente, dont elle diffère parce qu'elle a deux pistils. Deux semences. Les champs, les montagnes. Annuelle. Aucun pharmacologiste n'oserait aujourd'hui avancer que le percepierre est lithontriptique, ou peut dissoudre la pierre. Suivant Haller et plusieurs auteurs célèbres, le percepierre n'est qu'une espèce de pied-de-lion.

1523. Le KNAVEL ; *Scleranthus*. Le calice est d'une seule pièce, sans corolle, renfermant dix étamines, deux pistils, dont les germes se changent en deux semences renfermées dans le calice.

1524. Le KNAVEL ANNUEL ; *Scleranthus annuus*. Calice du fruit très ouvert ; segments du calice aigus, à peine bordés de blanc ; le nombre des étamines varie de cinq à dix ; les feuilles linaires.

1525. Le KNAVEL VIVACE ; *Scleranthus perennis*. Calice du fruit fermé, peu ouvert ; segments du calice moins aigus, bordés de blanc ; le plus souvent une semence dans chaque calice.

1526. Le KNAVEL DES MONTAGNES ; *Scleranthus polycarpus*. Calice du fruit très ouvert, épineux ; tige un peu velue. On trouve à la racine du knavel vivace, la *Cochenille de Pologne*, ou *Coccus Polonicus*, imitant un petit grain d'un rouge brun.

1527. Le THÉSIE ; *Thesia*. Genre rapporté par Tournefort aux pieds-de-lion, dont le calice, d'une seule pièce, à cinq segments, porte les cinq étamines.

1528. La THÉSIE A FEUILLES DE LIN ; *Thesium linophyllum*. Panicule feuillé ; feuilles lancéolées ; le calice est blanc, quelquefois un peu jaune ; quatre étamines ; tige droite, formant supérieurement un panicule.

1529. La PARIÉTAIRE OFFICINALE. Fleur à pétales ; semences solitaires, ovoïdes, renfermées dans le calice particulier. *Feuilles :* pétiolées, simples, lancéolées, un peu luisantes en dessus, velues et nerveuses en dessous. *Racine :* rougeâtre. Tiges de 34 ou 68 centimètres, rougeâtres, cassantes ; les fleurs rassemblées en pelotons. *Lieu :* sur les murailles humides. Vivace. Cette plante est aqueuse, insipide, émolliente, diurétique. On emploie fréquemment l'herbe en cataplasmes. Elle est une des cinq émollientes. Voy. pl. 101.

1530. La PARIÉTAIRE JUDAÏQUE. Feuilles ovales ; tiges droites ; calices renfermant trois fleurs ; corolles mâles, allongées, cylindriques ; fleur intermédiaire, femelle, ovale.

1531. La PERSICAIRE DOUCE. *Polygonum persicaria, mitis, maculosa.* Apétale ; six étamines ; deux pistils placés dans un calice qui peut passer pour une corolle d'une seule pièce ; une seule semence plane, ovale. Feuilles tachetées. Racine horizontale, grêle, fibreuse, Tiges de 34 centimètres. Fleurs disposées en épis. Les fossés et les terrains humides. Annuelle. Cette plante, sans odeur, a un goût un peu austère ; elle est détersive, légèrement astringente, un des meilleurs vulnéraires. On l'a recommandée pour arrêter les progrès de la gangrène. Les chèvres, les moutons et les chevaux la mangent ; les vaches la négligent. Elle teint en jaune. On emploie l'herbe, dont on fait des cataplasmes, des tisanes, des décoctions.

1532. Le POIVRE D'EAU ; CURAGE ; *Polygonum persicaria urens, sive hydropiper.* Caractères, fleur et fruit comme dans la précédente. Tiges quelquefois de 68 centimètres. Les fleurs naissent au sommet, disposées en longs épis penchés. Les terrains marécageux, le long des chemins et des murailles. Annuelle. Plante extrêmement âcre et brûlante au goût ; elle est caustique, détersive, résolutive et un excellent diurétique. Elle teint la laine en jaune. Elle a été prescrite avec quelque succès dans le scorbut, l'hydropisie. On donne le suc dans une tisane de guimauve ; extérieurement, la décoction et le suc détergent puissamment les ulcères putrides, et les ramènent promptement à l'état de plaies récentes. Les bestiaux évitent de la manger. On emploie l'herbe pour les onguents.

1533. La RENOUÉE, TRAÎNASSE DES OISEAUX, à larges feuilles ; *Polygonum aviculare latifolium.* Caractères des précédentes, mais huit étamines et trois pistils. Cette plante varie singulièrement, suivant les lieux où elle croît, tant pour la grandeur de ses tiges, que pour celle de ses feuilles. Les fleurs sont purpurines. Elle est âpre, vulnéraire, astringente. On l'a quelquefois employée avec avantage dans les diarrhées et sur la fin des dyssenteries, tant en lavements que prise en décoction, sous forme d'apozèmes. La graine est nutritive. Tous les bestiaux mangent cette herbe.

1534. Le BLÉ NOIR, OU SARRASIN ; *Polygonum fagopyrum vulgare, erectum.* Caractères des precédentes ; huit étamines ; semence triangulaire, à trois côtés saillants et égaux. *Feuilles :* en forme de cœur, en fer de flèche ; les inférieures sur de longs pétioles, les supérieures presque sessiles. Tige de la hauteur de 68 centimètres ; les fleurs au sommet, disposées en bouquets. Originaire d'Afrique. Annuelle. La farine de la semence est rafraîchissante, résolutive, émolliente. Dans quelques provinces on en fait un pain qui est noir, lourd et sans liaison ; la graine sert à engraisser la volaille. On emploie la farine dans les cataplasmes résolutifs et émollients. La plante verte et sèche fournit un très bon pâturage pour tous les bestiaux ; ce qui confirme une loi assez générale, que *les plantes dont les graines sont nutritives, contiennent aussi le mucus alimentaire dans leur tige et dans leurs feuilles.* L'herbe brûlée laisse dans sa cendre une assez grande quantité d'alcali végétal. La farine contient le principe amylacé, semblable à la gelée animale. On prépare, en Limousin, un gruau avec les semences de blé noir, qui, cuit avec du beurre, est très nourrissant et se digère avec facilité.

1535. La GRANDE BISTORTE ; *Polygonum bistorta major,*

radice minùs intortâ. Caractères des quatre précédentes ; mais la racine est presque tubéreuse, grande, comme ligneuse, deux ou trois fois contournée, torse ; la partie solide jette des fibres ramifiées. Tige noueuse, ne portant qu'un seul épi dense de fleurs, de forme ovale et de couleur rougeâtre. Très commune sur les montagnes du Bugey, les Alpes et dans les prés. Vivace. Apre au goût et sans odeur, vulnéraire, astringente. Tous les bestiaux, excepté les chevaux, mangent la bistorte.

1536. Le BLÉ NOIR-LISERON ; *Polygonum convolvulus.* Tige anguleuse, rampante ou grimpante, se roulant ; feuilles en cœur. Fleurs en grappes aux aisselles des feuilles ; anthères violettes ; les feuilles souvent rouges ; elles sont sagittées, lisses, triangulaires.

1537. Le BLÉ NOIR DES HAIES ; *Polygonum dumetorum.* Très ressemblant au précédent, mais la tige est à peine striée, point anguleux ; les anthères blanches ; les feuillets du calice, rabattus sur les semences, forment trois ailes. Les semences de ces espèces sont nutritives, comme celles du blé noir ; elles peuvent aussi fournir un très bon fourrage. Il est surprenant que les économistes ne se soient pas occupés de la culture de ces plantes, qui réussissent même dans les plus mauvais terrains.

III. Herbes à fleurs apétales, avec étamines, qu'on nomme *blés,* ou plantes graminées, parmi lesquelles plusieurs sont propres à faire du pain.

La FAMILLE DES GRAMINÉES, ET SES CARACTÈRES GÉNÉRAUX. Elle se rapproche dans l'ordre naturel des *liliacées* par la tige et par les feuilles, mais elle en diffère essentiellement par la structure et les parties de la fleur, qui est petite, de couleur, le plus souvent, herbacée ; ordinairement hermaphrodite ; offrant communément trois étamines et un germe à deux styles ; stigmates velus ou plumeux. Ces parties essentielles sont renfermées dans des écailles ou paillettes minces, coriacées, pointues, persistantes , presque toujours inégales entre elles , et souvent chargées d'un filet plus ou moins terminal , qu'on nomme barbe ou arête. Ces paillettes, appelées valves, sont regardées comme des corolles, lorsqu'elles touchent le germe ; les extérieures sont censées des calices ; les premières forment *la balle* immédiate ou florale , et les secondes *la balle* calicinale. Toutes les *graminées* sont monocotylédones , ou n'offrent en germant qu'une feuille séminale; leur tige est grêle, communément articulée ; on la nomme *chaume ;* leurs feuilles sont simples , entières, allongées, pointues , à nervures parallèles , confluentes au sommet , et embrassant la tige par une gaîne fendue d'un côté dans plusieurs espèces. Cette gaîne fortifie singulièrement la tige, dont la structure est telle que , quoique faible en apparence , elle résiste aux vents les plus impétueux , pouvant se plier sans rompre. Plusieurs genres de cette famille sont très imparfaitement prononcés ; leurs caractères portent sur des parties ou peu constantes ou difficiles à apercevoir dans toutes les espèces. La famille des graminées , quoique très naturelle , semble renverser et détruire le *système sexuel de Linné.* En effet , elle présente un genre à deux étamines , des genres monoïques, des espèces dioïques, et quelques genres polygames. Les balles calicinales renferment ou une fleur, ou deux , ou plusieurs ; les fleurs sont disposées ou en épis, ou en panicule , ou en digitation ; elles sont placées ou sur deux côtés ou sur un seul. Tous ces caractères sont employés avec la forme des balles , leur nombre , leur armure en arête, en poils , pour constituer les genres. Non-seulement les graminées offrent une forme, une structure générale commune à presque toutes les espèces, mais encore des principes communs ; presque toutes contiennent un *principe saccharin* , analogue à la manne, et dans les semences, une farine plus ou moins amylacée. Quelques-unes contiennent le principe aromatique , d'autres un principe âcre, amer, noyé ou dans le principe sucré , ou dans l'enveloppe des semences. Ces plantes fournissent à l'homme et aux animaux herbivores de l'Europe, la base principale de leur nourriture ; aussi doit-on les regarder, avec *les papilionacées* , comme la grande ressource des animaux. Les graminées sont ou *annuelles* , ou *bisannuelles*, ou *vivaces ;* leurs racines, qui dans plusieurs sont traçantes et vivipares , produisent çà et là , sans le secours de semences ; les plus utiles se reproduisent seulement de semences, comme l'*orge* , le *seigle* , le *froment* , l'*avoine* , et ne durent au plus qu'un ou deux ans. Non-seulement la nature a beaucoup multiplié les espèces des graminées, vu leur grande utilité , car on en compte déjà plus de *quatre cent cinquante espèces* , mais on observe que chaque espèce vivace résiste à toutes les intempéries ; le froid glacial du Nord n'endommage pas les racines des vivaces ; leur multiplication est prodigieuse ; chaque terrain , même les plus sablonneux, donne assez de sucs nourriciers pour faire subsister quelques espèces de graminées. Dans les eaux les plus fétides , sur les rochers les plus stériles , on trouve encore des graminées qui y germent et y végètent. Leur usage dans l'économie générale de la nature est très étendu ; elles fécondent les terres acéteuses, et les commuent à la longue en terre végétale , procurent la dessiccation des marais ; leurs racines entrelacées forment des îles qui , bientôt englouties , élèvent peu à peu le fond des étangs. Tels sont les caractères généraux et les principaux usages des graminées.

1538, Le FROMENT ; *Triticum hybernum , aristis carens.* Fleurs apétales , de trois étamines et d'une espèce de calice écailleux, dans lequel on distingue intérieurement deux battants , quelquefois barbus, quelquefois sans barbe , et qu'on peut regarder comme la corolle. Dans chaque corolle ou balle on trouve une semence ovale , convexe d'un côté, sillonnée de l'autre, et qui tombe lorsque la maturité fait entr'ouvrir la balle. *Feuilles :* en forme d'alène, embrassant la tige par leur base, placées sur chaque articulation. *Racine :* fibreuse. La tige est un chaume de 68 centimètres ou de un mètre de haut, articulé, fistuleux, courbé à son sommet dans leur maturité ; les fleurs, au haut des tiges, disposées en épis, qui, dans cette espèce, n'ont point de barbe ; ce qui les distingue du blé trémois, qui est très barbu : *Triticum æstivum.* Plusieurs sortes de froment ne sont que des variétés occasionnées par la différence des climats et des cultures : tels sont les *froments hivernaux*, qui se sèment à la fin de septembre ; les *froments printaniers*, qu'on sème au mois de mars, et qui se récoltent en même temps ; les uns et les autres sont ras ou barbus ; transportés dans des pays différents, au bout de quelques années de culture, les ras deviennent barbus, et les barbus deviennent ras ; ils varient également en rouges ou blancs, glabres ou velus.

1539. Le blé de Smyrne, ou blé de miracle ; est une espèce de froment dont l'épi se ramifie. Un grain de ce blé, semé dans un jardin de Bergerac, en Périgord, l'année du grand froid 1829, donna 92 épis et 13,800 grains. Ce blé a l'inconvénient d'épuiser la terre, et la force de sa feuille est telle, lorsqu'il approche de la maturité, que les oiseaux s'y reposent comme sur un arbre, dévorant tous les grains. Dans les plaines du midi de la France, à Toulouse, Agen, Bergerac et Montauban, on coupe ce blé au milieu de la tige, en laissant la moitié du chaume attachée à la terre, pour lui servir d'engrais, lorsque les pluies d'automne l'ont ramolli et couché, en l'imprégnant d'humidité. On ignore l'origine du froment. Il est cultivé dans tous les champs. Annuel. Le grain de froment est farineux, sans odeur, mucilagineux ; le son qu'on en tire est un peu laxatif, détersif et adoucissant : la farine, émolliente, résolutive. On l'emploie en cataplasme, le son en décoction et en lavements. Il entre fréquemment pour les animaux dans les médicaments béchiques. Le plus grand usage du froment est de fournir la principale nourriture de l'homme et l'une des plus saines ; sa farine donne le meilleur pain ; on en fait aussi de la bouillie. Pour rendre cette nourriture salutaire aux enfants , il convient d'y employer le malt du froment , tel qu'il entre dans la composition de la bière , c'est-à-dire le grain germé , parce qu'il a subi une fermentation équivalente à celle qu'éprouve la pâte dont on fait le pain. On peut y suppléer en faisant rôtir la farine au four. L'herbe du froment est douce ; si on la mâche , elle fait assez reconnaître le principe sucré dont elle est imprégnée ; la semence contient dans son tissu , indépendamment du principe farineux , une substance gélatineuse; le *gluten* , qui , abandonné à la putréfaction , offre tous les caractères des substances animales. Elle est très indigeste si on la mange sans l'avoir soumise à la fermentation. Le pain desséché au four et bouilli dans l'eau , donne l'eau pannée, qui est une des meilleures tisanes dans les maladies aiguës; c'est la vraie panacée pour le peuple ; dans les péripneumonies, on en a vu guéris, après une ou deux saignées , les sujets qui, pendant tout le temps d'irritation, n'avaient d'autre aliment, d'autre boisson, cette tisane suppléant à tout, même aux remèdes. En Pologne, du côté de l'Ukraine , province qui produit plus de froment qu'on n'en peut consommer, et dont les débouchés sont très difficiles, on retire , par la fermentation du seigle et du froment , une étonnante quantité de *liqueur spiritueuse* très active. La partie amylacée ou nourrissante du froment est presque incorruptible ; trois onces de froment fournissent plus d'une once d'amidon. Le froment est sujet à plusieurs maladies : les principales sont la *nielle* et le *charbon* ; la nielle ou la *rouille* vident les grains que l'on dit *charbonnés* , lorsqu'ils ne contiennent qu'une *poussière noire*; lorsque ces grains viciés dominent dans le blé , le pain devient dangereux , et peut causer des douleurs de tête , diarrhée, les convulsions.

1540. Le SEIGLE ; *Secale cereale hybernum*. Fleur apétale, de trois étamines et d'une balle ou enveloppe, en forme de carène, renfermant deux fleurs. Dans chaque espèce de corolle on trouve une semence oblongue , cylindrique , un peu pointue, et qui se détache facilement. *Feuilles :* comme dans le froment. *Racine :* horizontale , fibreuse. Les tiges s'élèvent quelquefois à la hauteur de 2 mètres 34 centimètres ou 2 mètres 68 centimètres , moins fortes , mais semblables à celles du froment ; les fleurs , au sommet, disposées en épis plus allongés et très barbus. On distingue le *seigle d'hiver* et le *seigle d'été* ; le premier est appelé *grand seigle ,* le second *petit seigle ;* ce ne sont que des variétés. On nomme *blé méteil* , le seigle mêlé et cultivé avec le froment. *Lieu :* son origine est inconnue ; on le cultive dans les terres qui ne sauraient produire du froment. Annuel. Mêmes usages que le froment , mais le pain est moins sain , plus laxatif, moins nourrissant ; la farine plus résolutive , moins émolliente. On fait une décoction qui approche beaucoup du *café* , avec les grains de *seigle torréfiés*.

1541. L'ORGE; *Hordeum vulgare vernum*. Fleur apétale, de trois étamines et d'un calice ou enveloppe divisée en dix folioles linéaires , aiguës , droites , renfermant trois fleurs ; sous l'enveloppe on trouve une espèce de corolle composée de deux battants, dont l'intérieur est lancéolé , plane; l'extérieur renflé, anguleux, ovale , aigu, plus long que l'enveloppe , se terminant en une longue barbe. Semence oblongue, renflée, anguleuse, aiguë à ses deux extrémités, sillonnée dans sa longueur, renfermée dans sa balle qui lui demeure étroitement attachée. Tige moins haute que celle des précédentes, plus succulente ; les fleurs au sommet, disposées en longs épis droits, garnis et surmontés de barbes très longues ; feuilles florales divisées en six. Cultivé dans les champs. Annuel. La semence est farineuse, mucilagineuse, insipide, un peu indigeste, ra-

fraîchissante, très adoucissante, très émolliente. L'orge renfermé dans sa balle, fournit des tisanes, des décoctions ; il
entre dans la composition de la bière, plus fréquemment
que le froment. L'*orge mondé* et *perlé* s'emploie en tisanes,
en décoctions. L'orge grué, en soupes et en décoctions,
dont on se sert pour les lochs. On fait aussi du pain d'orge ;
et l'on torréfie le grain pour le prendre comme le café au
lait, il est plus rafraîchissant de cette manière que de toute
autre. Ainsi préparé, il est une excellente boisson pour le
premier déjeuner des personnes convalescentes : il peut
aussi être d'un immense avantage aux malades atteints de
gastrites. On fabrique la bière, en faisant un peu fermenter par la germination les semences d'orge, il se développe
une grande quantité de principe doux, sucré ; alors on arrête la fermentation par la dessiccation ; on pulvérise, et en
délayant cette farine dans l'eau et la laissant fermenter, on
obtient une *liqueur assez spiritueuse*, appelée la *bière ;* le
houblon, et les autres plantes amères ne sont ajoutées que
pour modérer la fermentation et l'empêcher de devenir
acéteuse.

1542. L'AVOINE BLANCHE ; *Avena sativa seu alba*. Fleur
apétale, de trois étamines et d'un calice ou balle qui renferme plusieurs fleurs, et se divise en deux valvules lancéolées, renflées, larges, sans barbe ; semence solitaire,
oblongue, aiguë aux deux extrémités, avec un sillon qui
s'étend sur toute sa longeur ; dans cette espèce, chaque
balle renferme deux semences. *Feuilles :* comme dans les
précédentes. Tige ou chaume, articulée, haute de 34 ou de
68 centimètres, les fleurs au sommet, pédonculées, disposées en panicule. L'avoine blanche et la noire ne sont
que des variétés. La semence est farineuse, insipide, mucilagineuse ; elle est très rafraîchissante, adoucissante et résolutive. Avec l'avoine mondée on fait des décoctions, des
tisanes ; avec l'avoine gruée, des soupes ; sa farine peut
faire du pain. Ce grain fait partie de la nourriture de plu-

sieurs animaux ; on doit le leur donner avec prudence et discerner les cas où il convient d'en augmenter la quantité, de la diminuer ou même de la supprimer. Voy. pl. 66.

1543. Le MILLET; *Panicum miliacum semine luteo*. Fleur apétale, composée de trois étamines et d'une balle qui ne contient qu'une fleur, et qui est divisée en trois valvules, dont l'une est très petite ; dans la balle on trouve deux autres valvules qui sont ovales et aiguës comme les précédentes, et qui tiennent lieu de corolle. Semence ovoïde, un peu aplatie d'un côté, luisante, lisse, jaune ou noire, renfermée dans les valvules intérieures. *Feuilles* : longues, terminées en pointe, élargies par le bas, revêtues d'un duvet dans la partie de leur base qui embrasse la tige en manière de gaîne. *Racine* : nombreuse, blanchâtre. Tiges de 68 centimètres à 1 mètre, droites, noueuses ; les fleurs au sommet, disposées en panicule. La couleur des semences ne constitue que des variétés de la même espèce. *Lieu* : les Indes orientales ; cultivé dans les champs. Annuelle. La semence est farineuse, insipide, peu nourrissante, indigeste, venteuse. Dans quelques provinces de France on en fait du pain. Les Tartares en tirent une boisson et un aliment. On peut en donner aux animaux pour les nourrir ; il sert à engraisser la volaille. On ne l'emploie pas en médecine. Plusieurs oiseaux de cage en sont nourris.

1544. Le SCORGHUM; GRAND MILLET NOIR; millet d'Afrique; *Milium arundinaceum*. Fleur apétale, à trois étamines. Semences blanches ou noires. Feuilles pointues. Quand cette plante approche de la maturité, le collet s'élève au-dessus de terre, et l'on voit l'origine des grosses fibres de la racine. La tige surpasse la hauteur de l'homme ; les fleurs au sommet, disposées en grosses panicules rameuses ; dans une espèce de *sorghum* blanc, cultivé à Malte sous le nom de *carambosse*, la tige est repliée par le haut en manière de crosse, ce qui paraît ne constituer qu'une variété, ainsi que les semences noires ou blanches.

Cette plante vient des Indes. Annuelle. D'aucune vertu médicinale. La semence sert à nourrir la volaille; on en a cultivé avec succès, dans le canton de Berne. Elle est très bonne pour la nourriture de l'homme, prise en bouillie. Cæsalpin avait observé que si le bœuf mangeait la plante verte, il enflait et mourait; tandis que, sèche, elle lui profitait.

1545. Le PETIT PANIS JAUNE ; *Panicum germanicum.* Fleur comme celle du millet. On y trouve une barbe plus courte que la balle; semences rondes, plus petites. *Feuilles* : de la longueur et de la forme de celle du roseau. Tiges de 68 centimètres , rondes , solides , noueuses ; fleurs au sommet, disposées en espèce de panicule ou d'épi composé de petits épis, rassemblés, mêlés de poils , portés sur des pédoncules velus. Les Indes, l'Italie, le Languedoc; cultivé dans les jardins. Annuel. La farine est fade, peu mucilagineuse, on la croit peu dessiccative, adoucissante et détersive. Dans le cas de disette , on en fait du pain, on mange le panis mondé et cuit dans du lait , du bouillon ou de l'eau ; il sert à nourrir les oiseaux et la volaille.

1546. Le CHIENDENT ; FROMENT QUI RAMPE. Fleur comme celle du froment, les calices étroits , barbus, en forme d'alène ; semences oblongues, brunes, à peu près de la forme de celles du froment; quatre ou cinq feuilles d'un beau vert, embrassant la tige par leur base, en manière de gaîne, de 16 centimètres de longueur , et finissant en pointes. Racines blanchâtres , fibreuses , rampantes, noueuses par intervalles, entrelacées les unes dans les autres. Chaume de 68 centimètres, droit, noueux; les fleurs au sommet, en épis contractés, rangés sur deux rangs d'étage en étage. Les lieux cultivés. Vivace. Les habitants du Nord, dans les temps de disette, font une sorte de pain avec sa racine pulvérisée et réduite en farine.

Un pharmacien des plus honnêtes et des plus intelligents de Paris, l'honorable M. Hoffmann, pour obvier au manque des alcools, produit dans ces temps par la maladie des vignes, a proposé un moyen, basé sur l'expérience, pour extraire des quantités considérables d'alcool, en soumettant le *chiendent à la distillation.*

1547. Le CHIENDENT PIED-DE-POULE; *Panicum gramen dactylon, radice repente.* Caractères du millet; les fleurs solitaires, les balles portées par un court pédoncule; les feuilles embrassant le chaume, plus longues vers le haut. *Racine :* longue, noueuse, genouillée, sarmenteuse, rampante. Chaume de 17 centimètres, articulé; trois ou quatre épis. *Lieu :* le long des chemins. Vivace. La racine des chiendents a une odeur douceâtre; elle est rafraîchissante, un peu apéritive, légèrement diurétique. Son plus grand usage est en tisanes, en décoctions; ils contiennent un principe saccharin avec une assez grande quantité de substance farineuse et amylacée. La *tisane de gramen* ou *chiendent* est d'un usage vulgaire; on la prépare communément en lui associant la *réglisse* et les *jujubes;* mais le chiendent seul avec du sucre ou du miel, est préférable; sa vertu apéritive et diurétique paraît bien constatée; l'extrait purge, comme la manne, par indigestion. La tisane est indiquée dans toutes les maladies annoncées par la douleur, la chaleur, l'ardeur. L'herbe fournit un bon fourrage pour tous les bestiaux. Les chiens et les chats, conduits par le seul instinct, en mangent souvent jusqu'à vomir; ainsi ils ne sont pas seulement déterminés à dévorer cette herbe par la douceur de ses feuilles et de ses tiges; elle devient émétique pour ces animaux domestiques, comme substance fade, pesante, indigeste.

1548. Le DONAC, ROSEAU DES JARDINS, CANNE DE PROVENCE; *Arundo sativa donax.* Fleur apétale, de trois étamines, et d'une balle qui renferme trois fleurs; une semence oblongue, aiguë des deux côtés, garnie d'une longue aigrette à sa base. *Feuilles :* graminées, longues de 50 centimètres, se terminant en forme d'alène, embrassant la tige par leur base. *Racine :* horizontale, articulée, bulbeuse, solide, noueuse. Tige de 3 mètres 34 centimètres de haut, articulée, fistuleuse ; les fleurs au sommet, en panicule. *Lieu :* l'Espagne, la Provence; cultivée dans les jardins. Vivace. Quelques auteurs lui attribuent les mêmes vertus qu'aux précédentes. Sa racine, en décoction aqueuse, fait passer le *lait des nourrices* par les urines.

IV. *Herbes à fleurs apétales, avec étamines, rassemblées dans des têtes écailleuses.*

1549. Le souchet rond ; *Cyperus maritimus.* Fleur apétale, de trois étamines, en un épi tuilé, séparées les unes des autres par des écailles ovales, planes, recourbées ; les écailles divisées dans cette espèce en trois parties, dont celle du milieu est en forme d'alène ; une semence triangulaire, aiguë, garnie de poils plus courts que le calice. *Feuilles :* étroites, pointues, embrassant la tige par leur base. Tige en chaume triangulaire, de 34 à 68 centimètres de haut ; les fleurs au sommet, rassemblées en épi. *Lieu :* les bords de la mer, les étangs. Vivace. Un peu aromatique ; plutôt nutritive que médicamenteuse.

1550. Le souchet odorant ; *Cyperus odoratus radice longa.* Apétale, à trois étamines, rassemblées en épis, divisés par étages ; semence triangulaire, aiguë, sans poils. Chaume triangulaire ; les fleurs au sommet. Les marais. Vivace. Odeur agréable ; stomachique, emménagogue, diurétique, détersive, masticatoire. La racine, longtemps mâchée, augmente le flux de la salive, dégage toute l'arrière-bouche ; elle est indiquée dans l'angine catarrhale, les rhumes, les langueurs d'estomac, après les indigestions. On peut aussi la prescrire utilement dans les diarrhées avec atonie.

V. *Herbes dont les fleurs à étamines, sont séparées des fruits, sur le même pied.*

1551. Le maïs ; blé de Turquie à grains d'or ; *Zea mais*

granis aureis. Fleurs apétales , à trois étamines, mâles ou femelles sur le même pied ; chaque femelle produit une semence obronde, anguleuse à sa base, un peu comprimée, d'un beau jaune doré. Feuilles simples , entières , terminées en pointe, embrassant la tige par le bas, en manière de gaîne. *Racine :* rameuse, fibreuse. Tige ou chaume de 1 mètre 68 centimètres à 2 mètres, articulé, plein ; les fleurs au sommet ; en panicules ; les fleurs mâles stériles. Originaire d'Amérique , cultivé dans les champs , devenu indigène dans les jardins du Languedoc, et dans les champs du midi de la France, où il est le principal aliment des laboureurs. Annuel. Les semences sont farineuses, insipides, mucilagineuses, émollientes , un peu indigestes. Le maïs mérite d'être employé en médecine. Les Mexicains en font une liqueur qui enivre. La farine engraisse les animaux, surtout la volaille, les bœufs et les porcs ; on en fait du pain en le mêlant avec la farine de seigle. Les enfants mangent l'épi des graines, grillées au four. Dans le Périgord, on en fait des *miques,* boules cuites dans l'eau , et des *crêpes frites* à la poêle. Les grains, encore verts, peuvent s'assaisonner comme les petits pois ; ils sont très tendres et même doux ; aussi, contiennent-ils assez de principe saccharin pour fermenter et fournir par la distillation une eau-de-vie très bonne, ressemblant au rhum ; la farine cuite avec du lait, est excellente pour la nourriture des phthisiques et des personnes qui maigrissent par anorexie. Quelques sujets ont éprouvé un soulagement évident de cette nourriture. Les Bressans, qui se nourrissent uniquement avec cette farine, deviennent lourds, et sont disposés aux obstructions ; mais les marais qui infectent la Bresse , ont certainement plus d'influence sur la santé de ce peuple que la nourriture de maïs. Les Périgourdins qui en mangent beaucoup aussi, sont très alertes. Le pain fait avec la farine de maïs mêlée avec un tiers de celle de froment, est très bon. Les graines offrent dans les domaines une grande ressource pour nourrir la volaille. Les bestiaux savent encore extraire des feuilles et des tiges une grande quantité de principes nutritifs. Le maïs, qui réussit parfaitement en Europe, est peut-être de toutes les graminées, l'espèce qui offre la plus grande quantité de farine; l'épi présente des grains plus gros que le pois, et chaque épi en recèle un nombre très considérable. Voy. pl. 108.

1552. Le MAÏS ROUGE couleur de vin, regardé par quelques botanistes comme une espèce différente du précédent, n'en est qu'une dégénération.

1553. Le MAÏS NAIN, à grain de riz, plus cultivé dans le Nord que dans le Midi, est une espèce tout à fait différente des précédentes, et sa finesse, comme sa couleur et sa forme, lui donnent un caractère d'utilité spéciale pour la nourriture des pigeons et des tourterelles.

1654. La LARME DE JOB; *Ceix lacryma Jobi*. Fleurs apétales. Les fleurs femelles produisent une semence, pointue au sommet, revêtue d'une membrane dure, polie, brillante, ordinairement grise; sa forme imite celle d'une larme, ce qui lui a fait donner son nom. *Feuilles :* pointues. *Racine :* fibreuse. Tige de 50 centimètres, espèce de chaume articulé, plein; les fleurs au sommet, disposées en panicule lâche. Originaire des Indes; cultivée dans les jardins comme plante d'agrément. Vivace et annuelle. Sans propriétés connues.

1555. Le RICIN, PALME DU CHRIST; *Ricinus-Gallis, palma Christi*. Fleurs apétales, composées de plusieurs étamines réunies par leurs filets en plusieurs corps, sur le même pied. *Fruit :* capsule sous-orbiculaire, verdâtre, couverte d'épines molles et flexibles, à trois sillons, à trois loges, à trois valvules, renfermant trois semences solitaires, ovales, luisantes, d'une couleur brune, mouchetées de noir. *Feuilles :* simples, pétiolées, palmées; les découpures pointues, dentées en manière de scie. *Racine :* fusiforme. Tige de la hauteur d'un homme, rougeâtre, herbacée, rameuse, cylindrique, fistuleuse, lisse; les fleurs à l'extrémité des rameaux, disposées en grappe; feuilles alternes, avec de longs pétioles sur lesquels on trouve ordinairement trois glandes. *Lieu :* les Indes, l'Afrique. Bisannuel; cultivé dans nos climats, où il devient annuel, si on ne le préserve pas des gelées. La semence est sans odeur, très âcre, purgative, drastique, inflammatoire appliquée sur l'estomac, vermifuge. On n'emploie que la semence, mais il est imprudent de s'en servir intérieurement pour l'homme; on en tire une huile bonne à brûler et dont on se sert pour les emplâtres et les onguents. La semence de ricin est une de ces substances qui renferment des principes médicamenteux très différents; si on les mâche entières, elles paraissent au premier moment douces, huileuses, mais sur le retour elles répandent dans l'arrière-bouche une acrimonie très irritante, très âcre; ce principe vif, caustique, paraît résider en grand dans l'écorce et l'enveloppe immédiate de la pulpe; si on avale une semence entière, ou si on boit de sa décoction, elles causent des coliques, des envies de vomir, la cardialgie, et chez quelques sujets des évacuations considérables par le haut et par le bas. On extrait par l'ébullition et l'expression, l'huile grasse des semences de ricin, qui n'est qu'adoucissante et légèrement purgative; cette huile est blanche, assez épaisse; ne se figeant qu'à un degré de froid très considérable; elle acquiert par la durée la consistance du miel, devient rouge, diaphane; elle est presque sans odeur. M. Laroze, pharmacien de l'école de Paris, dont le génie pharmaceutique s'exerce avec tant de succès, de nos jours, à rendre les remèdes officinaux agréables, efficaces, et exempts d'innocuité, est parvenu à supprimer dans l'huile de ricin toute l'âcreté qu'elle laissait dans l'arrière-bouche des malades. Au moyen de capsules gélatineuses, fondantes par la chaleur de l'estomac, il a réduit une purgation d'huile de ricin sous la forme de plusieurs avelines ou dragées, qu'on avale sans répugnance, comme sans inconvénient, avec tout l'avantage des anciennes médecines. Nous recommandons spécialement ces capsules gélatineuses d'huile de ricin, aux personnes délicates, qui ont besoin de se purger, comme l'un des moyens les plus efficaces pour arriver à ce but. Les semences rances du ricin ont l'odeur de celles du chanvre. Quatorze onces de semences de ricin fournissent par expression trois onces d'huile. Des observations nombreuses et bien faites prouvent son utilité, surtout dans la colique appelée *miserere*, dans celle des peintres, dans les fièvres bilieuses. L'huile de ricin se donne en lavement, et calme promptement les douleurs hémorrhoïdales. Voy. pl. 92.

1556. Le CHOIN ; *Schœnus.* Les balles sont formées par des écailles univalves, entassées, sans corolle ; le fruit est une semence arrondie, nidulée entre les écailles.

1557. Le CHOIN MORISQUE ; *Schœnus moriscus*, à chaume arrondi. Feuilles épineuses sur les bords et sur le dos. Dans les marais. Chaume de 1 mètre 34 à 1 mètre 68 centimètres ; fleurs en panicule rameux, allongé et composé de beaucoup d'épillets courts, entassés et roussâtres.

La *famille naturelle des graminées* est tellement nombreuse, qu'il faudrait plusieurs volumes pour elle seule, si on voulait en parler en détail. Dans un *Compendium botanique*, nous avons dû nous borner à indiquer les plantes les plus communes de cette espèce si utile à l'homme et aux animaux que le Créateur a placés sous sa domination.

1558. Le SOUCHET ; *Papirus.* Dans cette plante les épillets sont aplatis ; les balles sans corolle sont des écailles en recouvrement sur deux côtés opposés ; semences nues. Voy. planche 74.

1559. Le SCIRPE ; *Scirpus.* Épillets composés d'écailles en recouvrement sur tous les côtés ; le fruit est une semence nue. Voy. pl. 124, fig. 2.

1560. Le SCIRPE A CHAUME. Portant un seul épi.

1561. Le scirpe des marais ; *Scirpus palustris*. Chaume arrondi, nu, épi terminal, comme ovale. Écailles roussâtres ; l'épi long de 2 centimètres, plus ou moins ovale.

1562. Le scirpe des gazons ; *Scirpus cæspitosus*. Chaume strié, nu ; épi ayant à sa base des valves dont une l'égale en longueur. Tiges nombreuses, de 8 à 16 centimèt., très grêles et disposées en gazon ; l'épi d'un brun jaunâtre, très petit, composé de deux ou trois fleurs.

1563. Le scirpe en aiguille ; *Scirpus acicularis*. Chaume en soie, rond, nu ; à épi ovale, bivalve ; semences nues. Feuilles radicales, menues comme des cheveux ; les tiges de 8 centimètres, capillaires et terminées par un épi fort petit, verdâtre ou panaché de blanc ou de brun.

1564. Le scirpe des étangs ; *Scirpus lacustris*. Chaume arrondi et plusieurs épis de 1 mètre 34 centimètres à 2 mètres de haut, gros, plein de moelle blanche ; épillets roussâtres. Voy. pl. 122, fig. 3.

1565. Le scirpe a trois pans, Scirpe piquant ; *Scirpus mucronatus*. Chaume triangulaire, aigu ; épis conglomérés ; les épillets ramassés, de dix à vingt, à quelque distance au-dessous du sommet de la tige, qui est un peu piquante.

1566. Le scirpe des forêts ; *Scirpus sylvaticus*. Chaume à trois pans aussi ; fleurs en panicule feuillé. Pédoncules surcomposés ou rameux, d'un vert sale ou roussâtre ; épillets entassés, très petits. Chaume de 50 centimètres ; les feuilles rudes sur leurs bords. Les scirpes fournissent un mauvais pâturage ; les cochons aiment beaucoup les racines fraîches du scirpe des marais. Celui des étangs sert à couvrir les chaumières ; il peut servir aux ouvrages de vannerie ; on peut faire du papier avec sa moelle.

1567. La linaigrette ; *Ariophora*. Balles sans corolles, formées par des écailles en recouvrement sur toutes les faces ; semences environnées par des filets laineux allongés qui forment comme un panache.

1568. La CANNE A SUCRE; *Saccharum*. Calice à deux valves lancéolées, laineuses à la base ; corolle à deux valves aussi, le sucre usuel, *saccharum officinale ;* feuilles planes ; fleurs en panicule. Originaire des Indes, cultivé dans les jardins des curieux, en particulier au *Jardin d'hiver de Paris*, où il est soigné selon la température du pays natal. La canne à sucre élève son chaume de 2 mètres 68 centimètres à 3 mètres; ce chaume est noueux de distance en distance, de la grosseur de 4 à 6 centimètres; il renferme une substance médullaire, très douce. On multiplie le sucre en couchant les chaumes, qui de chaque nœud produisent d'autres jets. Pour l'obtenir, on coupe les cannes de nœud en nœud, ou en fait des paquets qui, foulés sous des rouleaux très pesants, laissent échapper leur suc mielleux ; cette liqueur coule dans des chaudières; on la fait bouillir en écumant et remuant sans cesse; on dépure et rafine le sucre en ajoutant une lessive alcaline. Il faut plusieurs ébullitions et dépurations pour obtenir les différentes espèces de sucre. Le sucre, en sortant des cannes, fermente promptement, et passe en trente heures à la fermentation acide. La base essentielle de tout principe saccharin, est un acide masqué par un mucilage. On retire du sucre un vin agréable et une eau-de-vie très active qu'on appelle rhum. Les anciens ont connu le sucre, mais ils ont ignoré l'*art de le raffiner* et de le préparer en grande masse. De nos jours, le sucre, comme assaisonnement, est d'un usage très étendu. Il est employé surtout pour modifier les aliments végétaux destinés à la nourriture de l'homme. Il est utile dans toutes les maladies douloureuses accompagnées d'érétisme ; les reproches que quelques praticiens font à cette substance, paraissent peu fondés. Une foule de personnes consomment chaque jour beaucoup de sucre sans en être incommodées; et il est pour les personnes riches ou simplement aisées, un élément de santé, de vigueur, de constitution robuste et de longue vie. L'excès seul peut être nuisible , surtout aux enfants. Le principe sucré est très répandu dans le règne végétal , tous les sucs doux le récèlent en plus ou moins grande quantité ; mais la nature semble l'avoir concentré par excès dans la canne à sucre , qui offre une des plus riches branches de l'industrie humaine ; le sucre a plus rendu au commerce et à l'industrie alimentaire ou médicale que tous les aromates des Indes. Le sucre est aussi très copieux dans la betterave. Un jour viendra où le sucre , moins cher et mis par son prix à la portée de tout le monde , servira à conserver en confitures les fruits des années d'abondance, pour obvier à la disette des années qui n'en produisent pas. Voy. pl. 42.

1569. Le PHALARIS ; *Phalarides canariensis.* Balles du calice composées de deux valves égales, en carène ou comprimées, renfermant une corolle à deux valves plus courtes ; fleurs en épis lâches , ou quelquefois en panicule. Le phalaris, originaire des îles Canaries, est devenu spontané dans nos provinces. Chaume de 68 centimètres ; épi terminal panaché de vert et de blanc. Ses graines contiennent une farine dont on peut faire d'excellent gruau ; on cultive surtout cette plante pour la nourriture des serins.

1570. Le PANIC ; *Panica.* Corolle composée de trois valves, dont la troisième est très petite. Chaume articulé ; épi formé par des anneaux de fleurs, au nombre de quatre.

1571. Le FLÉAU DES PRÉS ; *pheum pratense.* Calice sans pédoncule ; corolle renfermée dans le calice ; les fleurs forment un épi serré ordinairement cylindrique. Chaume de 1 mètre à 1 mètre 34 centimètres ; bulbes blanches. Ce fléau fournit un des meilleurs pâturages pour tous les bestiaux ; cependant les cochons n'en veulent point.

1572. Le VULPIN GENOUILLÉ ; *Alopecurus pratensis.* Chaume droit, terminé par un épi ovale ; balles velues ; corolle mousse, épi mollet, d'un vert blanchâtre, long de 6 centimètres. Voy. pl. 119.

1573. L'AGROSTIC. Calice formé par deux valves , renfermant une seule fleur ; corolle un peu plus courte que le calice ; stigmates hérissés sur leur longueur ; fleurs disposées communément en panicule finement ramifié. V. pl. 136.

1574. Le FOIN ; *Aira*. Calice formé de deux valves renfermant deux fleurs; on ne trouve point de corpuscule particulier. Les vaches, les moutons et les chevaux mangent cette plante.

1575. Le FOIN GAZON ; *Aira cespitosa*. Feuilles planes ; panicule ouvert ; pétales velus ; chaume de 1 mètre, droit ; panicule, long de 24 à 30 centimètres ; balles calicinales, luisantes, d'un vert argenté et souvent violet. Herbe excellente dans les prairies ; car tous les bestiaux la mangent avec avidité.

1576. La MÉLIQUE ; *Melica*. Calice formé par deux valves, renfermant deux fleurs entre lesquelles on observe un corpuscule particulier qui semble être le rudiment d'une troisième fleur ; fleurs disposées en panicule.

1577. La MÉLIQUE BLEUE ; *Melica cærulea*. Panicule resserré ; fleurs cylindriques ; chaume de 1 mètre à 1 mètre 34 centimètres ; balles panachées de vert et de bleu, ou d'un violet noirâtre. Les chèvres, les moutons, les chevaux mangent ce gramen, que l'on a conseillé de semer dans les pâturages.

1578. Le PATURIN ; *Poa*. Calice formé par deux valves, renfermant plusieurs fleurs ; les épillets sont ovales, à valves aiguës, scarieuses à la marge.

1579. Le PATURIN AQUATIQUE ; *Poa aquatica*. Panicule diffus ; épillets de six fleurs linaires ; épi luisant, panaché de vert et de blanc. Les paturins fournissent tous, même l'aquatique, une bonne nourriture pour tous les animaux herbivores ; celui des prés ne saurait être trop multiplié.

1580. La BRISE ou AMOURETTE ; *Briza*. Calice formé par deux valves, renfermant plusieurs fleurs ; épillet aplati, ventru, composé de deux rangs de valves florales, obtuses, comme en cœur ; fleurs en panicule très lâche.

1581. Le DACTYLE; *Dactylis*. Calice comprimé et formé par deux valves, dont l'une est creuse en carène.

1582. Le DACTYLE CONGLOMÉRÉ; *Dactylis glomerata.* Panicule formé d'un côté par des fleurs entassées. Chaume droit de 1 mètre; panicule composé de quelques rameaux, formés d'épillets assez petits, nombreux, serrés, ramassés par pelotons et tournés d'un seul côté; chaque calice renferme trois ou quatre fleurs à valves chargées de barbes courtes.

1583. Le CYNOSURE; *Cynosurus*. Calice formé par deux valves, renfermant plusieurs fleurs; réceptacle propre sur un seul côté, feuillé. Fleur en épi long de 4 à 6 centimètres, garni dans toute sa longueur d'épillets cachés, courts, taillés en peignes; trois à cinq fleurs; bon pâturage pour les moutons.

1584. La FÉTUQUE; *Festuca*. Calice formé par deux valves; épillets oblongs, presque cylindriques, formés de balles aiguës, pointues.

1585. Le BROME; *Bromus*. Calice formé per deux valves; épillets oblongs, arrondis; à fleurs rangées sur deux côtés, dont les arêtes naissent au-dessous du sommet des valves.

1586. Le BROME SEIGLE; *Bromus secalinus*. Panicule ouvert; épillets ovales; arêtes droites; semences distinctes. Épillets velus, panachés de vert et de blanc, formés par huit à dix fleurs.

1587. Le BROME ORGE; *Bromus hordeacus*. Belle variété du précédent. Panicule resserré; chaume plus court; épi ressemblant un peu à celui de l'orge.

1588. Le STIPE; *Stipa*. Calice formé par deux valves renfermant une seule fleur; valve extérieure de la corolle terminée par une barbe très longue, articulée à sa base. Chaume droit, grêle; panicule étroit, formé par un petit nombre de fleurs; chaque fleur est ornée d'une barbe longue de 24 à 28 centimètres, plumeuse et torse à sa partie inférieure.

1589. L'avoine sauvage; *Avena sylvestris*. Calice formé de deux valves renfermant plusieurs fleurs, dont la valve porte sur le dos une arête tortillée.

1590. L'avoine très élancée; *Avena elatior*. Fleur en panicule; calice renfermant deux fleurs à étamine et pistil; et l'autre à étamine seulement.

1591. Le logurier; *Logurius*. Calice formé par deux valves, dont une velue; pétale extérieur de la corolle terminé par deux arêtes, une troisième tortillée part du même pétale. Fleurs en épi cotonneux, mollet, et assez semblable à une queue de lièvre.

1592. Le roseau; *Arundo*. Calice formé par deux valves; fleurs pourpres, entassées en panicule, environnées à leur base par une laine; chaume de 1 mètre 68 centimètres à 2 mètres; feuilles larges de 3 centimètres, tranchantes. Les chèvres, les moutons et les chevaux mangent ces feuilles. Voy. pl. 122, la caulinie du genre des roseaux, et pl. 135, le jonc articulé.

1593. L'ivraie vivace; *Lolia*. Épillets sans pédoncule, comprimés et alternes sur la rafle ou axe commun; le calice de chaque épillet n'offre qu'une valve placée en dehors, comprimant plusieurs fleurs. Voy. pl. 64, l'ivraie vivace.

1594. Le racle; *Cenchrus*. Fleurs en épis hérissés de poils rudes; épillets de deux fleurs, l'une stérile; écaille extérieure, laciniée; chaumes inclinés, feuilles ciliées.

1595. Le barbon; *Andropogon*. Les balles du calice renfermant quatre fleurs; pédoncule lâche; épillets à longs pédoncules.

1596. Le houque; *Holcus*. Le calice renferme une ou deux fleurs à panicule, dont une valve est à arête; trois étamines.

1597. L'égilope; *Ægilops*. Calice cartilagineux, renfermant deux ou trois fleurs, la valve de la corolle est terminée par trois arêtes ; trois étamines ; deux styles ; une semence.

1598. Le CARET ; *Carex*. Fleurs en épis formés comme des chatons ; chaque fleur a un calice d'une seule pièce, sans corolle, trois étamines ; semence à trois faces enveloppée par un nectaire.

VI. *Herbes à fleurs apétales, avec étamines, ordinairement séparées des fruits, sur des pieds différents.*

1599. La PRÊLE DES MARAIS OU DES FLEUVES ; *Equisetum palustre aut fluviatile longioribus setis.* Fleur apétale ; fructification obscure, disposée en épi ovale, oblong. Semences noires. *Feuilles :* rudes, cannelées, composées de petits tuyaux emboîtés les uns dans les autres. *Racine :* longue, fibreuse, stolonifère, noirâtre. Tiges de 68 centimètres de haut, fistuleuses, striées, articulées, chaque articulation dentée à son sommet. Dans la *Flore des plantes fossiles*, dont le genre des prêles est l'un des plus riches, on trouve la description de plusieurs prêles qui ont dû avoir des dimensions colossales, puisqu'elles forment la base des principales carrières de houille, dans les bassins carbonifères de la Belgique et de la Loire, en France. Les jeunes tiges des prêles fluviatiles sortent de terre comme les asperges. Le nom de cette plante lui vient de la ressemblance de ses feuilles avec les crins, disposés autour de la queue du cheval. Elle est vivace, sans odeur, ni saveur ; astringente et détersive. Nuisible aux brebis. Voy. pl. 49, les détails d'une prêle superbe.

1600. La PRÊLE DES CHAMPS OU QUEUE DE CHEVAL ; *Equisetum arvense.* Comme la précédente, mais beaucoup plus petite. Nous en avons vu plusieurs pieds dans le *Jardin botanique* de l'École vétérinaire d'Alfort, où M. Desjardins la cultive auprès du réservoir d'eau destiné aux besoins de tout l'établissement. Elle croît spontanément sur les terres humides, sablonneuses ; très nuisible aux brebis, et à cause de cela, elle mérite d'être connue des cultivateurs qui élèvent des troupeaux.

1601. L'ÉPINARD; *Spinacia oleracea.* Fleurs apétales, pieds différents. Le calice des fleurs se durcit, et renferme une semence obronde; la forme du fruit varie, elle est tantôt obronde, tantôt anguleuse; feuilles pétiolées; les inférieures quelquefois découpées des deux côtés, terminées en pointe aiguë; celles du sommet ont seulement deux prolongements à leur base. *Racine :* blanche, peu fibreuse. Tiges de 34 centimètres, creuses, cannelées, rameuses; les fleurs disposées en grappes depuis le milieu de la tige jusqu'au sommet. On ignore le pays natal de l'épinard, cultivé dans les jardins potagers. Annuelle. Plante aqueuse, fade; la décoction est laxative; l'herbe émolliente, détersive; privée de sa première eau, c'est un aliment très léger, qui dissipe les embarras de l'estomac. Les feuilles s'emploient en cataplasmes; les décoctions servent dans les lavements rafraîchissants et purgatifs. Les épinards bien préparés au beurre frais, sont un excellent aliment de facile digestion pour les estomacs délicats. Voy. pl. 121.

1602. La MERCURIALE ANNUELLE; *Mercurialis annua.* Fleurs apétales; aucun fruit. Feuilles glabres, pointues, souvent ovales et dentées en manière de scie. Racine fibreuse. Tiges d'environ 68 centimètres, rameuses; les fleurs opposées. Les champs, les vignes, les cours ombragées. Annuelle. Cette plante est fade, désagréable au goût; sans odeur, laxative, émolliente. Elle est placée au nombre des *cinq espèces émollientes,* on en fait des décoctions pour lavements.

1603. La MERCURIALE DES MONTAGNES; *Mercurialis montana spicata perennis.* Caractères de la précédente, dont elle ne diffère guère que par les lieux qu'elle préfère pour croître à son aise et qui sont : les montagnes, les bois taillis, au pied des buis; dans le Bugey, au mont Pila; et parce qu'elle est vivace. Mêmes *propriétés et usages.*

1604. La GRANDE ORTIE ; *Urtica urens maxima.* Fleurs apétales ; semence solitaire, ovale, obtuse ; luisante, un peu aplatie, renfermée dans le calice qui s'est contracté. Feuilles pétiolées, cordiformes, couvertes de poils piquants. Racine rameuse, jaunâtre. Tiges de 68 centimètres à 1 mètre, hérissées de poils, qui piquent aussi, figurés en alène sous les verres de la triloupe-Godot ; les fleurs au sommet, en forme de grappe ; ces poils causent des inflammations sur la peau. On trouve l'ortie dans les jardins et au bord des champs. Vivace. Presque insipide et sans odeur ; appliquée extérieurement, très stimulante et antiseptique ; intérieurement, astringente, détersive. On emploie l'herbe en décoctions et tisanes ; lorsqu'elle est cuite, mêlée avec du son, elle est une nourriture excellente pour les oisons, les jeunes canards et autres volailles palmipèdes. Voy. pl. 80.

1605. L'ORTIE ROMAINE, PIQUANTE ; *Urtica urens pilulas ferens.* Caractères et fleur, comme dans la précédente. Les semences imitent celles du lin, sont renfermées dans des chatons globuleux, hérissés de piquants, portés sur de longs pédoncules. Les feuilles lancéolées, profondément dentées. La racine fibreuse, jaunâtre. Tige de 34 centimètres environ.

1606. Le CHANVRE MALE ET FEMELLE ; *Cannabis sativa.* Fleurs apétales, mâles et femelles sur des pieds différents ; les mâles composés de cinq étamines ; les femelles composées d'un petit pistil renfermé dans un calice monophylle, aigu. La fleur femelle produit une semence globuleuse, comprimée, s'ouvrant en deux parties. *Feuilles :* pétiolées, découpées en cinq folioles. *Racine :* ligneuse, blanche. La tige s'élève, suivant les terrains et la saison, depuis 1 mètre 34 centimètres jusqu'à 2 mètres 68 centimètres, rude au toucher, velue, quadrangulaire, fistuleuse ; les fleurs au sommet. Originaire des Indes. Annuelle. Les filaments de l'écorce servent à faire *la toile ;* les feuilles ont une odeur forte, pénétrante, semblable à celle de l'opium ; elles sont

amères et âcres au goût ; la semence est presque insipide ;
la plante narcotique, adoucissante, apéritive, résolutive.
On en tire une huile exprimée, bonne à brûler ; avec les
feuilles et la semence écrasée, on compose des cataplasmes
très résolutifs. Dans les Indes orientales, on fait une liqueur qui enivre avec les feuilles de chanvre pilées et
bouillies dans l'eau. Le chanvre est devenu spontané
dans toute l'Europe ; sur un terrain fort, il s'élève à 3 ou
4 mètres. Les feuilles de chanvre répandent une odeur
nauséabonde, désagréable. L'eau dans laquelle on fait macérer les tiges du chanvre, est fétide, et très dangereuse à
boire. La pâte de farine de chanvre fournit une bonne nourriture aux moutons, s'ils n'en mangent pas en trop grande
quantité. L'usage de l'écorce des tiges du chanvre pour la
filature et la fabrication du linge, si utile à la santé humaine, est trop connu pour en détailler ici les procédés ; il
suffit de dire qu'il faut le faire macérer pour pouvoir dé-
tacher facilement cette écorce. Cette manœuvre, appelée
rouissage, peut aussi s'opérer en enterrant les bottes dans
des fosses humides, ou par simple aspersion et dessiccation
alternatives. Ces nouvelles méthodes perfectionnées, évitent plusieurs fièvres pernicieuses que le rouissage occasionnait lorsqu'on suivait la routine vulgaire. Les tiges du
chanvre ont servi longtemps dans nos provinces pour faire
des allumettes, en soufrant les extrémités. Elles fournissent
encore, en les brûlant, un bon charbon pour la poudre à
canon. Le chanvre et ses propriétés, ont été admirablement
décrits sous le nom de *pantagruelion*, par Rabelais, curé et
médecin à Meudon, vers le milieu du seizième siècle. Voy.
planche 107.

1607. Le HOUBLON ; *Humulus lupulus*. Fleurs apétales,
mâles et femelles, sur des pieds distincts ; les mâles composées de cinq étamines ; les femelles composées d'un
petit pistil renfermé dans un calice monophylle ; semences
sous-orbiculaires, dans des tuniques écailleuses qui for-

ment une tête ronde. Feuilles pétiolées, cordiformes, ou à trois lobes, dentées en manière de scie. *Racine* : horizontale, rameuse. Tiges anguleuses, herbacées, rudes au toucher, creuses, qui grimpent et s'entortillent. Les terrains sablonneux, les haies. Vivace. La plante est amère, d'une odeur forte, résolutive, tonique, diurétique, stomachique, antiseptique, stupéfiante. On en fait des décoctions ; un suc ; le fruit entre dans la composition de la boisson nommée *bière*, et l'empêche d'aigrir par son amertume ; les jeunes pousses se mangent en salades ou cuites, comme les asperges. Les racines de houblon sont succédanées de *la salsepareille* ; elles sont indiquées en décoction, comme adjuvant dans le traitement des maladies cutanées et dans le rhumatisme. Lorsqu'on veut éviter que la bière enivre, et qu'elle ne cause des étourdissements, on n'ajoute que la seconde décoction du houblon, et on fait par la première évaporer le principe narcotique. On peut retirer des tiges du houblon macérées dans l'eau, une filasse grossière, analogue à celle du chanvre, avec laquelle on a fabriqué d'assez bonnes cordes. Les jeunes pousses du houblon, quoique un peu amères, se mangent crues avec plaisir ; on les regarde comme bonnes dans les faiblesses de l'estomac. Tous les bestiaux les attaquent, et plusieurs, les chèvres entre autres, en sont friands. Voy. pl. 132.

SEIZIÈME CLASSE OU GROUPE.

Herbes et sous-arbrisseaux apétales, qui n'ont point de fleurs et qui ne portent que des semences, nommées apétales ou sans fleurs.

I. Herbes apétales, sans fleurs, dont les fruits naissent sous le dos des feuilles.

1608. LA FOUGÈRE FEMELLE OU COMMUNE ; *Filix ramosa major, pteris aquilina*. Feuilles radicales, pétiolées, surcomposées, les folioles découpées à leur tour, en manière d'ailes lancéolées ; les supérieures plus petites que les inférieures ; celles-ci quelquefois sinuées. *Racine* : charnue, noueuse, traçante, noirâtre en dehors, blanchâtre en dedans. Le nom d'*aquilegia* donné à cette plante lui vient de ce que sa racine coupée en travers, représente l'*aigle de l'Empire*. Elle n'a point de tige, mais les pétioles s'élèvent à la hauteur de 1 mètre. Beaucoup de fougères ont appartenu à une végétation primitive et gigantesque, dont on trouve des traces dans les terrains carbonifères. *Lieu* : les bois, les terrains incultes et stériles. Vivace. La racine a le goût amer, un peu astringent ; elle est apéritive, vermifuge ; elle entrait dans la composition de *la pierre de fougère*, astringent très puissant. On a essayé avec succès, en Angleterre, d'employer les cendres de fougère pétries dans l'eau, pour blanchir le linge et tenir lieu de savon. Voy. planche 60.

1609. La FOUGÈRE MALE ; *Polypodium filix mas non ramosa, dentata*. La fructification est disposée en petits paquets ou points ronds, épars sur le dos des feuilles ; folioles obtuses, crénelées, lancéolées, presque ailées. *Racine* : épaisse, branchue, fibreuse, noirâtre en dehors, pâle en dedans. Les bois. Vivace. La racine de fougère mâle est un médicament dont les propriétés avaient été bien apréciées par les anciens ; longtemps négligées par les modernes. Il fallut qu'un empirique suisse renouvelât l'usage de cette racine contre *le ver solitaire*, et en fit un secret, pour fixer l'attention du public sur ses vertus. Le nommé Nouffer parcourut toute l'Europe et guérit une foule de personnes attaquées du ver solitaire. Il parut à Lyon, en 1769, où les meilleurs médecins furent témoins de ses succès ; sa mort ne suspendit pas dans cette ville l'usage de son remède ; sa veuve en vendit le secret au gouvernement français, qui le fit publier en 1775 ; et depuis, l'usage de la racine de fougère contre le ver solitaire a été consacré dans toutes les pharmacopées. Voy. pl. 63.

II. *Herbes apétales, sans fleurs, dont les fruits ne nais-*

sent pas sous les feuilles, mais en épis, ou dans des
capsules.

1610. L'OSMONDE OU FOUGÈRE FLEURIE ; *Osmunda regalis et palustris.* Fructification, composée de capsules globuleuses, très distinctes qui s'ouvrent horizontalement et qui sont disposées en grappes. Tige lisse, cannelée, assez haute. L'Italie, aux bords des fleuves. Vivace. Cette plante est moins amère, moins astringente que les autres fougères ; la moelle de la racine est blanchâtre, vulnéraire, astringente. On l'emploie en décoction. Voy. pl. 75.

1611. L'HÉPATIQUE DES FONTAINES ; *Marchantia, lichen petreus.* Fructification très apparente dans ce genre. Les feuilles sont des espèces de membranes vertes, épaisses, qui tiennent à la racine, et se prolongent comme par articulations lamelleuses, en recouvrement les unes sur les autres, fixées contre des écorces ou des pierres. On trouve l'hépatique dans les lieux humides, près des fontaines, des moulins. Vivace. Elle est amère, aromatique, bitumineuse, détersive, vulnéraire, apéritive. On l'emploie surtout dans les maladies cutanées. Voy. pl. 40.

DIX-SEPTIÈME CLASSE OU GROUPE.

Herbes et sous-arbrisseaux apétales, qui n'ont ordinairement ni fleurs ni fruits, nommés apétales sans fleur ni fruit. Cette classe est composée des mousses, des champignons, agarics, vesses-de-loups, truffes, et de plusieurs plantes marines, algues ou fucus, dont on fait peu d'usage en médecine.

1612. Le PERCE-MOUSSE, *Polytrichum commune.* Fructification, composée d'une coiffe, espèce de calice conique, velu, placé à l'extrémité d'un pédoncule. Feuilles tuilées. Racine fibreuse, menue. Petite tige, herbacée, nue dans le haut, feuillée à sa base de 3 centimètres de haut. On le trouve parmi les mousses, dans les forêts, Il passe pour incisif, sudorifique. On l'emploie dans les tisanes pour diviser les matières visqueuses des poumons.

1613. Les MOUSSES; *Musci.* Sont des plantes vivaces qui, après leur dessiccation, peuvent être vivifiées en les humectant; elles ont quelque rapport avec les plantes parfaites, par leurs tiges et leurs feuilles; elles poussent aussi des racines distinctes. Semblables aux autres plantes, la plupart des mousses se propagent par rejets, drageons; les rejets qui ne produisent point d'*urnes* ou petites capsules, recèlent des boutons à étamines. On trouve les mousses sur toute la surface de la terre; elles s'établissent dans les eaux, sur les arbres, sur les rochers, dans les cavernes. Les *urnes* des mousses paraissent en automne et au printemps, elles persistent plusieurs mois; quelques mousses des marais les développent en été. L'usage des mousses, considérées comme médicaments, est peu étendu; cependant leur odeur et leur saveur assez variées, annoncent des vertus avantageuses. Quant aux usages économiques, le *sphagne des marais* peut être employé, vu sa contexture molle, pour faire des couchettes; plusieurs mousses d'un tissu sec, serré, servent pour les emballages; les oiseaux les emploient fréquemment pour former la base de leur nid; elles garantissent les arbres du froid; les mousses terrestres sauvent de la gelée les racines, les semences des herbes et des arbres forestiers; celles qui tapissent les rochers animent les sites des montagnes par leur verdure douce et gaie. Les genres et les espèces de mousses sont difficiles à déterminer, il faut avoir souvent recours au microscope pour connaître la figure et les feuilles. — Les LYCOPODES; *Lycopodia*, ont des urnes ou anthères réniformes, bivalves, sans pédicille.

1614. Le SPHAIGNE DES MARAIS; *Sphagnum palustre*, a des rameaux renversés.

1615. Le SPHAIGNE DES ARBRES : dont la tige est rampante, rameuse, les urnes disposées du même côté. Tiges de 3 centimètres, ramassées en petits gazons d'un vert foncé; feuilles très petites, pointues.

1616. Les FONTINALES; *Fontinales*. Les urnes sont sessiles et axillaires, opercule et coiffe, assises, renfermées dans un amas de petites feuilles étroites qui enveloppent le tubercule de soie et qu'on appelle : *périchétie*.

1617. Les SPLANES; *Splachna*. L'urne repose sur une apophyse colorée; la coiffe est caduque. Tige courte, en gazon, d'un vert foncé; feuilles un peu lâches; filaments rougeâtres, longs de 3 centimètres.

1618. Les POLYTRICS; *Polytricha*. Les urnes sont garnies à leur base d'une apophyse ou d'un renflement particulier; leur coiffes est velue. Tiges de 3 centimètres; feuilles très étroites, aiguës, d'un vert brun.

1619. Les MNIES; *Mnia*; portent des urnes à filaments, opercules et coiffes; quelques-uns offrent des globules nus et poudreux. Tiges longues de 2 à 4 centimètres, ramassées en petits gazons, d'un vert pâle.

1620. Les BRIS; *Brya*. Urnes à opercules; coiffe lisse; filaments portés sur un tubercule.

1621. Les HYPNES; *Hypna*. Pédicules des urnes latéraux; coiffes lisses, rameuses, rampantes; feuilles lancéolées, terminées par un fil, très serrées entre elles.

1622. Les ALGUES; *Algæ*. Leur substance est, ou pulvérulente comme de la poussière, ou lanugineuse comme de la laine, ou filamenteuse comme des fils, ou en expansions comme des feuilles, ou gélatineuse comme une gelée que la moindre chaleur dessèche. Leurs racines sont ou des empâtements ou des fils; dans la plupart, les feuilles ne sont point distinctes des tiges; presque toutes sont vivaces et se régénèrent lorsqu'on leur rend l'humidité, plusieurs végètent plus vivement à la fin de l'automne et en hiver. On trouve des *algues sur la terre* et *dans l'eau ;* elles couvrent, comme les lichens, les rochers, les écorces d'arbres; celles-ci semblent tirer le fond de leur nourriture de l'humidité de l'air.

Quelques lichens sont devenus médicaments; plusieurs fournissent la plupart des couleurs recherchées des teinturiers.

1623. Les ALGUES JUNGERMANNES; *Jungermanniæ*. Fleur à pédoncule; c'est un sachet sphérique qui se fend jusqu'à la base en quatre parties disposées en croix; la fleur femelle est sans pédoncule, à semences arrondies. Voy. pl. 55, fig. 5, et pl, 59, fig. **2**.

1624. Les ALGUES TARGIONES; *Targionæ*. Calice formé par deux valves renfermant un globule. Tiges des expansions membraneuses, en spatule, rampantes, petites, ponctuées en dessus, et chargées de quelques boutons sans pédicules, roussâtres. En Provence, en Allemagne.

1625. Les ALGUES MARCHANTES; *Marchantiæ*. Tiges des expansions membraneuses, aplaties et rampantes : fructification renfermant une poussière fine, attachée à des poils.

1626. Les ALGUES BLASIES; *Blasia*. La fructification est un calice cylindrique, rempli de petits globules; expansion membraneuse, très vaste; à lobes arrondis, crénelés.

1627. Les ALGUES RICCIES; *Ricciæ*. Fructification sans pédicule, éparse sur la surface des feuilles qui sont des expansions membraneuses.

1628. Les ALGUES ANTHOCÈRES ; *Anthoceros*, *bilobata*. *Hépatique* de l'ordre des mousses. La fructification est une corne fort longue, qui naît d'une gaîne cylindrique, s'ouvre en deux valves linaires, et contient des globules suspendus à un filet. Voy. pl. 61, fig. 2.

1629. La PELTIGERA APHTOSA. Parasite qui forme un groupe de petits champignons, sur les animaux morts et en putréfaction. Voy. pl. 61, fig. 3.

1630. Les ALGUES LICHENS ; *Lichones*. Extensions crustacées, coriaces, foliacées, ramifiées en arbustes, ou enfin filamenteuses, sans véritables feuilles ; les fructifications sont des capsules ordinairement orbiculaires, quelquefois campanulées ou planes, convexes, tuberculeuses.

1631. Lichens, à extensions crustacées ; capsules en écussons.

1632. Lichens, à extensions foliacées, serrées, et en recouvrement, ou imbriquées.

1633. Lichens, *à extensions lâches*, non imbriquées.

1634. Lichens, *à extensions coriaces*.

1635. Lichens ombiliqués, comme couverts de suie. — Les lichens à capsules en forme de vase ou d'entonnoir.

1636. Lichens, *à ramifications, imitant de petits buissons*.

1637. Lichens filamenteux.

1638. Les algues tremelles ; *Tremellœ*. Fructification à peine sensible noyée dans une substance gélatineuse.

1639. La trémelle genévrier ; *Tremella juniparina*. Assise, membraneuse, en oreille, jaune, rouge, gélatineuse, à tubercules en dessus. On la trouve au printemps sur le genévrier desséché. Elle noircit et devient fragile.

1640. Les algues varecs ; *Fuci*. Fleurs à vésicules velues en dedans ou remplies de matière gélatineuse ; surface parsemée de tubercules. Les varecs sont des plantes aquatiques, membraneuses, coriaces. Ce genre présente environ soixante espèces. La plus remarqnable est la suivante :

1641. Le varec capillacé ; *Fucus confervoïdes*. Tiges en petits buissons, très rameuses, longues de 8 à 18 centimètres, étalées, d'un rouge plus ou moins foncé ; les dernières ramifications très fines, capillaires ; vésicules éparses, sessiles, arrondies. Dans l'Océan.

1642. Les algues ulves ; *Ulvœ*. Fructification répandue sur des membranes transparentes.

1643. Ulve granuleuse ; *Ulva granulata*. Sphérique, composée de vésicules entassées. Dans les rivières de France, le Rhône, la Saône, la Loire, la Dordogne, le Lot, l'Yonne.

1644. Le champia lumbricalis. Plante maritime dont on fabrique la potasse. Voy. pl. 25, fig. 1 et 2.

1645. Le sargasse commun ; *Fucus natans*. Genre le

plus élevé de l'ordre des algues. On l'appelle aussi : raisin des tropiques. Voy. pl. 25, fig. 4.

1646. Le FUCUS SERRATUS : végétal maritime, dont la couleur est olivâtre, parce qu'il contient de l'*iode*, substance extrêmement efficace pour dissoudre les tumeurs indures, telles que goîtres. On fait avec cette plante le *sous-carbonate de soude*, ou soude de varec. Voy. pl. 25, fig. 6.

1647. Le CLAUDEA ELEGANS : algue maritime dont les expansions membraneuses peuvent être comparées à une agglomération de serpes émoussées. Voy. pl. 26, fig. 1.

1648. L'AMANSIA : algue membraneuse, traversée par une nervure qui sépare en deux ses dentelures. Voy. planche 26, fig. 2.

1649. La LAMINAIRE SUCRÉE : algue coriace, d'un vert foncé et roussâtre, sans nervures. Elle acquiert quelquefois sur les côtes maritimes de France, jusqu'à 3 mètres de hauteur, et sert de combustible. Voy. pl. 26, fig, 3.

1650. La CHAÎNETTE : algue salée, iodée, très bonne pour guérir du goître. On l'emploie en décoction. V. pl. 26. fig. 4.

1651. La LOMENTAIRE SQUIRREUSE : algue cylindrique, enduite de mucilage doré et pourpre. Voy. pl. 26, fig. 5.

1652. Le CHŒTOPHORE ÉLÉGANT : algue gélatineuse, en forme de grains à chapelet. Voy. pl. 26, fig. 6.

1653. La CHORÆA RAMEUSE : mousse à filaments flexibles, couverts de ramules. Voy. pl, 27, fig. 1.

1654. Le BOTRYTIS POLYSPORA : petite moisissure qui naît sur des corps divers. Elle a des filaments rameux, qu'on ne peut distinguer qu'à l'aide de la triloupe. Voy. planche 27, fig. 3,

1655. La ZONAIRE A QUEUE DE PAON : algue coriace, dont le nom lui vient de sa forme. Voy. pl. 27, fig. 4.

1656. La PARMÉLIE DU TILLEUL ; *mousse du crâne humain :* employée autrefois en médecine par d'audacieux empiriques contre les maladies du poumon. Voy. pl. 73, dans l'atlas et l'explication de cette pl., pag. 24.

1657. Le BOYAU DE MER : ulve intestinale. Cette plante habite la terre , les eaux douces et marines. Elle est employée comme aliment en certains pays. Voy. pl. 28, fig. 4.

1658. L'HIMANTIA BLANCHE : mousse ou moisissure parasite , qui pousse sur le bois, dans les caves, au-dessous des feuilles des arbres humides. Voy. pl. 28, fig. 3.

1659. L'ALGUE DES NEIGES ; *Protococus nivalis*. La neige rouge des Alpes est produite par des myriades de ce petit végétal, qui colore quelquefois la mer en certains endroits en rouge de sang.

1660. La CORALINE OFFICINALE : plante maritime , que certains physiciens plaçaient autrefois parmi les substances animales. On la trouve sur les rochers de la mer , attachée sur des coquillages , sur le corail. Son usage est très fréquent en médecine pour tuer les vers. On la donne depuis un gramme jusqu'à quatre en poudre. Elle est encore recommandée contre les acidités de l'estomac. V.pl.29, fig. 1.

1661. La DELESSERTIA : algue cylindrique d'un beau rose. Voy. pl. 29, fig. 2.

1662. L'HYDROGASTRUM GRANULATUM : moisissure commune sur la terre humide , dans les allées des jardins et sur le bord des chemins. Voy. pl. 30, fig. 1.

1663. La LIGNATIFIDE : moisissures qui naissent sur le bois en forme de petits champignons. Voy. pl. 30, fig. 2.

1664. L'OZONIUM : moisissure en forme de filaments arrondis, jaunâtres, qui naît dans les lieux obscurs. Voy. pl. 30, fig. 3.

1665. Le POLYSACUM CRASSIPES : champignon malfaisant de l'ordre des plantes agames. Voy. pl. 30, fig. 4.

1666. Le CHONDRUS CRÉPU : varec qu'on emploie en médecine pour remplacer le lichen d'Islande. Voy. planche 31, fig. 1.

1667. La TORULE A ANTENNES : production noirâtre incrustée sur les végétaux morts. Voy. pl. 31, fig. 2.

1668. Le ROSEAU AQUATIQUE ; *Hydrodyction pentago-*

num. Végétal en forme de sac réticulé, qui croît au fond des fleuves et de la mer. Voy. pl. 31, fig. 3.

1669. La TORULE BLANCHE : cryptogame fossile, incrusté en forme de branche de sapin sur du bois pétrifié. Voy. pl. 31, fig. 4.

1670. Le CODIUM ÉLÉGANT : mousse soyeuse, d'un vert jaunâtre. Voy. pl. 32, fig. 2.

1671. La GIGARTINE AIGUILLÉE : mousse de Corse, qui diffère de l'helminthocorton. Voy. pl. 32, fig, 4.

1672. Le NOSTOC COMMUN : incrustation végétale qu'on trouve sur les rochers humides, dans les forêts et autour des fontaines. Voy. pl. 32, fig. 5.

1673. Le LYNGBIE DES MURAILLES : sorte de chevelure, composée de filaments délicats, qui forme une mousse sur les vieux murs. Voy. pl. 32, fig. 6.

1674. La PUCCINIE NOIRE : petit champignon, qui paraît sur les feuilles du buis, de l'orme, du fraisier. Voy. planche 39, fig. 1.

1675. Les SPORIDIES LIBRES : petits champignons en groupe, très friables. On les trouve sur les racines des grands arbres qui paraissent hors de terre. V. pl. 39, fig. 2.

1676. La TACHE NOIRE : moisissure ovale, qu'on aperçoit sur le bois. Voy. pl. 39, fig. 3.

1677. L'UREDO EFUSA : espèce de charbon végétal qui attaque les céréales, en particulier le maïs, pendant les années de pluies. Voy. pl. 39, fig. 4.

1678. La SPHÉRIE MILITAIRE : tubercules noirâtres, très petits, qui croissent sur le bois mort et sur les feuilles vivantes. Voy. pl. 41, fig. 1.

1679. Les CONFERVES ; *Confervæ.* Tubercules inégaux, adhérents à des fibres très fines, capillaires, très longues.

1680. Les CONFERVES A FILAMENTS SIMPLES, égaux, sans être recoudés.

1681. Les CONFERVES A FILAMENTS RAMEUX, égaux. Les conferves à filaments genouillés.

1682. Les conferves a filaments en réseau.

1683. La conferve en réseau ; *Conferva reticulata.*
Filaments formant des mailles de réseau par leur union.
Dans les rivières.

1684. Les algues bisses ; *Byssi.* On n'y voit que des filets
très courts en duvet, ou une espèce de poussière colorée.

1685. Les bisses filamenteux. Tissu qui imite un mor-
ceau de drap.

1686. Les bisses poudreux ; poussière végétale sur les
vieux murs, à filets très courts, très serrés. En faisant
bouillir le bisse jaune avec de l'urine, on obtient une teinture d'un jaune orangé.

1687. Les champignons ; *Fungi*, et leurs caractères généraux. Ces productions végétales s'éloignent prodigieusement
de la forme des autres végétaux ; elles sont sans pied, ou
supportées par un pédoncule à chapiteau ou chapeau, de
différente forme par dessus et par dessous ; leur substance
est tendre dans le plus grand nombre ; quelques-unes sont
ligneuses ; leur vie, dans la plupart, est très courte. Les genres de cette famille sont assez bien prononcés, mais il est
difficile de statuer ce qui est espèce ou variété. Linné admet
un très petit nombre d'espèces. Il a témoigné beaucoup
d'humeur contre les auteurs qui ont décrit un très grand
nombre d'agarics. Schaffer, Michaëli, Vaillant, Battera,
ont décrit presque toutes les espèces et variétés des champignons européens. M. Victor Paquet, jardinier-horticul-
teur de Paris, a publié, en 1848, un excellent *Traité de
la culture des champignons comestibles, contenant la manière de les faire venir dans les caves et en plein air.* En
général, les champignons les plus délicats peuvent devenir
dangereux dans un certain temps de leur développement ;
plusieurs espèces sont des poisons terribles. Leur contre-poison consiste à faire vomir les personnes qui les ont mangés.

1688. Les agarics ; *Agarici.* Chapeau horizontal, lames

en dessous, ou feuillets qui vont du centre à la circonférence.

1689. Les AGARICS PÉDICULÉS. Chapeau arrondi.

1690. L'AGARIC CHANTERELLE ; *Agaricus cantharellus.*
Pédiculé, lames rameuses, décurrentes ; petit, d'un roux
pâle ; chapeau en entonnoir, bords contournés, découpés.
Dans les prés. Un peu âcre, d'une saveur et d'une odeur
assez agréable. On le mange impunément, parce que la
coction détruit son âcreté. Voy. pl. 47, fig. 1.

1691. L'AGARIC PARTAGÉ ; *Agaricus quinquepartitus.*
Pédiculé ; chapeau jaunâtre, divisé en cinq parties ; lames
blanches intérieurement, dentées, réunies.

1692. L'AGARIC AUX MOUCHES ; *Agaricus muscarius.*
Pédiculé ; lames solitaires ; pétiole coiffé, dilaté au sommet ; à base ovale ; chapeau rouge, verrues et lames blanches. Très venimeux pour les hommes. Remède : l'émétique, et ensuite l'éther.

1693. L'AGARIC DÉLICIEUX ; *Agaricus deliciosus.* Pédiculé, chapeau couleur de brique, donnant un suc d'un
jaune safran ; lames ramifiées ; pédicule cylindrique, court.
Poison énergique.

1694. L'AGARIC LAITEUX ; *Agaricus lactifluus.* Pédiculé,
chapeau aplati, dont la chair contient un suc laiteux ; lames rousses ; pétiole long, succulent. Dans les bois : Poison.
Contre-poison : L'émétique et l'éther.

1695. L'AGARIC CLOU ; *Agaricus clavus.* Pétiolé, chapeau
jaune, convexe, strié ; lames et pétiole blancs. Bon à manger. Très petit, couleur orangée, imitant un clou doré.
Dans la mousse, aux pieds des grands châtaigniers, à côté
des morilles, de la même couleur.

1696. L'AGARIC PARASITE. Chapeau sans pétiole, formant la moitié d'un cercle.

1697. L'AGARIC DU CHÊNE ; *Agaricus quercinus.* Ligneux,
très dur, coriace ; lames cartilagineuses, entrelacées en la-
byrinthe. Substance couleur ventre-de-biche, ou d'un blanc
jaunâtre, comme veloutée ; les lames forment des excava-

tions difformes. On en prépare l'amadou du commerce ; il est utile aussi pour arrêter les hémorrhagies, comme le bolet couleur de feu. Voy. pl. 45, fig. 4.

1698. CHAMPIGNONS BOLETS ; *Boleti.* Le dessous des chapeaux est marqué de pores très rapprochés.

1699. Le BOLET PARASITE. Sans pétiole.

1700. Le BOLET LIÉGE ; *Boletus suberosus.* Coriace, convexe, velu, blanc, à pores difformes, ronds et tortueux.

1701. Le BOLET ONGLE DE CHEVAL ; *Boletus igniarius.* BOLET COULEUR DE FEU, ou *amadouvier.* Convexe, plane, dur cendré, lisse, blanc en dessous ; remarquable par des zones de différentes couleurs ; la chair rougeâtre intérieurement ; pores très petits. En enlevant l'écorce et la partie la plus extérieure des jeunes, faisant cuire dans une lessive, battant et séchant, on a l'amadou vulgaire. Pour avoir l'*agaric des chirurgiens*, on le bat à coups de marteau, après l'avoir dépouillé de son écorce.

1702. CHAMPIGNONS HYDNES ; *Hydna.* Chapeau hérissé en dessous de petites pointes ou papilles très nombreuses ; pétiole s'insérant dans une espèce d'échancrure sur le bord du chapeau. On les trouve dans les bois, sur les cônes du sapin.

1703. CHAMPIGNONS MORILLES ; *Phalli.* Chapeau en réseau en dessus, lisse en dessous.

1704. La MORILLE COMESTIBLE ; *Phallus esculentes.* Chapeau ovale, crevassé ; pétiole nu, ridé. On la trouve plus ou moins grosse, blanche, fauve ou noirâtre. La morille assaisonnée est un aliment d'une saveur agréable ; mais ce champignon peut devenir funeste, si on le cueille après plusieurs jours de pluie, ou lorsqu'il commence à se ramollir par vétusté. Voy. pl. 45, fig. 1 et 3.

1705. La MORILLE FÉTIDE ; *Phallus impudicus.* Enveloppée dans une coiffe à pétiole, à chapeau celluleux ; pédicule long de 10 à 18 centimètres, creux, caverneux, d'un blanc sale ou verdâtre, caché dans une gaîne ovale qui renferme toute la plante dans sa jeunesse ; livide , verdâtre en automne. Dans les bois. Elle répand une odeur très fétide lorsqu'elle est développée. Funeste à ceux qui oseraient en manger.

1706. La CLATHRE ROUGE. A chapeau arrondi , grillé ou percé à jour de toute part ; pétiole ovale , pourpre. Substance grillée , ponctuée ou poreuse, garnie à sa base d'une enveloppe blanchâtre en dehors, un peu coriace. Il y a une variété tirant sur le jaune. Voy. pl. 50, fig. 2.

1707. CHAMPIGNONS HELVELLES ; *Helvellæ*. Fongosités un peu irrégulières, rétrécies en pétiole vers leur base , et formant à leur sommet une espèce de bassin , ou un entonnoir communément difforme.

1708. L'HELVELLE EN MITRE. Pétiole épais , ridé ; chapeau difforme , lobé et plié en manière de mitre. Poison violent.

1709. CHAMPIGNONS PEZIZES. Chapeau creusé en cloche , sans pétiole ; petits creusets hauts de 2 à 4 centimètres , sessiles coriaces, bruns ou grisâtres , velus en dehors , très lisses en dedans , renfermant dans le fond plusieurs corpuscules lenticulaires. Voy. pl. 43, fig. 4.

1710. CHAMPIGNONS CLAVAIRES ; *Clavariæ*. Fongosités lisses , allongées , simples ou rameuses. Voy. pl. 43, fig. 2, la clavaire en pilon.

1711. CLAVARIA PISTILLARIS. Spongieuse , simple , élargie et obtuse au sommet ; d'un blanc jaunâtre ou roussâtre. Dans els bois.

1712. Les CLAVAIRES RAMIFIÉES. Molles , charnues, très ramifiées , formant une espèce de gazon jaunâtre , blanchâtre ou rougeâtre; ramifications courtes et comme dentées au sommet. Dans les bois. Ce champignon se mange ; on le regarde comme un des plus délicats : on le nomme vulgairement barbe-de-chèvre.

1713. Les VESSES-DE-LOUP , *Lycoperdon* , sont des fongosités arrondies, remplies d'une poussière comme farineuse après leur développement ; elles s'ouvrent ordinairement vers leur sommet. Celles qui sont à la surface de terre sont délétères et un poison violent. Voy. pl. 43, fig. 1.

1714. La TRUFFE ; *Lycoperdon tuber*. Tubercule globuleux, solide, rude. Substance charnue, extérieurement noirâtre, comme chagrinée à la surface, odorante, cachée sous terre. Aliment des plus agréables, véritable échauffant aphrodisiaque. Elle est très dangereuse lorsqu'elle est moisie ; elle a causé des vomissements et des coliques atroces. On la trouve en Périgord. Voy. pl. 48, fig. 3 et 6.

Le roi Louis XVIII, qui aimait beaucoup les truffes, en savourait un jour un plat des mieux préparés, en présence de son médecin, le célèbre Portal, qu'il avait admis à sa table. Pendant le repas, le roi s'interrompit un instant pour interroger ainsi son hippocrate : — Docteur, que pensez-vous des truffes ? — Sire, répliqua Portal, ce sont des *vesses de loup* très lourdes, indigestes et peu favorables à la goutte. Le roi se mit à continuer d'attaquer son plat favori, en répliquant très spirituellement :

« *Les truffes ne sont pas ce qu'un vain peuple pense !* » Portal, un peu mystifié par cette parodie du trop fameux vers d'Arouet-Voltaire, garda le plus profond silence ; mais un jour que le roi souffrait cruellement de la goutte, et qu'il l'avait fait appeler pour en être soulagé, se rappelant de la mystification de la veille, il eut le courage de dire à Louis XVIII, mais avec un visage très compatissant : *Sire, la goutte n'est pas ce que peuvent penser les plus habiles diplomates ; les truffes en exaspèrent les douleurs.*

1715. Les CHAMPIGNONS MOISISSURES ; *Mucores*. Vésicules ovales ou sphériques, cellulaires, poudreuses, communément pédiculées. Nous avons les moisissures durables.

1716. Les MOISISSURES FUGACES. Passagères, grisâtres, à pétiole sétacé, long ; capsule arrondie, cendrée. Sur le pain, sur les herbes moisies.

1717. La MOISISSURE LÉPREUSE ; *Mucor leprosus*. Sétacée, à semences radicales. Dans les cavernes, en automne, en gazon très dense : de blanche elle devient dorée.

1718. La MOISISSURE CRUSTACÉE ; *Mucor crustaceus.* Touffe de filets digités à leur sommet ; digitations chargées de globules disposés en épi. Sur les fruits pourris.

1719. La GRANDE VESSE-DE-LOUP ; *Bovista gigantea* ; *cranion* de Théophraste ou tête-d'homme. Elle ressemble à un crâne posé sur le sol. Voy. pl. 43, fig. 5.

1720. La VESSE-DE-LOUP VIVACE. Sa poussière remplace celle du lycopode pour arrêter le sang d'une blessure. Voy. pl. 43, fig. 2.

1721. La MÉRULE. Groupe de champignons qui viennent sur les bois humides. Voy. pl. 43, fig. 3.

1722. La SYTIPORA. Champignons granulés qui viennent sur les plantes épineuses. Voy. pl. 44, fig. 1.

1723. Le PHACIDIUM COURONNÉ. Petit champignon en forme de couronne. Voy. pl. 44, fig. 3 et 4.

1724. L'HISTÉRIUM. Petit champignon en forme de taches qui croît au-dessous des feuilles des poiriers. Voy. pl. 44, fig. 6 et 7.

1725. LE GÉOGLOSSUM VERT. Champignon très vénéneux. Il naît à fleur de terre et commence par être noirâtre avant de verdir. Voy. pl. 45, fig. 2.

1726. La FAUSSE ORONGE ou amanite. Champignon très vénéneux, dangereux à manger. Voy. pl. 46, fig. 1.

1727. Le COPRIN CHEVELU. Champignon à stype fistuleux, frêle et de peu de durée. Il croît sur le fumier et se liquéfie en eau noire très vénéneuse. Voy. pl. 46, fig. 2.

1728. L'AGARIC DE VITADINI. Champignon qui offre le phénomène de la phosphorescence, qu'il communique aux objets qu'il touche. Pline le naturaliste en parle et dit qu'il était très commun dans les Gaules, où on le cueillait la nuit, sur le haut des chênes dans les forêts. Voy. pl. 46, figure 3.

1729. Le BOLET COMESTIBLE ou champignon de couches.

Cultivé près Paris, dans les carrières de Vaugirard, pour l'assaisonnement d'une foule de mets qu'on prépare dans les cuisines de cette vaste capitale. Voy. pl. 47, fig. 2.

1730. Le BOLET CHAMPÊTRE. Champignon comestible, qu'on trouve très abondant dans les bois du Périgord et du Limousin, où on le soumet à la dessiccation pour les usages culinaires de l'hiver. Voy. pl. 47, fig. 4.

1731. L'HYDNUM DIVERSIDENS. Champignons presque secs, irréguliers, sans bordure ni pédicule. Voy. pl. 47, fig. 5.

DE LA CULTURE DES CHAMPIGNONS COMESTIBLES. Un ouvrage d'horticulture intitulé : le *Jardinier françois*, écrit il y a 200 ans et publié à Paris en 1654, par Amable de Bonnefons, trace comme il suit la manière de se procurer de bons champignons.

« Les champignons, et toute autre espece semblable, que les Italiens appellent d'un nom commun à tous, *fongi :* nous les distinguerons en nostre langue, en les nommant : *champignons de bois*, qui sont ceux qui viennent à la rive des forests, qui sont très larges ; *champignons de prez* ou *pastures*, qui sont ceux qui croissent où le bestial paist ordinairement, et qui ne poussent guere qu'apres les premiers broüillars d'automne : je les estime les meilleurs de tous, tant à cause de la beauté de leur blanc par dessus, que de leur couleur vermeille par dessous ; et outre ce, ils ont une fort bonne odeur : ce que n'ont pas les autres champignons de iardin, qui poussent ordinairement sur les couches ; et *les mousserons*, qui ne viennent qu'au commencement du mois de may, dans les bois cachez sous la mousse, d'où ils empruntent leur nom de mousserons.

» De toutes ces especes, il n'y a que celle sur couche que vous puissiez faire venir dans votre iardin ; et pour ce faire on dressera une couche avec du fumier de mulet, ou d'âne, en mettant dessus quatre doigts de menu fumier dit terras ; et apres que la grande chaleur de la couche sera passée, l'on jettera dessus toutes les esplucheures, et l'eau où l'on aura lavé ceux que l'on apprestera à la cuisine ; et aussi tous les vieils et mangez de vers, ou limats. Cette couche vous en produira de très bons, et en fort peu de tems. Cette mesme couche vous pourra servir deux ou trois ans, et sera bonne à en faire d'autres.

» Si vous jetez de cette eau de laveures sur les couches à melons , elles vous en pourront produire : aussi je me suis laissé dire qu'il y a des pierres qui, estant mises dans le fumier, ont la vertu d'en produire en fort peu de tems, et qu'il y a des curieux qui ont de ces pierres. Je m'en rapporte à l'experience qu'ils en ont faite. »

DIX-HUITIÈME CLASSE OU GROUPE.

Arbres et arbrisseaux à fleurs sans pétales ; nommés arbres apétales.

I. *Arbres et arbrisseaux dont les fleurs sont apétales et attachées aux fruits.*

1732. Le FRÊNE ; *Fraxinus excelsior.* Fleur apétale. Semence lancéolée, en forme de langue pointue. Feuilles, terminées par une impaire plus grande ; folioles opposées, dentées par leurs bords, au nombre de cinq ou six paires, sur une côte. *Racine :* ligneuse. Cet arbre s'élève fort haut, son écorce est unie, cendrée ; son bois blanc, lisse, dur, les branches opposées ; les fleurs pédonculées, disposées au sommet, en espèce de grappes ou de panicules ; il fleurit avant de feuiller. Les terrains humides. Les feuilles et l'écorce sont d'une saveur légèrement amère, âcre et piquante ; la semence est aromatique, les feuilles vulnéraires ; l'écorce diurétique, fébrifuge ; le bois dessiccatif, styptique. C'est sur les frênes que l'on trouve une partie de la manne qui n'est qu'une transsudation d'un suc saccharin ; *les cantarides,* insectes qui s'attachent en grande quantité sur les frênes, et qui, par leur odeur insupportable, les annoncent de loin, en piquant les jeunes branches donnent issue à ce suc. *La manne* est un de nos purgatifs les plus utiles dans les maladies aigues et chroniques ; les personnes délicates sont bien purgées avec deux ou trois onces de manne en larmes, fondue dans une tasse de petit-lait ; si on ajoute 16 grammes de sel d'Epsom, on diminue la douceur répugnante du remède, et on obtient d'abondantes évacuations. Il faut *se défier de la manne grasse* du commerce, qui est souvent falsifiée ; ce n'est quelquefois que du miel épaissi, rendu purgatif avec la poudre de jalap. Les personnes robustes digèrent pleinement la manne, aussi n'en sont-elles pas purgées.

1733. Le CAROUBIER OU CAROUGE ; *Siliqua edulis.* Fleurs apétales ; calice pédonculé, très grand, divisé en cinq parties. Légume gros, long, aplati, rempli d'une pulpe charnue, dans laquelle sont creusées, d'espace en espace, de petites loges, qui chacune renferment une semence obronde, comprimée, dure, brillante. Cet arbre s'élève très haut, et jette beaucoup de branches dont le bois est dur ; les feuilles subsistent en hiver. L'Italie, l'archipel, la Syrie, la Provence, le Languedoc. Ce fruit est doux, mucilagineux, pectoral, adoucissant, luxatif ; bon à manger.

1734. Le CAROUBIER SILIQUEUX ; *Caratonia siliqua.* En Provence. Ce légume est long de 18 à 24 centimètres, l'écorce en est âpre, la pulpe assez douce ; on peut en préparer du *vin analogue à celui du miel,* et en retirer de l'eau-de-vie. Les feuilles sont astringentes. Pour l'élever dans nos provinces en pleine terre, il faudrait le bien abriter et le couvrir pendant l'hiver.

II. Arbres et arbrisseaux à fleurs apétales, séparées des fruits, sur le même pied.

1735. Le BUIS ; *Buxus.* Arbrisseau toujours vert. Fleurs apétales. Capsule arrondie, à trois loges, avec trois éminences en forme de bec, s'ouvrant avec élasticité, de trois côtés, et renfermant des semences oblongues, arrondies d'un côté, et aplaties de l'autre. Feuilles : sessiles, fermes, très entières, luisantes, résistant à l'hiver. Arbrisseau qui, quelquefois, s'élève en arbre, dont les branches sont presque carrées, l'écorce blanchâtre, rude ; le bois jaune et très dur. Les montagnes, les bois, surtout, dans les pays froids. Les feuilles sont amères, d'une odeur peu agréable, sudorifiques, purgatives. On les emploie en médecine ; la sciure est dessiccative et astringente : le bois est précieux pour plusieurs ouvrages de tour ; on fabrique à Saint-Claude en Franche-Comté, des tabatières de bon goût, souvent remarquables par les accidents que présente le bois sous le tour ; ou y dessine à l'eau-forte des portraits, de petits tableaux ; on grave sur le buis ; c'est le seul bois d'Europe assez pesant pour gagner le fond de l'eau. Voyez planche 129, figures 3 et 4.

III. *Arbres et arbrisseaux à fleurs apétales, mâles ou femelles, qui naissent séparément sur différents pieds.*

1736. Le PETIT RAISIN DE MER ; *Ephedra maritima minor.* Fleurs apétales. Les écailles du calice forment une espèce de baie qui renferme deux semences ovales, aiguës, convexes d'un côté, et de l'autre aplaties, sans feuilles. Racine : ligneuse, traçante. Petit arbrisseau dont la tige est cylindrique, articulée, comme celle de la prêle. Il a des petits rameaux verts, imitant ceux du genêt commun des collines pierreuses maritimes du Languedoc et de l'Espagne. Cette plante est rafraîchissante, les jeunes branches astringentes ; les fruits aigrelets, agréables au goût. On emploie les fruits et les jeunes branches. Le raisin de mer est un arbrisseau qui s'élève très bien dans nos jardins ; il souffre d'être tondu au ciseau ; il trace et produit beaucoup de drageos.

1737. Le PISTACHIER : voyez au premier volume de ce livre, page 388 et suivantes, ce que nous en avons dit : depuis que nous avons publié les faits singuliers qui se rattachent à l'histoire naturelle de cet arbre, nous en avons

pu acquérir la confirmation par le récit de l'ancien jardinier du célèbre Dupuytren, chargé de soigner les arbres de
la maison de campagne que ce médecin possédait à Cour-
bevoie près de Paris, et qui nous a raconté qu'ayant planté
dans le temps deux pistachiers, l'un mâle et l'autre femelle
dans ce jardin, on avait obtenu des fruits parfaitement
mûrs tant qu'ils avaient existé tous les deux ; mais que l'un
ayant péri ; l'autre, n'avait plus donné que des fleurs éphé-
mères dont le fruit tombait à terre presque aussitôt après son
apparition.

DIX-NEUVIÈME CLASSE OU GROUPE.

Arbres et arbrisseaux à fleurs apétales, attachées plusieurs
ensemble sur un chaton, nommés arbres amentacés.
I. *Arbres et arbrisseaux amentacés, dont les fleurs mâles
sont séparées des femelles, sur le même pied, et dont les
fruits sont osseux.*

1738. Le NOYER ROYAL ; *Nux juglans regia. Fleurs :*
amentacées, composées de plusieurs étamines, sur un chaton oblong. *Fruit :* à noyau ; pulpe charnue, sèche, nommée brou, qui renferme un noyau ligneux, sillonné, ovale,
dans lequel on trouve une amande divisée en quatre lobes
sinueux. *Feuilles :* ailées avec une impaire ; les folioles glabres, légèrement dentées. *Racine :* ligneuse. Grand arbre
qui forme une large tête. Cultivé dans les champs ; il ne
réussit pas dans les massifs de bois, et veut des terres ameu-
blies par les labours. Les feuilles ont une odeur forte, une
saveur astringente ; les chatons, à odeur douce, sont sudorifiques ; la pellicule qui couvre l'amande est amère, âcre,
désagréable ; l'amande nouvelle est douce, agréable ; quand
elle est sèche, huileuse et souvent rance ; le brou a un goût
acerbe, amer, un peu âcre ; l'écorce intérieure est très émétique ; le sucre de la racine fraîche, diurétique, est un
violent purgatif ; le brou vomitif, et son suc astringent ;
les feuilles emménagogues, fébrifuges, vermifuges. Tout le

monde connaît l'huile que l'on tire de l'amande et les usages auxquels on l'emploie.

1739. Le NOYER A NOIX TRÈS GROSSES.

1740. Le NOYER A NOIX, en coquilles fragiles.

1741. Le NOYER A FRUITS TARDIFS.

1742. Le NOYER à feuilles découpées.

1743. Le NOYER A FEUILLES COMPOSÉES : *de cinq, sept et neuf folioles*. Originaire de Perse, il se cultive avec succès dans toute l'Europe tempérée ; dans le nord, il supporte avec peine les frimats. Les gelées lui sont nuisibles, surtout lorsque les chatons sont épanouis ; dans cette circonstance, la fécondation n'a pas lieu, le froid ayant gangrené les étamines. Le noyer réussit très bien dans les terres fortes, mais il est nuisible à tout ce qu'on sème dessous. Son bois est dur, bien veiné aux racines, pesant, odorant ; employé dans tous les ouvrages de menuiserie, il est excellent pour graver sur bois ; les feuilles répandent une odeur forte, particulière ; leur décoction est excellente pour déterger les ulcères ; intérieurement, elle excite la sueur. On l'a vu réussir dans les rhumatismes chroniques ; on prépare avec le brou de noix une liqueur stomachique en le faisant macérer dans l'eau-de-vie et l'édulcorant avec le sucre. Les noix fournissent une grande quantité d'huile par expression ; celle qui est retirée avec soin est agréable, et peut servir pour les salades et la friture ; celle qui se retire après l'ébullition n'est bonne que pour la lampe et la peinture ; elle produit beaucoup de fumée. Les peintres préfèrent l'huile de noix ; elle ne se fige à aucun degré de froid, phénomène singulier très-difficile à expliquer. Les noix fraîches, à peine mûres, appelées *cerneaux*, sont agréables mangées au sel, mais *indigestes ;* les noix vieilles, rances, ont souvent causé des coliques très vives par leur huile rance ; le marc des noix qui a fourni l'huile, se vend en masse, il est nourrissant ; on en pourrait faire du pain en le mêlant avec de la farine. On retire par incision une lymphe du tronc des noyers, fermentescible, dont on peut faire une eau-de-vie. L'odeur des chatons est singulière, surtout lorsqu'ils lancent la poussière fécondante ; plusieurs personnes craignent cette odeur et éprouvent en se promenant sous ces arbres des anxiétés et de la douleur de tête. Les praticiens en médecine n'ont point assez expérimenté les différentes parties de cet arbre précieux ; la saveur du brou, l'odeur des feuilles et des chatons, annoncent de grandes vertus. On trouve dans l'Amérique septentrionale quatre autres espèces de noyers qui diffèrent principalement des nôtres par le nombre des folioles. Voy. pl. 19 et 83 la reproduction des détails les plus essentiels du noyer.

1744. Le NOYER BLANC ; *Juglans alba*. Sept folioles lancéolées, dentelées, l'impaire sans pétiole ; noix petites comme des muscades.

1745. Le NOYER CENDRÉ ; *Juglans cinerea*. Onze folioles.

1746. Le NOYER NOIR ; *Juglans nigra*. Quinze folioles.

1747. Le NOYER A BAIES ; *Juglans baccata*. Feuilles ternées ou à trois folioles ; la noix, très petite, est comme une baie. On commence à cultiver ces espèces américaines dans les jardins des curieux.

1748. Le NOISETIER AVELINE ; *Corylus avellana*. A fruit blanc, petit. Fleurs amentacées sur le même pied ; composées de huit étamines, d'un chaton très long ; deux pistils logés dans un calice déchiré par ses bords. *Fruit :* amande renfermée dans une noix. Cet arbrisseau s'élève à 3 ou 4 mètres ; l'écorce tachetée, couverte d'un duvet sur les jeunes branches. Les bois, les haies. L'amande a une saveur agréable et se digère difficilement ; les chatons et les fleurs sont astringents ; l'huile qu'on retire du fruit est anodine, béchique ; celle du bois, diurétique. Les noisettes sont de difficile digestion ; on en prépare du pain, une espèce de chocolat, et beaucoup d'huile par expression, employée par les peintres et les parfumeurs. L'écorce des racines est fébrifuge ; le bois fournit un charbon léger, recherché par les dessinateurs. Le noisetier mûrit très bien dans les pays septentrionaux ; les forêts en sont peuplées : les avelines très petites se nomment : *Oglones*.

1749. Le NOISETIER NAIN ; *Corylus nana*. A des stipules linaires, aiguës. Il est originaire de Constantinople.

1750. Le CHARME ; *Carpinus*. Fleurs monoïques. A étamines ; calice sans corolle d'une seule pièce à écailles ciliées, couvrant dix étamines. La fleur à pistil, un a calice écaillé, sans corolle, couvrant deux germes qui portent chacun deux styles ; les germes se changent en une noix ovale, aplatie, striée.

1751. Le CHARME VULGAIRE ; *Carpinus batulus*. A écailles des fruits aplaties. Cet arbre s'élève de 3 à 4 mètres ; écorce blanche, bois dur, blanc ; feuilles lancéolées, à dents de scie, plissées ; fleurs en chatons ; une semence. Cet arbre est recherché par les jardiniers ; on plante les jeunes charmes très rapprochés, pour faire des pallissade ou cours de verdure. Si le sol est bon, il ne faut point tronçonner les plants lorsqu'ils ont racine ; la palissade est toujours mieux garnie si on conserve les jets primitifs. Le bois de charme est très dur ; les ouvriers le recherchent pour monter les outils, pour faire des maillets, des masses et des moyeux de roue. C'est un des meilleurs bois pour le chauffage, il brûle lentement et fournit beaucoup de braise. Les charmes viennent bien dans toute sorte de terre ; on remarque que les jeunes branches se coudent un peu à l'origine des feuilles. On trouve, sur les vieux charmes, une gomme assez semblable à la gomme laque ; l'écorce intérieure teinte en jaune ; les feuilles se dessèchent en novembre, mais ne tombent qu'en avril. Voyez planche 86.

1752. Le CHARME BOIS DUR ; *Carpinus ortega*. Bel arbre ; bois plus dur, brun ; chatons ressemblant à ceux du houblon ; feuilles à dents de scie, inégales. On le trouve fréquent en Italie et sur les montagnes du midi de la France.

II. Arbres et arbrisseaux amentacés, dont les fleurs mâles

sont séparées des femelles sur le même pied, et dont les fruits ont une enveloppe coriacée.

1753. Le CHÊNE A LARGE FEUILLE; *Quercus latifolia*. Fleurs : amentacées. Fruit : connu sous le nom de *gland*; divisé en deux lobes. *Feuilles* : pétiolées, larges à leur sommet; sinus aigus, grand arbre, très rameux; bois dur; écorce rude et raboteuse, sur les troncs, lisse, d'un gris verdâtre, sur les jeunes tiges. Les forêts. Les feuilles, le gland, le calice et l'écorce, sont astringents. M. Hoffmann, pharmacien, a fait dans ces derniers temps, par la torréfaction, du café de gland, bon contre les scrofules.

1754. L'YEUSE OU CHÊNE-ROUVRE; *Quercus ilex*. Fleurt et fruit : comme le précédent. Petit arbre, dont l'écorce est lisse, le bois lourd et dur; les glands semblables à ceux du chêne; les feuilles alternes, toujours vertes. — *Lieu :* l'Italie, les provinces méridionales de France; dans les bois. Même goût, mêmes qualités que le précédent. Voy. pl. 87.

1755. Le LIÉGE, CHÊNE VERT; *Suber quercus latifolium perpetuo virens*. Il a le gland plus long, plus obtus que ceux des précédents; la capsule plus velue. On le distingue, surtout des précédents, par son écorce qui porte le même nom que l'arbre, et dont on fait usage pour boucher les bouteilles; elle est épaisse, légère, fongueuse; on en dépouille l'arbre; tous les sept ou huit ans il en reproduit une nouvelle. L'Espagne, les provinces méridionales de France. L'écorce extérieure est astringente, détersive. Le bois de chêne commun est un des plus utiles pour le chauffage; il brûle lentement, mais il noircit. Tous les ouvriers, menuisiers, ébénistes, charrons, l'emploient pour leurs différents ouvrages; c'est un des meilleurs pour la marine. On trouve sur les feuilles et les jeunes pousses une espèce de manne; l'écorce et la râpure du bois fournissent le meilleur *tan* pour préparer les cuirs. *La théorie du tannage* est simple; il faut enlever avec les alkalis, la lymphe animale, resserrer la fibre dépouillée des sucs gélatineux avec les astringents.

Dans les province méridionales, l'amande des glands est douce, nutritive comme les châtaignes; dans nos climats elle est amère, acerbe. Humectez, torréfiez, lavez plusieurs fois, pour enlever le principe amer, et on a une farine nutritive. La poudre des glands a réussi sur la fin des dyssenteries occasionnées par l'atonie des intestins. On trouve sur les feuilles des glands, les galles, *tumeurs* causées par la piqûre des galles insectes, *cinipes*. On les emploie pour faire l'encre et les teintures en noir. Le bois du chêne vert se pourrit difficilement; on l'emploie pour les essieux de poulies et autres pièces qui doivent éprouver beaucoup de frottement.

1756. Le CHÊNE A COCHENILLE. Cette espèce produit en Languedoc une petite galle rouge, causée par la piqûre d'un cinipe. On en prépare le *sirop de Kermès*. Les teinturiers, en animant cette cochenille avec la dissolution d'étain, en obtiennent une belle *couleur écarlate*.

1757. Le HÊTRE FAU OU FAYARD; *Fagus sylvatica*. Fleurs : amentacées. Fruit : recouvert d'épines, ovale, à quatre côtés, s'ouvrant en quatre parties, contenant quatre semences triangulaires, espèces d'amandes qu'on nomme *Faîne*. Grand arbre, tige très haute et très droite; écorce unie et blanchâtre; les chatons des fleurs sont globuleux, pendants. Les forêts. Les fruits sont agréables au goût, un peu astringents; les feuilles rafraîchissantes, apéritives. Le bois fait un feu des plus agréables. L'usage du bois de hêtre est très étendu; il est assez flexible avant son entière sécheresse; mais il devient cassant; les tourneurs en font plusieurs petits ouvrages; on s'en sert pour les ouvrages de gaînerie. Les amandes du hêtre sont presque aussi agréables à manger que les noisettes; elles servent à engraisser les porcs, qui les mangent avec avidité. On en retire par expression une huile fort douce, plus facile à digérer que celle de noisette lorsqu'elle a séjourné quelque temps dans la cave. On a employé avec succès l'écorce intérieure du hêtre contre les fièvres intermittentes. On trouve sur les feuilles du hêtre, des galles rouges, convexes, aigrelettes.

1758. Le HÊTRE DES FORÊTS. A feuilles ovales , à dents irrégulières. Il est , suivant Linné , du même genre que le châtaignier : la forme arrondie du chaton ne parut pas suffisante à ce naturaliste pour le séparer du châtaignier.

1759. Le CHATAIGNIER ; *Fagus castanea silvestris.* Feuilles : comme le précédent ; chatons cylindriques. *Fruit :* ovale , à trois côtés obtus, recouvert d'épines , renfermant une ou plusieurs amandes , qu'on nomme châtaignes , recouvertes d'une peau coriacée , brune. Feuilles vertes et luisantes. *Racine :* rameuse ; grand arbre des forêts , dont l'écorce est lisse , noirâtre , tachetée. Cultivé dans les champs et dans les bois.

1760. Le MARRONIER. Variété du précédent , perfectionnée par la greffe. La substance de la châtaigne est douce , un peu styptique, venteuse , adoucissante et pectorale. La farine arrête les diarrhées. Dans quelques provinces de France on en fait du pain ou de la bouillie. Elle est peu usitée en médecine.

III. Arbres et arbrisseaux amentacés , dont les fleurs mâles sont séparées des femelles sur le même pied , et dont les fruits sont écailleux ; quelques-uns en forme de cônes.

CONIFÈRES.

1761. Le SAPIN ; *Pinus spicea.* Fleurs amentacées. Sous chaque écaille du cône on trouve deux semences ovales, garnies d'une aile membraneuse. *Feuilles :* étroites , assez longues, échancrées à leur extrémité. Très grand arbre, tige droite, nue jusqu'à son sommet ; les branches parallèles à l'horizon ; la tête en pyramide ; écorce blanchâtre, sèche , friable ; bois tendre et résineux. Les feuilles attachées des deux côtés d'un filet ligneux. Sur les hautes montagnes. Le suc résineux qui découle du sapin est très estimé ; on le nomme *larme de sapin ;* il est amer, âcre , visqueux ; son odeur approche de celle du *citron*. Il est vulnéraire, balsamique, antiseptique, diurétique, échauffant, purgatif. C'est la *térébenthine de Strasbourg*. On emploie en médecine les bourgeons, contre le scorbut et comme stomachique. On retire de la résine une huile qui a les vertus de la térébenthine. Voy. pl. 99, le sapin des Vosges.

1762. Le FAUX SAPIN ; *Pinus abies*. Fleur et fruit : comme le précédent. *Feuilles :* en forme d'alène, raides, pointues, piquantes, lisses, dont la pointe des cônes est tournée vers la terre. Sur les forêts des montagnes. Sa résine a les mêmes vertus que celle du précédent ; moins pénétrante, moins vive, plus désagréable. Voy. pl. 10, 83 et 130.

1763. Le PIN SAUVAGE ; *Pinus silvestris*. Fleur : comme les précédents ; les cônes en pignons plus courts, d'une forme conique, formés d'écailles très épaisses dans l'intérieur, et minces à leur insertion. Voy. pl. 34, fig. 3. Commun sur les montagnes de Genève. On en tire un suc résineux, dont on fait le braisec, la résine jaune et le *galipot*, térébenthines qui ont les mêmes vertus que celles des précédents, mais on les emploie moins en médecine. Voy. pl. 142.

1764. Le MÉLÈZE ; *Pinus larix folio deciduo, conifera*. *Fleur :* comme les précédents ; les chatons écailleux, arrondis, plus petits que ceux du sapin. Les cônes d'un pourpre violet. Grand arbre, à branches divisées, étendues, pliantes, inclinées vers la terre ; le bois tendre et résineux ; les feuilles rassemblées par houppes, sur un tubercule de l'écorce ; elles tombent et se renouvellent chaque année, ce qui distingue le mélèze du cèdre du Liban. *Son faîte est toujours penché vers l'étoile polaire du nord*, de même que l'aigrette du cèdre, et peut servir à l'homme pour s'orienter dans une forêt, comme la boussole lui sert sur mer. Les Alpes, les montagnes du Dauphiné. Les fruits et les fleurs passent pour astringents ; le bois est très résineux ; on en tire une térébenthine préférable à toutes les autres : on lui donne souvent le nom de *térébenthine de Venise;* elle est spécialement balsamique, vulnéraire, diurétique, et en même temps laxative. Les jeunes mélèzes du Dauphiné, communs aux environs de Briançon, portent, lorsque la sève est en mouvement, de petits grains mous, qui ont le goût et les propriétés de la *manne de Calabre;* c'est une vraie manne connue sous le nom de *manna laricea.* Elle est purgative, mais inférieure à la précédente. La térébenthine de mélèze entre dans plusieurs compositions de vernis. Elle s'emploie extérieurement en emplâtres. On en tire une huile. Voy. pl. 124.

Usages des sapins en industrie. L'écorce, ouverte par de profondes incisions, laisse couler une grande quantité de résine ; chaque arbre formé en peut donner dix livres : la plus épaisse s'appelle *Galipot;* on en obtient, par la distillation, l'huile essentielle de térébenthine. On obtient une plus grande quantité de résine, en entassant dans un fourneau des tronçons, des branches et des troncs de pin ; on fait brûler en étouffant le feu, et on reçoit, dans des rigoles qui se perdent dans les tonneaux, la poix liquide que le feu fait dégager. Cette *poix est d'un grand usage* pour calfater les vaisseaux et huiler les cordages. Si on fait brûler les sédiments de la poix, on obtient le *noir de fumée,* en arrêtant la fumée avec des cartons. Dans quelques terrains, la résine du pin est si abondante, que si on n'incise pas l'écorce, ils en sont suffoqués : on peut en retirer même des racines. Le poix entre dans les emplâtres. On a prescrit intérieurement l'eau de goudron, c'est-à-dire une eau dans laquelle on avait fait bouillir pendant vingt-quatre heures de la poix. On a beaucoup loué ce remède pour faciliter l'éruption de la petite-vérole, pour consolider les ulcères des poumons et autres ulcérations internes. Dans les montagnes, mais surtout en Allemagne, en Pologne et en Suède, on serait étonné de la quantité de ce bois que chaque maison emploie pour le chauffage : il brûle rapidement, et ne laisse presque point de cendres. On fait servir les troncs des jeunes pins pour conduire l'eau , on les fore dans le sens de leur longueur. Ces aqueducs sont de courte durée. Ils se pourrissent ou se remplissent de filasse au bout de trois ou quatre ans , mais ils sont très utiles sur les montagnes pour diriger les cours d'eau et les conduire dans les basses-cours des fermes. Voy. pl. 124.

1765. Le PIN MARITIME. Caractères généraux des pins ; mais il croît spécialement sur les côtes des bords de l'Océan. Ses cônes sont arrondis et plus nombreux ; les feuilles, qu'on nomme *garnes*, sont pointues, piquantes et en forme d'alènes. Voy. pl. 139.

1766. Le DAMMARA-AUSTRAL. Conifère des plus beaux, pour l'ornement des jardins paysagers , apporté de l'Australie, et acclimaté en Europe. Voy. pl. 75.

1767. Le PIN CIMBRE ; *Pinus cembra.* Feuilles cinq à cinq , trois côtes ; cônes ovales, droits ; écailles ovales, concaves ; noix en forme de coin , sans aile membraneuse ; écorce percée. En Suisse, en Dauphiné. Il fournit une térébenthine très agréable ; on en retire une huile essentielle, appelée le baume de Carpathes, qui est vulnéraire, détersive. Les pignons ou amandes sont nutritifs, et fournissent une grande quantité d'huile par expression , cinq onces par litre. Son bois est léger et facile à travailler.

1768. Le PIN CÈDRE ; *Pinus cedrus.* Feuilles aiguës, naissant par faisceaux. Sur les montagnes de Syrie. Arbre à écorce lisse, très élevé ; rameaux très étendus , feuilles raides, pointues ; cônes ovales, obtus, droits ; écailles fermées, arrondies. Le cèdre du Liban devient un arbre d'une grosseur prodigieuse ; il étend ses branches horizontalement, et forme par son feuillage un abri impénétrable aux rayons du soleil. Les plus anciens cèdres cultivés en Europe se voient en Angleterre : les deux pieds qu'on voit au Jardin des Plantes de Paris , furent apportés du Liban dans le chapeau du célèbre botaniste Bernard de Jussieu. Ils ont acquis , en un siècle , la grosseur et l'élévation des plus grands arbres. Comme le cèdre ne quitte point ses feuilles, on peut le mettre dans les bosquets d'hiver. Le bois du cèdre est d'un bon service ; les anciens l'employaient dans les plus augustes bâtiments. Il est surtout devenu célèbre par l'usage que les architectes de Salomon en firent dans l'élévation du temple de Jérusalem , premier édifice érigé par l'homme en l'honneur du vrai Dieu. La résine du cèdre répand une odeur très agréable. Son aigrette penche toujours du côté de l'étoile polaire nord.

1769. Le MÉLÈZE SUISSE. Cet arbre s'élève assez droit ; il est moins haut que le sapin ; son bois est rouge ou blanc, plus dense que celui du sapin ; ses feuilles sont molles , courtes ; les cônes sont courts , ovales. Toutes les parties du mélèze répandent une odeur agréable. On peut retirer par incision cinq litres de térébenthine de chaque vieux pied de mélèze ; la plus épaisse fournit la *colophane.* La térébenthine du mélèze est plus âcre que celle du sapin ; on la regarde comme vulnéraire ; elle est diurétique ; mais pour la prendre intérieurement, il faut la triturer avec du sucre. On trouve sur le mélèze une espèce de manne moins purgative que celle du Levant. Le bois du mélèze est incorruptible dans l'eau ; aussi l'emploie-t-on pour la construction des navires , des aqueducs. On ne peut guère en faire usage dans la charpenterie, parce qu'il se tourmente et qu'il en suinte très longtemps un suc résineux. Comme ce bois est incorruptible , les peintres les plus célèbres qui travaillent sur bois l'ont préféré à tout autre ; comme bois résineux, compacte, il brûle bien et dure plus longtemps au feu que le sapin ; il donne plus de braise. Les boutures du mélèze transplantées reprennent facilement. Voy. planche 124.

1770. Le SAPIN DE RUSSIE s'élève jusqu'à 50 mètres ;

aucun arbre européen ne gagne cette élévation; son jet est droit, pyramidal. Cet arbre fournit les plus grandes poutres, les mâts des vaisseaux; on en tire la plus grande partie des planches d'un usage ordinaire. Ce sapin est très résineux, chaque pied peut fournir 20 kilogrammes de résine, lorsqu'on la fait cuire, on obtient la *poix de Bourgogne*, si utile pour calfater les navires; si on la fait épaissir davantage, on a une espèce de colophane. On en retire par la distillation une huile essentielle, semblable à l'huile de térébenthine, qui, réunie avec le mastic; fournit un bon vernis; si on fait brûler la résine des sapins, on obtient, en recueillant la fumée, le *noir le plus utile pour l'imprimerie*. Les bourgeons de sapin sont aussi utiles que ceux de pin pour traiter le scorbut, les ulcérations internes et externes. On peut retirer de ces bourgeons, en les faisant fermenter dans l'eau, une liqueur acide très agréable; on l'édulcore avec du miel ou du sucre; l'écorce intérieure du sapin recèle le principe muqueux nutritif. Les sapins de cinquante ans sont déjà très hauts, mais ils n'ont toute leur élévation qu'à cent ans. Les sapins du Nord fournissent les plus belles mâtures; ceux de nos provinces sont beaucoup moins élevés. Le sapin vulgaire s'élève moins haut; son bois est plus tendre, plus léger, et dure moins à découvert; il fournit, comme le précédent, une grande quantité de résine; ses amandes sont très amères.

1771. L'ARBRE DE VIE OU TUYA DU CANADA; *tuya occidentalis*. Fleurs amentacées. Chaque pistil produit un petit cône particulier, obtus, qui renferme une semence oblongue, entourée d'une aile membraneuse et tronquée. *Feuilles*: espèces d'écailles verdâtres, rangées le long des jeunes tiges; ces écailles sont obtuses.

1772. Le THUYA DE LA CHINE; *Dacrydium cupressinum*. Comme le précédent, mais les écailles sont aiguës et réfléchies. Il imite beaucoup le cyprès; le bois moins dur que celui du sapin, presque incorruptible; l'écorce dure, écailleuse. *Lieu :* le Canada, la Sibérie. On le multiplie de semences et de marcottes; il se plaît dans les terrains humides; il conserve ses feuilles pendant l'hiver; on trouve sur le thuya des grains de résine jaunes et transparents comme de la gomme copal; mais cette résine n'est point dure, et en la brûlant elle répand une odeur de galipot. La décoction des branches du thuya est très analogue par ses effets avec celle de la sabine. On l'emploie pour orner les cimetières. Voy. pl. 95.

1773. Le CYPRÈS TOUJOURS VERT; *Cupressus semper virens.* Fleurs amentacées; cône presque rond, composé de portions orbiculées, anguleuses, qui se séparent dans la maturité, et entre lesquelles on trouve de petites semences anguleuses, aiguës. *Feuilles :* espèces de petites écailles verdâtres, pointues, rangées en manière de tuiles. Grand arbre dont la tête forme une pyramide, les branches resserrées les unes contre les autres; le bois odoriférant, presque incorruptible. L'Orient, le Languedoc; cultivé dans les jardins et beaucoup aussi dans les cimetières. Le fruit, astringent et fébrifuge, est très recommandé. Dans les pays chauds, le cyprès donne une résine d'une odeur douce. Les cimetières, à la ville et surtout à la campagne, au lieu d'être comme sont la plupart des champs agrestes, couverts de ronces, d'épines, d'orties et de toutes autres plantes désagréables, devraient au contraire être plantés d'arbres toujours verts : image de la vie immortelle reservée à l'homme dans un monde meilleur. Si ces cimetières, cultivés avec soin, étaient des promenades agréables comme à Paris, ils seraient visités plus souvent, avec fruit moral pour les visiteurs. Voy. pl. 95.

1774. Le CYPRÈS PLEUREUR TOUJOURS VERT, *à rameaux épars.* Comme le précédent, il n'en diffère qu'en ce qu'il étend ses branches çà et là, au lieu que le cyprès les rassemble à son sommet. Voy. pl. 78. Le cyprès ne se multiplie que de semences; la seconde année on plante en pépinière les petits pieds. Les jeunes plants craignent la gelée, mais les anciens supportent très bien nos hivers. Les cyprès s'accommodent de tous les terrains. Dans les pays chauds, l'écorce des cyprès entaillée laisse écouler une assez grande quantité de résine. On voit suinter de l'écorce des jeunes cyprès une substance blanche, analogue à la gomme adragante ; les abeilles la recueillent pour former leur propolis.

1775. L'AULNE VERNE OU VERGNE ; BOULEAU VERT ; *Betula, Alnus latifolia, glutinosa, viridis*. Le fruit est un petit chaton écailleux qui renferme des semences solitaires, anguleuses. Feuilles dentées en manière de scie. Arbre qui forme une longue tête ; écorce d'un gris-brun en dehors, jaunâtre en dedans. Le bord des rivières, des ruisseaux et les lieux humides. L'écorce et les feuilles sont âpres au goût, astringentes, vulnéraires, résolutives ; usitées en médecine ; les feuilles s'appliquent extérieurement avec succès contre la goutte et le rhumatisme ; la décoction s'emploie pour les cataplasmes.

1776. Le BOULEAU BLANC ; *Betula alba*. Fleurs comme le précédent ; semence ordinairement bordée de deux ailes membraneuses. *Feuilles :* presque triangulaires, pointues, finement dentées. Arbre d'une médiocre grandeur ; bois tendre et blanc ; écorce presque incorruptible, blanche, lustrée, satinée sur les jeunes branches ; raboteuse sur les troncs. Les bois, les montagnes. Les feuilles sont résolutives et puissamment détersives. On fait des balais des rameaux ; les branches sont employées pour les cercles des tonneaux ; le bois du tronc, souvent veiné, et qui est dur, sert aux charrons pour les roues ; les tourneurs le recherchent. On fait d'excellent charbon avec le bouleau ; on retire une espèce de cire des chatons. Les feuilles qui sont amères, gluantes, *teignent les laines en jaune ;* elles sont la *base de la couleur rouge que donne la garance ;* en les faisant bouillir avec l'alun, on en retire une pâte couleur de safran ; si on perfore le tronc , il en découle une lymphe aigrelette ; cette eau a été prescrite comme diurétique contre le calcul , l'obésité ou l'embonpoint excessif, contre la gale répercutée. On en retire, en le laissant fermenter, une liqueur vineuse ; on peut en extraire un sel saccharin. L'écorce sert à tanner les peaux. Macérée avec l'alun , elle teint les fils d'un brun rougeâtre. On retire de la fumée de l'écorce un *noir de fumée* utile aux imprimeurs. Les animaux mangent les feuilles du bouleau.

1777. Le BOULEAU NAIN ; *Betula nana*. Feuilles arrondies, crénelées. En Suisse. Arbrisseau de 1 mètre. Ses feuilles teignent en jaune.

1778. Le BOULEAU AULNE ; *Betula alnus*. Pédoncules ramifiés. En Dauphiné , en Russie. Bois rouge, fragile ; feuilles gluantes , d'un vert noirâtre ; à dents arrondies. Le bois prend bien le noir d'ébène ; il se conserve très longtemps sous l'eau ; l'écorce teint les laines en brun et en noir. Elle est employée par les corroyeurs pour préparer les cuirs. Les brebis mangent les feuilles.

1779. Le BOULEAU COTONNEUX ; *Alnus incana*. Feuilles cotonneuses en dessous et point gluantes. Haller en fait une espèce ; Linné ne la regarda que comme une variété.

1780. Le PETIT AULNE ; *Alnus alpina minor*. Haut de 1 mètre, à dents de scie , gluantes au printemps.

IV. *Arbres et arbrisseaux amentacés, dont les fleurs mâles sont séparées des femelles , et dont les fruits sont des baies molles.*

1781. Le GENÉVRIER ; *Juniperus fructicosa*. Fleurs amentacées. Baie charnue , couronnée de trois petites dents, ayant en dessous trois petits tubercules , et contenant trois semences ou petits noyaux durs , anguleux, oblongs. *Feuilles* : étroites, aplaties, pointues , rangées trois à trois sur les tiges , raides et piquantes. Arbrisseau qui forme ordinairement un buisson, et s'élève quelquefois en arbre ; le bois dur ; feuilles toujours vertes. Les terrains incultes, les collines sèches et arides. Les baies sont d'une saveur aromatique ; résineuses ; elles donnent, ainsi que les résines, une odeur de violette aux urines. Le bois a une odeur agréable ; les baies sont puissamment résolutives, stomachiques, détersives, diurétiques ; le bois et les racines sudorifiques. Les Arabes font des incisions à l'écorce pour retirer sa résine, qu'on nomme sandaraque ou *vernis des Arabes*. Pour les hommes, l'on prescrit les baies de genièvre que l'on fait infuser dans l'eau bouillante, en forme de thé. On en tire une eau distillée, un vin, une huile essentielle, un extrait ; cet extrait est une confiture des plus stomachiques. Les grives de Canarie, dans le département de l'Aveyron, que Jules César, dès le temps de la conquête des Gaules, trouvait un gibier excellent, empruntent tout le mérite de leur parfum, aux baies de genévrier, dont elles se nourrissent uniquement pendant l'hiver, lorsque la neige recouvre toute autre nourriture pour elles. Voy. pl. 10, fig. 1 et 3.

1782. La SABINE GENÉVRIER, ou *savinier ; Juniperus sabina folio cupressi*. Fleurs et fruit, comme le précédent. Semences convexes d'un côté, aplaties sur les faces qui se touchent. Feuilles aiguës, d'un beau vert, se prolongeant sur la tige, ressemblant à celles du cyprès. Arbrisseau qui ne s'élève pas à une grande hauteur ; l'écorce rougeâtre. Le Levant, l'Italie, la Sibérie ; cultivé dans les jardins, en plein air. Les feuilles ont une odeur forte et pénétrante ; le goût amer, aromatique, résineux ; les feuilles sont emménagogues, diurétiques, vermifuges, antiseptiques, détersives. Les feuilles sont dangereuses pour les chèvres. Les maréchaux vétérinaires en font un grand usage pour donner de l'appétit aux bestiaux. C'est un remède héroïque, excellent vermifuge, puissant emménagogue. Les anciens Romains avaient cru que cette plante était infaillible pour faire avorter ; ils avaient sagement défendu à leurs pharmaciens de la vendre à des inconnus.

1783. Le MURIER A FRUIT NOIR ; *Morus fructu nigro.*
Fleurs amentacées. *Fruit :* espèce de baie nommée *mûre*,
composée de petites baies formées des calices et des germes
renflés, devenus charnus et succulents ; chaque baie renferme une semence ovale, aiguë. *Feuilles :* pétiolées, d'un
vert luisant, faites en cœur, rudes au toucher, dentées par
leurs bords, quelquefois découpées en cinq lobes plus ou
moins profondément, selon les variétés. *Racine :* rameuse,
ligneuse. Cet arbre ne s'élève pas à une grande hauteur ;
les branches sont entrelacées ; l'écorce rude et épaisse ; le
bois jaune, les fleurs pédonculées, les baies rassemblées
sur un filet en forme de têtes. *Lieu :* les bords de la mer,
en Italie ; cultivé facilement dans nos climats. L'écorce de
la racine est un peu âcre et âpre ; elle est détersive, astringente, vermifuge ; le fruit est nourrissant, rafraîchissant,
un peu astringent quand il est mûr, encore plus lorsqu'il
est vert ; les fleurs de cette espèce conviennent peu aux
vers à soie. Des fruits, on fait un sirop simple et composé,
dont on donne une cuillerée dans un verre d'eau, pour les
maux de gorge ; l'on réduit les racines en poudre, que l'on
emploie en décoction.

1784. Le MURIER GREC ; *Morus grecum.* Feuilles en cœur,
rudes. En Italie ; cultivé dans toute l'Europe. Les mûriers
noirs fournissent beaucoup de feuilles grandes, aussi les
élève-t-on pour les tailler en tête, comme les orangers ;
mais ces feuilles ne durent pas longtemps dans leur fraîcheur. Cet arbre croît plus lentement que le précédent ;
son fruit est agréable, mais lorsqu'il est mûr il tombe facilement et tache tous les vêtements ; pour ôter ces taches,
il faut laver l'endroit taché et le faire sécher à la vapeur
du soufre, l'acide qui se dégage du soufre les fait disparaître.

1785. Le MURIER DU JAPON. Cette espèce ne produit pas
de fruit : elle est la meilleure pour élever les vers à soie.
Voy. pl. 122.

1786. Le **murier blanc**; *Morus alba*. Feuilles obliquement taillées en cœur, lisses ; cultivé dans nos provinces. Originaire de Perse. Il devient plus grand que les cerisiers. Fleurs vertes; fruits blancs, fades, succulents, rassemblés en têtes. Cette espèce présente plusieurs variétés, à fruits blancs, rouges et noirs; le bois est jaune, assez dur; on peut en extraire un principe colorant, jaune. Ce bois durcit à l'eau, aussi on en fait des seaux et des futailles. En Languedoc. Les charrons en font des jantes de roues; les ébénistes en tirent parti pour les petits ouvrages de menuiserie; sa couleur, d'un beau jaune, contraste bien avec les bois rouges pour les marqueteries. On a commencé à cultiver les mûriers, en France, sous Charles IX; mais ce fut sous Henri IV que le gouvernement encouragea leur culture. On crut d'abord, qu'étant apportés de Sicile, ils ne réussiraient que dans la Provence et le Languedoc; mais peu à peu on s'assura par la beauté des arbres introduits dans nos provinces septentrionales, que ces arbres ne craignaient point le froid. Le mûrier est un des arbres les plus tardifs à donner sa feuille. Le mûrier blanc s'accommode de toute espèce de terrains ; dans les terres fortes, il acquiert en quinze ans, 60 centimètres de circonférence, tandis que dans le même terrain, les ormes plantés en même temps , n'offrent que 42 centimètres. On a préparé des cordes et des toiles avec l'écorce du mûrier. Tout le monde sait que les feuilles du mûrier blanc fournissent la nourriture aux vers à soie; et quoique ces arbres soient entièrement dépouillés de feuilles en mai, ils se regarnissent bientôt après, et donnent un ombrage agréable jusqu'à la fin de l'automne. M. Charrel, pépiniériste à Voreppe (Isère), a publié un excellent *Traité sur la culture du mûrier*, qui ne laisse rien à désirer sur cette branche de l'industrie séricole. Voy. pl. 122 et 131.

1787. Le **figuier**; *Ficus carica*. Fleurs amentacées , renfermées en très grand nombre dans l'intérieur d'un calice commun, grand, à peu près ovale, charnu, concave, presque totalement fermé dans la partie qu'on nomme *l'œil de la figue*, par des écailles aiguës, lancéolées, dentées, recourbées. Le calice commun qu'on nomme figue, est improprement appelé le fruit ; il n'est réellement que l'enveloppe des fleurs et des fruits. Arbre d'une médiocre grandeur ; l'écorce blanche ; le bois spongieux et tendre ; les calices communs qu'on nomme figues, varient pour la couleur et la grosseur, selon les variétés ; l'écorce et les feuilles du figuier répandent une liqueur blanche, très caustique, lorsqu'on les coupe. L'Asie, l'Orient, la Louisiane, cultivé en Europe. La figue est mucilagineuse et douce ; son suc âcre et piquant avant sa maturité ; pectoral, adoucissant, laxatif, émollient, lorsqu'il est mûr. On mange les figues fraîches ou sèches ; avec les sèches on fait des tisanes, des gargarismes, des cataplasmes, des décoctions pour lavements et fomentations ; la liqueur blanche détruit les verrues. Les figuiers, dans nos climats, et surtout dans nos provinces méridionales, mûrissent leurs fruits sans secours artificiel, mais au rapport de Tournefort, dans son voyage du Levant, les Orientaux et principalement les habitants de l'Archipel qui font un grand commerce et une grande consommation de figues, les font mûrir et en augmentent la récolte par un moyen assez extraordinaire : en cultivant les deux variétés de figuier suivantes :

1788. Le CAPRIFIGUIER, ou *figuier sauvage*. Les figues du caprifiguier contiennent toutes de petits vers qui doivent se changer en moucherons ; on recueille leurs figues avant que les moucherons soient éclos ; on les transporte sur le *figuier domestique* ; dès que les petits moucherons voient le jour, ils s'introduisent par l'ombilic, dans les figues de ce dernier, déposent leurs œufs dans l'intérieur, et par là contribuent à leur accroissement et à leur maturation ; ce procédé se nomme *caprification*. Plusieurs jardiniers y suppléent dans nos climats, en mettant une goutte d'huile d'olive sur l'ombilic de chaque figue, et quelques-uns en perçant l'ombilic avec une paille imbue d'huile. Voyez planche 11.

1789. Le FIGUIER D'ARGENTEUIL ; *Ficus carica.* Les feuilles palmées. Originaire d'Asie. Cet arbre offre plusieurs variétés : le figuier cultivé, à fruit long, violet en dehors et rouge en dedans ; le figuier à fruit blanc, rond et très sucré.

1790. Le FIGUIER A PETIT FRUIT : jaune en dessus, rouge en dedans, ou *figue angélique.*

1791. Le FIGUIER A FRUIT long, noir par-dessous et rouge dedans, ou *figue-poire.*

1792. Le FIGUIER HATIF : fruit blanc.

1793. Le FIGUIER A FRUIT ROND : rouge en dedans, ou *figue de Brunswick.*

1794. Le FIGUIER DU LEVANT : très gros fruit ; feuilles découpées en lanières, ou *figuier de Turquie.*

1795. Le FIGUIER SPONTANÉ : aime les terrains graveleux, il perce dans les fentes des rochers ; c'est un arbre délicat qui craint les froids rigoureux. Dans nos provinces les figuiers mal abrités périrent presque tous sur racine en 1829. Les figuiers, en Asie, s'élèvent à la hauteur des grands arbres ; il y en a aussi de très grands en Languedoc. Le bois de cet arbre est tendre ; les armuriers, ainsi que les orfèvres s'en servent pour polir leurs ouvrages, parce qu'étant spongieux, il se charge bien de la poudre d'émeri et de beaucoup d'huile. La figue bien mûre, fraîche ou sèche, est une bonne nourriture ; elle contient le principe saccharin, uni avec le principe muqueux nutritif ; aussi peut-on, en la faisant fermenter, en retirer une liqueur vineuse. La décoction des figues sèches est douce ; on la prescrit avantageusement dans la toux, la coqueluche, les ardeurs de poitrine, dans la dyssenterie, les coliques avec irritation ; avec le mucilage de racine de guimauve et le suc laiteux des feuilles de figuier, on peut faire des pilules bonnes contre les obstructions du foie, de la rate et des intestins. Voyez planche 112.

V. *Arbres et arbrisseaux amentacés, dont les fleurs mâles sont séparées des femelles sur le même pied, et dont les fruits sont secs.*

1796. Le vrai platane d'Orient. Fleurs amentacées. Fruits ramassés en boule, consistant en plusieurs semences surmontées d'un filet en forme d'alène, et fixées sur des poils qui composent une espèce de houppe. *Feuilles :* pétiolées, grandes, palmées, tendres, d'un vert luisant par dessus, un peu velues et nerveuses en dessous, imitant par leurs découpures les feuilles de la vigne. *Racine :* rameuse, ligneuse. Grand arbre dont la tige s'élève droite, haute, nue jusqu'au sommet, et dont la tête forme une touffe très serrée ; l'écorce, d'un blanc gris, se détache d'elle-même par grandes pièces ; le bois blanc, assez compacte.

1797. Le platane de Virginie. Cultivé dans les jardins : exige un terrain moins humide que le précédent. Les feuilles sont vulnéraires, astringentes ; on les emploie vertes pour arrêter les inflammations ; l'écorce, macérée dans du vinaigre, est odontalgique ; et macérée dans du vin, elle appaise les inflammations des yeux. Le platane s'élève facilement de boutures. Ses feuilles sont rarement endommagées par les chenilles ; elles se conservent jusqu'aux premières gelées ; son bois est d'un tissu serré et fort pesant quand il est vert ; mais il perd beaucoup de son poids en séchant.

1798. Le platane d'Occident ; érable ou sycomore. A feuilles lobées, cotonneuses en dessous. Originaire de l'Amérique septentrionale. Cet arbre se plaît dans les lieux humides, où il fait des progrès étonnants ; la feuille est plus grande, mais profondément découpée. Mêmes caractères que le précédent. Voy. pl. 92.

VI. *Arbres et arbrisseaux amentacés dont les fleurs mâles sont séparées des femelles sur des pieds différents.*

1799. Le saule blanc, *mâle ou femelle; Salix fusca vulgaris alba, arborescens.* Fleurs amentacées, composées de deux étamines, en forme de glande cylindrique et tronquée ; chaque fleur disposée le long d'un chaton écailleux. *Fruit :* capsule ovale, terminée en pointe, uniloculaire, bivalve, s'ouvrant par le haut, renfermant plusieurs petites semences couronnées d'une aigrette simple, hérissée, qu'on appelle quelquefois *le coton du saule. Feuilles :* lancéolées, couvertes des deux côtés d'un duvet blanchâtre, dentées par les bords, avec des glandes sur les dernières dentelures. Arbre assez grand ; le bois est blanc ; les chatons cylindriques, pédonculés. Toute l'Europe, les terrains humides, les bords des rivières ; on nomme *saussaies* les lieux qui sont plantés de saules. L'écorce est astringente et fébrifuge comme le quinquina ; on a tenté avec succès de faire du papier avec le duvet des chatons femelles. Le genre des saules, *salices,* est très nombreux parmi les arbres et arbrisseaux d'Europe ; il renferme plus de trente espèces. Hoffmann, célèbre botaniste, a fait une belle histoire des saules. Voy, pl. 130.

7800. Le saule a feuilles lisses, à dents de scie, teignent en jaune. Les chèvres et les moutons mangent les feuilles, les fleurs conviennent aux abeilles ; on peut filer le duvet des chatons ; les branches sont très flexibles et servent à faire des liens ; le bois pétille au feu.

1801. Le saule osier ; *Salix vitellina.* Feuilles lisses, ovales, aiguës, à dents de scie, cartilagineuses. Arbrisseau de 2 à 3 mètres ; écorce jaune, tirant souvent sur le rouge ; chatons cylindriques et pendants. Quelques célèbres botanistes pensent que cet arbrisseau non tronçonné prend tous les caractères du saule blanc. On le cultive dans nos provinces sur les bords des vignes, et on en coupe chaque année les pousses pour relier les cercles des tonneaux. Les vanniers en font un grand emploi pour leurs différents ouvrages.

1802. Le saule amandier ; *Salix amygdalina.* Feuilles pétiolées, lancéolées, lisses, à dents de scie. Arbre de médiocre grandeur ; rameaux couverts d'une écorce noire ou purpurine ; les stipules embrassant les rameaux ; les chèvres et les chevaux mangent les feuilles.

1803. Le saule cassant ; *Salix fragilis.* Feuilles ovales, lancéolées, lisses, à dents de scie ; pétioles dentés, glanduleux. Arbre assez élevé ; écorce grise ; rameaux très cassants. L'écorce est regardée avec raison comme fébrifuge ; l'expérience lui assure cette propriété ; elle sert aussi pour tanner les cuirs. Les vaches mangent les feuilles ; les racines fournissent une teinture rouge.

1804. Le saule pleureur ; *Salix Babylonica.* Feuilles lisses, linaires, lancéolées ; branches pendantes. Originaire d'Asie ; cultivé dans toutes les provinces. C'est à ce saule que, dans leur exil, les Israélites suspendaient les instruments de musique, sur les bords du fleuve de Babylone, lorsqu'ils refusaient d'entonner leurs beaux cantiques ; refus qui donna lieu à cette belle hymne de la Bible, qu'on chante dans nos églises à certaines solennités : *Super flumina Babylonis, etc.* Le saule pleureur est un arbre d'une grande élévation ; il y en a de 7 à 8 mètres de hauteur. Les branches, lisses, flexibles, se rabattent et sont pendantes ; les feuilles d'un vert de mer.

1805. Le saule herbacé. *Salix herbacea.* Feuilles orbiculaires, lisses. C'est le plus petit des arbres ; il est rampant. Feuilles arrondies comme celles de l'aulne ; chatons formés par un très petit nombre de fleurs, de deux à cinq ; à tige ligneuse ; les capsules sont très grandes, relativement à la grandeur de la plante.

1806. Le saule marceau ; *Salix caprea.* Feuilles ovales, ridées, cotonneuses en dessous, ondulées, dentelées vers le sommet. Arbre de 4 à 5 mètres ; feuilles en réseau ; stipules dentelées. Il donne une teinture noirâtre ; on emploie l'écorce pour tanner les cuirs. Les vaches, les chèvres et les chevaux mangent les feuilles ; le bois, mou, flexible, léger, est propre à faire des arcs, des boîtes, des manches de hache et de couteaux. Voy. pl. 104 et 137.

1807. Le SAULE A LONGUES FEUILLES ; *Salix viminalis.* Feuilles lancéolées, linaires, à peine dentées, très longues, aiguës, soyeuses en dessous ; rameaux flexibles. Les vaches, les chèvres et les moutons mangent les feuilles ; les rameaux, très flexibles et liants, servent pour lier les cercles des tonneaux et pour faire des corbeilles.

1808. Le SAULE BLANC DES MARAIS. Feuilles lancéolées, aiguës, à dents de scie, un peu cotonneuses sur les deux faces. L'écorce est amère, astringente, antiseptique ; la viande se conserve longtemps dans sa décoction sans se corrompre. On a tenté l'usage de l'écorce contre les fièvres intermittentes. On donne cette écorce, tirée des branches moyennes, en décoction ; avec ce seul remède, on a vu guérir plusieurs fièvres tierces. Les vaches, les chèvres, les moutons et les chevaux mangent les feuilles ; on emploie l'écorce pour tanner les cuirs ; on tire partie du duvet des chatons pour filer et faire des coussinets ; on fait des échalats et des cordes avec les grosses branches, des corbeilles et des liens avec les petites. Le charbon du bois, qui est très léger, est employé pour faire des crayons et pour la poudre à canon. Les chatons en fleurs répandent une odeur douce et agréable. Dans les grandes chaleurs, on trouve quelquefois sur les branches du saule une espèce de manne.

1809. Le PEUPLIER BLANC ; *Populus alba majoribus foliis.* Fleurs amentacées ; capsule ovale, à deux loges. Arbre qui s'élève en peu de temps à une grande hauteur ; l'écorce du tronc grise, brune, raboteuse ; celle des jeunes tiges lisse et blanchâtre ; le bois blanc ; les chatons pédonculés. Toute l'Europe, dans les lieux aquatiques, et même dans les terrains secs. L'écorce est calmante, diurétique ; le suc de ses feuilles odontalgique ; on peut faire du papier avec l'aigrette des semences. Le suc chaud, jeté dans l'oreille avec une petite seringue, tempère les douleurs rhumatismales qui précèdent la surdité dans les viellards.

1810. Le PEUPLIER NOIR ; *Populus nigra*. Caractères, fleurs et fruits du précédent. Les jeunes feuilles recouvertes d'une liqueur limpide ; les yeux ou boutons, chargés d'un baume gluant, qui répand une odeur agréable, servent à faire l'*onguent populeum*, excellent remède contre les hémorroïdes qui coulent. On fait aussi des bourgeons de peuplier infusés dans du vin, une *teinture* utile dans le cours du ventre et pour les ulcères intérieurs.

1811. Le PEUPLIER BAUMIER ; *Populus balsamum odoratissimum*. A feuilles très grandes, fondantes, odorantes ; caractère des précédents. Les boutons, très gluants, répandent une odeur balsamique qu'on retrouve dans les jeunes tiges et dans le bois ; le bois est résineux. Né dans l'Amérique septentrionale, il réussit dans nos climats à une exposition chaude. Sa résine a une odeur d'ambre gris ; elle est vulnéraire, astringente ; celle qui découle naturellement de l'arbre est préférée, elle est en larmes pâles ; celle qu'on tire en faisant des incisions à l'écorce est jaune, rouge ou brune, selon la partie ou l'incision a été faite. On l'applique extérieurement en cataplasmes. Le bois de tous les peupliers est tendre, blanc ; les menuisiers en tirent un bon parti ; il brûle rapidement et chauffe peu. Les chèvres et les moutons mangent les feuilles ; les cerfs et les chevreuils se nourrissent des jeunes branches ; les bourgeons fournissent un suc résineux noir. Les charpentiers en tirent parti aussi ; on en fait dans nos provinces des sommiers, des poutres et des planches. On emploie l'écorce pour apprêter le maroquin ; on a fabriqué d'assez bon papier avec le duvet des chatons. Les moutons mangent l'écorce pulvérisée. Dans le Kamtzchatka, on en fait du pain dont les habitants se contentent. Les branches, très pliantes, servent à lier les haies.

1812. Le **peuplier d'Italie**. Les branches sont plus rapprochées du tronc que dans le peuplier noir. Il s'élève en pyramide et forme de belles avenues, qu'on admire avec raison.

VINGTIÈME CLASSE OU GROUPE.

Arbres et arbrisseaux à fleurs monopétales, nommés arbres monopétales.

I. *Arbres et arbrisseaux à fleur monopétale, dont le pistil devient un fruit mou, rempli de semences dures.*

1813. Le **nerprun**; *Rhamnus catharticus*. Fleur monopétale; corolle qui tient lieu de calice, infundibuliforme, imperforée, rude au toucher, colorée en dedans; limbe ouvert, divisé en quatre folioles. Baie obronde, nue, divisée intérieurement en plusieurs parties, contenant plusieurs semences, convexes d'un côté, aplaties de l'autre. *Feuilles :* pétiolées, arrondies, dentelées à leurs bords, d'un vert brillant. *Racine :* ligneuse. Arbrisseau dont l'écorce est lisse, le bois jaunâtre, les branches garnies d'épines pointues.

1814. Le **nerprun, graine d'Avignon**; *Rhamnus catharticus*. Diffère du précédent en ce que toutes ses parties sont plus petites. *Lieu :* les provinces méridionales, dans les haies et le long des rivières. Il a un goût amer; les baies sont purgatives, hydragogues; elles donnent une couleur connue, chez les peintres, sous le nom de *vert-de-vessie*; celles de la graine d'Avignon fournissent une *teinture jaune;* on en compose le stil de grain. On fait un extrait de baies de nerprun qui est un de ces médicaments précieux. En variant les doses, il peut agir comme altérant et comme purgatif; les paysans de nos provinces sont bien purgés avec vingt-cinq ou trente baies fraîches ou sèches qu'ils mêlent le matin avec la soupe. Le *sirop de nerprun* était un des remèdes favoris de Sydenham; il le prescrivait avec succès dans l'ascite; plusieurs goutteux ont éloigné et diminué les accès en avalant tous les matins deux baies de nerprun sèches. Leur odeur est particulière ; la saveur douce, nauséabonde, un peu âpre. Si on les mâche, elles teignent la salive en vert ; les semences sont amères , elles teignent la salive en jaune. Le neprun forme de bonnes haies , son écorce teint en jaune ; lorsque les baies sont mûres , elles fournissent une couleur verte appelée *vert-de-vessie* , que l'on obtient en faisant épaissir le suc et y mêlant un peu d'alun. Les chèvres et les moutons mangent les feuilles de nerprun sans en être incommodés.

1815. Le NERPRUN DES ROCHERS ; *Rhamnus saxatilis*. Épines terminant les rameaux ; fleurs à quatre segments ; feuilles : lancéolées, lisses ; à dents de scie. Écorce noire ; étamines plus longues que le calice ; baies noires renfermant deux, trois ou quatre semences. Elles sont purgatives avant leur maturité et donnent la même teinture que les baies du précédent ; on teint avec ces baies les cuirs appelés *maroq ins jaunes.*

1816. Le PALIURE ; *Nerprun porte-chapeau*. Épines deux à deux, l'inférieure recourbée, fleurs à trois styles. Fruit sec, déprimé ; trois loges imitant un chapeau rabattu. Le *paliure* supporte très bien le froid dans nos climats, il s'élève à 8 mètres 34 centimètres ; son feuillage est gai ; ses fleurs jaunes. Les oiseaux mangent le fruit ; son bois est assez dur ; cet arbrisseau forme des haies impénétrables ; il se défend bien par ses épines.

1817. Le NERPRUN JUJUBIER ; *Rhamnus ziziphus*. Épines deux à deux ; feuilles ovales ; fleurs à deux styles. Le jujubier supporte très bien nos hivers ; il se plaît dans les terrains secs ; comme ses racines poussent beaucoup de rejets, on le multiplie facilement de plants enracinés. Le fruit pulpeux, renfermant un noyau à deux loges, est nutritif, adoucissant ; on en consomme beaucoup pour les tisanes communes , faites avec la réglisse et le chiendent. Cet arbrisseau a été introduit en Europe du temps d'Auguste; il fut apporté de Syrie en Italie par Sextus-Pomponius; le fruit varie par sa grosseur. A Montpellier, on vend des jujubes dans les marchés : les enfants en mangent beaucoup; ce fruit est assez doux, un peu visqueux.

1818. La THYMÈLE, LAURÉOLE MALE; *Daphne laureola mas* : bois garou, toujours vert, à feuilles de laurier. Fleur monopétale, point de calice; la corolle presque infundibuliforme; baie obronde, uniloculaire, renfermant une seule semence. Feuilles lancéolées, luisantes. Arbrisseau qui s'élève au plus à la hauteur de 68 centimètres. Dans les forêts du Lyonnais. Les feuilles, les fruits, l'écorce de la racine et de toute la plante, sont très âcres et caustiques, détersives, purgatives, drastiques, dangereuses. On emploie souvent les baies à l'extérieur, pour les dartres et la gale.

1819. Le BOIS-GENTIL, THYMÈLE LAURÉOLE FEMELLE; *Daphne mesereum laurifolio.* Caractères, fleur et fruit de la précédente. Feuilles plus petites, moins luisantes. Arbrisseau dont les tiges sont hautes de 60 centimètres. Fleurs rouges. Les Alpes, les Pyrénées.

1820. Le GAROU SOYEUX. Fleurs axillaires, agrégées. Feuilles ovales, nerveuses, cotonneuses. En Provence. Employé pour exciter, raviver les cautères et les vésicatoires.

1821. Le GAROU DES ALPES; *Daphne Alpina.* Fleurs blanches ou roses, agrégées, latérales; feuilles lancéolées, cotonneuses en dessous. Sous-arbrisseau de 40 centimètres de haut; écorce cendrée. Voy. pl. 94.

1822. Le DAPHNÉ ODORANT. Fleurs en faisceaux, terminales; feuilles nues, lancéolées. Sous-arbrisseau rameux, fort petit; branches linaires, annuelles, lisses; à nervure piquante; fleurs très odorantes, rouges, entassées au sommet des rameaux, et environnées de feuilles. On le trouve à fleurs blanches. Ils fleurit deux fois dans l'année.

1823. Le GAROU EN PANICULE; *Daphne gnidium.* Fleurs en panicule, blanches ou rougeâtres, terminant les rameaux. Feuilles lancéolées, aiguës. Tige rameuse dès la base, haute de 34 cent. Son écorce, macérée dans le vinaigre, est employée comme vésicatoire ; tous les garous récèlent ce principe âcre, rubéfiant, dans leurs feuilles, leurs racines et leurs écorces.

1824. L'ALATERNE ; *Rhamnus alaternus*. Caractères, fleur et fruit, comme le nerprun. Feuilles pétiolées, dures, lancéolées, dentées en manière de scie, les dentelures piquantes. Arbrisseau toujours vert, qui forme un joli buisson. En Provence et en Languedoc. Propriétés du nerprun.

1825. Le FILARIA ÉPINEUX, à larges feuilles. Fleur monopétale, deux étamines. Baie ronde, uniloculaire, renfermant une semence grosse et ronde. Feuilles toujours vertes, en forme de cœur, dentées en manière de scie, fermes, dures, luisantes. Arbrisseau qui s'élève très haut contre les murs ; le bois jaune, médiocrement dur ; l'écorce, blanchâtre, cendrée, ridée. Les lieux incultes du Languedoc et des provinces méridionales de France. Ses feuilles passent pour vulnéraires, astringentes, antirhumatismales. Les semences des filarias ne sortent de terre qu'au bout de deux ans ; on multiplie ces arbrisseaux par marcottes ; comme ils conservent leurs feuilles, ils servent d'ornement dans les bosquets d'hiver.

1826. Le TROÊNE ; *Ligustrum*. Fleur monopétale, infundibuliforme. Baies rondes, à une seule loge, noires dans la maturité, renfermant quatre semences convexes d'un côté, anguleuses de l'autre. Cet arbrisseau conserve sa verdure dans les hivers doux. Écorce blanchâtre, bois blanc, tendre, pliant ; fleurs blanches, disposées en petites grappes, au sommet des branches. Les forêts, les haies ; cultivé en palissade dans les jardins. Les fleurs ont une odeur forte, peu agréable. On retire des baies une couleur noire ; si on ajoute des acides, on a le rouge ; en faisant macérer dans l'urine, on a le pourpre ; si on ajoute du vitriol de mars, on obtient la couleur verte ; on colore les vins blancs en rouge, en délayant le suc des baies de troêne. Cet arbuste fortifie les haies ; ses rameaux donnent des liens et servent aux ouvrages de vannerie ; le bois de la base du tronc, qui est assez dur, est recherché par les tourneurs. Les vaches, les chèvres et les moutons mangent le troêne, que les chevaux négligent.

1827. Le LAURIER HÉROÏQUE ; *Laurus nobilis*. Fleur monopétale ; corolle découpée en quatre ou cinq segments. Nectaire composé de trois tubercules colorés, aigus, qui entourent le germe et se terminent par deux poils. Fruit à noyau ovale, pointu, à une seule loge. Feuilles fermes, dures, pétiolées, lancéolées, d'un vert luisant. Racine ligneuse, inégale. Arbre de moyenne grandeur ; tiges droites, écorce mince, verdâtre ; bois fort et pliant. Les forêts d'Espagne, d'Italie ; cultivé dans les jardins, en Languedoc. Les feuilles sont d'une saveur âcre, aromatique ; la semence odorante, un peu amère. Les baies stomachiques, détersives, antiseptiques. Les feuilles et les baies sont très usitées en médecine ; des feuilles fraîches, on fait pour l'homme des décoctions, des feuilles sèches une poudre, il se donne aussi en lavements ; les baies échauffent plus que les feuilles. On tire du laurier un camphre aromatique. Le laurier est le signe de la victoire et du triomphe. Un peu abrité, il supporte très bien le froid de nos hivers ; on le multiplie de semences ou de marcottes ; il exige un terrain sec ; il s'élève jusqu'à 10 mètres ; ses rameaux assez flexibles fournissent d'excellents cercles pour les barils. Les cuisiniers mettent quelquefois des feuilles de laurier dans leurs ragoûts. Voy. pl. 133.

1828. Le JASMIN COMMUN ; à fleur blanche. Fleur monopétale ; calice tubulé, à cinq dentelures capillaires ; deux étamines cachées dans le tube ; baie molle, ovale, lisse, renfermant deux semences enveloppées d'une *arillus*, convexe d'un côté, et de l'autre aplatie. *Feuilles* : ailées, les folioles lancéolées, terminées par une impaire plus longue que les autres. Arbrisseau à tige sarmenteuse , qu'on élève en palissade , l'écorce des troncs brune , celle des rameaux verdâtre ; le bois jaune, dur ; les fleurs blanches , pédonculées, disposées à l'extrémité des tiges. Le jasmin d'Espagne, dont la corolle est plus grande, et rouge avant son épanouissement , n'est qu'une variété du jasmin commun. Originaire des Indes ; cultivé dans nos climats , où il produit rarement son fruit. Les fleurs ont une odeur très agréable ; elles sont cordiales. On s'en sert très fréquemment pour composer des parfums , des huiles odorantes , des pommades. Le principe aromatique du jasmin est très fugitif , on ne peut l'obtenir qu'en entassant beaucoup de fleurs, couche par couche, sur du coton huilé ; ce principe passe dans l'huile. En exprimant , on a une huile aromatisée de jasmin. On fait des berceaux avec le jasmin , on en tapisse les murs ; les fleurs se développent successivement , et on jouit assez longtemps de leur agréable odeur, pénétrante sur le soir.

1829. Le JASMIN JAUNE ; Feuilles alternes , rameaux anguleux. Assez commun dans nos provinces , spontané dans nos haies ; calice profondément divisé en cinq segments ; corolle jaune ; les feuilles naissent une à une , ou trois à trois ; elles sont petites , d'un vert foncé ; les fleurs terminent les rameaux : elles n'ont point d'odeur.

1830. L'ARBOUSIER ; *Arbustus unedo.* Fleur : monopétale , imitant un grelot, découpée en cinq parties par ses bords qui sont recourbés en dehors ; dix étamines ; le calice très petit ; baie rouge , ronde et succulente , divisée en cinq loges, qui renferment de petites semences osseuses. *Feuilles :* pétiolées , toujours vertes , lisses , dentées en manière de scie , ressemblant à celles du laurier. *Racine :* ligneuse. Arbrisseau de 1 mètre 68 centimètres , dont la tige est droite , rameuse, l'écorce rude, le bois dur. Les provinces méridionales de France. Les feuilles sont diaphorétiques ; le fruit et l'écorce astringents. On les donne en décoction , mais rarement ; l'usage en est dangereux ; les fruits causent l'ivresse , des vertiges, et stupéfient.

1831. Le RAISIN-D'OURS ; *Busserole-Arbousier*. Fleur et fruit comme dans le précédent ; la corolle plus petite ; d'un rouge tendre ; la baie d'un beau rouge , à cinq semences. Sur les Alpes et les montagnes de Genève ; il tapisse la terre dans les forêts de pins. Plante sans odeur ; les baies ont un goût styptique , sont astringentes et un excellent diurétique. On l'a employée avec avantage contre le calcul ; elle est très recommandée par les médecins du Nord. Voy. pl. 31. Les feuilles de l'arbousier servent à tanner les cuirs , et donnent , animées avec le vitriol , une teinture noire. On trouve sur les radicules le *kermès* , qui fournit une belle couleur pourpre.

II. *Arbres et arbrisseaux à fleur monopétale , dont le pistil devient une baie remplie de semences osseuses.*

1832. Le STORAX OU ALIBOUSIER ; *Styrax folio mali cotonei.* Fleur blanche , monopétale , infundibuliforme ; douze étamines au moins. Fruit charnu , obrond , uni-loculaire , renfermant deux noyaux obronds , pointus , convexes d'un côté , planes de l'autre. *Feuilles :* pétiolées , d'un vert luisant en dessus , couvertes d'un duvet blanc en dessous. *Racine :* cannelée , l'écorce noirâtre. Grand ar-brisseau odorant , résineux , ressemblant au cognassier par son tronc , son écorce , ses feuilles , qui cependant sont plus petites. La Syrie , la Judée , l'Italie. On n'emploie en mé-decine que son baume , gomme-résine , vulnéraire , dé-tersive. Le storax peut se multiplier par marcottes et par semences , mais il faut les tenir à l'ombre sous de grands arbres. Cet arbre est très estimable par le baume , d'une odeur fort agréable , qui découle des incisions qu'on fait à son tronc et à ses branches. C'est une gomme-résine en masse rougeâtre , molle , frangible ; si on la rompt , on y observe des grains blancs ; si on la frotte longtemps entre les doigts , elle se moule comme une pâte. Son odeur est pénétrante, aromatique ; sa saveur amère ; elle est soluble par la salive, si on la jette sur du charbon , elle brûle ; sa flamme est d'un blanc jaunâtre, et elle répand une odeur suave.

1833. L'OLIVIER FRANC ; *Olea sativa europæa.* Fleur monopétale ; calice d'une seule pièce , petit, tubulé , divisé en quatre ; deux étamines. Fruit : charnu , uniloculaire , glabre, presque ovale, renfermant un noyau très dur, ovale , oblong , ridé , dans lequel on trouve une amande. *Feuilles* : toujours vertes, lancéolées, dures, d'un vert pâle en dessus, blanchâtres en dessous. Racine : ligneuse. Arbre dont la tige est droite ; l'écorce lisse ; le bois dur, surtout à la racine ; les fleurs paraissent au milieu de l'été , disposées en petites grappes ; les fruits ne mûrissent qu'en hiver. On distingue près de *vingt sortes d'oliviers ;* ils ne diffèrent les uns des autres que par la grandeur des feuilles, la couleur, la forme, la grosseur des fruits. Il croît dans les provinces méridionales de la France , l'Espagne, l'Italie. L'écorce de l'arbre a un goût un peu amer ; les fruits sont âcres, avant d'avoir été lessivés ; l'huile est douce , le fruit, tel qu'on le cueille, stomachique ; après la lessive, il conserve les mêmes vertus , mais à un moindre degré , et devient indigeste ; l'huile est adoucissante, émolliente , laxative ; les feuilles astringentes. L'huile d'olives est fréquemment employée en médecine , ainsi que dans les cuisines ; elle entre dans les lavements , locks, fomentations, embrocations , cataplasmes, onguents. L'olivier d'Europe, cultivé en Languedoc et en Provence , soutient l'hiver par toute la France , lorsqu'il est bien abrité. M. le comte de Gasparin a publié dans ces derniers temps un excellent *Mémoire sur la culture de l'olivier.*

1834. L'OLIVIER A GROS FRUIT ; ou *Olivier d'Espagne.*

1835. L'OLIVIER A PETIT FRUIT ; ou *Olive picholine.*

1836. L'OLIVIER A FRUIT LONG : d'un vert foncé.

1837. L'OLIVIER A FRUIT BLANC.

1838. L'olivier a petit fruit rond.

1839. L'olivier a gros fruit long.

1840. L'olivier précoce : à fruit rond.

1841. L'olivier très vert.

1842. L'olivier a petits fruits en grappes.

1843. L'olivier panaché de rouge et de noir.

1844. L'olivier a fruit odorant.

1845. L'olivier sauvage : à feuilles coriaces et velues par dessous.

1846. L'olivier croît dans toutes sortes de terrains ; néanmoins les terres légères et chaudes lui conviennent mieux que les terres fortes ; quand les terres sont maigres, le fruit est de meilleure qualité. On multiplie les oliviers de drageons enracinés, qui poussent au pied des vieux oliviers ; les arbres ne donnent abondamment du fruit que tous les deux ans. On cultive cet arbre précieux pour son fruit ; on cueille les olives avant leur maturité pour les confire. Ce procédé consiste à leur faire perdre leur amertume, en les faisant macérer dans de l'eau salée, avec quelques plantes aromatiques. On confit les olives au commencement d'octobre ; on choisit les plus belles et les plus saines. Les olives bien mûres n'ont pas besoin de macérer longtemps, ni d'être lavées plusieurs fois. La quantité et la qualité de l'huile qu'on peut retirer des olives, varie suivant le sol et les différentes espèces, ou plutôt les variétés. Les sauvageons donnent un très petit fruit, qui fournit cependant une excellente huile. Si on choisit des olives bien mûres et bien saines, et cueillies à la main, qu'on les mette sous la pression, on obtient une *huile vierge* délicieuse. Si on exprime des olives mal choisies, moisies ou trop longtemps entassées, on n'obtient qu'une huile forte, nauséabonde, tant au pressoir qu'à l'eau bouillante. Ces huiles communes servent pour la fabrication du savon, résultat de l'union d'un alcali avec l'huile. Les huiles fines servent pour assaisonner les mets, pour les médicaments. Comme aliment, l'huile d'olive est assez indigeste ; cependant des personnes de tout âge, de tempérament différent, dans le Provence et le Languedoc, mangent tout apprêté à l'huile. Comme médicament, l'huile d'olives est un purgatif, qui vaut mieux que l'huile d'amandes douces, âcre lorsqu'elle est ancienne. Il existait depuis longtemps sur l'olivier un excellent *Mémoire* de Lamouroux, célèbre botaniste de Montpellier. Dernièrement, M. Astruc en a publié une édition nouvelle avec des notes sur les progrès de la culture de l'olivier, qui méritent d'être consultées.

1847. L'olivier sauvage ou de Bohême : Arbre du paradis, à feuilles étroites et petit fruit. *Eleagnus orientalis angustifolius, fructu parvo, olivæformi, subdulci. Fruit :* à noyau, imitant celui de l'olivier. Arbre d'une hauteur médiocre ; la tige droite, les jeunes rameaux blanchâtres, chargés d'un duvet blanc et cotonneux ; le bois blanc, tendre, cassant ; les fleurs sont en très grand nombre, disposées le long des jeunes tiges ; les fleurs petites, à odeur forte, mais agréable, qui, selon Duhamel, a fait appeler cet arbre, par les Portugais, *l'arbre du paradis*. La Bohême, la Syrie, l'Espagne, le Portugal. Mêmes vertus que l'olivier. Cet arbrisseau s'élève par marcottes ; il ne craint aucun terrain ; il supporte très bien en pleine terre, même sans être abrité, nos plus grands froids.

1848. Le houx ; agrifeuille ; *Ilex, sive, agrifolium. Fleur :* monopétale, en rosette, divisée en quatre segments arrondis ; calice très petit, à quatre dentelures ; quatre étamines ; quatre stigmates sans styles. Baie charnue, arrondie, divisée en quatre loges, renfermant des semences solitaires, osseuses. Feuilles : pétiolées, aiguës, épineuses, luisantes, fermes et dures, toujours vertes ; elles perdent leur piquant lorsque le houx s'élève en arbre, mais il est disposé le plus souvent en buisson, dans les haies, et, dans les bois, s'élève à la hauteur d'un arbre ordinaire ; l'écorce extérieure est d'un vert cendré ; l'intérieure est pâle; le bois d'un beau blanc, un peu brun dans le centre. Les Anglais cultivent une infinité de variétés de houx, qui ne forment réellement qu'une seule espèce. L'écorce répand une odeur désagréable. La décoction de la racine et de l'écorce est émolliente, résolutive; les baies purgatives. La glu dont on se sert pour prendre les oiseaux, se fait avec l'écorce du houx; elle est meilleure que celle du gui; on rejette la pellicule extérieure; on pile l'intérieure; on en fait une pâte qu'on enterre à la cave, dans un pot; après qu'elle y a fermenté, on la retire; on la lave dans l'eau, on enlève les filaments ligneux; la glu se ramasse en masse; la glu faite avec les baies et l'écorce est résolutive et émolliente. On doit craindre d'employer le houx intérieurement, quoique quelques auteurs prescrivent les baies, au nombre de dix ou douze, pour purger. Cet arbre, produit un bel effet en palissade; ses feuilles panachées, ou d'un beau vert, fixent agréablement la vue. Comme il supporte bien la taille, on lui donne toutes les formes qu'on désire.

III. *Arbres et arbrisseaux à fleur monopétale, dont le pistil devient un fruit membraneux.*

1849. L'ORME; *Ulmus campestris.* Grand arbre, dont le tronc est droit, l'écorce rude, brune et rougeâtre en dehors, blanche en dedans; les jeunes tiges souvent chargées de grosses vessies, produites par des pucerons qui les habitent; les fleurs pédonculées, disposées en tête, au sommet des tiges; feuilles opposées, elles varient en grandes, petites, rudes, lisses, panachées; ce qui constitue autant de variétés qu'on se procure par la culture, dans toute l'Europe. La semence est remplie d'un suc doux; l'écorce et les feuilles d'un suc mucilagineux et gluant; les racines sont astringentes; la liqueur contenue dans les vessies est vulnéraire. Le bois d'orme se tourmente beaucoup, les menuisiers en font peu d'usage; mais les charrons le recherchent; les tourneurs en font des vis de pressoir; on en fait de bons tuyaux pour la conduite des eaux, parce qu'il se corrompt difficilement. Ce bois est très bon pour le chauffage, et fournit un bon charbon. Tous les bestiaux mangent ses feuilles.

IV. *Arbres et arbrisseaux à fleur monopétale, dont le pistil produit un fruit à plusieurs loges.*

1850. Le LILAS; *Syringa-lilac.* Fleur : monopétale; deux étamines. Capsule renfermant des semences aplaties, pointues des deux côtés. *Feuilles :* pétiolées, cordiformes, lisses, d'un vert pâle. Grand arbrisseau dont la tige s'élève assez droite, l'écorce d'un gris verdâtre, le bois tendre ; les fleurs de couleur lilas, disposées en grappes qu'on nomme *thyrse*; les lilas à fleurs blanches, à fleurs pourpres, à feuilles panachées, ne forment que des variétés.

1851. Le LILAS DE PERSE; à feuilles découpées, ou à feuilles de troène, est une espèce différente du précédent, dont les fleurs sont plus petites. Originaire des Indes, cultivé dans nos jardins; on en trouve dans les haies. On a gardé sa semence comme astringente, et antiépileptique. On l'emploie en poudre ou en décoction ; son usage est assez rare en médecine. Cet arbrisseau se multiplie aisément de plants enracinés; les vieux pieds poussent chaque année de jeunes rejets de leurs racines qui sont traçantes. On fait de belles allées avec le lilas; il se taille à volonté; comme il pousse plusieurs tiges, ces haies ont beaucoup d'épaisseur; l'odeur des fleurs est douce et agréable, elles forment de grands bouquets très agréables; les feuilles sont très amères ; comme telles, elles sont avantageuses dans l'anorexie, la diarrhée par atonie ; l'infusion des fleurs soulage les hypochondriaques, dissipe les coliques venteuses; quoique les feuilles soient très amères, les vaches les mangent.

1852. La BRUYÈRE ; *Erica vulgaris glabra.* Fleur : monopétale, campanulée, disposée en grappes quelquefois blanche; calice composé de quatre folioles colorées; huit étamines, dont les anthères sont fourchues. La capsule arrondie, renfermant des semences nombreuses et petites. Feuilles : lisses, étroites, en fer de flèche, terminées en pointe. Arbrisseau qui s'élève à peine à la hauteur de deux pieds; l'écorce rude, rougeâtre; les terrains incultes et arides; les fleurs et les feuilles sont apéritives, diurétiques et diaphorétiques. On emploie les fleurs et les feuilles en décoction; l'eau distillée est, dit-on, ophtalmique, et l'huile tirée des fleurs, bonne dans les maladies cutanées. Les bruyères, *ericæ*, constituent une famille des plus nombreuses, on en a déjà déterminé *soixante et quatorze espèces*, dont *seize* sont *européennes;* ces arbrisseaux s'étendent d'un pôle à l'autre, sur un certain nombre de degrés de longitude, sans s'étendre dans les deux Indes. On ne trouve dans les provinces du nord que deux espèces. En France, en comprenant nos provinces méridionales, on n'en a trouvé que *huit;* les autres *huit* ne s'observent qu'en Espagne, en Italie et en Portugal ; mais le très grand nombre des espèces de ce genre a été déterminé en Afrique, au-delà des tropiques, au cap de Bonne-Espérance ; cette contrée en fournit plus de *quarante espèces.* La bruyère fournit d'assez bonnes couchettes aux paysans du Nord ; on en remplit le fond des fossés pour faciliter l'écoulement des eaux, c'est une des ressources des abeilles; mais le miel n'en est pas des meilleurs, elle le rend jaune. On emploie la bruyère dans la bière comme le houblon ; mais cette bière, ainsi préparée, ne se conserve pas. Les lièvres mangent cet arbrisseau ; il sert encore de litière aux bestiaux; plusieurs oiseaux en tirent de grands avantages. Dans quelques pays la bruyère sert à chauffer les poêles. On a remarqué que dans les bruyères, *ericæ*, la neige fondait plus promptement. On se sert, dans le Nord, des bruyères pour tanner les cuirs. Les chèvres, les moutons en mangent les sommités. Nous en avons en Europe les espèces suivantes :

1853. La **bruyère vert pourpre** ; *Erica viridi purpurea*. Fleurs : éparses le long des rameaux, corolle en cloche ; tige rameuse, de un mètre ; feuilles d'un vert noirâtre ; fleurs, d'abord verdâtres, deviennent blanches, purpurines, En Languedoc.

1854. La **bruyère a balais** ; *Erica scoparia*. Stigmate saillant, et en bouclier, hors de la corolle, qui est en cloche. Tige de un mètre ; rameaux un peu blanchâtres, fleurs petites, d'un vert blanchâtre, ou jaunâtre.

1855. La **bruyère en arbre** ; *Erica arborea*. Feuilles : trois à trois, sur des rameaux cotonneux. Tige de 1 mètre 68 centimètres, branches droites, couvertes d'un coton blanc, très fin ; fleurs blanches, par petites grappes paniculées ; étamines courtes.

1856. La **bruyère quaternée** ; *Erica tetralix*. Tige de 34 centimètres ; écorce d'un noir rougeâtre ; fleurs purpurines ou blanches ; elle fleurit deux fois l'année, au printemps et en automne. Les lieux aquatiques.

1857. La **bruyère cendrée** ; *Erica cinerea*. Fleurs en grappes, bleuâtres. Le midi de la France.

1858. La **bruyère purpurine** ; *Erica purpurascens*. Feuilles quatre à quatre ; écorce purpurine, fleurs rouges. Tout le Languedoc.

1859. Le **vitet** ; *Agnus castus*. A feuilles étroites, disposées à la manière du chenevis. Monopétale, imitant les personnées. Baie ronde, à quatre loges, renfermant des semences solitaires et ovales. Feuilles digitées, composées de trois ou de cinq folioles attachées à un pétiole commun. Arbrisseau d'une moyenne grandeur, dont les rameaux sont faibles, pliants, blanchâtres, lisses, répandant une odeur peu agréable. Les lieux marécageux des provinces méridionales de France. Saveur âcre, astringente, sèche ; légèrement astringente, dessiccative, rafraîchissante. On emploie la semence, les feuilles et les fleurs. Cet arbrisseau est assez généralement cultivé dans nos jardins : il y produit un bel effet. Les baies, ou fruits desséchés, sont arrondies, un peu pointues au sommet, grosses comme des graines de chanvre, d'un roux noirâtre. Dans la nomenclature de Tournefort, cet arbrisseau fait partie, à tort, des *labiées*.

1860. Le RHODODENDRON FERRUGINEUX ; *Rhododendron ferrugineum*. Calice divisé en cinq parties ; corolle en entonnoir, dix étamines inclinées ; un pistil ; capsules à cinq loges ; feuilles lisses, teintes en dessous de couleur de rouille. Ce bel arbrisseau couvre les crêtes des montagnes de la Grande-Chartreuse, Dauphiné ; il produit un admirable effet par ses feuilles, et surtout par ses fleurs qui sont nombreuses, assez grandes, pourpres, rarement blanches.

V. *Arbres et arbrisseaux à fleur monopétale, dont le pistil devient une silique.*

1861. Le LAURIER ROSE ; *Nerium oleander floribus rubescentibus*. Fleur : monopétale, grande, infundibuliforme ; Fruit : espèce de silique composée de deux folioles renfermant des semences nombreuses, couronnées d'une aigrette et rangées les unes sur les autres en manière de tuile. *Feuilles :* pétiolées, étroites, lancéolées, pointues, marquées en dessous d'une côte saillante, et sur les deux surfaces, de nervures qui les font paraître striées. *Racine :* ligneuse, jaunâtre. Petit arbre qui jette plusieurs tiges ; on a soin de n'en laisser qu'une qui se ramifie à son sommet ; l'écorce unie, blanchâtre ; le bois jaunâtre, dur, les fleurs rouges ou blanches, rassemblées au sommet, en forme de grappes. Originaire des Indes ; cultivé dans les jardins. Les feuilles sont très âcres au goût ; détersives, résolutives, purgatives, drastiques, dangereuses. Sternutatoire trop violent, si on ne le mêlait avec quelque autre poudre. On en fait des cataplasmes, des décoctions ; on en compose avec du beurre un onguent pour la gale et autres affections cutanées. Au rapport de Galien, cette plante intérieurement, est un poison ; l'eau dans laquelle on a fait macérer les feuilles, devient un poison violent pour les moutons. Spontanée en Provence. Le laurier rose donne de beaux pieds en pleine terre, dans les jardins de Perpignan. Il faut élever en caisses ces arbrisseaux. On les multiplie de bouture. Voyez planche 91.

VI. *Arbres et arbrisseaux à fleur monopétale, dont le calice devient une baie.*

1862. Le sureau; *Sambucus fructu in umbella, nigro.* Fleur monopétale, en rosette, blanche, calice très petit, à quatre dentelures; cinq étamines. *Fruit* : baie sphérique, renfermant trois semences. *Feuilles :* ailées, terminées par une impaire. *Racine :* ligneuse, blanchâtre. Les baies, rougeâtres avant leur maturité, deviennent noires en mûrissant; les haies, les terrains gras et humides. Les feuilles sont purgatives, diurétiques, laxatives lorsqu'elles sont fraîches, diaphorétiques lorsqu'elles sont sèches; l'écorce intérieure purgative, hydragogue. Des baies on fait un *rob*, un *extrait*, et une *huile*, qui sont diurétiques, et de doux sudorifiques.

1863. L'yèble, petit sureau; *Sambucus humilis, sive ebulus.* Feuilles et fruits, comme dans le précédent. Cet arbriseau perd chaque année ses tiges, qui sont herbacées. Les champs et les terres labourables. Les baies et les graines purgent légèrement. Toute la plante exhale une odeur forte et désagréable, qui chasse les rats des greniers.

1864. Le sureau noir a grappes; *Sambucus racemosa.* Baies rouges; fleur d'un jaune paille. Les sureaux et l'yèble ont été regardés, avec fondement, comme présentant les plus grandes ressources pour la médecine populaire. Ils fournissent un émétique, un purgatif, un sudorifique, un expectorant, un cordial. Les *baies* sont un poison pour les poules; elles teignent d'un brun verdâtre le lin préparé avec le bain d'alun, lorsqu'on le plonge dans leur décoction. Le bois des vieux pieds est assez dur pour être travaillé au tour. Le sureau dans nos provinces, garnit les haies sans les défendre. La moëlle des rameaux, desséchée, est si légère, sous un assez grand volume, qu'elle obéit au torrent électrique de la pile de Volta, de manière à permettre de constater les mouvements du fluide électrique. Il est surprenant que cette observation, faite par les naturalistes du siècle dernier, n'ait pas excité dans quelque esprit pratique l'idée des télégraphes électriques, inventés seulement de nos jours. La moëlle du sureau sert aux horlogers pour nettoyer leurs ouvrages les plus délicats.

1865. L'aubier; *Viburnum opulus Ruelli.* Fleur blanche, monopétale, en rosette; cinq étamines. Baie arrondie, renfermant une seule semence osseuse, en forme de cœur. Arbrisseau dont la tige est droite; l'écorce lisse, blanche; les baies rouges; les bords des bois, dans les montagnes.

1866. L'aubier a fleurs blanches, *ou rose de Gueldre; Viburnum opulus flore globosa.* Cet arbrisseau présente tous les caractères du précédent, dont il diffère en ce que ses fleurs, au lieu d'être en espèce d'ombelles, sont disposées en boules, ce qui l'a fait appeler aussi *pelotte de neige, pain blanc, caillebotte,* originaire de la province de Gueldre, d'où il a tiré son nom vulgaire; cultivé dans les jardins.

1867. Le viorne; *Viburnum lantano.* Caractères de l'aubier, feuilles d'un vert blanc en dessus; nerveuses, cotonneuses; blanchâtres en dessous. Arbrisseau de 2 mètres. Fruits verts dans les commencements, rouges avant la maturité, noirs lorsqu'ils sont mûrs. Les haies, les buissons, les bois. Les fleurs dans leur maturité ont un goût astringent; les feuilles et les baies sont rafraîchissantes. On les donne souvent en décoction pour gargarisme.

1868. Le viorne, laurier-tin; *Viburnum tinus.* Caractère de l'aubier. Feuilles pétiolées, d'un vert luisant. Cet arbrisseau jette beaucoup de drageons par la racine; on peut l'élever à la hauteur des orangers; fleurs blanches lorsqu'elles sont épanouies; fruits noirs dans leur maturité;

cet arbrisseau fleurit l'hiver et l'été. Originaire d'Espagne et d'Italie : cultivé en France dans les jardins, en le préservant des gelées. Les baies sont très purgatives. Virgile a chanté les viornes dans les beaux vers de ses églogues. Ils s'accommodent de tous les terrains, mais ils craignent les grandes gelées. On les cultive dans des pots; ils ornent les orangeries, parce qu'ils sont en fleur en février et mars.

1869. Le VIORNE COTONNEUX : feuilles en cœur, veinées, dents de scie, cotonneuses en dessous.

1870. L'AIRELLE OU MYRTILLE ; *Vaccinium myrtillus, vitis idæa foliis oblongis, crenatis, fructu nigricante.* Fleur monopétale, campanulée, imitant un grelot, blanche ou rose; huit étamines; baie d'un violet brun, à quatre loges, qui contiennent quelques semences menues. Feuilles pétiolées, dentées en manière de scie, imitant celles du buis, plus grandes et moins dures. Arbrisseau de 68 centimètres de haut tout au plus; très difficile à cultiver dans les jardins. Les baies ont un goût astringent, presque acide, assez agréable; elles sont rafraîchissantes; on les emploie en médecine, on en tire un suc que l'on fait épaissir en consistance de sirop.

1871. L'AIRELLE, CANNEBERGE ; *Vaccinium oxicæcos.* Feuilles blanches à bords roulés, lancéolées, tiges rampantes, filiformes; fleurs terminant les rameaux, au nombre de deux ou trois, rouges; la corolle rouge. Les baies rouges, acides, agréables à manger après qu'elles ont éprouvé les premières gelées. C'est un excellent remède dans toutes les maladies aiguës qui exigent les rafraîchissants.

1872. Le CHÈVRE-FEUILLE GERMANIQUE ; *Lonicera caprifolium Germanicum.* Fleur monopétale; cinq étamines. Baie ombiliquée; deux semences. Les feuilles se donnent en décoction, ainsi que les fleurs, pour calmer les coliques ou tranchées qui surviennent après l'accouchement; l'eau distillée des fleurs est ophthalmique.

1673. Le CHÈVRE-FEUILLE DES BOIS, FAUX CERISIER ;

Lonicera periclymenum. Fleurs en tête, pédoncules biflores.

1874. Le CHÈVRE-FEUILLE NOIR ; *Lonicera nigra.* Feuilles lancéolées, lisses ; calice à cinq segments ; corolle rouge ; cinq semences dans chaque baie, noire.

1875. Le CHÈVRE-FEUILLE DES BUISSONS ; *Lonicera xilofleum.* Feuilles un peu cotonneuses ; baies non réunies, rouges. Fleurs petites, d'un blanc un peu jaune.

1876. Le CHÈVRE-FEUILLE DES ALPES ; *Lonicera Alpigena.* Baies réunies, deux à deux ; feuilles lisses, ovales, lancéolées. Sur les montagnes. Deux baies qui n'en forment presque qu'une ; corolle jaune.

1877. Le CHÈVRE-FEUILLE BLEU ; *Lonicera cœrulea.* Baies réunies, n'en formant qu'une. Commun sur les montagnes de la Suisse.

1878. Le CHÈVRE-FEUILLE D'ACADIE ; *Lonicera Diervilla.* Feuilles dentelées ; fleurs en grappes terminant les rameaux. Originaire d'Amérique ; cultivé dans les jardins. Fleurs jaunes ; capsule allongée, à quatre loges et plusieurs semences ; feuilles repliées en gouttières. Ce petit arbrisseau ne craint point le froid. Du bois de cet arbrisseau on fait des tuyaux de pipe. Les chèvres et les moutons en mangent les jeunes pousses.

1879. Le GUI DE CHÊNE ; *Viscum album* ; forme la dernière section de cette classe. Son caractère essentiel est d'offrir les fleurs mâles séparées des femelles, sur des pieds différents ; la baie a une semence en cœur. La vénération superstitieuse des anciens druides a donné une grande célébrité au *gui de chêne.* Il a réussi quelquefois dans la goutte, dans la paralysie, l'épilepsie. Arbrisseau parasite, il ne retire aucune vertu de l'arbre sur lequel il est implanté. Les grives mangent les baies : on en retire une excellente glu.

VINGT ET UNIÈME CLASSE OU GROUPE.

Arbres et arbrisseaux à fleurs en rose : FAMILLE DES ROSACÉS.

I. *Arbres et arbrisseaux à fleur rosacée, dont le pistil devient un fruit unicapsulaire.*

1880. Le FUSTET DES CORROYEURS ; *Rhus cotinus coriaria.* Fleur rosacée ; cinq étamines, trois pistils ; baies renfermant une seule semence, presque triangulaire. Feuilles pétiolées, d'un beau vert, avec quelques nervures jaunâtres ; fleurs purpurines. L'Italie. Vulnéraire, astringent ; le bois sert pour les teintures jaunes ; les feuilles pour tanner les cuirs. On le regarde comme un poison pour les moutons.

1881. Le SUMAC ; *Rhus coriaria folio ulmi.* Caractères du précédent ; baie velue, renfermant un noyau globuleux. Cet arbrisseau jette beaucoup de drageons ; les jeunes tiges couvertes d'un duvet roussâtre, le bois tendre ; les fleurs rassemblées au haut des tiges, en grappes serrées en manière d'épis ; les baies recouvertes d'un duvet rouge. Les provinces méridionales de l'Europe. Les baies et les semences ont un goût âpre et aigrelet ; elles sont astringentes, rafraîchissantes, antiseptiques. On emploie les baies en décoction pour arrêter le flux de sang. Les feuilles peuvent servir de tan et remplacer le tan de chêne.

1882. Le TILLEUL ; *Tilia Europæa fœmina folio majore.* Fleur rosacée ; un grand nombre d'étamines. Capsule dure, coriacée, à cinq loges, une seule semence. *Feuilles :* cordiformes, d'un beau vert. Arbre dont la tige est haute, droite ; les fleurs répandent dans le mois de juin une odeur douce et très agréable. Le tilleul est spontané dans les bois du Languedoc. Les fleurs sont antispasmodiques ; les baies et les fruits sont astringents ; les fleurs passent pour apéritives ; l'écorce, après qu'on l'a fait rouir dans l'eau, sert à faire des cordes très fortes. On emploie pour les hommes les fleurs en infusion, en manière de thé, comme un excellent béchique. Voyez planche 140.

1883. Le TILLEUL D'AMÉRIQUE ; *Tilia americana.* Fleurs à nectaire. Feuilles velues, grandes ; fruit aigu. Cet arbre est des plus grands, son accroissement est assez rapide ; en dix ou douze ans, il forme des allées. Les anciens préféraient le tilleul à tout autre ombrage ; aussi les plantaient-ils à la porte des temples, des châteaux, et sur les places des villages. L'un des plus beaux tilleuls connus, est à *Saint-Germain du Tilleul*, dans le département de la Lozère, petit pays dans les montagnes, aujourd'hui chef-lieu de canton qui emprunte son nom distinctif à ce BEL ARBRE, planté le jour de l'entrée de Henri IV à Paris.

1884. Le MARRONIER D'INDE ; *Æsculus hippocastanum* *Fleur :* rosacée, inégalement colorée, sept étamines ; capsule coriacée, obronde, épineuse, à trois loges et à trois battants, contenant ordinairement une ou deux semences assez semblables à la châtaigne, mais sans pointe, recouverte comme elle d'une écorce brune et dure, nommée *marron d'Inde*. Grand arbre dont la tige est droite ; la tête belle, le bois tendre et filandreux ; les fleurs rouges et blanches, en grappes pyramidales ; originaire des Indes, naturalisé en Europe. Purgatives. La poudre de marron d'Inde est bonne pour les chevaux poussifs. Dans quelques pays on accoutume les moutons à manger les marrons d'Inde ; en les lessivant on a réussi à en nourrir les chevaux dans une disette de fourrage ; on a tenté aussi d'en tirer une cire propre à brûler ; on en a fait de l'amidon ; on s'en est servi comme de savon pour le blanchissage du linge ; malgré tous ces essais, le marronier d'Inde ne peut passer encore que pour un arbre d'agrément, mais il est à présumer que l'industrie parviendra à utiliser la fécule de ses fruits toujours très nombreuse.

1885. Le MARRONIER D'INDE PERUVIEN ; *Æsculus pavia.* Huit étamines. originaire d'Amérique. Corolles rouges. Le bois de ce marronier d'Inde pourrit promptement lorsqu'il est exposé à l'humidité ; l'écorce est fébrifuge et antiseptique, on la donne en poudre. On retire par la macération du fruit un excellent amidon. Les vaches et les moutons mangent les marrons d'Inde, même sans être macérés et s'engraissent. Les abeilles trouvent sur les fleurs une abondante récolte de miel et de cire. Cet arbre, a été apporté d'Orient en 1550 ; il est spontané dans l'Asie septentrionale.

II. *Arbres et arbrisseaux à fleur rosacée, dont le pistil* *devient une baie ou un fruit composé de plusieurs baies.*

1886. Le POIVRIER DU PÉROU ; *Schinus molle lentiscus* *Peruviana.* Fleur rosacée ; huit ou dix étamines ; baie globuleuse, semences rondes. Arbre qui s'élève assez haut dans son pays natal; les fleurs, d'un blanc qui tire sur le jaune, répandant ainsi que les fruits et les feuilles, une odeur aromatique qui approche de celle du poivre. Le Pérou, l'Afrique. L'écorce et les feuilles sont résolutives, les baies rougeâtres, stomachiques, toniques, se donnent en décoction.

1887. Le LENTISQUE DU PARAGUAI; *Molle*. Est un arbre qui devient assez grand dans son pays natal. Il s'élève aisément dans les orangeries, mais on ne peut l'exposer en pleine terre qu'à des sites abrités, en le couvrant avec soin, encore ne faut-il l'y mettre que quand il est un peu gros; il est cultivé en plein air dans le jardin des plantes à Montpellier. En faisant bouillir les baies dans l'eau, on obtient une liqueur vineuse, assez agréable, qui augmente le cours des urines. On retire de la tige, par incision, une résine odorante qui approche de la *gomme élémi*.

1888. Le MICOCOULIER; *Celtis australis fructu nigricante*. Fleurs rosacées; deux pistils; cinq étamines; sans corolle. Fruit à noyau, un peu charnu, globuleux. Feuilles pétiolées, dentées à leur bord. Grand arbre qui jette beaucoup de branches. L'Italie, le Languedoc. Feuilles et fleurs astringentes; fruits rafraîchissants. On s'en sert en décoction; ils arrêtent le cours de ventre. On voit au Jardin des plantes de Montpellier, des micocouliers aussi grands que des ormes adultes; on peut en faire des avenues; son fruit est comme une petite cerise sèche. On en mange beaucoup en Languedoc. Les oiseaux en sont friands. Du bois, on fait des brancards de cabriolet et des cercles de cuve. Dans un village près de Montpellier, les habitants retirent un grand revenu des micocouliers, ils savent diriger les bifurcations des branches de manière à obtenir une grande quantité de fourches qui se vendent dans toutes les provinces voisines; on les préfère pour lever les foins, parce qu'elles ne sont point cassantes.

1889. Le BOURGÈNE OU BOURDAINE, AULNE NOIR; *Rhamnus frangula*. Fleur et fruit, comme dans le nerprun; point de calice; corolle imperforée, baie contenant deux semences. *Feuilles*: pétiolées, veinées. Grand arbrisseau dont les tiges sont unies; l'écorce extérieure brune, l'intérieure jaunâtre; le bois blanc et tendre. Il croît sous les grands arbres des forêts humides; dans l'Europe tempérée. L'écorce intérieure est amère, un peu pliante, apéritive, purgative, lorsqu'elle est desséchée ; émétique, détersive, quand elle est verte ; le bois donne un charbon léger, très propre à faire la poudre à canon.

1890. Le LIERRE, *Hedera helix arborea*. Fleurs rosacées, rassemblées en manière d'ombelle dont l'enveloppe est dentelée ; baie ronde. Feuilles persistantes, pétiolées, fermes, luisantes, lobées. Grand arbrisseau dont le bois est tendre et poreux ; les tiges sarmenteuses, grimpantes, s'attachant aux arbres et aux vieilles murailles par des vrilles rameuses qui s'y implantent comme des racines ; les fleurs vertes rassemblées à l'extrémité des tiges, et disposées en espèce de grappes rondes. On le trouve dans toute l'Europe. Il découle du bois un suc qui s'épaissit, qu'on nomme *gomme de lierre*, et dont la saveur est âcre ; les feuilles astringentes, détersives ; les baies purgatives par le haut et par le bas, la racine très détersive et résolutive. L'usage intérieur de cette plante est dangereux. On emploie les feuilles contre la teigne des enfants ; on s'en sert pour le pansement des cautères et vésicatoires. La racine en poudre contre le *tœnia* ou *ver solitaire*.

1891. Le LIERRE RAMPANT ; *Hedera helix repens*. Feuilles des rameaux à fruits, ovales. Le lierre ne se nourrit point par ses vrilles qu'il implante sur les arbres, car si on coupe le tronc à racine, la plante périt au-dessus. Le bois assez spongieux, peut se plier au tour, on en fait différents ustensiles. Le bois et les feuilles du lierre rampant entretiennent l'écoulement des cautères, détergent les ulcères ; on met dans le cautère une boulette du bois, et on applique par-dessus la feuille. C'est une bonne pratique. Extérieurement on se sert de la décoction des feuilles contre la gale, les dartres. Les moutons et les chèvres mangent les feuilles du lierre.

1892. Le QUINQUINA ; *Cinchona* (1). Plante exotique de la famille des *rubiacées*, arbres et arbrisseaux de l'Amérique, dont l'écorce, réduite en poudre, est merveilleusement efficace pour combattre les fièvres ; mais qui a été encore plus merveilleusement remplacée par un médicament mo-

---

(1) Des motifs de convenance typographique nous déterminent à placer ici le *quinquina* et le *café*, quoique hors de la classe méthodique qui leur est propre. La grande utilité de ces deux plantes exotiques et leurs usages multipliés. soit en médecine, soit en économie domestique, nous ont paru autoriser suffisamment cette légère infraction à notre méthode, plutôt que de les passer sous silence.

derne, devenu un spécifique immanquablement éprouvé, contre ce genre de maladies : *le sulfate de quinine*, l'une des plus précieuses découvertes de ce siècle. On prépare une foule de remèdes efficaces contre diverses maladies, dont la base essentielle est le quinquina.

Nous croyons que c'est à ce précieux ingrédient qu'il convient de recourir pour calmer les douleurs de dents. C'est à lui, que l'excellente *eau dentifrice* de M. le docteur Hénoque, membre de la Légion-d'Honneur et médecin-dentiste de la Faculté de Paris, doit son efficacité et sa vogue. Autorisée par les meilleurs médecins qui en conseillent l'usage ; surnommée *le vrai trésor de la bouche*, l'eau du docteur Hénoque, rue Saint-Honoré, 361, dit un praticien distingué, « *purifie l'haleine*, lui donne de la » fraîcheur et un agréable parfum, *fortifie les gencives*, » *raffermit les dents* et les *blanchit sans altérer l'émail*, » prévient *la carie* et en arrête les progrès dès qu'elle se » manifeste. En appliquant sur la carie un peu de coton » imbibé de cette eau, on calme toujours et souvent on » guérit les douleurs de dents les plus vives. »

1893. Le CAFÉIER : *cafier*, *fève d'Yémen*, surnommé *eau du génie*, chanté par Delille, dénigré par madame de Sévigné, appartient à la famille des *rubiacées*. Raynal, dans son *Histoire du commerce des Européens dans les Indes*, dit que le caféier est originaire de la Haute-Éthiopie, et qu'il croît naturellement dans l'Arabie-Heureuse. On le cultive sur les montagnes à mi-côte ; l'eau favorise sa végétation. On fait deux ou trois récoltes de café, la plus productive a lieu au mois de mai. Le café est devenu d'un usage presque général dans nos grandes villes, pour le premier repas du matin, en le mélangeant avec du lait. On le prend aussi, très fréquemment au sein des familles aisées après le repas du soir, comme digestif et égayant l'esprit. Sa culture et son commerce sont l'une des richesses agricoles des colonies françaises. On prépare avec le café diverses liqueurs, des élixirs, des conserves, des glaces, des crèmes. M. Lescurre, pharmacien, rue de La Harpe, à Paris, obtient à froid avec le *café moka pur*, *l'essence perfectionnée de café* ; préparation qui conserve tout le principe aromatique et actif du café. « Cette *essence* de café, dit un » gastronome distingué, accueillie par un grand nombre » d'amateurs, en raison de sa saveur et de son arôme, » mérite de l'être aussi des marins, des voyageurs et des

» célibataires, par la facilité avec laquelle on obtient de
» suite un délicieux café. On peut la conserver indéfini-
» ment sans la voir s'altérer, et elle supporte les voyages
» de long cours. Deux petites cuillerées à café de cette es-
» sence suffisent pour une demi-tasse de café à l'eau, ou
» pour une tasse au lait. L'eau ou le lait doivent être chauf-
» fés et sucrés convenablement. »

1894. La VIGNE QUI DONNE DU RAISIN ; *Vitis vinifera*.
Fleur rosacée, composée de cinq petits pétales verts, d'un
petit calice à cinq dents ; cinq étamines. Fruit gros, bien
rond, quelquefois ovale, succulent, nommé *grain de raisin*, contenant environ cinq semences dures, en forme de
larmes, qu'on appelle pepins ; il en avorte toujours deux
ou trois. Feuilles pétiolées, grandes, palmées ou découpées
en cinq lobes. Racine ligneuse, peu profonde. Arbrisseau
sarmenteux ; l'écorce du tronc brune, gercée ; celle des
sarments lisse ; le bois cannelé ; les tiges garnies de vrilles
qui s'entortillent en forme de tire-bourre, autour des corps
qu'elles rencontrent ; les fleurs disposées en grappes. Cultivée dans tous les pays tempérés de France et spontanée
dans les haies, dans les bois des pays vignobles. Propriétés
de la vigne : les feuilles sont aigrelettes ; le fruit acerbe,
acide avant sa maturité ; doux, agréable lorsqu'il est mûr ;
encore plus doux et mucilagineux, lorsqu'il est sec ; ce
fruit est nourrissant, délayant, apéritif. Voy. pl. 107.

Le BON VIN est apéritif, cordial ; l'eau qui distille du cep
de la vigne, au printemps, est ophthalmique, ainsi que le
bois du sarment. Le bois s'emploie en décoction ; les
raisins secs entrent dans les tisanes. On tire de l'eau-de-
vie du vin, en le distillant. On se sert du vin doux, appelé
moût, et du *rob de moût*, qui prend le nom de *sapa*, lorsqu'il est réduit à la consistance du miel.

En France et même dans la majeure partie de l'Europe,
le *vin* est une des principales branches de l'alimentation
humaine. La France, surtout, est un *pays vignicole*, où
toutes les bonnes espèces de raisins sont cultivées avec
succès, autant pour les *vins blancs*, que les *vins rouges* et
les *vins paillés* ; mais il viendra un jour où la prévoyance
pourvoira, avec plus de soin, à la conservation de ce précieux élément de la santé des familles. Le vin pris avec
modération est la base de toutes les constitutions physio-
logiques solides, des tempéraments robustes, des caractères
sereins, nobles, gais et généreux. Si l'abus du vin est un

vice odieux, son usage modéré est une nécessité de la vie humaine, qui mérite d'être réglée et combinée par les familles avec plus de soin qu'elles n'y mettent. Nos pères soignaient leurs caves aussi bien que leurs greniers : et lorsque des maladies imprévues venaient les assaillir, ils avaient pour leur convalescence, les vins généreux des meilleurs crus, vieillis dans des fûts confectionnés exprès, ou goudronnés dans des amphores de verre, qu'ils appelaient du nom qui leur venait du vieil Horace : *têtes pieuses !* De nos jours, avec l'aisance, devenue de plus en plus générale par les progrès du commerce, de l'imdustrie et de la locomotion, les *bons vins vieux et naturels* sont conservés, manipulés, soignés et multipliés, par des grands propriétaires ou commerçants, qui les livrent aux consommateurs, sur tous les points de l'Europe : mais à Paris surtout, à des prix que tous les ménages aisés peuvent atteindre : principalement pour les besoins de la santé ou les occasions extraordinaires de réunion et de fête : telles que mariages, baptêmes réjouissances publiques et de famille. L'usage du vin étant devenu général parmi les populations laborieuses de nos grandes cités, la société moderne avait un grand problème à résoudre, au point de vue de l'hygiène, concernant ce précieux liquide alimentaire. *Comment procurer aux consommateurs, devenus de plus en plus nombreux, à des prix modérés et accessibles, un vin généreux, naturel, sans falsifications malfaisantes, en améliorant les meilleures qualités connues de ce liquide, et lui enlevant les défectuosités que le bon goût et les sciences médicales pouvaient antérieurement lui reprocher ?* Tel était le problème qui, au premier abord, semblait d'une solution difficile, et qui cependant était résolu chaque année individuellement dans les départements interméridionaux de la France, par le simple bon sens de quelques familles aisées, soigneuses des provisions essentielles à leur ménage. A Paris, ce problème a été résolu aussi depuis plusieurs années par *la Compagnie Bordelaise et Bourguignone* dont le siége central est rue Richer, n° 22. Dirigée par des hommes de la plus haute intelligence et d'une probité tout à fait humanitaire, cette compagnie est parvenue à livrer au public des vins supérieurs à ceux de Bordeaux et de Bourgogne et parfaitement appropriés aux divers besoins de l'alimentation et de la santé, pour des prix extraordinairement abaissés. Tout le secret de son système commercial dans les vins consistait : d'un côté, dans la prévoyance qui fait acheter et réunir les approvisionnements pendant les années d'abondance ; et de l'autre côté, à profiter des lumières que la chimie et les sciences exactes ont répandues, depuis le commencement de ce siècle, sur les éléments constitutifs de chaque espèce de denrée alimentaire. On sait, en effet, que la chimie a exactement déterminé les proportions d'alcool, de tannin et de matières extractives ou colorantes et mucilagineuses qui entrent dans les vins de tous les crus de France ; bâsées sur cette connaissance certaine, les *sciences médicales* et *l'ygiène* ont désigné la nature des vins convenables à chaque tempéramment, à chaque constitution, à chaque état physiologique des fonctions digestives. Nous avons parlé de cette théorie dans le *Médecin du corps et de l'âme*, en traitant des *vins au point de vue de l'hygiène privée*. *La Compagnie Bordelaise et Bourguignonne*, inspirée par l'exquis bon sens de son directeur, eut il y a quelques années l'idée aussi heureuse que bienfaisante d'appliquer ce système à la consommation publique du vin à Paris. Profitant des belles années d'abondance que nous avons vues, pendant lesquelles le vin, dans les départements interméridionaux de la France, se vendait à peine le prix de la futaille destinée à le contenir, *la Compagnie Bordelaise et Bourguignonne* fit des achats très considérables dans l'Angoumois, le Quercy, le Périgord, le Roussillon : et au lieu de mélanger ces vins à leur arrivée à Paris, comme beaucoup de commerçants l'avaient fait jusqu'alors, avec les petits vins d'Argenteuil, de Surène ou de la haute Bourgogne, dont les principes nutritifs sont presque aussi faibles que ceux des simples piquettes des pays vignicoles du Midi, elle appliqua les découvertes de la chimie au mélange des différents vins de la Charente, de la Dordogne, du Lot, Lot-et-Garonne et autres départements vignicoles dont les produits en ce genre contiennent des principes plus généreux et plus nutritifs que les vrais vins de Bordeaux et ceux de la Basse-Bourgogne, jusqu'alors les seuls connus à Paris. Par ce mélange judicieux, les proportions alcooliques et nutritives de ces divers vins furent non-seulement ramenées à celles des vrais vins de Bordeaux et de la Basse-Bourgogne ; mais leurs qualités extérieures déterminées par le bon goût leur devinrent supérieures ; à tel point que nous connaissons un grand nombre de personnes de Cahors, d'Angoulême, de Périgueux , d'Agen , de Narbonne et de Perpignan , qui ayant fait longtemps usage des vins de leur propre pays, ainsi combinés par la *Compagnie Bordelaise et Bourguignonne*, leur ont trouvé toutes les qualités désirables pour la santé, sans aucun des défauts de goût ou de terroir qu'ils portent avec eux dans leur état primitif. C'est donc un préjugé de croire qu'on ne boit à des prix modérés à Paris, que des vins falsifiés et dépourvus des qualités hygiéniques nécessaires à la santé. Cela peut arriver quelquefois aux barrières et hors Paris ; mais dans l'intérieur de cette capitale , les vins d'ordinaire y sont aussi sains et de meilleur goût que dans leur propre pays natal. Cette amélioratiion notable, dans le commerce des vins à Paris, est due principalement à la *Compagnie Bordelaise et Bourguignonne*, sur les traces de laquelle la plupart des notables commerçants se sont empressés de marcher en imitant du mieux qu'ils peuvent le mode de ses achats et de ses combinaisons. C'est aussi là le secret de son immense débit et de la juste confiance qu'une multitude de familles accordent à ses vins, dont elles ont éprouvé la bienfaisance et la bonté , sans être écrasées par des prix inaccessibles aux petites bourses, toujours les plus nombreuses. Un tel succès était digne de l'intelligente probité et des sentiments philanthropiques de M. Villecoq , l'un des directeurs de cette compagnie , aussi bien que de ses collègues accesseurs , dans cette entreprise industrielle et d'humanité au sein d'une immense population. Tout Paris sait que pour satisfaire à l'innombrable multitude de ses clients, la Compagnie Bordelaise a été obligée d'établir plusieurs succursales de son centre commercial sur les principaux points de cette capitale. Tel est l'état de la consommatiou du vin à Paris, en 1855.

1895. La VIGNE QUI DONNE DU RAISIN BLANC : mêmes caractères que la précédente ; feuilles plus blanchâtres. Très cultivée à Chablis, en Bourgogne ; à Sauterne, dans la Gironde ; à Bergerac, Dordogne ; sur les bords du Rhin.

1896. La VIGNE QUI DONNE LE RAISIN MUSCAT : mêmes caractères que la précédente ; le goût du raisin est parfumé, exquis et le plus cordial de tous. Cultivée spécialement à Lunel, près de Montpellier.

1897. La VIGNE QUI DONNE LES RAISINS DE ROI : comprend tous les malagas, le furming de Hongrie, l'œillat de Milhau et de Montpellier.

1898. La VIGNE QUI PRODUIT LE RAISIN GAMÉ : très noir et mucilagineux, introduit dans ces derniers temps dans la Haute-Bourgogne, pour donner de la couleur aux petits vins de ce pays.

1899. L'ÉPINE-VINETTE; *Berberis dumetorum*. Fleur rosacée, jaune, à six pétales; six étamines; baie marquée à son sommet d'un point noir, contenant deux semences, petits pepins durs. Cet arbrisseau s'élève de 1 mètre 68 centimètres à 2 mètres. Fruits d'un beau rouge dans leur maturité. Les terrains secs et sablonneux. On emploie les fruits secs dans les tisanes et décoctions astringentes.

1900. L'ÉPINE-VINETTE DE CRÈTE; *Berberis Cretica*. Les baies de cette épine-vinette sont très acides ; on les regarde, d'après une foule d'observations, comme un des plus puissants secours dans le traitement des maladies aiguës et des fièvres rémittentes; le sirop en tempère l'ardeur, diminue le délire, modère les redoublements. Cet arbuste étant bien armé, il est utile pour fortifier des haies. Les vaches, les chèvres et les moutons mangent les feuilles, que les chevaux négligent. Un *phénomène singulier*, qui prouve que le mouvement spontané n'est point refusé aux végétaux, c'est que si on irrite les filaments de l'épine-vinette, ils partent avec célérité et s'appliquent sur le pistil; ce mouvement arrive aussi sans irritation ; car on les trouve tantôt collés sur le stigmate, tantôt divergents. Voy. pl. 106.

1901. L'ÉPINE-VINETTE, *à baies sans pepins*.

1902. L'ÉPINE-VINETTE, dont les baies ont quatre semences; épines simples; fleurs blanches.

1903. La RONCE; *Rubus vulgaris, fructu nigro*. Fleur rosacée, de cinq pétales. Fruit ressemblant à celui du mûrier. Arbrisseau dont les tiges sont pliantes, se ramant dans les haies, rampantes à terre ; les fruits rouges, avant la maturité, noirs, quand ils sont mûrs; acidules, nourrissants, rafraîchissants. Les feuilles fournissent des décoctions pour gargarismes et les fruits du sirop.

1904. Le FRAMBOISIER ; RONCE DU MONT IDA ; *Rubus idœus spinosus*. Fruit et fleur, comme dans la précédente. Feuille d'un beau vert. Arbrisseau dont les tiges ne sont pas rampantes, mais faibles, pliantes. Les fruits rouges, velus. On le trouve spontané sur les Alpes, les Pyrénées ; cultivé dans les jardins. Fruits acides ; un peu aromatiques, agréables au goût et à l'odorat lorsqu'ils sont mûrs.

1905. La RONCE BLEUATRE ; *Rubus cœsius*. Tige ronde, armée d'épines. Baie bleuâtre, souvent composée de trois ou quatre grains seulement.

1906. La RONCE DE ROCHE ; *Rubus saxatilis*. Tiges herbacées ; feuilles nues ou lisses ; rameaux rampants, non ligneux ; baie rouge, composée seulement de deux, trois ou quatre grains ; fleurs petites.

1907. La RONCE DU NORD ; *Rubus arcticus*. Feuilles trois à trois ; tige sans épines, ne portant qu'une seule fleur ; baie rouge, acide, aigrelette.

1908. La RONCE FAUSSE MURE ; *Rubus chamœmorus*. Feuilles simples ; tige uniflore, sans épines. Les fruits de toutes les ronces, contiennent le principe muqueux saccharin ; leur suc peut fermenter, donner du vin et des esprits ou eaux-de-vies. On cultive le framboisier, parce que son fruit est doux, aromatique. Les chèvres et les moutons mangent avec avidité les feuilles des ronces.

III. *Arbres et arbrisseaux à fleur rosacée, dont le pistil devient un fruit unicapsulaire.*

1909. L'ÉRABLE BLANC ; SYCOMORE A FORME DE PLATANE ; *Acer montanum candidum pseudo platanus*. Fleurs rosacées ; huit étamines. Grand et bel arbre dont le tronc s'élève très haut ; les fleurs d'un vert jaunâtre, disposées au sommet des tiges, en grappes. Cet arbre croît à l'ombre dans les hautes forêts de la Suisse. Au Canada, on retire le suc, sous la forme d'une liqueur limpide, en faisant des incisions à l'écorce depuis le mois de novembre jusqu'en mai ; on en fait évaporer les parties aqueuses par l'action du feu ; le résidu prend le nom de *sucre d'érable*.

1910. L'ÉRABLE ROUGE ; *Plaine*. Le sucre qu'on retire de sa liqueur se nomme *sucre de plaine ;* il a les mêmes propriétés que le *sucre de canne*. On emploie le sucre de l'érable, dans les rhumes et dans les maux de poitrine.

1911. L'ÉRABLE PLATANIER ; *Acer plantanoïdes*. Feuilles à dents fines ; fleurs en corymbe droit, d'un blanc verdâtre. Arbre moins grand que le précédent.

1912. L'ÉRABLE COMMUN ; *Acer campestre*. Feuilles échancrées. Arbre peu élevé ; écorce crevassée ou gercée : fleurs petites, verdâtres, en grappe paniculée.

1913. L'ÉRABLE DE MONTPELLIER ; *Acer Monspessulanum*. Feuilles lisses, dentées. Arbre moyen, écorce rougeâtre. On retire tous les ans des érables du Canada pour 12 à 15 millions de francs de sucre ; ce sucre est dur , d'une couleur rousse , un peu transparent, d'une odeur suave et fort doux sur la langue. On en fait des confitures excellentes. Deux cents litres de suc d'érable produisent ordinairement dix kilos de sucre. Cette liqueur, au sortir de l'arbre, est claire et limpide, fraîche. Toutes les espèces d'érables reprennent facilement lorsqu'on les transplante et s'accommodent des plus mauvais terrains. L'accroissement du sycomore est rapide , on peut avoir des allées ombragées en douze ans. Voy. pl. 92.

1914. Le FAUX PISTACHIER , NEZ COUPÉ, STAPHYLLIER ; *Staphyllæa pinnata staphylodendron*. Fruit renfermant des amandes ; feuilles jaunâtres. Grand arbrisseau de 5 à 7 mètres 68 centimètres, qui se taille aisément en buisson ; les fleurs blanches, disposées en grappes longues, pendantes ; cultivé en plein air. Dans le staphyllier, deux semences à cicatrice, constituent le caractère essentiel. Il vient très bien, même dans les terres médiocres, et fleurit en mai, en même temps que le cytise des Alpes. On mélange ces deux arbres à cause que l'un porte des grappes blanches et l'autre des grappes jaunes ; ils produisent un bel effet dans les bosquets du printemps. Les enfants mangent les amandes, qui ont cependant un goût assez désagréable. On fait des chapelets avec les noyaux qui ressemblent au bois de coco.

1915. Le PALIURE, PORTE CHAPEAU ; *Rhamnus paliurus*. Fleurs rosacées, comme le nerprun. Baie divisée en trois loges qui contiennent trois semences ; feuilles d'un vert clair. Joli arbrisseau ; les tiges horizontales, armées d'épines crochues à leur insertion. Les haies d'Italie.

1916. La MÉLIA AZEDARACH ; faux sycomore de Provence, ou lilas des Indes. Fleur rosacée ; dix étamines. Fruit charnu, contenant un noyan. Feuilles imitant celles du frêne. Grand arbrisseau dont la tige est droite, l'écorce verdâtre ; les fleurs bleues. Le Languedoc ; cultivé dans les jardins ; il craint la gelée. Les fruits sont dangereux à manger.

1917. Le FUSAIN, BONNET DE PRÊTRE, à graines rouges, petites feuilles ; *Evonimus Europœus*. Fleurs rosacées. Grand arbrisseau dont les troncs sont droits ; écorce lisse ; le bois dur ; les fleurs petites, verdâtres, dichotomes ; les fruits rouges. Purgatif, émétique, dangereux. Le fruit et les feuilles purgent violemment les bestiaux et sont très pernicieux pour eux, surtout aux moutons et aux chèvres.

1918. Le FUSAIN A LARGES FEUILLES. Fleurs pour la plupart à cinq pétales. Voy. planche 90.

1919. Le FUSAIN DARTREUX ; *Evonimus verrucosus* : dont les rameaux sont chargés de verrues ; fleurs à fruit rose ; le tronc de cette espèce fournit de petites planches veinées de rouge, de blanc, sur un fond jaune. On prépare avec ses branches, des charbons pour les dessinateurs : le bois, qui est très dense, est recherché pour les ouvrages de tour et de marqueterie ; la décoction des feuilles et des baies purge et fait vomir. Le goût vraiment amer et répugnant du fruit, annonce de l'énergie : séché et mis en poudre, il fait périr les poux. On se sert du bois pour faire des lardoires ; l'enveloppe des graines fournit une *teinture jaune*.

1920. Le SERINGA BLANC, ODORANT ; *Syringa alba ;
Philadelphus coronarius*. A fleur rosacée. Feuilles pointues. Grand arbrisseau dont la tige est droite ; les fleurs
blanches, odorantes, pédonculées, disposées en corymbe ;
cultivé dans les jardins.

1921. Le SERINGA à fleurs doubles.

1922. Le SERINGA à feuilles panachées de jaune.

1923. Le SERINGA NOIR ; qui ne porte point de fleur.
Les seringa sont des arbrisseaux peu délicats sur la nature
du terrain, ils se multiplient par des drageons enracinés
qui se trouvent auprès des gros pieds ; fleurissent en mai.
Les fleurs, assez grandes et nombreuses, produisent un
bel effet dans les bosquets au printemps.

1924. Le SERINGA SANS ODEUR, à feuilles sans dents.
Originaire d'Amérique, est cultivé pour recouvrir des berceaux dans les jardins d'agrément, où on le mêle avec le
jasmin, la vigne et le chèvre-feuille.

IV. *Arbres et arbrisseaux à fleur rosacée, dont le pistil devient un fruit composé de silicules ramassées en forme
de tête.*

1925. Le SPIRÉA : fleur rosacée ; vingt étamines ; cinq
capsules renfermant de petites semences pointues. Feuilles
dentées en manière de scie, imitant celles de l'aubier.
Arbrisseau dont les tiges sont droites ; les fleurs au sommet
disposées en corymbe ; les capsules, des fruits jaunâtres.
Originaire du Canada ; ses feuilles sont vulnéraires, astringentes.

1926. Le TAMARIN D'ALLEMAGNE : fleur rosacée ; cinq
pétales ; calice très petit ; dix étamines contenant plusieurs
petites semences aigrettées. Grand arbrisseau de 3 mètres
34 centimètres. Feuilles toujours vertes ; en forme d'alène,
placées à la base des ramifications. On emploie pour
l'homme les écorces du bois et de la racine dans des apozèmes et des tisanes apéritives.

1927. Le TAMARIN DE NARBONNE ; *Tamariscus gallica*

Narbonensis. Caractères du précédent ; la fleur n'a que cinq étamines ; l'écorce rude, grise en dehors, rougeâtre en dedans. Environs de Narbonne. Usages du précédent.

V. *Arbres et arbrisseaux à fleur rosacée, dont le fruit est une gousse.*

1928. Le séné, à feuilles obtuses ; *Cassia senna italica.* Fleur à cinq pétales ; dix étamines. Légume oblong, recourbé, contenant plusieurs semences attachées aux bords supérieurs de la gousse. Feuilles conjuguées. Quoique cette plante soit annuelle, elle a le port d'un arbuste, et ses tiges ligneuses passent ordinairement l'hiver. Les fleurs sont disposées en grappes ; cultivé en Égypte et en Arabie. Les feuilles et les follicules sont d'une saveur âcre, nauséeuse, purgative, par excellence. On donne le séné en substance et en infusion, en l'associant avec la rhubarbe.

1929. La casse fistuleuse d'Alexandrie. Caractères du précédent. Légume très long, dur, divisé intérieurement par des cloisons qui renferment une pulpe noire ; les semences jaunâtres, cordiformes, aplaties, dures. Feuilles conjuguées. Arbre ressemblant au noyer ; l'écorce dure, noirâtre ; les fleurs pédonculées. L'Égypte, les Indes, transporté de l'Afrique en Amérique. La pulpe du fruit a un goût doux et fade ; c'est un purgatif doux. La décoction se donne en boisson ou en lavement. On donne aux animaux la décoction de la casse faite avec la moelle. Le genre des casses, *Cassiæ,* renferme plus de *trente espèces,* toutes étrangères.

1930. La tamarin d'Arabie ; *Siliqua Arabica tamarindus.* Fleur rosacée. Le tronc de cet arbre a quelquefois 3 mètres 34 centimètres de circonférence ; l'écorce est brune et gercée. L'Égypte, l'Arabie, les Indes, le Sénégal.

1931. Le prunier : bel arbre fruitier, de la famille des rosacées. Fruit à noyau, appelé *prune.* La culture fait varier à l'infini cet arbre précieux. La couleur, la forme, le goût des fruits, constituent un très grand nombre d'espèces qu'on multiplie par la greffe. Originaire de la Dalmatie et de la Syrie; naturalisé dans toute l'Europe. A Agen, à Tours, on le cultive en grand; son fruit est acidule, doux, nourrissant, rafraîchissant, délayant, laxatif. On l'emploie pour les tisanes, on le fait sécher; alors, il prend le nom de pruneau.

1932. Le PRUNELIER, OU PRUNIER SAUVAGE; *Prunus sylvestris spinosa*. Caractères du précédent. Fruit moins gros, plus rond, nommé *prunelle*. Arbrisseau qu'on trouve dans les lieux arides; propre à faire des haies; ses tiges épineuses sont recouvertes, très souvent, d'un lichen foliacé, blanc en dessous, *Lichen pinastris*. Toutes les parties de cette plante, et surtout le fruit avant sa maturité, sont âpres, astringentes, fébrifuges, résolutives, répercussives. Des feuilles, des fleurs, de l'écorce, on fait des décoctions, des infusions et une eau distillée qui passe pour sudorifique; le fruit, avant sa maturité, donne un suc dont on fait un extrait très astringent, connu sous le nom d'*Acacia nostras*. Les paysans des pays montagneux préparent une boisson rafraîchissante avec les *prunelles*.

1933. L'ABRICOTIER; PRUNIER D'ARMÉNIE, à gros fruit. Caractères des précédents; le fruit, nommé *abricot*, charnu. Originaire d'Arménie; naturalisé dans toute l'Europe. Le fruit est doux, agréable, un peu aromatique; la chair du fruit nourrissante, béchique; l'amande rafraîchissante, émulsive; elle fournit une huile qui peut s'employer dans les mêmes cas que celle d'amande douce. L'abricotier est un bel arbre qui exige une bonne exposition à l'abri du nord; on le cultive en abondance près de Paris, à Montreuil, dans des jardins abrités par des murailles. On prépare avec les noyaux d'abricots, l'espèce de sirop appelé *orgeat*; la marmelade d'abricots est une des meilleures confitures.

1934. Le PRUNIER A GRAPPE; PULTIER; *Prunus padus*. Fleurs en grappes; feuilles caduques, lancéolées, à dents de scie. En Alsace, en Dauphiné. Le fruit petit, d'un goût désagréable.

1935. Le PRUNIER-LAURIER-CERISE ; *Prunus-lauro-cerasius*. Fleurs en grappes ; feuilles persistantes , à deux glandes sur le dos. Originaire de Turquie, introduit en Europe en 1576. Il y en a dont les feuilles sont panachées de jaune et de blanc. Cet arbrisseau supporte très bien les hivers, et si des froids excessifs font périr les branches, il repousse des racines ; on le multiplie de marcottes ; on greffe avec succès le laurier-cerise sur le cerisier. Comme ses feuilles ne tombent point l'hiver, on l'introduit dans les bosquets de cette saison ; ses belles fleurs en pyramide, se développent au mois de mai. Le bois fournit d'excellents cercles pour les barils.

1936. Le PRUNIER ODORANT : à fleurs en corymbe terminant les rameaux.

1937. Le PRUNIER-CERISIER ; *Prunus cerasus*. En Europe, on cultive une multitude d'espèces de cerisiers. *Cerises rouges*, *acides*, à *fleurs roses*, à *fleurs doubles*, cerises blanches ; cerises dont la chair est molle et aqueuse ; cerises à suc très noir ; cerises à chair ferme. Le pédoncule plus ou moins long, les fruits plus ou moins gros, la couleur du fruit incarnate, blanche, noire, rouge, constituent autant d'espèces. Le cerisier conserve longtemps ses feuilles, et forme des allées très agréables jusqu'en automne. On prépare avec le suc de cerises un vin qui prend beaucoup de spiritueux si on y ajoute du sucre.

1938. Le PRUNIER DES OISEAUX ; MERISIER ; *Prunus avium*. Cette espèce n'est peut être que le type primitif de la précédente.

1939. Le CERISIER GRIOTTIER : bigarreautier , dont la cerise sauvage est noire. On prépare avec ce fruit un excellent ratafia , et par la distillation le *kirsch-waser* de la Forêt-Noire, espèce d'eau-de-vie blanche et amère.

1940. Le PRUNIER DOMESTIQUE ; *Prunus domestica*. A

rameaux sans piquants, est cultivé dans toute l'Europe. C'est un des arbres dont la culture a produit le plus de variétés à la forme, à la couleur, à la figure, au goût du fruit. Prunes violettes, grandes et petites, douces et aigrelettes , noires, couleur de cire, ou d'une jaune pâle; prunes rouges, rondes, jaunes, grosses comme des pommes ; petites prunes printanières; petites prunes d'un vert jaunâtre ; prunes blanches; grosses prunes jaunes, très douces ; petites prunes noires, pourpres, douces. On fait dessécher plusieurs variétés de pruneaux , ce qui forme une branche de commerce considérable; la plus agréable des variétés , c'est la reine claude, qui est très fondante. Les pruneaux doux contiennent en abondance le principe saccharin et muqueux ; leur suc est minoratif, laxatif, et un bon excipient des sels purgatifs, du séné, de la casse, de la rhubarbe. Les pruneaux aigrelets sont rafraîchissants, ils sont indiqués dans le traitement de plusieurs maladies aiguës.

1941. Le PÊCHER ; *Amygdalus Persica molli carne, vulgaris, viridis et alba.* Fleur rosacée, une trentaine d'étamines. Fruit à noyau charnu, nommé *pêche.* Le pêcher varie suivant la culture; le bois dur. Originaire de la Perse, naturalisé en Europe. Les feuilles sont amères, les fleurs aromatiques, antiseptiques, fébrifuges, purgatives, vermifuges; la chair du fruit rafraîchissante. Des fleurs, on fait un sirop purgatif; on les emploie aussi en infusion ; on donne aux animaux l'infusion des feuilles.

1942. Le CERISIER FRANC; *Prunus cerasus sativa.* Caractères du prunier. Fruit rouge, nommé *cerise,* le noyau obrond. La grosseur, la saveur et la couleur du fruit varient selon les espèces, qui sont très multipliées. La gomme du cerisier , ainsi que celle de l'abricotier , peuvent être substituées à la gomme arabique , qui cependant est préférable.

1943. Le CERISIER RAMEUX; BOIS DE SAINTE-LUCIE , Putier de Tournefort; *Prunus padus.* Caractères du précédent; la fleur et le fruit plus petits; le bois plus dur; coloré et odorant; les fleurs disposées à l'extrémité des grappes rameuses; le bois est sudorifique.

1944. L'AMANDIER; *Amigdalus communis sativa*. Caractères, fleur et fruit, comme dans le pêcher. Le fruit, nommé *amande*, coriacé, sec, renferme un noyau ovale, dans lequel on trouve une graine huileuse. Arbre indigène dans la Mauritanie; cultivé en Europe, souvent dans les vignes, auxquelles son ombrage n'est pas nuisible.

1945. L'AMANDIER DOUX : dont le fruit sert à faire une huile très laxative, qui entre dans la confection d'un cérat qui ne rancit pas; son amande a une saveur agréable; elle est huileuse et couverte d'une poussière résineuse; les amandes, en général, sont pesantes à l'estomac, laxatives et anodines.

1946. L'AMANDIER A FRUIT AMER : dont les amandes sont stomachiques, fébrifuges. On tire des amandes amères une huile exprimée qui est anodine, carminative, douce comme l'autre, et propre aux douleurs d'oreille; on donne aux animaux l'huile d'amandes douces, dans beaucoup de leurs maladies.

1947. L'AMANDIER-PÊCHER; *Amygdalus persica*. Arbre délicat qui, pour être bien conservé, exige une bonne position et un abri. La culture produit plus de trente variétés distinguées par les fleurs et par le fruit. La pêche bien mûre et fondante, ne mérite aucun reproche; lorsqu'on en mange modérément, elle humecte, rafraîchit. Elle fait du bien, surtout aux hypochondriaques.

1948. L'AMANDIER NAIN; *Amygdalus nanus*. Originaire de Sibérie. On cultive, en France, cet arbrisseau. Il produit un bel effet par ses fleurs rouges, très nombreuses, répandues dans la longueur des branche.

1949. Le JUJUBIER; *Rhamnus ziziphus*. Caractères du nerprun. Grand arbrisseau à fruits d'un beau rouge dans leur maturité. Le jujubier ne mûrit son fruit que dans les provinces méridionales de France. Il est nourrissant, doux, agréable, expectorant, adoucissant, légèrement diurétique. On l'emploie en tisane, ou dans des apozèmes pectoraux.

1950. Le LAURIER-CERISE ; *Prunus laurocerasus.* Caractères du prunier. Fleur et fruit plus petits ; noyau pointu, marqué d'un sillon. Arbrisseau apporté de Trébizonde, en 1576, naturalisé en France. Les fleurs et les feuilles ont l'odeur et le goût de l'amande amère. On fait infuser les feuilles du laurier-cerise dans le lait, pour lui donner un goût agréable. Des expériences précises prouvent qu'on doit en ménager la dose, quoique le lait, ainsi que l'émétique, soit un contre-poison. Un cheval morveux ayant été traité avec le laurier-cerise, le vingt-septième jour, l'animal eut des coliques qui le tourmentèrent pendant un quart-d'heure seulement ; les trois jours suivants, on continua, ce qui ne produisit aucun effet. La liqueur du laurier-cerise est mortelle pour les moutons, pour les chiens et pour l'homme, si elle est administrée à haute dose ; donnée graduellement par gouttes, dans un quart de verre d'eau sucrée, depuis cinq gouttes jusqu'à dix, soir et matin, elle est un excellent remède contre les palpitations.

VIII. *Arbres et arbrisseaux à fleur rosacée, dont le calice devient un fruit à pepin.*

1951. Le POIRIER ; *Pyrus communis.* Toutes les personnes lettrées, qui savent le latin, connaissent ce beau vers de Virgile au sujet des poires et des poiriers :

« *Insere, Daphnis pyros, carpent poma tui nepotes.* »
« Daphnis greffe des poiriers, tes petits-fils récolteront les poires. » Le poirier est un arbre cultivé dans toute l'Europe. Le fruit est doux, sucré, succulent, un peu indigeste, venteux ; la semence vermifuge. Avec le fruit on fait une liqueur spiritueuse, nommée *poiré,* qui s'aigrit facilement pendant les chaleurs de l'été, et se conserve moins que le vin de pomme ; elle est désaltérante et passe pour stomachique.

1952. Le COIGNASSIER ; *Pyrus cydonia.* Les coings ronds

forment une variété, l'arbre qui les porte se nomme *coignas-sier*. Il croît sur les bords du Danube ; cultivé dans toute l'Europe ; propre à faire des haies hautes et fortes. Le fruit est stomachique, antiémétique, astringent, laxatif, lors-qu'on en mange beaucoup ; les semences sont mucilagi-neuses et adoucissantes. Du fruit l'on fait un vin ; des con-fitures, une gelée nommée *cotignac* ; les semences macérées dans l'eau, entrent dans les gargarismes, dans les collyres contre l'ophthalmie, dans les lavements pour apaiser les tranchées ; on s'en sert aussi pour diminuer les douleurs des hémorrhoïdes, pour arrêter les diarrhées. On en fait des tablettes bonnes contre le *mal de mer*.

1953. Le POMMIER ; *Pyrus malus*. Les pommes pren-nent différents noms, selon les variétés établies par leur forme, leur goût, leur couleur, qui sont prodigieusement diversifiées. Cultivé dans toute l'Europe. Le fruit du pom-mier est acidule, savoureux, d'une odeur agréable, rafraî-chissant, béchique, diurétique. Il communique ses vertus à toutes les préparations ; on le fait entrer dans les tisanes délayantes, apéritives, laxatives. Le pommier donne son nom à l'une des régions botaniques de la France. On fait avec les pommes de la gelée très délicate ; on les fait sé-cher au four, pour les manger pendant l'hiver, sous le nom de *pommes tapées*. On fait avec le cidre une boisson qui, en Normandie, remplace le vin.

1954. Le POMMIER SAUVAGE : s'élève en grand arbre ; il est épineux, à fruit âcre ; la culture offre une foule de va-riétés relatives à la grandeur de l'arbre, et surtout à la forme et au goût du fruit. On connaît des pommes de toute gros-seur depuis la grosseur d'une noix, jusqu'à celle de la tête d'un enfant ; des pommes acidules, d'autres douces ; des pom-mes rondes et allongées, des blanches, des vertes, des roses, des rouges. La fleur de dix-huit à vingt étamines. C'est un préjugé de croire que les pommes et les autres fruits analo-gues, donnent origine à la dyssenterie ; les grandes et funestes épidémies de cette maladie, commencent avant la maturité des fruits. Les pommes n'ont jamais causé la fièvre, c'est encore une imputation mal fondée. La décoction des *pommes acidules* est une excellente tisane dans les maladies aiguës. La pulpe des rainettes, appliquée sur les yeux attaqués d'inflammation, calme la douleur. Voy. pl. 134.

1955. Le POIRIER-COIGNASSIER ; *Pyrus cydonia*. Fleurs solitaires ; est cultivé dans les jardins. On peut en greffer les rameaux sur poirier sauvage. L'odeur de cette sorte de coings est forte, pénétrante.

1956. Le SORBIER, CORMIER ; *Sorbus sativa*. Baie molle, nommée *sorbe* ou *corme*, globuleuse, ombiliquée, renfermant trois semences cartilagineuses. Arbre d'une médiocre hauteur ; le bois dur, rougeâtre. Les pays chauds ; cultivé en Europe. Le fruit a un goût très acerbe avant sa maturité, en mûrissant il devient mou, fade, doux ; il est indigeste et astringent. On laisse ramollir les sorbes sur la paille comme les nèfles ; elles mûrissent et deviennent plus agréables au goût. Du fruit, on tire une eau distillée, qui entre dans les potions et juleps astringents ; le suc exprimé et fermenté devient vineux et ressemble au poiré ; il est plus fort que le cidre.

1957. Le SORBIER DES OISELEURS ; *Sorbus aucuparia*. Arbre droit, rameux de 6 à 6 mètres 34 centimètres. Fleurs en bouquets ; baie ovale, très rouge, renfermant de trois à cinq semences. Le bois, qui est très dur, sert à faire des vis de pressoirs, des rayons de roues, des timons de voitures ; les *graveurs sur bois* le recherchent. Ce fruit fournit une bonne nourriture aux grives, aux jaseurs de Bohême, aux coqs de bruyères.

1958. Le SORBIER DOMESTIQUE : à fruit de la grosseur d'une petite pomme, en forme de poire ; jaune ou un peu rouge ; il est très acerbe ; mais en le laissant un peu altérer sur la paille, il devient assez doux. Cet arbre ne produit du fruit que lorsqu'il est vieux, à soixante ans ; son bois est très dur.

1959. Le GRENADIER OU BALAUSTIER ; *Punica granatum.* Les fleurs dessiccatives, astringentes, antihelmintiques, sont nommées *balaustes*, dans les officines pharmaceutiques. On les prescrit, réduites en poudre et en décoction, contre les vers intestinaux.

1960. Le GRENADIER A FRUIT DOUX ; *Punica granatum fructu dulci.* Le fruit est une espèce de pomme presque ronde, nommée *grenade* ; voyez planche 119 ; recouverte à l'extérieur d'une enveloppe dure, intérieurement divisée en neuf loges dont les cloisons membraneuses partent du réceptacle, et renferment des semences entourées d'une pulpe succulente, ordinairement rougeâtre. Racine jaune, ligneuse, rameuse. Grand arbrisseau qu'on peut élever en espalier ou en arbre ; le bois dur et brun ; les tiges épineuses ; les fleurs d'un beau rouge. Il croît dans les haies, en Provence et en Languedoc ; il est cultivé dans nos jardins, où il mûrit rarement des fruits. L'écorce du fruit a une saveur acerbe et austère ; elle est très astringente ; le suc est doux, acidule, rafraîchissant ; les membranes qui séparent les loges sont très acerbes ; les grains aigres et très astringents ; il y a des grenades plus acides les unes que les autres ; les acides sont plus astringentes, plus rafraîchissantes. On emploie, en médecine, les fleurs, les grains, le suc, l'écorce et la racine. On donne la poudre des fleurs en infusion ; les grains se prescrivent en poudre ; l'écorce de la racine, nommée dans les pharmacies *malicorium*, bouillie dans du vin, est vermifuge et *tue le ver solitaire.*

1961. Le GRENADIER SAUVAGE : commun dans les haies, auprès de Montpellier.

1962. Le GRENADIER CULTIVÉ : à fruit doux ou acide.

1963. Le GRENADIER A GRANDES FLEURS DOUBLES.

1964. Le GRENADIER PANACHÉ, à grandes fleurs simples.

1965. Le GRENADIER, à petites fleurs doubles.

1966. Le GRENADIER NAIN; *Punica nana*. Tige en arbrisseau, s'élevant à peine à 1 mètre 68 centimètres. Originaire d'Amérique. Feuilles plus courtes, plus étroites ; il fleurit tout l'été. L'écorce du fruit, qui est presque ligneuse, est un des plus puissants astringents. Ce remède réussit en décoction et en poudre dans les maladies évacuatoires causées par atonie ; mais il serait funeste dans les diarrhées ou hémorrhagies actives qui dépendent d'une force vive. Quatre grammes de poudre d'écorce de grenadier pris à jeun avec du miel, sont un excellent remède contre le ver solitaire. Voy. pl. 91.

1967. Le ROSIER DE PROVINS, à fleur rouge. Type des rosacées ; cinq pétales échancrés en cœur ; un grand nombre d'étamines ; la baie du calice devient un fruit charnu, coloré, mou. Arbrisseau qui s'élève en buisson, et pousse beaucoup de rejetons ; les tiges rougeâtres, couvertes d'aiguillons ; fleurs d'un beau rouge, portées par des pédoncules hérissés ; cultivé dans les jardins. Les fleurs ont une odeur agréable et pénétrante, une saveur âpre ; elles sont fortifiantes, astringentes, répercussives, vulnéraires, purgatives, lorsqu'elles sont épanouies, et seulement styptiques avant l'épanouissement. Pour l'intérieur, on tire des fleurs une teinture astringente ; un sirop qui a la même vertu. On emploie les roses dans les cataplasmes et les fomentations ; résolutives avec le miel dans les gargarismes et injections. L'huile, le vinaigre, l'onguent de rose, ont les mêmes usages. On donne aux animaux les fleurs en décoction lorsqu'ils ont la diarrhée.

1968. Le ROSIER A FLEUR BLANCHE; *Rosa alba vulgaris*. Caractères du précédent. Feuilles d'un vert plus foncé ; cultivé dans les jardins ; mêmes propriétés et usages. L'eau distillée des fleurs convient mieux dans les collyres, contre les inflammations des yeux.

1969. Le rosier sauvage ; cynorrhodon odorant ; *Rosa canina , silvestris*. Caractères des précédents. Les fleurs couleur de rose, quelquefois blanches ; le fruit ovale, nommé *cynorrhodon* ou *gratte-cul*, sert à confectionner une excellente gelée contre la diarrhée. Les pétioles sont garnis d'aiguillons. Voyez planche 118.

1970. Le rosier églantier ; *Rosa eglanteria*. Germes lisses ; tige armée d'épines aiguës ; cultivé dans les jardins ; fleurs jaunes ; feuilles odorantes.

1971. Le rosier rouillé ; *Rosa rubiginosa*. Germes hérissés d'épines, recourbées ; folioles couvertes d'une espèce de rouille en dessous ; feuilles offrant en dessous des atomes résineux, rougeâtres ; fleurs pourpres.

1972. Le rosier odeur de cannelle ; *Rosa cinnamomea*. Tiges à épines qui accompagnent les pétioles. Fleurs d'un rouge foncé, odeur de cannelle. On le trouve dans les provinces méridionales de France.

1973. Le rosier des champs ; *Rosa arvensis*. Pétioles armés d'épines ; fleurs blanches, en bouquets imitant l'ombelle. Voyez planche 118.

1974. Le rosier a feuilles de pimprenelle ; *Rosa pimpinellifolia*. Épines de la tige éparses ; pétioles rudes ; feuilles obtuses. Sur les montagnes du Bugey.

1975. Le rosier très épineux ; *Rosa spinosissima*. Tiges et pétioles armés d'épines très nombreuses. En Allemagne. Son fruit mûr est noirâtre ; la fleur blanche, à onglets jaunâtres.

1976. Le rosier velu ; *Rosa villosa*. Germes hérissés ; épines de la tige éparses, ramassées sous les nœuds ; pétales rouges.

1977. Le rosier toujours vert ; *Rosa sempervirens*. Tiges et pétioles armés d'épines ; fleurs comme en ombelle.

1978. Le rosier a cent feuilles ; *Rosa centifolia*. Germes ovales ; tige hérissée et armée d'épines, pétioles sans épines, glanduleux.

1979. Le ROSIER DE FRANCE ; *Rosa Gallica.* Germes ovales ; tige et pétioles hérissés de poils et d'épines ; fleurs rouges et blanches.

1980. Le ROSIER DES ALPES ; *Rosa Alpina.* Germes lisses, ovales ; tige sans épines ; feuilles de sept folioles ; pétales incarnats, terminés en cœur.

1981. Le ROSIER CANIN ; *Rosa canina.* Pétioles armés d'épines ; la tige lisse, n'offre des épines qu'aux nœuds ; pétales roses.

1982. Le ROSIER BLANC ; *Rosa alba.* Fleur double ; pédoncules hérissés ; tige et pétioles armés d'épines ; les pétales blancs.

1983. Le ROSIER NAIN ; *Rosa pumilla.* Tige armée d'épines nombreuses vers le haut ; fruits grands en forme de poire.

1984. Le ROSIER BENGALE : qui donne des fleurs en toute saison, même sous la neige et la glace.

1985. Le GROSEILLIER A GRAPPES ET FRUIT ROUGE ; *Ribes grossularia rubra multiplici acino, non spinosa, hortensis.* Le fruit est une baie rouge, globuleuse, ombiliquée, succulente, molle. Arbrisseau sans piquants ; fleurs disposées en grappes pendantes ; cultivé dans les jardins. Les fruits ont une saveur acide, vineuse, agréable ; ils sont rafraîchissants. On en fait une excellente gelée et un sirop rafraîchissant ; leur usage immodéré peut donner la diarrhée et la fièvre. Voyez planche 25.

1986. Le GROSEILLIER ÉPINEUX ; *Ribes uva crispa, grossularia simplici acino, vel spinosa alba.* Arbrisseau dont les tiges sont garnies d'aiguillons doubles ou triples. Les haies. Les fruits verts sont astringents ; en mûrissant ils perdent cette qualité ; le suc devient vineux par la fermentation ; peu employé en médecine. Voyez planche 124.

1987. Le CASSIS-GROSEILLIER A FRUIT NOIR ; *Ribes nigrum, grossularia non spinosa.* Caractères des précédents. Fruits d'un brun noirâtre, de la grosseur et de la forme de celui du groseillier blanc ; cultivé dans les jardins.

1988. Le GROSEILLIER DES ALPES ; *Ribes Alpinum*. Sans épines ; à grappes redressées ; les baies sont blanches, rouges ou noires. Elles contiennent un suc d'un rouge foncé, vineux. On en prépare un ratafia qui a une propriété spéciale contre l'angine.

1989. Le GROSEILLIER INCLINÉ ; *Ribes reclinata*. Ses branches sont penchées, peu épineuses.

1990. Le GROSEILLIER BLANC, sans épines ; branches lisses ; cultivé dans nos jardins ; la baie est blanche.

1991. Le GROSEILLIER DES HAIES ; *Ribes uva crispa*. Branches épineuses ; baies lisses ; plus douces qu'aigrelettes lorsqu'elles sont bien mûres

1992. Le MYRTE ORDINAIRE ; *Myrtus communis italica*. Baie ovale, couronnée d'un ombilic formé par les bords du calice, renfermant des semences réniformes. Feuilles marquées d'un sillon dans leur longueur, luisantes, odorantes, petites. Cet arbrisseau prend les formes qu'on veut lui donner.

1993. Le MYRTE A LARGES FEUILLES : fleurs doubles. Se trouve dans l'Europe australe, l'Asie, l'Afrique ; cultivé dans les jardins, en le renfermant l'hiver, dans les serres. Toute la plante est astringente. Des baies et des fleurs on fait une décoction astringente, connue sous le nom de *myrtille*. On en prépare des cosmétiques et on s'en ser dans les gargarismes. Voyez planche 98.

1994. Le MYRTE ROMAIN : on le trouve spontané dans l'île Sainte-Lucie, près de Narbonne.

1995. Le MYRTE DE TARENTE : baies rondes.

1996. Le MYRTE D'ITALIE : feuilles ovales, lancéolées ; branches droites.

1997. Le MYRTE D'ESPAGNE : feuilles lancéolées.

1998. Le MYRTE DE PORTUGAL : feuilles aiguës, linaires, petites à fleurs doubles.

IX. *Arbres et arbrisseaux à fleur rosacée, dont le calice devient un fruit à noyau.*

1999. Le CORNOUILLER DES JARDINS; *Cornus hortensis mas*, improprement appelé MALE. Fruit à noyau, nommé *cornouiller*, ombiliqué; noyau très dur, contenant deux petites amandes. Grand arbrisseau dont l'écorce est verte ou cendrée; le bois très dur; les fleurs jaunes; les fruits d'un beau rouge dans leur maturité; blancs ou jaunes dans les variétés. Acidule, âpre, bon à manger, rafraîchissant, astringent; sec et réduit en poudre, il se donne à l'homme et aux animaux; nuisible aux estomacs froids. V. pl. 147.

2000. Le CORNOUILLER SANGUIN, BOIS PUNAIS, improprement appelé FEMELLE. Caractères du précédent. Les fruits plus petits et plus arrondis, les fleurs de couleur blanche; les fruits violets dans leur maturité, amers et astringents; on s'en sert en décoction. Les chèvres mangent les feuilles.

2001. Le NÉFLIER; *Mespilus germanica*. Baie globuleuse, ombiliquée, couronnée par les dentelures du calice, renfermant cinq petits noyaux durs et de forme irrigulière. Le fruit a un goût acerbe avant la maturité; on le laisse mûrir sur la paille, il acquiert une saveur douce, vineuse; il est astringent; les semences passent pour diurétique On peut s'en servir dans les gargarismes contre les engor-gements séreux de la gorge et comme tonique.

2002. Le NÉFLIER SAUVAGE : il est piquant.

2003. Le NÉFLIER A GROS FRUIT : il est sans noyau. Les graines de ce néflier restent deux ans en terre avant de lever. Les nèfles, avant leur maturité, sont très âpres. Les paysans les font bouillir et boivent la décoction pour arrê-ter les diarrhées opiniâtres.

2004. Le NÉFLIER BUISSON ARDENT; *Mespilus pyracan-tha*. Piquant. Cet arbrisseau produit un bel effet en mai, lorsqu'il est tout couvert de fleurs; il est encore plus intéressant en automne ; l'étonnante quantité de ses fruits rouges le font paraître comme tout en feu.

2005. Le NÉFLIER AMELANCHIER ; *Mespilus amelanchier.* Sans piquants.

2006. Le FAUX NÉFLIER ; *Pseudo mespilus.* Sans piquants ; feuilles lisses, à dents de scie , aiguës ; fleurs en corymbe, resserrées en tête. Cotonneux dans sa jeunesse.

2007. Le NÉFLIER DE GESNER ; *Mespilus coloneaster.* Sans piquants ; feuilles ovales, cotonneuses en dessous, trois ou quatre semences dans les fruits.

2008. L'AUBÉPINE, ÉPINE BLANCHE ; *Mespilus apii folio, spinosa cratægus oxyacantha.* Baie rouge, charnue, ombiliquée, renfermant deux semences. Grand arbrisseau dont les tiges sont armées de fortes épines.

2009. L'AZÉROLIER ; *Mespilus apii folio laciniato cratægus azarolus.* Caractères du précédent ; le fruit, nommé *azérole*, plus gros, rouge et blanc dans une variété ; cette baie contient quatre semences entourées d'une pulpe jaunâtre. Les haies du Languedoc, les jardins. Il est aigrelet au goût.

2010. L'AUBÉPINE ALISIER ; *Cratægus aria.* Fruit comme une petite pomme. Il occasionne des vents intestinaux. On en fait du pain après l'avoir fait sécher et pulvériser ; et par la fermentation, une liqueur spiritueuse ; le bois dur, sert à faire de bons essieux de charrettes.

2011. L'AUBÉPINE SORBIER ; *Cratægus terminalis.* Grand arbrisseau ; écorce rouge ; fruit acide, doux. On peut en faire du vin lorsqu'il est bien mûr.

2012. L'AUBÉPINE DES HAIES ; *Cratægus oxiacanthus.* À piquants ; lisses, à dents de scie ; on fait, avec ce seul arbrisseau, des clôtures impénétrables.

2013. Le BUISSON ARDENT ; PYRACANTHA ; *Mespilus aculeata amygdali folio.* Caractères du néflier. La fleur plus petite ; le fruit moins gros et d'un beau rouge. Feuilles imitant celles de l'amandier. Arbrisseau presque toujours vert. On le voit dans les haies d'Italie et de Provence ; cultivé dans les jardins.

VINGT-DEUXIÈME CLASSE OU GROUPE.

Arbres et arbrisseaux à fleur , nommé *papillionacées*. Les grands arbres que comprend cette classe prouvent bien clairement que la nature n'a aucun égard au tissu ligneux pour assortir ses affinités.

I. Arbres et arbrisseaux à fleurs PAPILLIONACÉES, qui ont les feuilles seules et alternes ou verticillées autour des branches.

2014. Le GENÊT D'ESPAGNE ; *Genista juncea spartium.* Fleurs papillionacées, jaunes; cinq pétales. Arbrisseau dont les tiges sont droites. Les fleurs sont purgatives ; les cendres apéritives ; l'huile qui découle des jeunes branches brûlées est caustique. Il s'emploie contre les dartres.

2015. Le GRIOT ; SPARTIE PURGATIF ; *Spartium purgans.* Tiges de 34 centimètres ; fleurs jaunes, terminant les rameaux ; légumes pendants.

2016. La SPARTIE SPINIFLORE ; *Spartium scorpius.* Tiges de 33 centimètres, très épineuses ; fleurs jaunes, naissant trois ou quatre ensemble , sur les plus fortes épines. En Languedoc.

2017. La SPARTIE, GENÊT A BALAI ; *Spartium scoparium.* Rameaux verdâtres, anguleux, sans épines. Arbrisseau de 1 mètre 34 à 1 mètre 68 centimètres. La décoction augmente le cours des urines, et a contribué puissamment à la guérison de quelques anasarques , ascites et leucophlegmasies.

2018. Le GENÊT DES TEINTURIERS ; HERBE AUX TEINTURES ; *Genista tinctoria germanica.* Fleur papillionacée. Légume renflé, contenant plusieurs semences réniformes. Petit arbrisseau dont les rameaux sont striés ; fleurs jaunes ; les feuilles et les semences sont détersives , purgatives ; les fleurs donnent une teinture jaune. Les cendres du genêt s'emploient surtout dans l'hydropisie. En médecine vétérinaire, on donne aux animaux la décoction des fleurs.

2019. Le GENÊT A FLÈCHE ; *Genista sagittalis*. Fleurs en épis, jaunes ; légumes à quatre semences.

2020. Le GENÊT VELU ; *Genista pilosa*. Tige tuberculeuse, inclinée ; feuilles dures, lancéolées , un peu hérissées ; légumes à deux semences.

2021. Le GENÊT ANGLAIS ; *Genista anglica*. Épineux dans les rameaux qui portent fleurs. Tige de 34 centimètres, lisse ; fleurs solitaires vers le sommet des tiges.

2022. Le GENÊT D'ALLEMAGNE ; *Genista Austricæ*. Tiges de 60 centimètres ; fleurs jaunes, fournissant une bonne teinture de cette couleur. Les vaches, les chèvres, les moutons le mangent. On a retiré par le rouissage une filasse assez bonne pour faire des cordes.

2023. Le GENÊT, JONC MARIN, AJONC ; *Ulex Europæus*. Abrisseau épineux ; les épines garnies de petites épines latérales ; les rameaux terminés par des aiguillons très piquants.

2024. Le GUAINIER ; ARBRE DE JUDÉE ; *Cercis siliquastrum*. Fleur imitant les papillionacées , pourpres ou blanches ; dix étamines ; feuilles en forme de cœur, d'un beau vert. Arbre de moyenne grandeur.

II. Arbres et arbrisseaux à fleur papillionacée , qui ont leurs feuilles ternées , c'est-à-dire disposées trois à trois sur chaque pétiole.

2025. Le BOIS FÉTIDE ; *Anagyris fœtida*. Fleur imitant les papillionacées ; carène droite. Légume grand, semences réniformes. Arbrisseau dont l'écorce cendrée est fétide lorsqu'on la frotte. Les montagnes d'Italie, du Languedoc, de la Provence. Antihystérique, comme l'assa-fœtida.

2026. L'AUBOURS, CYTISE, ÉBÉNIER DES ALPES ; *Cytisus laburnum Alpinus*. Fleurs papillionacées, jaunes ; dix étamines ; légume étroit à sa base ; semences aplaties , réniformes. Arbre de moyenne grandeur ; écorce d'un gris verdâtre ; bois très dur, imitant l'ébène verte. Les Alpes , la Bourgogne, la Bretagne.

2027. Le CYTISE DES ALPES ; *Cytisus laburnuum*.

2028. Le CYTISE NOIRATRE ; *Cytisus nigricans*. Tige de 1 mètre ; feuilles et calices lisses ; fleurs jaunes, en grappes.

2029. Le CYTISE SESSIFOLIÉ ; *Cytisus sessifolius*. Très ressemblant au précédent. Feuilles florales sans pétioles ; cultivé dans les jardins.

2030. Le CYTISE HÉRISSÉ ; *Cytisus hirsutus*. Commun sur le côteaux du Rhône.

2031. Le CYTISE COUCHÉ ; *Cytisus supinus*. Fleurs jaunes en ombelle, terminant les rameaux, le plus souvent couchés ; tige et pétioles duvetés ; calices tubulés. Sur les montagnes d'Aubrac.

2032. Le CYTISE ARGENTÉ ; *Cytisus argenteus*. Fleurs jaunes, deux à deux ; rameaux inclinés ; plante blanche ; rameaux herbacés vers le haut.

2033. Le GENÊT DES BARTES : *Scoparium cyteso genista*. Fleur jaune, comme le genêt d'Espagne ; moins grand.

III. Arbres et arbrisseaux à fleur papillionacée , dont les feuilles sont la plupart ailées ou conjuguées.

2034. Le FAUX ACACIA ; ACACIA DES JARDINIERS ; *Robinia pseudo acacia*. Papillionacée , dix étamines ; aplati ; semences réniformes. Arbre dont la tige droite est armée d'aiguillons doubles ; fleurs blanches. Originaire de Virginie , naturalisé en France. On voit encore au Jardin des Plantes de Paris, le faux acacia, apporté par Robin, naturaliste, qui donna son nom à cet arbre. Voy. pl. 145. Les faux acacia ne donnèrent point de fleurs en 1830, les bois avaient été endommagés par les gelées de 1829.

2035. Le ROBINIER DE SIBÉRIE ; *Robinia caragana*. Il n'a point de piquants. Originaire de Sibérie ; cultivé dans nos jardins.

2036. Le BAGUENAUDIER A VESSIES , FAUX SÉNÉ ; *Colutea arborescens et vesicaria*. Fleurs jaunes, quelquefois rouges, papillionacée. Arbrisseau de 1 mètre à 1 mètre 34 centimètres. Les feuilles ont un goût nauséeux ; elles sont purgatives, ainsi que les semences. On les emploie en décoctions ; les paysans les substituent au séné.

2037. Le BAGUENAUDIER ARBRISSEAU ; *Colutea frutescens*. Fleurs rouges ; folioles dentelées, blanches en dessous. Originaire de Sibérie ; cultivé dans nos jardins.

2038. L'ÉMERUS, BAGUENAUDIER DES JARDINIERS ; *séné de France, coronille*. Feuilles d'un beau vert. Arbrisseau de 1 mètre 34 à 1 mètre 68 centimètres de hauteur. Fleurs jaunes, marquées de taches rouges. Les climats tempérés de l'Europe, dans les haies, dans les bois, à l'ombre. Les paysans le substituent au séné.

2039. La CORONILLE PAUCIFLORE : arbrisseau à pédoncules portant deux ou trois fleurs ; tige anguleuse. Commune près de Lyon et de Vienne Les bestiaux mangent les feuilles. Elles sont purgatives pour les personnes délicates auxquelles on les donne en infusion à la dose d'une once.

2040. La CORONILLE MINEURE ; *Coronilla minima*. Sous-arbrisseau couché ; neuf folioles ovales ; stipule échancrée, légume anguleux ; fleurs en ombelle. En Suisse.

2041. La CORONILLE EN FAUCILLE ; *Coronilla securidaca*. Herbacée ; légumes en faucille ; plusieurs folioles. Originaire d'Espagne ; cultivée dans nos provinces. Fleurs jaunes.

2042. La CORONILLE BIGARRÉE ; *Coronilla varia*. Tiges couchées ; fleurs en ombelles blanches, roses. Cette plante fournit un bon pâturage.

VINGT-TROISIÈME ET DERNIÈRE CLASSE OU GROUPE.

2043. La SENSITIVE ; *Mimosa*. Nous terminons ce *Traité expérimental de botanique* par le *caractère essentiel des sensitives*, qui sont vraiment des plantes *pivotales* dans la *série des végétaux*, puisqu'elles servent, pour ainsi dire, de transition entre le *règne végétal* et le *règne animal*. Les sensitives, quoique monopétales et placées comme telles dans la classe XX, par la plupart des naturalistes, ont cependant plus d'affinité avec les papillionacées. Ce caractère est si marqué, qu'on pourrait les classer dans cette famille. Mais nous avons préféré en faire une *classe* à part, que nous appelons *pivotale*, de l'*échelle sériaire* de nos 2,000 plantes. Les *sensitives* comprennent les *acacia*, *cassies* de Tournefort. Linné les a rangées avec ses polygames monoïques. Ce genre offre plus de 50 espèces. *Six espèces* de ce genre jouissent du *mouvement spontané*. Les deux espèces suivantes sont les plus généralement cultivées.

2044. La SENSITIVE PUDIQUE; *Mimosa pudica*. Toute la plante se replie pendant la nuit; si on la touche de jour, elle replie également ses folioles et abat ses rameaux. Ce phénomène, bien prononcé, rapproche cette espèce et quelques autres, du *règne animal*; il détermine le *caractère essentiel* ou *pivotal* de la plante, qui, sans jouir de l'usage de la locomotion comme les animaux, participe à leurs facultés motrices.

2045. La SENSITIVE CASSIE; *Mimosa farnesiana*. Arbrisseau originaire d'Amérique. Introduit dans les jardins d'Europe en 1611. Voy. pl. 84.

2046. Le CACAOYER; *Theobroma* de Linné, de la tribu des Byttneriacées. Arbre à fleurs groupées en petits bouquets; dix étamines; fruit gros, sec, allongé marqué de dix sillons, et contenant beaucoup de graines à tégument charnu. Le nom de *theobroma* signifie *nourriture des dieux*. Le cacao, qui est l'espèce la plus précieuse de cette tribu, est un arbre de plus de 10 mètres de haut. On appelle le fruit *cabosse*, il renferme ordinairement de 15 à 40 graines, dont on fait le *cacao* du commerce. Les dames créoles se délectent beaucoup d'une liqueur rafraîchissante qui se fait avec la pulpe du fruit cacao. Le cacaoyer n'est indigène que dans les régions équatoriales de l'Amérique, mais on le cultive aux îles Philippines, aux Canaries, à Bourbon. L'usage du *chocolat*, qui est le produit de la graine de *cacao*, avec lequel une multitude innombrable de personnes, en Europe, font un repas excellent pour la santé, et chaque jour, ne remonte guère qu'au milieu du XVIIe siècle. *Les graines de cacao* ont servi de *monnaie* en Amérique; cet usage se pratiquait encore, il y a peu d'années, au Mexique, où chaque graine représentait environ un centime. Voyez planche 116.

Pour l'usage ordinaire de la vie domestique, dans ses rapports avec l'hygiène et la santé des personnes sédentaires, qui font peu d'exercice, qui sont appliquées à des occupations ascétiques ou intellectuelles, le *chocolat* est un aliment très nourrissant, très analeptique, corroborant. Mais la manière de le fabriquer et de le confectionner influe beaucoup sur ses qualités digestives et hygiéniques. Afin de bien renseigner nos lecteurs sur le choix, les qualités et la bonne préparation du chocolat, nous avons pris des indications certaines, à des sources compétentes, qu'on nous saura gré de consigner ici. En France et à Paris surtout, où l'on consomme immensément du *chocolat*, nous ne connaissons pas de meilleure préparation de cette *substance alimentaire* que celui qui sort des magasins de M. Perron, rue Vivienne, n° 14; homme consciencieux et expérimenté dans la connaissance approfondie des *bonnes qualités de cacao*, M. Perron a trouvé le moyen d'éloigner toutes les justes répugnances inspirées au public par la manipulation des chocolats de mauvaise qualité : en apportant dans cette industrie toute la perfection et la droiture qui peuvent inspirer la confiance des personnes soucieuses de leur santé dans le choix d'un aliment tel que le chocolat. Dans une brochure pleine de lucidité et d'utilité pratique sur les différentes sortes de cacao, M. Perron expose comment on peut dégager le cacao de toute son amertume pour ne lui laisser que ses qualités bienfaisantes dans la *préparation du chocolat*. Ainsi, dépouillé de toutes ses altérations, fabriqué avec les soins qu'il exige, le chocolat qui sort des magasins de M. Perron, a tout son arôme, tout son parfum, toutes ses qualités.

Voici comment M. Perron trace la meilleure manière de préparer le chocolat. « En France, dit-il, nous prenons » généralement le chocolat au lait; la manière la plus » simple et la plus saine, c'est de le préparer à l'eau pure. « Il suffit pour cela de mettre dans une chocolatière en » argent ou en fer battu, le nombre de tablettes de choco- » lat, cassées par morceaux, que l'on désire préparer; on y » ajoute une petite quantité d'eau pour le fondre, on l'agite » afin de le bien délayer; aussitôt qu'il est parvenu à ce » point, on verse la quantité d'eau ou de lait nécessaire et » on le laisse bouillir quelques minutes seulement. Si l'on » désire le prendre mousseux, il faut, lorsqu'il monte, » agiter dans tous les sens afin de le faire mousser ; servi » ainsi tout chaud dans les tasses, il est léger et moelleux. » Les proportions d'un douzième de livre qu'indique cha-

» que tablette sont le plus ordinairement employées ; ce-
» pendant on peut augmenter la quantité d'eau ou de lait,
» si l'on veut prendre son chocolat plus léger, et la dimi-
» nuer si on le veut plus fort, mais on ne doit pas perdre
» de vue que, pris de cette dernière manière, on le di-
» gère moins aisément. »   (*Traité du Chocolat*, par
PERRON.)

Secondé par une grande diminution sur les droits d'entrée des cacaos, M. Perron est parvenu à pouvoir livrer au
public, pour **3** fr. le demi-kilog., le chocolat, fabriqué
avec le pur, le vrai *cacao de Caraccas ;* et à **2** fr. celui fait
avec le *cacao du Brésil*, appelé *Maragnan.* Quand aux
chocolatines de M. Perron, c'est un nouveau bonbon, composé de chocolat et de fruits qui présente sous forme de
dragée, un délicieux aliment et la plus délicate friandise.
Les chocolatines seront vivement goûtées des personnes
amies de douceurs et de parfums ; c'est un bonbon agréable à l'œil, facile à manger, *à tous les âges*, sans fatigue
pour l'estomac, se conservant indéfiniment, et n'ayant
aucun des inconvénients si redoutés par les mères pour la
santé des enfants. Les chocolatines sont le bonbon de la
naissance, du mariage et de toutes les fêtes. Elles conviennent spécialement aux personnes malades ou convalescentes,
que le chocolat pur et net fatigue ; parce qu'elles sont à la
fois toniques et rafraîchissantes.

2047. Le THÉ ; *Thea*, de la *tribu des cameliées.* Arbrisseau rameux, toujours vert, qui croît à la hauteur de 2
mètres environ. Pour développer toutes ses qualités, il doit
être exposé au midi et planté dans un sol pierreux. Il est
originaire de la Chine ; sa feuille est un des principaux aliments ou boissons de ce vaste pays, comme aussi le plus
important objet de son commerce avec les autres nations.
Son introduction dans les Etats européens date de 1659 à
peu près ; ce furent les Hollandais qui les premiers l'apportèrent parmi nous ; comme tous les aliments nouveaux,
il eut ses enthousiastes partisans et ses aveugles détrac-
teurs ; la victoire lui est enfin restée, et il lève tribut aujourd'hui sur les trois-quarts des peuples du monde. Les
Chinois distinguent 14 sortes de thé, dont le *thé bou* est la
meilleure. Voy. pl. 114.

L'époque de la récolte des thés, leur préparation, la
torréfaction surtout, paraissent être les seuls moyens de
production de toutes les variétés connues. Les principales

espèces qu'on trouve de première qualité chez M. Perron, rue Vivienne, n° 14, sont les suivantes :

2048. Thé pouchong ; thé souchong ; thé chulan ; thé hyson ; thé perlé ; thé poudre a canon ; thé tonkai et thé hyson-skin. Les thés verts, en cas d'indisposition, donnent par leur puissance un agent médical plus actif ; cet agent devient nuisible dans le régime alimentaire, et il convient alors de le mitiger par l'addition d'une notable quantité de thés noirs. L'expérience a démontré les bons effets qu'on obtenait de la composition suivante : Thé bou, souchong, pékao, hyson : de chaque, parties égales ; c'est-à-dire, 125 grammes. Ce mélange ne revient qu'au prix de 7 fr. le demi-kilo, ou 3 centimes la tasse. Le thé ne peut remplacer ni le café, ni le chocolat, mais il les complète dans une alimentation saine et agréable, et au besoin il les supplée.

§ 11. De la récolte et de la dessiccation des plantes par la formation d'un herbier.

1. On recueille et l'on dessèche les plantes pour les observer et les reconnaître, ou pour les employer et en faire des médicaments. A ce double point de vue, le botaniste ne saurait se passer d'*herbiers*.

On ne distingue les plantes avec certitude, qu'au moyen des caractères que fournissent les fleurs et les fruits ; il faut donc les examiner dans le temps de la fleuraison et de la maturation ; mais ce temps est court et le lieu qu'on habite fournit rarement toutes les espèces qu'il importe de connaître. Pour y suppléer, on a imaginé de *dessécher les plantes*; par ce moyen, on les a facilement, et en tout temps sous les yeux.

II. Lorsque les plantes sont sèches, on les place dans des feuilles de papier blanc, qu'on range par ordre, suivant la méthode botanique qu'on a adoptée ; on dispose ces feuilles en forme de livre, ou dans des portefeuilles : c'est ce qu'on nomme un *herbier*, un *jardin sec*.

III. Les plantes destinées à être desséchées pour l'herbier, doivent être cueillies dans un temps sec, lorsque le soleil a enlevé l'humidité de la rosée, à l'heure où les fleurs sont épanouies et les feuilles étendues ; sinon les couleurs se perdent, les feuilles noircissent, les fleurs pourrissent, les unes et les autres s'arrangent difficilement lorsqu'on veut les mettre en presse.

IV. Le botaniste qui veut préparer un herbier doit être pourvu d'une grande quantité de papier gris, sans colle et épais. Il met un paquet de trois ou quatre feuilles de ce papier sur une table : il étend sur la surface la plante qu'il veut dessécher ; en écarte, en développe toutes ses parties , en détache et en rejette quelques-unes, afin qu'aucunes ne se découvrent, s'il est possible. Il a soin surtout de ranger les parties de la fleur et ses feuilles, de manière que la fructification soit bien à découvert, et reconnaissable après la dessiccation.

V. Lorsque la plante est bien étendue, ou la couvre de trois ou quatre feuilles de papier, sur lesquelles on dispose de la même manière une nouvelle plante ; lorsque celle-ci est disposée, on la recouvre à son tour, on en place une troisième et successivement toutes celles qu'on a rapportées de l'herborisation. Cette opération faite , on recouvre la pile d'un carton fort ou d'une planche que l'on charge de quelque corps pesant ; mais il est mieux de les mettre sous presse, lorsqu'on peut s'en procurer une convenable.

VI. Les plantes ne doivent rester sous presse que douze ou quinze heures au plus ; ce temps passé, il faut les tirer de leurs papiers qui se sont chargés d'une grande quantité de parties aqueuses ; si on les y laissait plus longtemps , elles commenceraient à noircir, et ne se dessécheraient pas assez promptement ; on ne doit se flatter de conserver le *vert des feuilles* et les *couleurs des pétales*, qu'en accélérant la dessiccation. On découvre donc les plantes successivement, et on les place comme ci-devant, sur des paquets de nouvelles feuilles bien sèches.

On peut, dans cet état, laisser les plantes deux fois vingt-quatre heures, sans changer leurs papiers, si, surtout, on a interposé un grand nombre de feuilles ; on les renouvelle ensuite une troisième, une quatrième fois.

§ 12 et dernier. — Du *Magnétisme électrique végétal ; des paratonnerres* à placer au-dessus des *serres-chaudes* ou *jardins d'hiver*, destinés à la culture des plantes exotiques ; *horloges botaniques*, pouvant représenter l'*horloge de Flore* de Linné, sans gêner les usages des horloges ordinaires pour un jardin d'hiver, un salon, et même une commune rurale.

Les causes qui produisent la foudre et qui en déterminent l'explosion, trop souvent funeste, n'avaient jamais été approfondies par les savants, comme elles l'ont été depuis environ un siècle. C'est à l'application de l'esprit humain, aux études des phénomènes de l'électricité qu'on a dû d'abord l'invention des paratonnerres, et de nos jours celle du télégraphe électrique, qui tendent l'un et l'autre à se perfectionner de plus en plus. Cependant, avant l'invention des paratonnerres, qui ne remonte guère qu'à un siècle, on avait observé dans la direction et les tendances de la foudre, que les grandes agglomérations de végétaux exotiques, comme les arbres indigènes les plus élevés, placés sur les penchants des côteaux ou sur la ligne de certains courants d'air, étaient l'occasion la plus ordinaire des explosions, après les lieux les plus rapprochés des nuages par leur élévation au-dessus du niveau de la mer, où les vaisseaux au milieu de la mer même. Déjà, il résultait de cette première observation que les végétaux, par leur stature et par la composition de leurs éléments étaient pourvus d'un *fluide magnétique* riche d'affinités avec l'électricité, susceptible de l'attirer et d'en déterminer l'explosion. Combien de fois, en effet, n'a-t-on pas vu et ne voit-on pas encore chaque jour, surtout à la campagne, parmi les villageois, complètement ignorants sur les causes et les effets de l'électritité, combien de fois n'a-t-on pas vu de déplorables accidents et de sinistres, occasionnés par l'imprudence de personnes, qui dans des moments d'orage allaient se réfugier sous des arbres, croyant y trouver un abri et n'y rencontrant qu'une mort funeste ayant pour cause l'explosion de la foudre? Combien de fois, les demeures elles-mêmes des habitants des campagnes sont-elles assujéties à l'explosion de la foudre, occasionnée par le voisinage des végétaux qui les environnent? Tandis qu'il est si rare aujourd'hui de la voir éclater, même sur les édifices les plus élevés des grandes villes, malgré la prodigieuse multiplicité de l'emploi du fer qu'on fait dans les constructions nouvelles. C'est à la précaution des *paratonnerres* qu'on doit cette absence de malheurs qu'on avait si souvent à déplorer autrefois dans les villes, et qu'on déplore encore trop souvent de nos jours dans les campagnes. Il n'y a guère maintenant qu'un siècle qu'on essaya pour la première fois les paratonnerres; le vulgaire resta longtemps sans croire à leur efficacité, tandis que Franklin en Amérique, et quelques savants européens en faisaient l'application avec succès. Depuis l'établissement des chemins de fer et des télégraphes électriques dans leur voisinage, des faits nouveaux et significatifs, en révélant à la science l'existence du *magnétisme* électrique végétal, ont déterminé l'attention

des savants et des autorités administratives vers le perfec-
tionnement et la multiplication des paratonnerres , qu'on
ne saurait trop recommander. Ainsi, toute *serre chaude
botanique,* un peu importante, dès lors qu'elle atteint les
proportions d'un simple salon ou d'une maison élevée d'un
étage et demi, doit être pourvue d'un ou plusieurs paratonnerres, ayant les *conditions de sûreté déterminées* par le
savant M. Pouillet, dans son rapport sur ce sujet à l'Aca-
démie des sciences, et qui consistent : 1° à réduire autant
que possible le nombre des joints sur la longueur entière
du paratonnerre, depuis la pointe jusqu'au réservoir ; 2° à
faire, au moyen de la soudure à l'étain, tous les joints que
la forme des pièces oblige à faire sur place ; 3° enfin, à ne
pas effiler autant qu'on le fait en général le sommet de la
tige du paratonnerre. Ces dispositions du savant académi-
cien, sur les paratonnerres, qui étaient contenues en principe dans l'instruction ministérielle de l'année 1824 ont été
parfaitement comprises et souvent appliquées avec succès
par un mécanicien-horloger des plus distingués de Paris :
dont la rare intelligence s'applique depuis longtemps à la
fabrication des paratonnerres et des horloges pour les édifices publics, tels que mairies, écoles , hôtels de ville ,
églises, clochers , maisons de campagne environnées de
grands végétaux ou serres botaniques ; car leurs toitures
composées de fer, de plomb ou de zinc et de verre, étant
d'excellents conducteurs du fluide électrique, ont été souvent des causes d'accidents graves occasionnés par l'éclat
de la foudre sur ces établissements. Cet homme éminemment pratique et positif dans l'art des paratonnerres et de
l'horlogerie publique , est M. Wagner neveu, rue Neuve-
des-Petits-Champs, 47, auquel la mécanique de précision
doit d'importantes découvertes et améliorations : entre autres, un *mouvement d'horloge*, que nous croyons très susceptible d'être appliqué à l'horloge de Flore et botanique
de Linné, dont il est parlé au commencement de cet ouvrage. Cette horloge de M. Wagner neveu , d'une combi-
son toute nouvelle, permettant dans les établissements
botaniques, d'indiquer à la fois l'heure, les minutes et
même les secondes sur un grand nombre de cadrans, soit
par transmission ordinaire, soit par *transmission électrique,*
serait d'un secours prodigieux dans l'observation des phénomènes physiques de courte durée que présentent un
grand nombre de plantes ; surtout parmi les plantes exo-

tiques des serres chaudes. Ce mécanisme permet de préciser les *centièmes de seconde*, avantage inappréciable de magnétisme électrique végétal. M. Wagner, homme consciencieux et dévoué au progrès de la mécanique humanitaire, qui a pour but de fixer la mesure la plus exacte du temps, et de détourner les accidents funestes que l'éclat de la foudre occasionne trop souvent, établit ses horloges publiques et ses paratonnerres à des prix très modérés, pour que les fortunes simplement aisées et les paroisses les moins fortunées, les écoles les plus modestes, les mairies même de village puissent se les procurer. Ainsi, nous croyons être agréables aux lecteurs de ce livre en le terminant par des indications trop négligées dans les ouvrages de botanique; mais celui-ci, écrit pour les habitants des lieux environnés de grands végétaux, devait en parler.

CONCLUSION PRATIQUE

de ce Traité expérimental de botanique au point de vue médical.

Après avoir étudié en détail scientifiquement et dans notre pratique médicale, toutes les plantes employées en médecine humaine, nous avons acquis la certitude que la plupart des *maladies chroniques* : telles que la *goutte*, le *rhumatisme*, l'*asthme*, les *dartres*, les *teignes*, les *scrofules*, les *gales dégénérées*, les *pertes blanches*, le *scorbut*, les *cancers*, la *paralysie*, le *marasme*, l'*amaigrissement*, l'*hypochondrie*, les *palpitations et anévrismes du cœur*, les *catharres*, les *toux opiniâtres*, la *gravelle*, les *maladies du foie*, les *gastrites*, les *tumeurs blanches* : ne peuvent être vaincues par l'art médical, qu'à l'aide d'un régime végétal dépuratif du sang, combiné avec les principes médicamenteux tirés des autres règnes de la nature. Telle est aussi la *méthode de traitement constante* que nous employons envers les malades qui ont recours à nos consultations médicales : soit par correspondance, soit de vive voix, et qui s'adressent à nous, rue du Dragon, n° 37, pour nous exposer les symptômes de leurs maladies.

Abbé CLAVEL, Médecin,
Reçu à la Faculté de Paris.

TABLE GÉNÉRALE,

ALPHABÉTIQUE ET THÉRAPEUTIQUE

Des principales plantes employées comme remèdes, ou d'usage habituel dans l'économie domestique, industrielle et commerciale, dont il est question dans ce *Traité expérimental de botanique*,

PAR M. LE CHANOINE CLAVEL, MÉDECIN-NATURALISTE,
Reçu à la Faculté de Paris.

FIN DE LA TABLE ALPHABÉTIQUE.

TABLE SOMMAIRE

FIN DE LA TABLE SOMMAIRE

PARIS. — IMPRIMERIE DE COSSON, RUE DU FOUR-SAINT-GERMAIN, 43.

www.ingramcontent.com/pod-product-compliance
Lightning Source LLC
LaVergne TN
LVHW050130060726
842524LV00001B/158